新时代中小学建筑
设计案例与评析（第二卷）

CONTEMORARY PRIMARY/MIDDLE SCHOOL PROJECTS (EPISODE 02)

米祥友 主编

中国建筑工业出版社

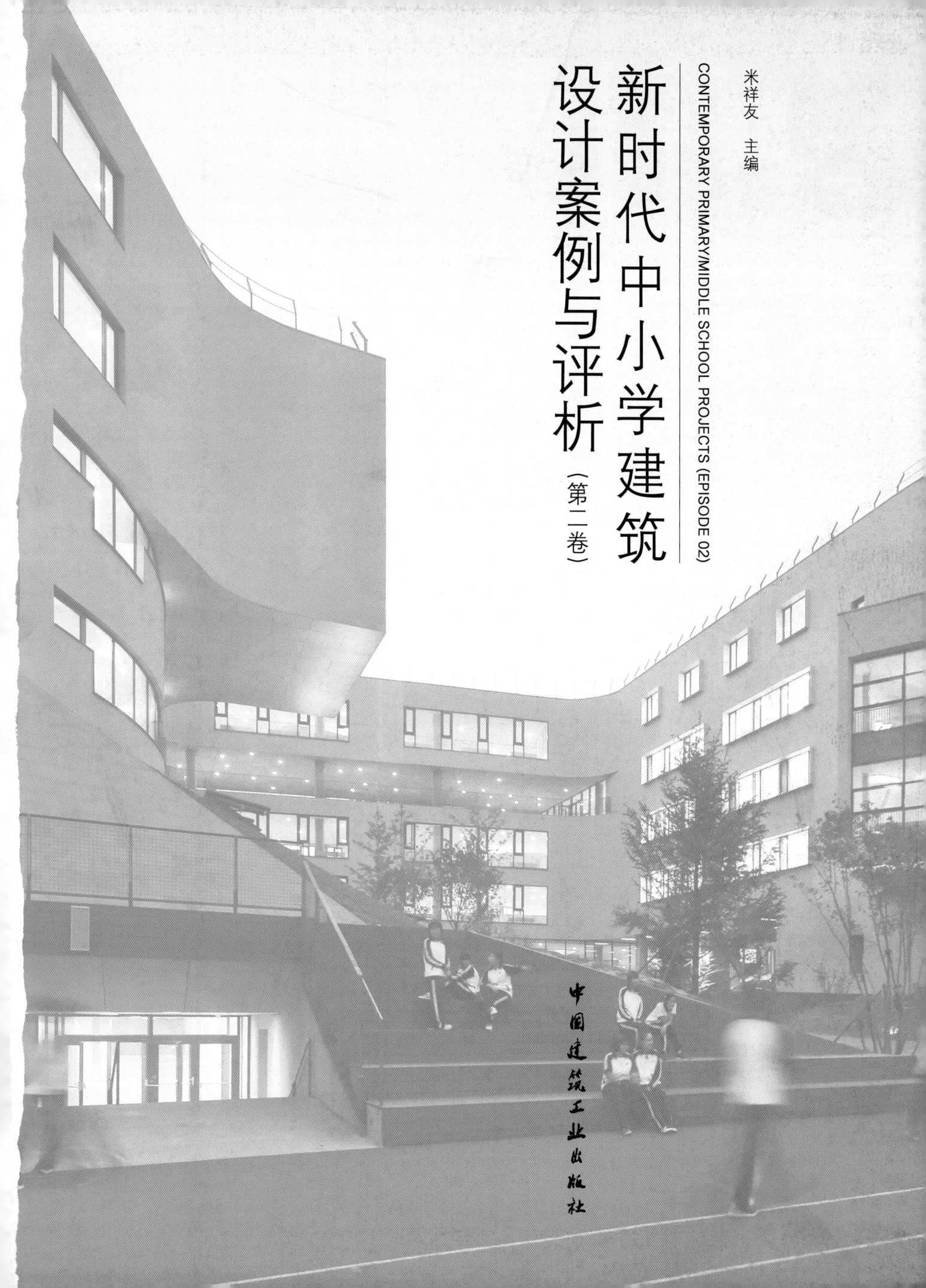

顾　问

编辑工作委员会

参编单位（排名不分先后）

中国中元国际工程有限公司

OPEN 建筑事务所

中国建筑设计研究院有限公司

北京清水爱派建筑设计股份有限公司

北京市建筑设计研究院有限公司

清华大学建筑设计研究院有限公司

Crossboundaries 建筑事务所

德阁建筑设计咨询（北京）有限公司

北京维拓时代建筑设计股份有限公司

中国航空规划设计研究总院有限公司

建设综合勘察研究设计院有限公司

北京构易建筑设计有限公司

中国美术学院风景建筑设计研究总院有限公司

厚石建筑设计（上海）有限公司

天津大学建筑设计研究院

天津市天友建筑设计股份有限公司

天津天怡建筑规划设计有限公司

天津大地天方建筑设计有限公司

天津华汇工程建筑设计有限公司

天津市建筑设计院

山东省建筑设计研究院有限公司

山东建大建筑规划设计研究院

同圆设计集团有限公司

青岛腾远设计事务所有限公司

青岛北洋建筑设计有限公司

烟台市建筑设计研究股份有限公司

山东大卫国际建筑设计有限公司

山东建筑大学建筑城规学院象外营造工作室

同济大学建筑设计研究院（集团）有限公司

河北建筑设计研究院有限责任公司

北方工程设计研究院有限公司

河北拓扑建筑设计有限公司

秦皇岛市建筑设计院

河北九易庄宸科技股份有限公司

唐山市规划建筑设计研究院

保定市城乡建筑设计研究院

前　言

随着我国社会、经济的快速发展，人民生活水平的不断提高，信息化、网络化、智能化已进入社会的经济、环境、教育等各个领域，人们普遍感受到新时代科学技术的浪潮已经席卷整个社会，并给国民生活、学习和工作带来了诸多舒适与便捷。绿色、环保、低碳、健康、以人为本的生活理念逐渐得到全社会的普遍认同。根据党的十九大战略部署，我国已经跨入了新时代，教育工作亦是十九大尤为关注的重要课题。当前，新一代的教育、学校的建设、校园环境和空间的提升等工作，亦成为全社会教育工作的主旋律。过去由于经济落后，国民生活水平只能满足于温饱状态。鉴于此，我国早期的校园建筑，特别是中小学校的校园建筑设计标准普遍偏低，很多中小学校校舍建设功能单一，校园环境简陋，仅仅只能满足最基本的使用需求。

跨入新时代后，经济发展走上了快车道，当前，我国将面临大量的中小学校舍需要建设和改造。特别是在社会高速发展时期，国家相关部门难以迅速及时地更新或提升新的、适应的设计蓝本和规范标准，而此类建筑又要紧锣密鼓地进行设计和建设，为此，时常出现各地新建的学校建筑标准不一，良莠不齐。针对这一现状，中国建筑工业出版社在反复听取有关部门以及教育、建筑专家的意见后，决定于2017年开始在全国范围内，组织和选择一批近年来各地先后建成或改造的风格独特、造型别致、功能完善、材料生态、环境优美、最大限度地满足学生生理和心理需求的中小学校园优秀建筑，作为设计案例并进行专家评析后，集结成册、分卷出版，以尽快提供给全国各地从事中小学建设和改造的设计人员参考使用。

本套书分多卷出版，第一卷首先选择了在我国校园建筑发展较快的江浙沪皖地区，即统称的长三角区域。丛书第一卷已于2018年5月正式在全国出版发行，在业内反响强烈，部分正着手进行校园建筑设计的人员看到此书后深感有了主心骨，从书中得到了诸多参考和借鉴。

第二卷的编写工作已于今年正式启动。此卷书稿案例的

区域为环渤海地区，收录的作品以北京、天津、河北、山东地区内建筑设计企业设计的为主。北京于2019年2月27日、山东于2019年3月19日、天津于2019年3月20日、河北于2019年3月28日分别在各地举行了编写启动会议。启动会上气氛热烈，部分专家表示本丛书编写及时并提出了很多宝贵意见。

专家们认为，校园建筑设计是建筑界的事，而使用上则是教育界的事，涉及中小学师生，建筑设计界一定要树立和做好为学校师生服务的意识。校园建筑设计的好坏，不能单听建筑专家的评述，更应该听听教育家、学校使用者的意见。这也正是建筑界和教育界需要融合沟通的重要环节。为此，我们在第二卷丛书编辑过程中，尝试加些融合沟通元素。即，邀请了数位设计上有特色的学校校长，针对本校的教育、校园建筑和环境设计、共性与个性上的使用需求等，提出些评述和寄语，以文字或数字化（视频）的形式收入书中。

《新时代中小学建筑设计案例与评析》套书从实用性、引导性出发，尽可能详尽地按作品的设计理念、设计原则，典型平面、立面，适用功能、细部空间、校园环境等系统编辑，较全面地将各个案例逐一展开。相信广大读者通过对本书的阅读，可领略案例作品的创新性，准确把握校园案例"适用、经济、安全、美观"的建筑设计方针。我们力求通过这一丛书的方案优选、专家评述和校长寄语，使中小学校建筑设计借鉴者能从教育建筑设计中，及时把握社会、经济、文化和城市发展的脉搏，体验新时代学校设计的崭新理念和手法，成为当下中小学建筑设计最新的实用参考，有效地推动当前我国中小学校建设工作的健康发展。相信本书优秀案例中建筑设计的特色、理念以及校园中舒适的空间、优美的环境和完善的功能，也会给从事教育工作的领导和管理人员一定的启迪。

本卷图书在征稿和编审过程中，得到了北京、天津、河北及山东区域内各参编单位的秉力支持。在具体工作中，编委会很多专家都是在百忙之中挤出时间，认真负责、

保质保量地完成稿件的整理和编撰。特别是各区域的联络人员，更是兢兢业业，不仅耐心细致地做好与专家的沟通工作，对书稿的要求也是精益求精。另外，在本书成稿后，为提高该书的可读性，特邀请北京市建筑设计研究院有限公司王小工副总建筑师，在阅读大部分书稿后，执笔为本书撰写了内容翔实的概述。对融入校园设计中，建筑与教育界相互关注的话题，中国建筑设计研究院有限公司邓烨主任等，做了大量的联络和沟通工作。本书对上述专家的辛勤劳动，在此一并表示诚挚的感谢！

《新时代中小学建筑设计案例与评析》（第二卷）在本书顾问、各参编单位、编辑委员会全体成员以及中国建筑工业出版社领导及编辑的共同努力下，编写工作经过了多次协调和审查，最后基本上取得一致意见。由于编者水平有限，并受到人力、财力和时间的限制，该书的出版一定会存在些许不足之处，希望广大读者及建筑、教育领域的专家在阅读过程中提出宝贵意见和建议，以便在下一卷编写时进行改正和完善。

2019 年 9 月

概　　述

近年来，社会发展伴随着新技术与新观念的出现，对人才培养提出了新的要求，世界范围内对教育的思考也正经历着新一轮变革。从我国有着千百年历史的传统书院教育，到以欧美为代表的西方多元化全人格人文教育，东西方现代教育在关注核心理念的传承与革新中也不断产生新的思考，与此同时，对基础教育校园设计与建设的实践也提出了新的要求。

面对当前我国教育的急速发展和变革，校园规划设计者在中小学校建设的实践中，也在积极应对新时代背景下校园规划建设所面临的新课题和新挑战。本书作为《新时代中小学建筑设计案例与评析》套书的第二卷，收录了近年来京津冀鲁等地区有代表性的校园设计案例，供业界同仁交流学习，在一定程度上反映了这些年来上述地区新的中小学校的建设风貌，同时也表达了业界同仁在当下社会发展的进程中，对校园设计如何适应满足当代和未来社会教育发展办学需求的思考和努力。

对基础教育理念革新的认识是开启新时代校园建筑设计的核心钥匙

先进的教育理念与管理是办学成功的关键。古今中外的教育家都有丰富的办学经验和深刻的教育思想，这对于校园的环境设施建设有非常重要的指导意义。每一个校园的规划设计，都应从认识了解教育、从与办学者和教育家的对话开始。沟通交流能够加深设计团队对教育模式和校园建设的认识思考，是开启新时代中小学校园建筑设计的核心钥匙！

未来的校园设计关注什么？中国教育科学院发布的《中国未来学校白皮书》中提到，未来学校是以围绕社会发展对人核心素养为培养目标，通过课程设置、学习方式、学习环境、教育技术和学校组织机构的变革而构建的面向未来的新型学校。近年来，国内对未来新型学校形态的研究也成为新的热点课题，有研究者提出，未来学校建设有三层境界：首先是校园信息化基础设施建设，然后是建筑空间及现代技术支持下的学习方式变革，最终实现受教育个体与整体教育流程的再造。

基础教育的变革推动了教与学模式的变化，使得学习没有了固化空间的边界，整个校园成为一个流动的一体化学习空间场所。在这些设想里，我们可以越来越多地听到一些关键词，如开放、融合、交流等。反映到建筑层面，现代教育对校园空间的设计需求主要有三方面特征：一是学习场景相互融通；二是学习方式灵活多元；三是学校组织富有弹性。面对现代校园的空间特性需求，伴随着配合支持教与学的技术手段日新月异的发展，无论是新时代背景下新校园的建设，还是既有校园空间的改造完善与再提升，本卷收录的诸多案例作品都展示了对这些课题多方面的思考和应对，这也是我国校园建设基础设施持续更新发展、提升我国整体教育设施硬件水平的长期任务。

校园建设是需要软硬件系统配套的工程

在当今社会迅猛发展的新背景下，校园建筑的规划设计也应与教育实践的发展在一种共生的形式下相互结合推进。校园规划设计建设目标就是希望建成的校园硬件设施与经营管理校园的软件之间能够形成默契，从而创造出一个丰富多彩的以学生为中心、有利于整个学校可持续繁荣发展的成长环境。面对这些年来中国教育的巨大变化和地域发展差异，校园建设沿用统一的"标准"，设计很难应对教育思想百花齐放、办学模式与规模多样化所造成的"非标"差异。教育资源标准配置合理与否，应建立在一个前提下，即与每一个不同的办学个体差异需求相匹配，如此，教育资源的真正价值才能得以实现。当前我国教育领域对新的教育理念和实践的不断革新探索、新的教学方式教育技术工具的出现，客观上推动并促使我们对既有校园的规划设计思想、学习空间形态进行拓展式的再思考和再认识。从我国不同地域、不同办学体制的实际发展需求出发，推进校园规划设计建设标准及规范的改进和完善，系统思考和突破当今固有的束缚，避免不同决策审批环节间一些指标标准不交圈、不匹配的矛盾，为急速发展变革中的教育日趋多样化、个性化的办学需求提供有预见性的硬件变通条件，这已经成为当前我国校园建设实践中亟待面对的问题。

校园项目建设是一个自始至终需要软硬件系统配套的工程，应鼓励参与学校规划设计和管理决策的各方人员，从项目伊始就建立起充分的交流与沟通机制，明确学校的性质和定位，平衡好投资方、运营方、使用方的不同需求，以使用者为中心，以新型教育理念、教学模式为导向，努力形成从规划设计到建设运营各个阶段相关因素间的协调与衔接。

针对当前教育发展新形势下的变化和需求，目前国家相关主管机构正在组织实施新一轮针对标准、规范等方面的修订、修编工作，同时，全国各地校园建设主管部门也在陆续出台具有地方特色的补充性标准与法规，并有针对性地放宽项目建设中办学主体可以把控的空间，这在一定程度上为不同个体校园建设的多元化、个性化发展打开了通道。

校园规划设计建设的根本着眼点在人

校园空间不仅是学习知识的场所，更是教导学生如何生活、全面成长的沃土。校园规划建设一方面要处理好不同功能空间的设计，另一方面还要面对知识传授和获取途径在"高技术"方面的迅猛发展，同时，人的内心对自然自在人性本真的"高情感"需求也应得到重视。
老师和学生是校园育人环境的"双主体"，对于校园双主体的关注则应处理好人对"高技术"与"高情感"二者需求的平衡。从注重对"物"的搭建转向对"人"的关注，教育家期待做有温度的教育，校园建设如何搭建有温度的校园，如何兼顾好二者的关系成为校园建筑规划设计者的根本任务！

相对于以往规划设计中对校园建筑形态的过多关注，当今设计者的着眼点应当更多地放在充分表达和挖掘一所学校的办学理念和文化传承上；放在平衡好教育建筑的功能与教学管理模式上；放在促成师生与校园环境文化之间的情感互动与和谐共生上。人与环境、人与人之间的这种相互塑造与成长，源于彼此间全方位的沟通交流，能否促成"对话"交流，也成为校园建筑规划设计的核心关注点之一。"学校即社会，教育即生活"，高品质

的校园空间可以促进不同形式的交流活动，以满足和激发教育的多种形态以及多姿多彩的校园生活。

在新时代中小学的校园规划设计中，学生宿舍设计应拒绝宾馆化模式，宿舍和食堂不仅是睡觉和吃饭的地方，也是肩负教育功能和学生全面成长发展的第二领地，使得校园生活区成为学生们集体生活成长记忆的载体，成为学生们"在学习中生活，在生活中成长"的宝贵课堂。

这方面的案例包括将建筑空间最大化地科学利用、服务教育教学的北京师范大学附属中学西校区项目；强调互动和个性化教学的北京大学附属中学项目；流线清晰、布局合理高效的安徽省肥东一中新校区；充分满足师生活动需求的深圳坪山锦龙学校；提出"庭院洄游式"空间模式、方便日常交通的威海市望海园中学等项目。

校园文化景观建设的留白与对细节的关注决定成败

新的中小学设计中更加注重景观开放空间在校园学习生活中的重要作用。校园景观规划设计往往与校园文化建设相结合，在强调校园景观营建艺术性的同时，我们更主张校园文化的设计应对学校自身个性文化的历史有一定的传承、挖掘和展示。不同学校因历史传承、地域文化的不同，有各自不同的育人理念、办学特点和文化内涵，对校园文化景观的经营，也需要教育者对校园空间设施进行建设性的利用和挖掘。

校园文化的呈现不是"挂满墙的文化"，更不是标语化的宣传，新校园的文化景观设计建设应有节制地思考与把控，如同中国画强调留白一样，校园的文化和景观是需要留白的，或者说好的教育是需要留白的。留白的校园让师生有空间去想象、去思考、去丰满，教育工作者的理想和学生的成长痕迹也会作为活的文化和景观，随着时间推移沉淀为校园文化的一部分。

相比较校园文化和景观规划设计中的"留白"，一所成功的学校设计对细节的关注是不可缺少的。细节的把握往往与师生日常使用的需求紧密相关。校园建设中细节

的完整度，往往在不同专业配合的精细度和完成度上体现出来，无论是平面功能、空间细节，还是设施设备的合理周全，抑或是材料构造、安全方面的特殊处理，细节设计不仅体现着设计者对建筑完整度的把控能力，更表达着对学校师生的人文关怀。

这方面的案例有对材料及光环境反复推敲的北京 161 中学回龙观学校；立面细节生动、用色严谨的北大附中朝阳未来学校；延续历史街区肌理的北京市第三十五中学；运用不同院落空间模式表达校园文化内涵的蚌埠二中新校区项目。

核心教室单元空间复合化功能定位的再思考

作为学校最基本教与学的承载空间，教室始终是校园建筑中最核心的功能空间。一个学校教学质量的好坏，往往可以从普通教室建设和使用管理的情况进行初步判断。教室不仅仅是学习场所，同时也是师生多样化行为活动的载体，是个人学习空间和公共学习环境的有机统一。新校园规划建设中，教室空间设计要综合考虑技术的最新发展和多形态个性化教学形式的需要，同时更要考虑不同的教学方式对学习空间的不同要求。对于不同学龄阶段学生的教室，其规划设计思路也应有所区分。从小学低年级学段教室的复合化全科教学单元的设计，到中学阶段伴随着走班制教学、分层教学模式的加快推广实施，从传统教学区域单一形式的普通教室线性排布，向以学科中心教学单元、族群教学空间、灵活可变空间等多种模式的探索，也成为近年来新校园设计中思考的热点课题之一。

这方面的案例包括空间多元复合化的北京师范大学附属中学西校区项目；营造出类似城市趣味空间的北京朝阳凯文国际学校；常规教室与开放式学习交流空间相融合的育翔小学回龙观学校；围绕公共活动功能展开的济宁市太白湖中心小学、中学项目的规划格局；集成多功能模块的一土学校的平面布局；以及北京市海淀育英中学改扩建项目提出的"随处学习"理念和北京市中关村第三小学万柳北校区项目中运用的"班组群"理念。

绿色生态节能理念的体现与校园建筑的永续更新发展

绿色节能理念在校园建设中的应用已成为新时代中小学设计中普遍关注的课题。我们主张在选择绿色技术和设备设施时，要以国内及地域经济技术发展现状为前提，选择更加可控和成熟的做法，使得绿色生态理念在整个项目的推进过程中具备更高的可操作性和可持续性。在规划与建筑设计中，应首先强调对地域气候条件和自然生态特征的适应与利用，这是绿色环保及可持续发展理念的基本体现。另外，还应尽可能多地采用可视化的设计手段，使得绿色节能技术在建筑与景观环境中的应用更容易被学生感知，使校园本身成为学生了解绿色环保理念的生动教材。

这方面的案例有因地制宜塑造生态绿洲的北京第二实验小学兰州分校项目；获得绿建三星认证的北京四中房山校区项目；最大化利用自然通风采光的北京师范大学盐城附属学校和威海市实验高级中学项目；以及充分运用绿建技术的人大附中北京航天城学校项目等。

展望

新型教育理念和校园设计的再认识

1986 年，美国政府提出了 STEM 教育理念，世界许多国家也相继开启了新一轮教育改革的探索，一些融合了新型设计理念的校园案例也相继呈现。如芬兰的"Me & My City"沉浸式体验学习的微型城市校园；特斯拉创始人马斯克创立的 Ad Astra School 这样的城市"小微学校"；被誉为"极有可能成功"的提倡项目式学习模式的美国 High Tech High（HTH）学校；倡导"教室无边界，自然是课堂"的自然教育学校；更有把世界当作教室的思考全球学校（Think Global School）这样学校的出现。在我国，近几年来也涌现出不少多种形态的探索型学校，伴随着当代中国社会发展对教育实践变革的真实期待和需求，这些看似遥远的未来教育已不再虚幻，未来已来！新校园设计实践的创新思考亦伴随之间。随着知识和技术的发展，学习和教育方式都发生了很大改变，教室空间已不再是学生学习的唯一场所形式，这些变化促使学校建设对学习空间认识的再升级。在新校园设计中，学习空间与以往学校最突出的区别在于——遵循了以学习者为中心的设计原则，力求学习空间通过学生协作、互动、讨论交流等活动促进其主动学习。在新模式学习空间内，设计支持不同教学模式间的快速转换，设计的根本理念就是把对空间的掌握和主导权交给使用空间的主人，从而提高教学过程中的参与性，从而达到促进自主学习的目的。

推广数字化教育成为一种共识的方向

世界教育创新峰会（WISE）曾发起过一项关于全球教育发展的调研，许多国家明确阐述了面向互联网和新媒体时代的教育作为国家战略的改革远景，大力推广数字化教育成为一种共识的方向。在"互联网＋"的背景下，传统学校将面临结构性变革，通过空间、课程与移动互联网技术的融合，形成个性化的学习支持体系，为每一个学生提供适合自我的教育。同时，教育数字化计划也在逐步落实和扩展到整个社会的公共教育服务体系中，涵盖了中小学课堂、家庭教育环境和社区教育环境等各个相关的教育场所，联结了学生、教师、家长和社区的相关参与者，使得全社会的资源共同成为一个立体的全民教育参与和支持体系。

校园设施资源的社区化共享及在地区文化建设中作用的拓展

在当今新型城镇化建设的大背景下，无论一线城市还是偏远地区，学校的规划建设应尽可能打破校园全天候的围墙式封闭管理模式，如何有效地加快校园设施、资源的社会化共享，进一步拓宽学校在更广泛的社区和整个社会中扮演角色的问题，都值得各级相关主管部门认真研究。对于本身就缺乏文化教育设施的广大乡镇，校园在规划建设和整合时，更亟待把学校的以下三个角色定位更加明确地提出和推进，即社会公用、当地的文化设施建设与共享角色，从而让校园成为地区（社区）居民的文化精神家园和参与自我终身教育的开放场所，使得建设维护校园的巨大社会投入发挥更大、更广泛的功效。同时，探索学校资源与社会（社区）共享的可能性，以及校园开阔空间在城市抗灾中作为避难场所利用的可能性。

"十年树木，百年树人"，教育是一个国家发展的基石。建设和经营好一所可以百年树人的校园不是朝夕之事，其间一定浸润着育人者的爱心与文化底蕴的不断积累。时至今日，中国基础教育建筑的规划与设计理应从更高、更深的层面来思考和把握两者的关系。从信息共享到学习共享的校园，其空间形态是建筑设计赋予的也更是教育理念赋予的。从当前到今后相当长时期，校园的改造与建设，无论是从资金注入还是建设周期上讲，都是一个持续投入和发展的过程。长期有计划地总结、研究，甚至预测学校建设发展的方向，以此来满足和适应学校未来发展的需要是十分必要的。面对当前世界范围对未来教育发展跨越式的思考，思考中国教育的现在和未来，无论是对校园建设的思考还是对教育本身的认知，我们需要追赶与跨越的路还很长！

（本文由北京市建筑设计研究院副总建筑师王小工执笔）

北京大学附属中学朝阳未来学校

北京大学附属中学朝阳未来学校在诞生伊始，我们就明确了要通过不断创新，进行教育变革的办学目标。核心是从教师为中心向以学生为中心转变，这与北大附中本校近年来的教育改革一脉相承。而在努力推进一种"学生自主学习代替教师单向输出"的教学模式过程中，物理教学场所的"助攻"当然必不可少。

我们学校的前身，是一个传统的大学校园，要将之转化为一个面向未来的高中，挑战很大。建筑师的改造带来的最大变化，我认为有三点：一是将全校暗沉的色调，变化为既充满生机又有机地标明方位的色彩系统；二是将室外空间从简单的绿化带加操场，变成全区域融会贯通、鼓励学生自主行动的自由校园；最后也是最重要的，是在自主学习发生的核心空间，打破了以往流水线式教育里典型的"教室加走廊"格局，为新时代的学习者，提供了更为开放、互动的教学空间，更好地促使个人学习、圆桌讨论、小组协同等多种学习模式自然发生。

北京大学附属中学朝阳未来学校校长 纪科

北京第二实验小学兰州分校 | 以爱为底色，描绘兰州教育爱的家园

北京第二实验小学兰州分校是兰州市委、市政府和北京第二实验小学合作建设的一所全日制公办小学。如何在传承二小教育理念的同时，融合兰州本地特色，建设高品质校园？设计者经过反复推敲、细节打磨，最终给出了完美答卷。

因地制宜，生态绿洲
设计团队根据现场地形特征，将50亩（3.3公顷）建设用地设计为丘陵状生态绿洲。首层架空空间、下沉庭院、中央景观广场以及屋顶绿化，为孩子们创造出丰富活动空间的同时，还形成了多层次的景观效果。

序列空间，开合有度
起伏的场地由南往北贯穿整个校园，楼宇、庭院、广场彼此呼应，形成开合有度的空间序列。不同年级的教学楼沿城市绿化带布置，彰显出学生的年龄特点。结合场地南侧的低洼地带设置下沉庭院，作为各年级组团的室外活动场所，于开合有度、曲径通幽中展现建筑的生命力。

立体交通，四通八达
校园各出入口设计合理高效，每栋教学楼都设置了多个出入口，位置和数量精确推敲，为全体师生安全快捷的通行提供方便。贯穿于校园的风雨连廊，将各教学区、功能区相互联结，晴天遮阳、雨天挡雨，令人称道。所有的建筑面交界处均采用圆角设计，营造出视觉美感的

同时也最大限度地保证了孩子们日常活动的安全。

七彩黄河，以爱育爱
坐落在黄河之畔的兰州分校，从分布在校园各个角落的景观黄河石到展现黄河文明的主题景观设计，无不体现出黄河文化的厚重底蕴。

"以爱育爱"是二小的核心教育理念，这在设计中也得到了充分体现：开阔的活动空间、宽敞的展示长廊、站在儿童视角设计的"双跑坡道"、功能齐全的风雨操场……无不体现出设计者对校园师生的关爱。

粗粮细作，打造精品
校园建筑总体风格庄重大方，弧线元素的运用，营造出充满时代特色的校园文化氛围。立面色彩依据实验二小传统，将不同年级的代表色错落组合，形成活泼而有辨识度的建筑立面。材质上运用粗粮细作的原则——选取朴实的材料推敲有意味、别致的空间。

现如今，兰州二小已经成为兰州市教育建筑的精品，得到了各界的广泛认可。四年多来，我带领老师们、孩子们在这里践行着爱的教育，感受着教育的幸福。以后的日子里，我们将继续以爱为底色，描绘兰州教育爱的家园。

北京第二实验小学兰州分校校长 洪海鹰

北京师范大学附属中学 ｜ 校园建设回顾

北京师范大学附属中学校园改扩建工程开始于 20 世纪末，经过设计团队的多轮精心设计，建成后的师大附中特色鲜明，不仅达到了高水平示范校的建设标准，而且体现了百年名校的历史底蕴。

传统与现代相结合助力校园时空延展

东校区整体朴实大方，临街的鲁迅文学研修室（三味书屋）、中国古代文化研修室（孔子讲堂），以及原有文物——民国小学教学楼（钱学森纪念馆），都把这所学校与中国悠久的教育历史联系起来，使得改扩建校园与历史街区相得益彰。

西校区采用"书院式"布局，将新的校园空间与传统院落有机结合，保留了原有的 9 颗大型乔木，使得场所记忆在新校区得以延续。

建筑空间最大化科学利用服务教育教学

设计团队在项目推进过程中与学校进行充分沟通，细致周到地考虑了每一个设计环节，系统地规划安排好学校师生的各种使用需求。

面对局促的用地条件，设计团队充分利用地上地下空间，把各类功能巧妙安排在一个"书院"中：屋顶跑道解决了大城市紧张的用地条件与日益增加的运动场地需求之间的矛盾；下沉庭院使得大量地下空间能够自然通风采光，既创造了舒适优美的使用环境，也体现了绿色校园的设计理念。

校史陈列和文化元素的应用彰显环境育人理念

师大附中校园中不仅有校友赵世炎、钱学森和老校长林砺儒的塑像，还设计了多功能展柜，精心布置了校情、校史展。利用中国古代书法和敦煌壁画图案作为墙面装饰，使学生能在潜移默化中感受中华传统文化，培养家国情怀。

人性化设计方便师生教学相长

校内的建筑物用连廊相接，起到了遮风避雨的作用；教学楼内设置答疑走廊，为师生交流创造更多机会；校园内绿地树木之间设计了固定坐凳，学生可以在清新的环境中晨读，在课余时间亲近大自然。

师大附中的校园虽然不大，但处处体现着设计者对教育建筑的深刻理解和对使用者的细致关怀，这样的校园设计不仅赢得了广大师生的热爱，也得到了社会的广泛好评。作为老校长，我在师大附中工作了十七年，见证了校园的点滴改变，也希望在未来能出现更多像师大附中这样的建设经典，为我国教育事业的发展作出更大的贡献！

北京师范大学附属中学原校长 刘沪

北京市第三十五中学 | 理想学校的"基石"

学校是什么地方？最简单的说法是"学校是学生学习的地方"。进一步追问，有两个问题需要回答：学什么，以及怎样学？厘清这些问题，其实是我们构建理想学校的"基石"。基于对这些问题的思考，我认为建设一所学校需要关注人、文化与课程三大要素，在三者之间取得平衡甚至实现融合。

古希腊智者普罗泰戈拉曾说"人是万物的尺度"，这句话用于说学校建筑显然恰如其分。不过学校建筑令师生感到方便、舒适只是基础，更高阶应是通过布局与细节，在潜移默化中对学生起到教育与引领。

北京三十五中的学校愿景是"创建中国风格、中国特色、中国气派的现代学校"。我认为现代学校凸现四个特征：人本，即学校一切工作为了人的发展；科学，指各项工作要符合规律；民主，强调尊重和包容；开放，主要指打开校门办教育。

理想学校的设计建设也应该体现这些理念。例如三十五中的教室建成主题教室，体现学科特色，教室内的桌子都是梯形桌，方便学生随意组合，开展小组合作探究式学习。每个主题教室的后面以及走廊里，都设有学生自主查阅学习区域，楼道里有研讨交流区等，这些都体现着人本、科学、民主、开放的教育理念。

我常说办教育就是办文化，每所学校都有自己独特的历史文化，这其实也是学校独一无二的教育资源。在学校建设中应该体现出学校历史的传承以及中国文化的底色。当然，学校文化建设绝对不是简单拼凑，而要着眼激发学生的审美感受、情感共鸣和思想活动。

三十五中校园建设的一大特色就是"志成文化"，篆刻着校训的校门、题写着办学愿景的三江石以及体现着建校史源的志成楼构成了"志成轴"。成人礼、毕业礼以及其他重要时刻，学生们走过志成轴上的"红毯"、在志成楼前合影，那是一生铭刻的记忆。保留八道湾胡同的肌理辅之以北京民俗文化雕塑，复建鲁迅三兄弟旧居并建成鲁迅八道湾纪念馆，将建校董事李大钊"请回"学校……这些都化为学生的课程甚至课题，实现从审美到情感再到思想的触动。

课程是一所学校的灵魂与特色，也是学生成长的营养基。学校建设应彰显学校课程特色，为课程开发与建设留有空间。三十五中将人文、科技、艺术三大特色课程的基地，建设为学校的地标性建筑，同时又将这空间化作课程的一部分。

未来教育一定是私人定制的教育。如何利用有限的空间与资源，尽可能尊重每个学生的学习方式与成长路径，为每个学生的发展提供个性化支持，这是未来学校建设与发展需要考虑的问题。

北京市第三十五中学校长 朱建民

北京四中房山校区

北京四中房山校区的校园设计与建设，符合北京四中教育理念以及当今中国（乃至世界）教育进步之趋势，这得益于设计师在勾画之初对北京四中的教育进行了长时间的充分体验与研究，方才造就了这座与传统校园有着极大差别的"新"校园。

该校园投入使用至今，其"绿色"、"开放"的建筑特点，与北京四中所倡导和所推行的"温暖"、"开放"的教育理念相辅相成，相得益彰。我们始终认为，优秀的教育要为学生建立"完整的发展系统"、"开放的学习过程"和"看得见的成长"。尤其是在贯彻百年四中"以人育人，共同发展"的教育理念上，该校园开放的建筑、自由的空间，为我校教育朝着"丰富"、"自由"、"开放"

之维度的开展与推进，提供了良好的空间可能性。乃至在诸多方面，甚至可以说是"建筑推进了教育"。因此，在北京四中房山校区，"空间教育"成了我们所独有且优质的教育资源。因为我们相信，人的生存空间的几何状态，一定会深刻地影响到在此空间生存的人的生命状态。

我代表在此快乐学习、生活的孩子们，感谢用心良苦的设计师，感谢他们为教育的进步创造了另一种可能性。在北京四中房山校区的校园里，"有温度的教育"正在点燃中国基础教育新的希望。

北京四中房山校区原执行校长　黄春

北京耀中国际学校 ｜ 住新房子的体会

近十年以来，国内建设出一批饱含人文情感、充满科学元素、兼顾美学标准、实现教学多元化空间组合的学校建筑。在顺应教学研究型学习、体验性学习、引导式教学上，传承出新，各有特色。

第一，整体审美提升。更加强调建筑的外部、内部各个透视关系中美学的体现，注重装置美学和人体工学元素的利用；

第二，建筑的内部材料要求符合环保和人性化设计标准；

第三，教学功能性设施周到、完备。科学艺术功能设计无缝植入。

这些让人们感动的用心之处，会更加融洽人们与建筑的关系，从而自发产生优化环境赋予功能的思考和行动。这种一方面传承传统建筑文化，另一方面饱含新时代文化基因的学校建筑，更加适合青少年，使他们评价学校更像图书馆、博物馆、科学馆、运动中心的聚合体，有效地帮助了学生和教师展开新需求下的教学互动。

其次，人文环境创设中跨学科研究的应用，为学校建筑植入灵魂。

第一，流行疾病学研究的应用，强调了空气净化系统、水净化系统、温度控制系统、垃圾处理系统的全面植入，增加实时智能监控预警的评估，使新型学校建筑具有优异的人体舒适度。

第二，心理学研究成果的大量应用，使学校建筑空间亲和力大大增强。尤其是空间的高度、空间颜色的排布、声音的传播和控制、保持最佳光线投射的要求、建筑设施表面材料的舒适度要求等方面。

第三，预防犯罪心理学研究成果显示：学校防范设施的重要性安排是非常关键的必要设施，智能的防护监护设计可保护儿童、青少年，是学校建筑功能性实现的重要保障。

当代学校建筑设计师已经成为适应大环境教育变革的需求、吸吮方方面面科学的营养、蜕变出鲜艳翅膀的美丽天使，他们正在用各种建筑素材固化神奇美好的设计精品，为学生和老师们服务。作为一名教育工作者，和这些心灵焕发着光彩的优秀灵魂在一起，唯有不断学习、深深体会，才能不负时光、不辱使命，点亮更多孩子们闪闪的心灵，让他们持续为我们更辉煌的世界贡献能量。

做一粒不断被他们温暖的石子，非常幸福。

北京耀中国际学校总经理　王浩镔

青岛美术学校 | 画出彩虹——青岛美术学校新校建设

青岛美术学校（山东省青岛第六中学）是一所全国领先的美术特色普通高中，多年来向各高校输送了近万名学生，大批学生考入中央美术学院、中国美术学院及清华美术学院等美术专业名校。老校位于观象山，2012年青岛市政府在黄岛区云台山路以西，淮河路以北征地约263亩（17.53公顷）建设新校。

新校建设充分体现出学校的历史延续、育人理念及办学特色，以美术特色的人文性建构为切入点，以现代要素为基调，以美的艺术空间为引领，并在人本、生态和个性校园方面采取先进理念，做到超前领先、美观实用、低碳环保。

在整体性与全面性方面，兼顾了整体与单体、传统与现代、人文与自然景观的和谐统一。在赋予建筑单体特性的同时，力求化零为整，以带状的"一条龙"现代建筑群格局呼应"龙的传人"文化。

在继承性与发展性方面，既尊重学校的历史文脉，又体现现代建筑风尚。利用调整建筑布局、形态及标高来呼应地形，保护自然山体及水面,崭新演绎青岛的山地建筑。

撷取山、海元素，运用折板打造起伏、灵动、富韵律感的第五立面。大地彩画广场继承了传统，是师生们集体创作的最佳场所。

在适用性与功能性方面，既适应校园建筑的综合性，又体现出中学课程教学的结构性和发展性。全长400多米的彩虹桥高效连接各区，巧妙化解地形南高北低的交通不利，并打造出一道靓丽的风景线，"彩虹桥"的命名也寓意着学校对学生们在此感受、学习艺术，画出未来人生美妙彩虹的热切期许。

新校美丽兼具个性，有山有水有桥，树木葱郁，绿草如茵，四季常绿，三季有花，移步有景。全面投入使用两年以来，得到社会各界的高度评价，目前已成为青岛市其中一处知名的艺术建筑群，吸引了多部影视作品在此取景。精妙构思的特色建筑景观也早已成为师生们作画创作的优美素材，广大师生、家长也深感自豪。今日的美好校园全赖设计师们杰出的创意以及对完美锲而不舍的追求，谨在此向他们致以诚挚的感谢！

青岛美术学校书记 陈同法

青岛市实验高级中学 | 天地人和，成就万象——从学校建筑设计看青岛实验高中育人理念

青岛市实验高级中学坐落于青岛市城阳区驯虎山南、大鲤湖北。纵观其校园设计与布局无不体现出人文、境界与便捷。

整个校园背倚青山，南瞰水湖，坐北朝南，方方正正；建筑以人文灰、象牙白、状元红为底色，呈新中式的江南徽派园林风格，暗含"天圆地方"、"天人合一"，处处体现着人与自然、人与环境的和谐共处。

276亩（18.4公顷）偌大的校园里保留有三位"土著居民"——巨石、老榆树、水洼。巨石原为学校选址内两村的界石，建设时考虑到村民们的念想，保留巨石，周遭植以竹林，蔚然成景。老榆树不知年岁几何，枝繁叶茂，经秋不黄。水洼因早年采石而成，开阔深掘成湖，名曰"如意"。岸边四时果树、芦苇、香蒲，与湖中鸭鹅、锦鲤、水莲，湖边白墙、灰瓦、红柱相映成趣，动静咸宜。

校园主要由教学区、运动区和生活区组成。

教学综合体呈九宫格形式，似中国古代棋盘式城市布局，由分布在中轴两侧的四幢"U"形教学楼组成，外部由条形走廊，内部由圆环式长廊连接教学楼、实验楼及教师办公室，确保师生们在五分钟之内完成走班教学的空间转换。

现代科技类的场所被设置在三楼，一楼则设有传统文化浓厚的古琴馆和汉学馆，意味着腾飞和基础。图书楼依山而建，巧妙结合地势打造室外大讲坛。艺术楼及报告厅则沿湖而建，是举行大型集会、承办大型会议的场所。

运动区由标准400米跑道的操场，篮球、排球、网球等场地和体育馆及游泳馆构成，为各个体育俱乐部的开展提供了硬件保障。

生活区由食堂、宿舍楼及人才公寓构成。食堂共三层，满足所有师生同时就餐的需求。学生宿舍为四人间，内有空调、暖气及独立卫生间，为学子提供舒适的休憩之地。人才公寓位于校园的西北角，区位相对独立。

徜徉在实高的校园里，四季轮回，各有其美。每一座建筑、每一棵植物、每一个场馆，甚至一隅、一路都是影响、都是教育，所以，身处其中的学子久而久之就多了一分书卷气、雅致味。

设计成就教育！实高日美，实高日高。

青岛市实验高级中学校长 孙睿

一土学校

一土学校，是一所致力于以国际先进教育理念重塑本土教育的独立教育机构。最近十年，我们深切见证着中国教育的发展变迁和学校空间形态的彻底改观。

一土教育的创办人李一诺曾谈到，构建一个好学校，核心是构建一个善意、有安全感、相互支持的环境，而构建环境的核心是尊重。对于这一教育理念，与我们合作的建筑师们有着深刻的解读，并将其灵活生动地表达在教育空间的设计中。

2017年，北京将台路的一个老旧小区里，一座灰色小楼悄悄换上了绿色新装。在这里，第一个属于一土学校的独立校区诞生了。一土的老师和孩子们亲切地把这里称作"家"。丰富多变的空间体验遵循儿童天性，激发好奇心，鼓励孩子们勇于探索，增加活动量，同时也在孩子需要时，用尺度更贴近孩子的亲密空间呵护他们敏感的情绪。

教室与公共活动区之间，设置了许多高低错落的小窗口。无论课上课余，都可让不同空间中的老师和孩子们之间相互观望，保持各种形式的互动交流。有的孩子在假期后回到学校，发现自己长高了，能透过更多的小窗观望到全新的视角。一土学校能够陪伴孩子的成长，见证他们的欢乐，共同展望未来，这是多么激动人心的事情。

这些设计细节也令我们的老师深受启发，让他们能更好地在教学中与孩子们互动，从更深切的角度关注孩子们的身心成长。

一土学校校长　郭小月

目　　录

北京 BEIJING

北京市第三十五中学
BEIJING NO.35 HIGH SCHOOL

设计单位：中国建筑设计研究院有限公司
设计人员：崔　愷　邓　烨　罗　荃　黄　琳　郭　然　郭晓明
　　　　　曹　阳　张栋栋　齐海娟　郝国龙　王苏阳　甄　璐
　　　　　陈沛仁　程颖杰　董新淼
项目地点：北京市西城区赵登禹路 8 号
设计时间：2008 年 ~2014 年
竣工时间：2015 年
用地面积：42000 平方米
建筑面积：61700 平方米 / 地上 28300 平方米 / 地下 33400 平方米
班级规模：高中 36 班
设计类别：新建、改建

扫码看视频

尊重场地，适应环境的设计策略
■ 鲁迅家族旧居、八道湾胡同、前公用胡同的保护和风貌恢复是设计的首要工作，也是设计的出发点。这些要素不仅要得到保护，更要融入整个校园之中，成为校园的亮点和价值所在。
■ 功能结合场地的特点分散布置，最终形成了以志成楼（原校址遵义楼复建）和鲁迅家族旧居为核心，八道湾胡同为线索的分散体量院落式格局，延续了北京特有的城市肌理和文化气质，也创造出校园书院般的人文气质。

张弛有度，构建友好的人文环境
■ 从主校门到志成楼的仪式性广场，形成了东西向的志成轴。主校门采用了中国印章的意向，镂空的校训——"诚、真、勇、毅、勤、美、严、实"被阳光投射在地面上，形成校园文化的印记。曲折的八道湾胡同，将音乐厅、志成楼、鲁迅家族旧居、鲁迅书院、教学实验楼等重要的建筑串联起来，形成一条园林化的、生活化的、人文化的时空线索。中式风格的红色长廊、景观水系、各类雕塑与教学楼、鲁迅书院构成了校园的核心景观，景色随着空间的转折不断变化，步移景异，充满轻松而浓郁的历史氛围。动静结合、张弛有度的建筑空间，多样化的建筑形式，宜人的建筑尺度，丰富的景观环境是创造校园人文环境的重要方式。
■ 古建筑部分的修缮和新建设计由北京市古建研究所完成，志成楼的迁建设计由北京建工建筑设计研究院完成，三方共同协作，呈现了一个多元的、充满历史气息的校园。

■ 校园建设条件分析图

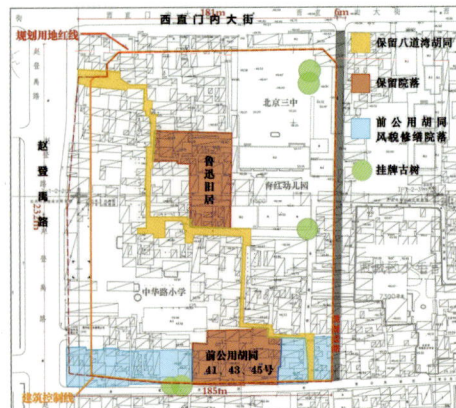

■ 从志成楼看向主校门（摄影：张广源）

■ 不同大小的院落相互呼应（摄影：张广源）

■ 志成楼与校内景

■ 校门下的阴影（摄影：张广源）

■ 串联学校空间的连廊（摄影：张广源）

■ 连廊与鲁迅书院

■ 学校内保留的四合院

挖掘潜力，合理利用地下空间

■ 受场地现状和规划条件所限，学校有超过一半的面积位于地下。除了汽车库、自行车库、设备机房等辅助性功能被布置在地下外，像学生食堂、志成讲堂、篮球馆、游泳馆、健身房、社团活动室、排练厅、图书馆等一些重要的功能也被设置在了地下。

■ 为了给这些师生经常活动和停留的区域提供一定的自然采光和通风，整个校园中设置了九处大小不同的下沉空间，有的是完全露天的庭院，有的则成为室内的中庭。这些下沉庭院都有楼梯或者通道可以便捷地到达，并与周围的建筑空间相结合，形成多层次的校园环境，自然而然地融入整个校园体系中。

协同设计，与教育理念共同发展

■ 北京市第三十五中学作为教改的实验校，进行了以走班制、学部制、学分制、导师制、学长制为核心的"五制"改革；与高校合作创办了十大高端探究性实验室；建设了金帆音乐厅、篮球馆、游泳馆等完善的具有前瞻性的设施。创新的教育理念和完善的硬件基础为实现全人教育创造了多种可能。设计团队与校方一同密切协作，涵盖了设计的很多方面和细节。在整体框架下不断调整和完善校园空间，将每一个既具有创新性又颇具挑战性的目标逐步实现。

一所宅院，一座学校

■ 走进这所积淀了厚重人文历史，饱含着深刻文化内涵的学校，我们仿佛看到鲁迅、李大钊两位新文化运动的革命先驱通过"一所宅院，一座学校"的设计理念跨越时空，再次相会。

❶ 教学实验楼　　❺ 志成楼　　　　❾ 乐器博物馆　　⓭ 志成书画展
❷ 体育馆　　　　❻ 办公楼　　　　❿ 南办公楼　　　⓮ 后勤配套
❸ 鲁迅书院　　　❼ 志成讲堂　　　⓫ 办公区　　　　-- 八道湾胡同
❹ 图书馆　　　　❽ 音乐厅　　　　⓬ 国学馆

■ **总平面图**

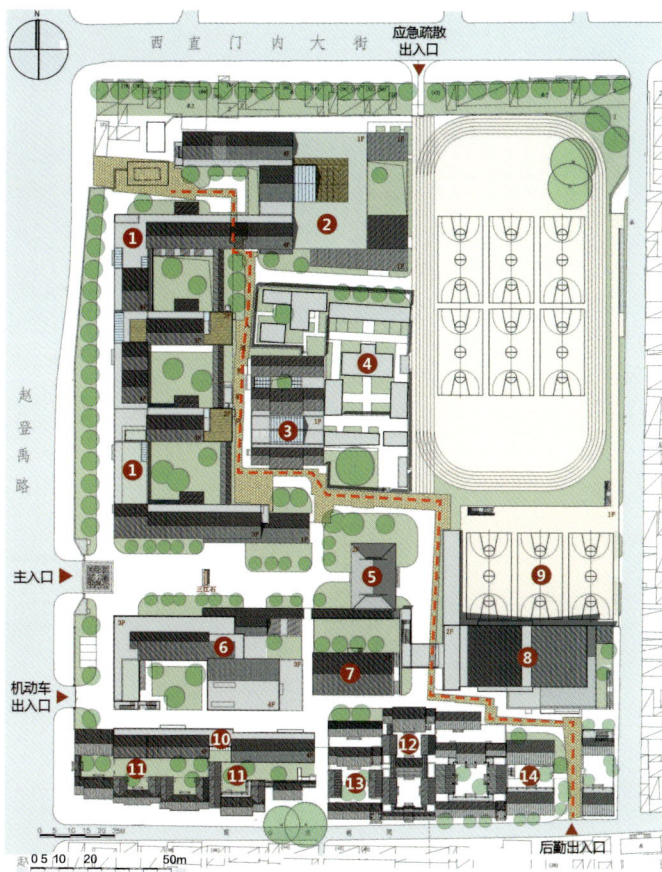

■ 教学楼及下沉广场

■ 八道湾胡同：串联起不同空间

教学楼一层平面图

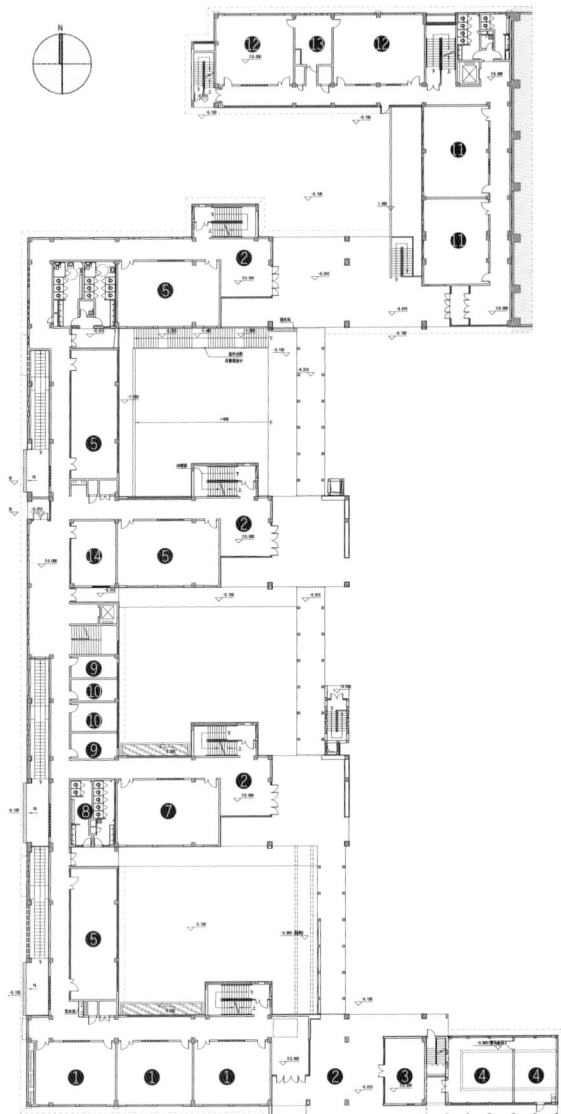

音乐厅一层平面图

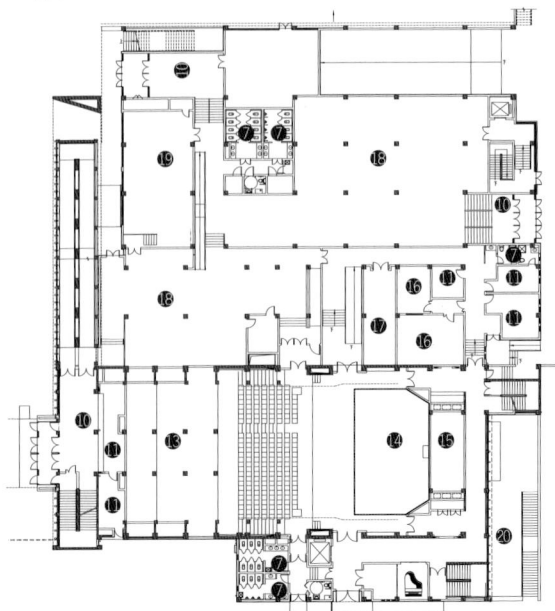

图书馆一层平面图

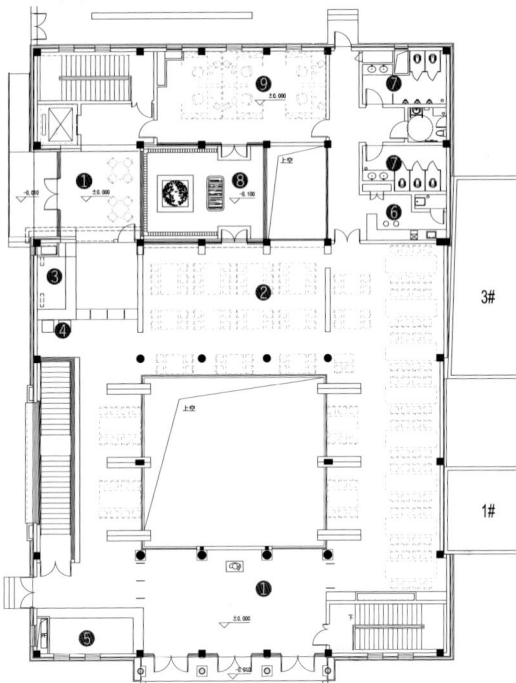

❶ 门厅
❷ 阅览室
❸ 还书区
❹ 自助还书区
❺ 借书区
❻ 休息区
❼ 卫生间
❽ 室外庭院
❾ 办公室
❿ 门厅
⓫ 办公室
⓬ 服务台
⓭ 静压箱
⓮ 演奏区
⓯ 管风琴
⓰ 录音室
⓱ 候场间
⓲ 乐器博物馆
⓳ 民乐展示厅
⓴ 下沉庭院

❶ 教室
❷ 门厅
❸ 学办（广播室）
❹ 医务室
❺ 教师办公室
❻ 机房
❼ 语音教室
❽ 卫生间
❾ 接待室
❿ 辅导室
⓫ 通用技术教室
⓬ 化学实验室
⓭ 准备室
⓮ 语音资料室
⓯ 自行车库

教学楼剖面图

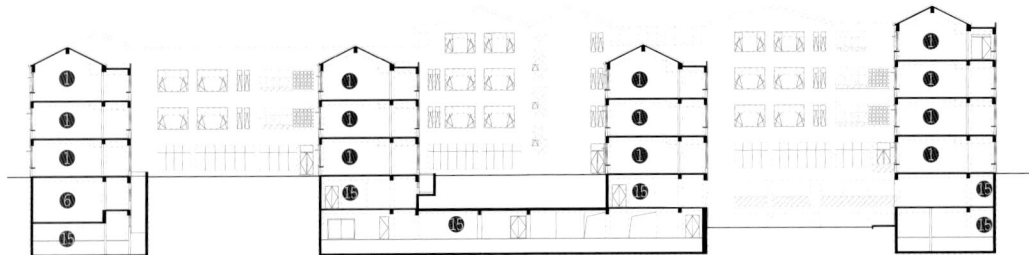

专家点评

▧ 这是一所拥有鲁迅文化、胡同文化、四合院、民国建筑等诸多历史和文化符号的学校。保护和发展，传承与创新是这所学校随处可见的亮点。丰富的历史积淀和独特的人文要素使得这所学校成为一个"校中有校"的案例。

▧ 整个校园有着浓郁的古都气息。以"文化"为核心，"历史"为脉络，从传统到现代，不同风格的建筑通过采用坡屋顶、灰色砖墙、红色柱廊形成整体秩序下丰富的变化。平直质朴的外界面，开放活跃的内部空间，分散体量的院落布局，端庄有序的建筑造型，造就了书院般的人文气质，仿佛教育就是生于此，长于此，经历了岁月的洗礼。

▧ 高端实验室、金帆音乐厅、体育中心、鲁迅书院和博物馆形成了各具特点的教学空间，地上、地下空间"挖空心思"的布置，形成了立体多元的格局，全方位诠释了未来学校的发展方向。

刘燕辉

■ 校园入口（摄影：张广源）

■ 报告厅室内

■ 游泳馆室内

■ 金帆音乐厅室内

■ 鲁迅书院室内

中国人民大学附属中学北京航天城学校

HANGTIANCHENG SCHOOL AFFILIATED TO CHINA RENMIN UNIVERSITY

■ 总平面图

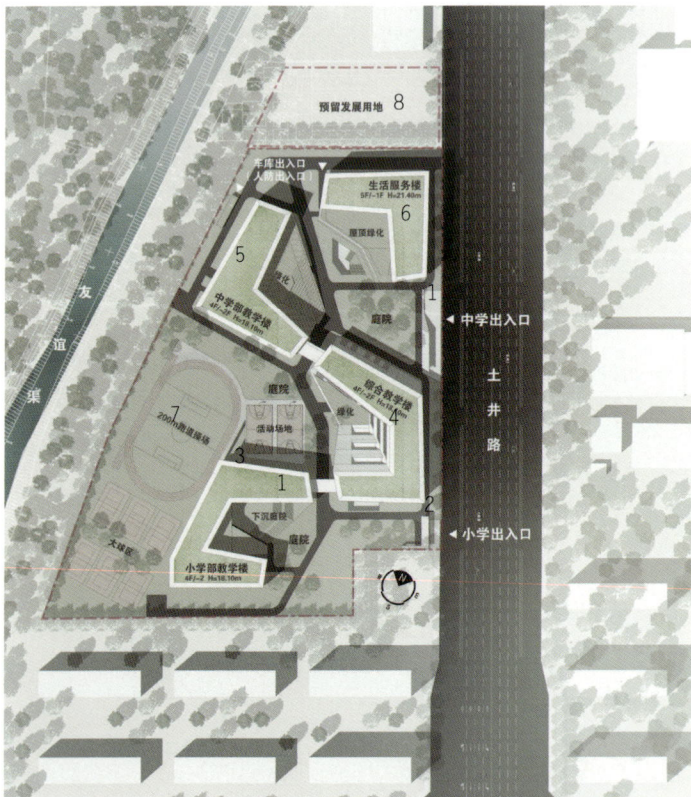

设计单位：北京市建筑设计研究院有限公司

设计人员：王小工　王　铮　贾文若　陈恺蒂　杨　晨　丁　洋
　　　　　胡英娜　高　诚　张丹明　卢　植　何亚琴　李　楠

摄影人员：周　梦

项目地点：北京市海淀区西北旺镇东部航天城

设计时间：2017 年 1 月

竣工时间：2019 年 9 月

用地面积：46533 平方米

建筑面积：80893 平方米 / 地上 41880 平方米 / 地下 39013 平方米

班级规模：72 班（小学、初中、高中）

设计类别：新建

■ "内外" & "动静"：中、小学部位于用地内侧，安静且景观朝向良好。综合楼和生活楼部分功能可与社会开放共享，将二者置于用地外侧，方便其连接城市道路；

■ 庭院："S"形建筑布局将场地划分为两个"外院"一个"内院"，外院分别为中、小学部活动场地，同时兼作其各自的出入口，避免上下学拥堵。"内院"为中、小学部共用的活动场地；

■ 合理充分利用地下空间：受用地和规范的限制，将部分空间置于地下，经消防性能化论证，通过下沉庭院等手段解决其消防问题；

■ 混合组团：每栋单体即为一个组团，其内部功能混合设置，使得各单体相对自成体系，且功能较为完善、流线紧凑便捷，便于使用管理；

■ 绿色技术：采用地源热泵、空气源热泵、太阳能、新风除霾等技术。

■ 整个校园的建筑和院落有机错落：旨在体现出一种建筑、空间、环境之间高度一体化的设计策略。

1 中学部主出入口	5 中学部教学楼
2 小学部次出入口	6 生活服务楼
3 小学部教学楼	7 运动场地
4 综合教学楼	8 预留发展用地

■ 综合楼首层平台

■ 小学部夜景

1　门厅
2　备用教室
3　心理咨询室
4　计算机教室
5　劳动教室
6　卫生保健室
7　开放试听综合阅览室
8　设备机房
9　监控室
10　史地教学空间
11　任课教师办公室
12　职工休息室
13　小学生餐厅
14　教师餐厅
15　门卫

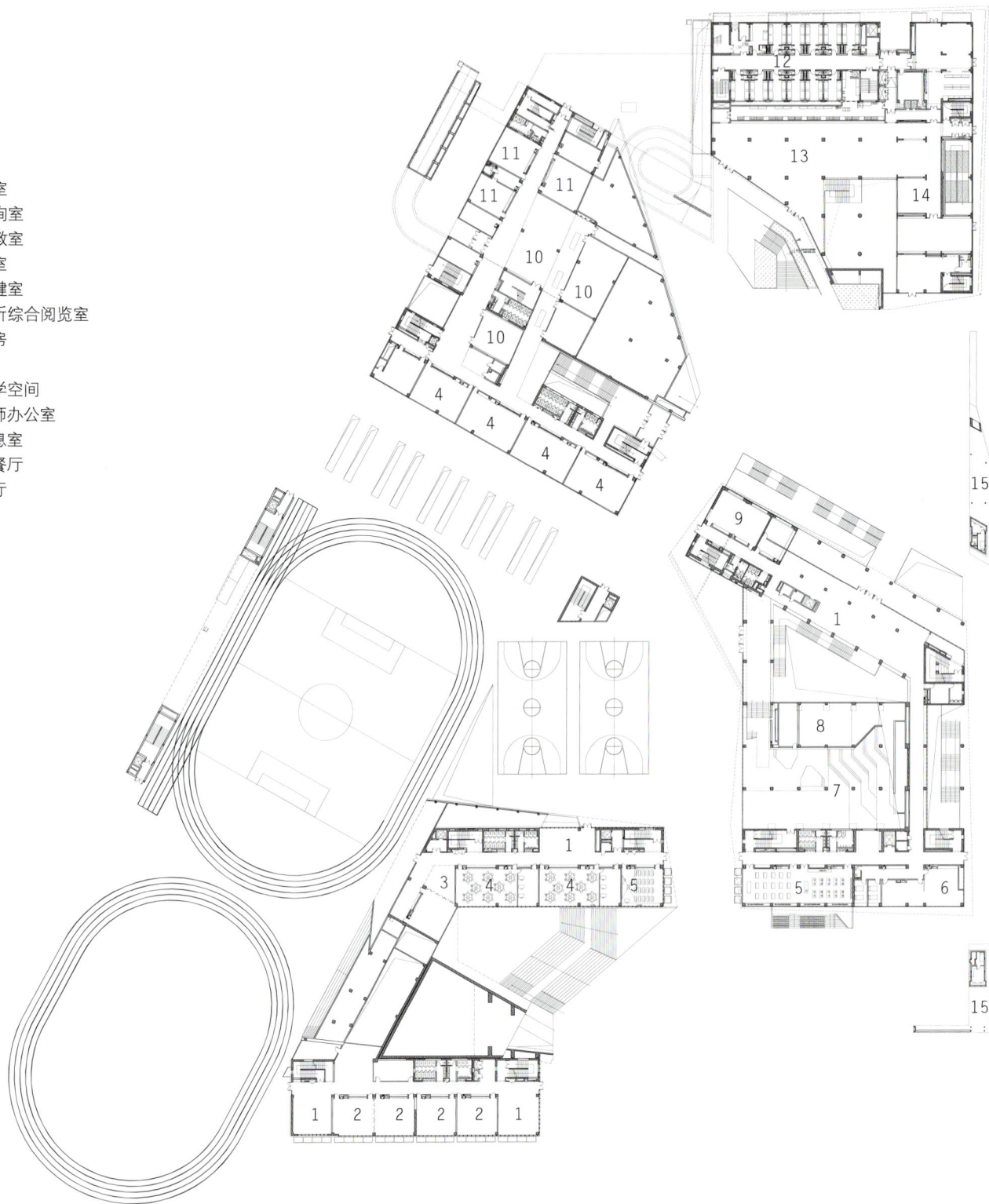

■ 体块生成

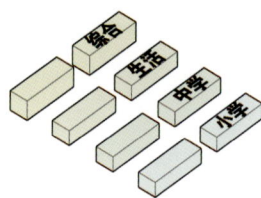 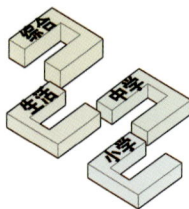 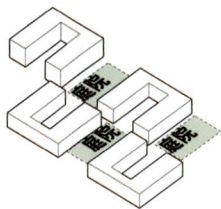 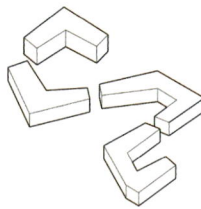 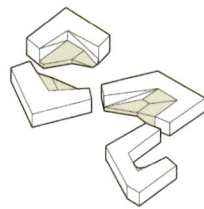

1. 功能量化　　2. 四个单体　　3. 内外庭院　　4. 楔入场地　　5. 型体系化

■ 综合教学楼、体育馆剖面图

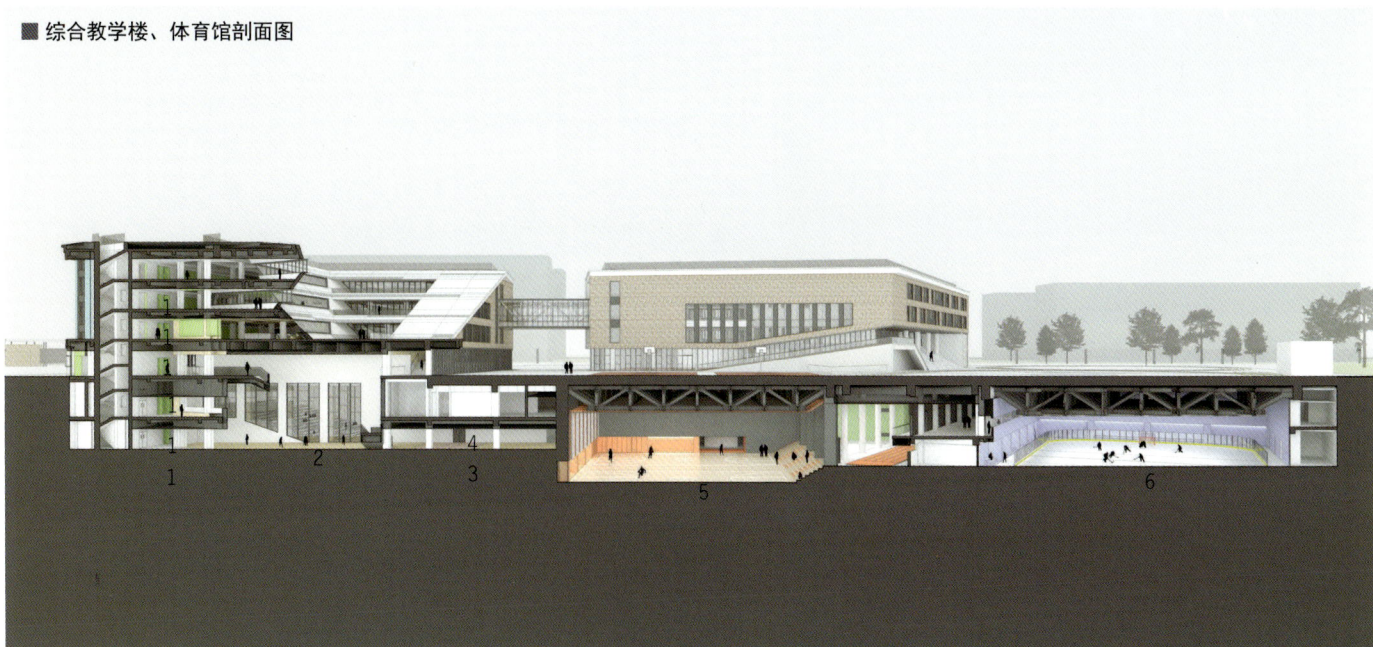

■ 综合教学楼剖面图

1 走廊	5 体育馆	9 监控室	13 公共科学活动区	17 大排练厅
2 共享中庭	6 冰球馆	10 物理试验室	14 共享中庭	18 劳动教室
3 展览区	7 金工教室	11 生物实验室	15 报告厅	19 校务办公
4 录课观摩室	8 语言教室	12 化学实验室	16 学生开放阅览区	20 唱歌教室

■ 篮球馆室内

■ 校园运动场

■ 北入口广场

■ 生活楼外观

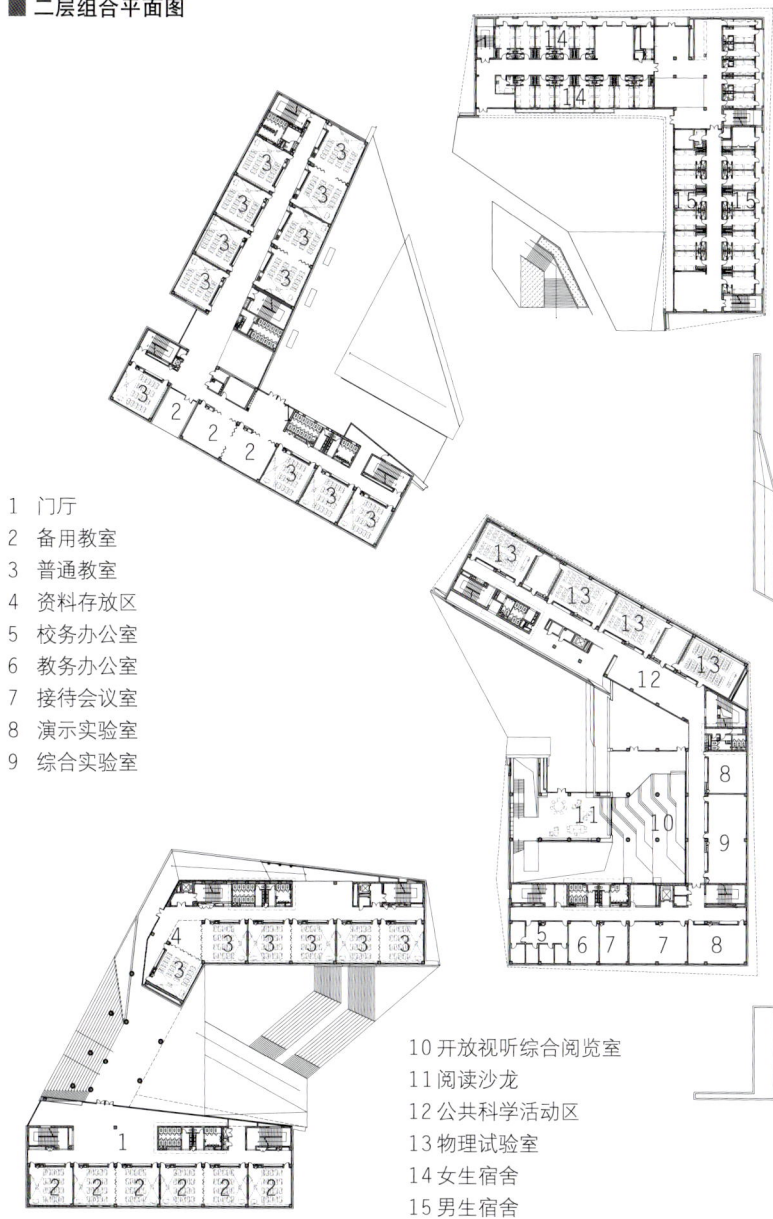

■ 二层组合平面图

1 门厅
2 备用教室
3 普通教室
4 资料存放区
5 校务办公室
6 教务办公室
7 接待会议室
8 演示实验室
9 综合实验室

10 开放视听综合阅览室
11 阅读沙龙
12 公共科学活动区
13 物理试验室
14 女生宿舍
15 男生宿舍

■ 综合楼外观

■ 小学部外观

■ 教学室内

■ 冰球馆室内

专家点评

■该方案利用"S"形的整体布局，呼应了功能上的需求，同时营造了对内对外不同属性的庭院，形成了高品质的校园空间环境，并且做到了高低年级不同的上下学出入口广场，缓解了城市交通的压力。该方案高度一体化的手法将建筑、景观、场所等有机的结合在了一起，并且应用了多项绿色节能技术，在保证降低能耗和环保生态的基础上，还具有很强的教育意义。此外，该方案也较好地呼应了人大附中和航天城的整体风格脉络：外立面采用红砖体现了"人大红"的主题元素，且轻盈的折板立面体现了航天科技带给人的现代气质。

董灏

013

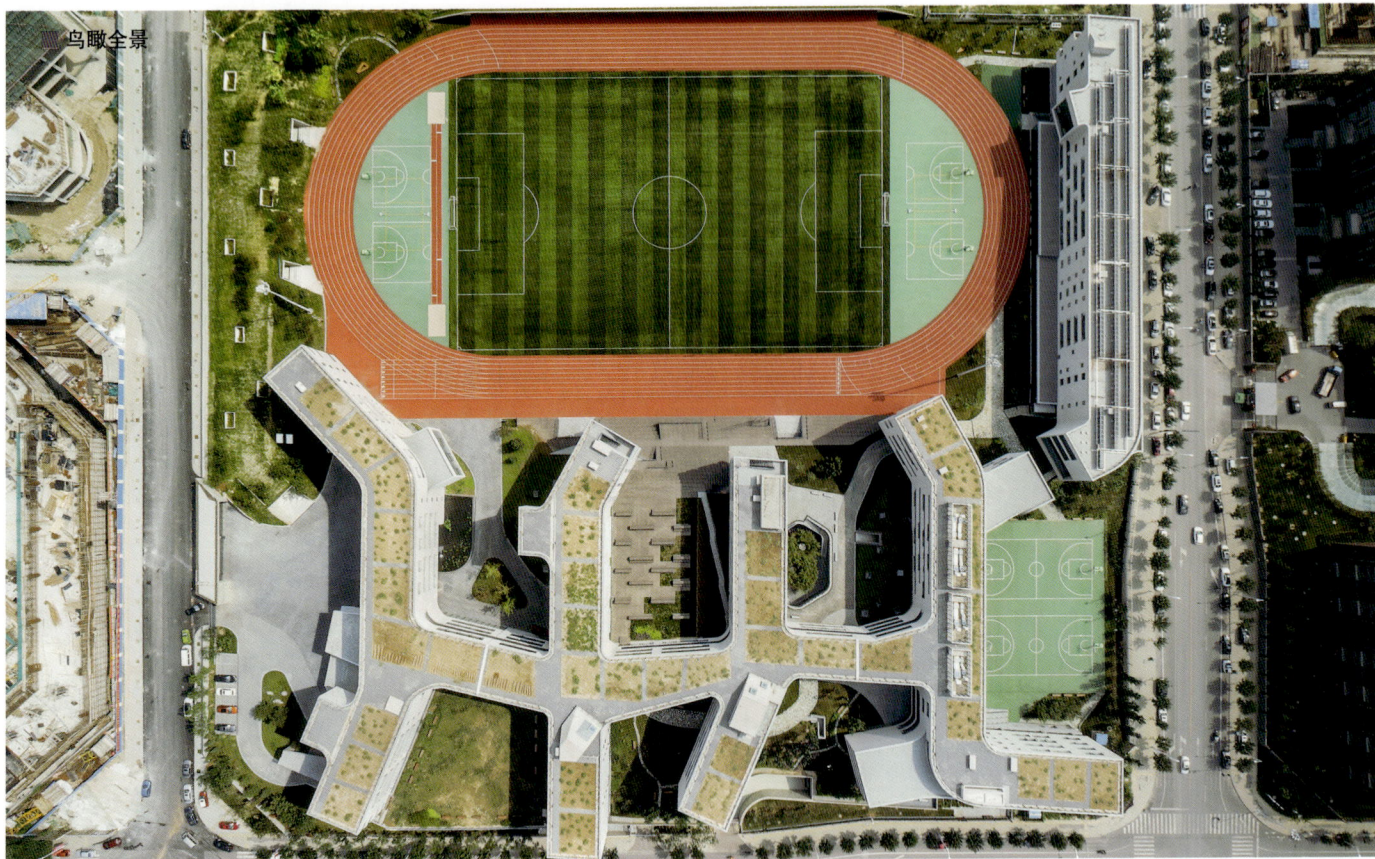
鸟瞰全景

北京四中房山校区
BEIJING NO.4 HIGH SCHOOL FANGSHAN CAMPUS

设计单位：OPEN 建筑事务所
设计人员：李　虎　黄文菁　Daijiro Nakayama　叶　青　张　浩
　　　　　周亭婷　Thomas Batzenschlager　张　畅　Jotte Seghers
　　　　　王一帆　于清波
设计时间：2010~2014 年
竣工时间：2014 年 8 月
用地面积：45332 平方米
建筑面积：57773 平方米
班级规模：初中 24 班、高中 12 班
设计类型：新建

扫码看视频

■ 这个占地4.5公顷的新建公立中学位于北京西南五环外的一个新城的中心，是著名的北京四中的分校区。新学校是这个避免了早期单一功能的郊区开发模式、更加健康和可持续的新城计划中重要的一部分，对新近城市化的周边地区的发展起着至关重要的作用。

■ 创造更多充满自然的开放空间的设计出发点——这是今天中国城市学生迫切需要的东西，加上场地的空间限制，激发了我们在垂直方向上创建多层地面的设计策略。学校的功能空间被组织成上下两部分，并在其间插入了花园。垂直并置的上部建筑和下部空间，及它们在"中间地带"（架空的夹层）以不同方式相互接触、支撑或连接，这既是营造空间的策略，也象征了这个新学校中正式与非正式教学空间的关系。

■ 这个项目是中国第一个获得绿色建筑三星级认证的中学（其标准超过LEED金级认证）。为了最大化地利用自然通风和自然光线，减少冬天及夏天的冷热负荷，被动式节能策略几乎运用在设计的方方面面，大到建筑的布局和几何形态，小到窗户的细部设计。

■ 荷花水池

■ 操场看台（摄影：苏圣亮）

■ 教学楼夜景（摄影：苏圣亮）

竹园（摄影：苏圣亮）

■ 下部空间包含一些大体量、非重复性的校园公共功能，如食堂、礼堂、体育馆和游泳池等。每个不同的空间，以其不同的高度需求，从下面推动地面隆起成不同形态的山丘并触碰到上部建筑的"肚皮"，它们的屋顶以景观园林的形式成为新的起伏开放的"地面"。上部建筑是根茎状的板楼，包含了那些更重复性的和更严格的功能，如教室、实验室、学生宿舍和行政楼等。它们形成了一座巨构，有扩展、弯曲和分支，但全部连接在一起。在这个巨大的结构中，主要交通流线被拓展为创建社交空间的室内场所，就像一条河流，其中还包含自由形态的"岛屿"，为小型的群组活动提供半私密的围合空间。

■ 教学楼的屋顶被设计成一个有机农场，为36个班的学生提供36块实验田，不仅让师生有机会学习耕种，还对这片土地曾作为农田的过去留存敬意。

地面花园

屋顶农田1

屋顶农田2

017

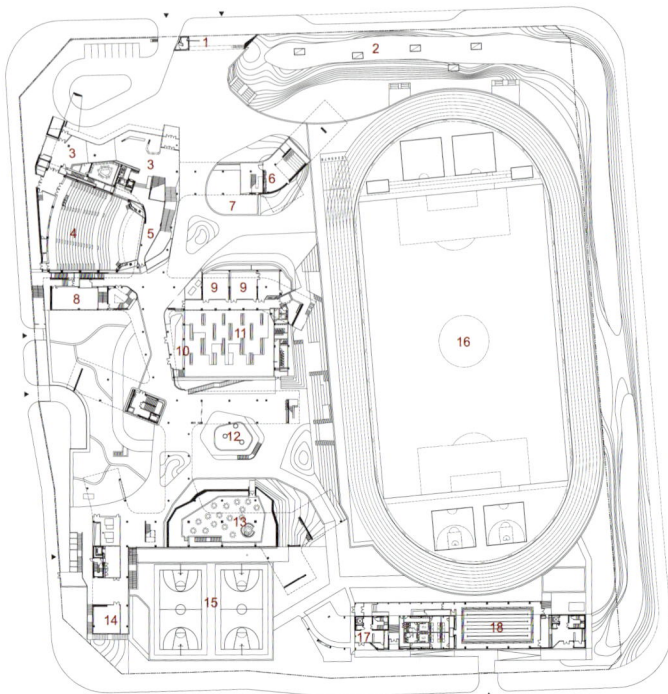

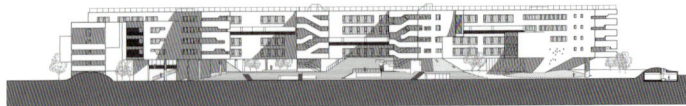

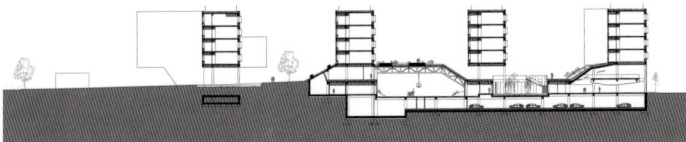

N

1 门卫室	6 报告厅	11 诗歌花园	16 操场
2 自行车库	7 水池	12 竹园	17 宿舍门厅
3 门厅	8 舞蹈教室	13 教师餐厅	18 游泳池
4 礼堂	9 音乐教室	14 教师休息室	
5 活动空间	10 攀岩墙	15 篮球场	

专家点评

■ 学校的主要公共空间即食堂、礼堂、体育馆和自行车库，均位于"公园"里设有采光天窗的混凝土壳下面。整个复合体在上部相对私密的教室与下部开放的大型公共空间之间一分为二，仿佛一座微缩城市。建筑师还强调了他们作品隐含的辩证性：传统的和创新的，正统的和自由的，课内的和课外的，集体的和个人的，必修的和选修的，这两种教学方式彼此并置、互相平衡。因此，学生在引导下学会尊重、平衡和保护自然的同时，也在学习如何平衡这两种教学方式，最终能够整合这些矛盾并应用自如，更好地为未来作准备。

肯尼斯·弗兰普顿（Kenneth Frampton）

■ 走廊（摄影：苏圣亮）

■ 门厅（摄影：夏至）

■ 公共楼梯（摄影：夏至）

■ 风雨操场（摄影：夏至）

■ 学生食堂（摄影：苏圣亮）

■ 竹园夜景（摄影：夏至）

■ 教学楼（摄影：苏圣亮）

■ 从操场看教学楼和食堂（摄影：刘柏良）

北京法国国际学校
THE FRENCH INTERNATIONAL SCHOOL OF BEIJING

设计单位：中国建筑设计研究院有限公司
Jacques Ferrier 建筑师事务所（法国）
设计人员：马 琴 宋 焱 杨丽家 王文宇 陈 明 王耀堂
王则慧 李 莹 向 波 曹 磊 刘征峥 高 治
高 伟 郭晓明 魏 黎
项目地点：北京市
设计时间：2009 年
竣工时间：2016 年
用地面积：38000 平方米
建筑面积：20000 平方米
班级规模：36 班
设计类别：新建

■ 校园总平面图

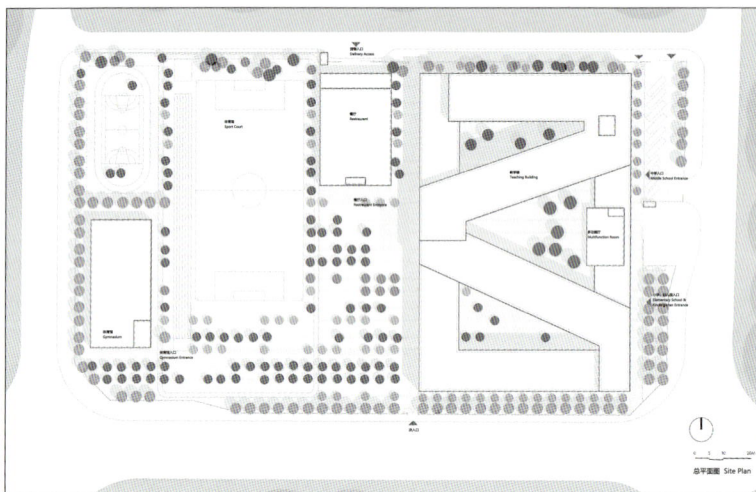

设计理念：场所记忆的再现

■ 法国国际学校坐落在北京东郊一片曾经用作果园的场地之上。设计的出发点是希望把基地和场所的记忆融进图纸里，把它变成一个承载着过去的新环境。

■ 开始设计工作时，我们并没有采用传统的行列式布置教学楼的方式，而是有意识地把它做成一个景观建筑。所有的教学空间都集中在场地东侧连续的建筑体量中，餐厅和体育馆分别位于北侧和西侧。这样就在南侧形成了一块完整的空地，既满足了运动场的要求，同时也尽可能多地保留了景观用地。建筑周围条形的空地上则种满了成行的果树，延续着场地原有的文脉。

空间架构与建筑造型

■ 法国国际学校的教育模式与中国不同。它并没有严格的幼儿园、小学、中学的概念，从学龄前儿童到进大学之前的高年级学生，一共需要容纳1500名学生。不固定教室的教学方式既带来了设计的困难，也为空间变化创造了机会。我们在规则的矩形轮廓内创造了三个三角形的庭院，每个庭院都有一条边向校园敞开，形成了各自的入口。同时通过一层的架空空间将庭院连通，既解决了建筑内外、庭院之间相互联系的问题，也为学生创造了更多的室外空间。即使在雨雪天，学生们也可以在廊下嬉笑奔跑。顺应这个空间架构，建筑主体自然而然地形成了"口"字形与"M"形叠加的形态。方正的"口"字形轮廓体现了中国建筑的平和与规矩，流畅而富有动感的"M"形线性空间凝结着法兰西的浪漫与柔情。

■ 整个建筑的外围被连续的、有疏密变化的实木木砖格栅包裹，给人以温暖宁静之感。天气好的时候，木头会在阳光下反射出柔和的光，像婆娑的树影；阴雨的日子，暖暖的木色像秋天的果实，让人觉得踏实。不知道在这里学习的孩子们，会不会知道这里曾经有过一个果园，会不会觉得他们依然在自然的怀抱里。疏密有致的木格栅既兼顾了采光，又很好地起到了遮阳的作用。木砖之间足够大的间距保证了通透的视野；进入室内的阳光通过格栅的过滤，有效地阻隔了阳光曝晒，变得柔和而多变。从外面往室内看，这些格栅又形成了一道视线的屏障，为室内活动提供人性化的私密保护。

■ 教学楼一层平面图

■ 教学楼二层平面图

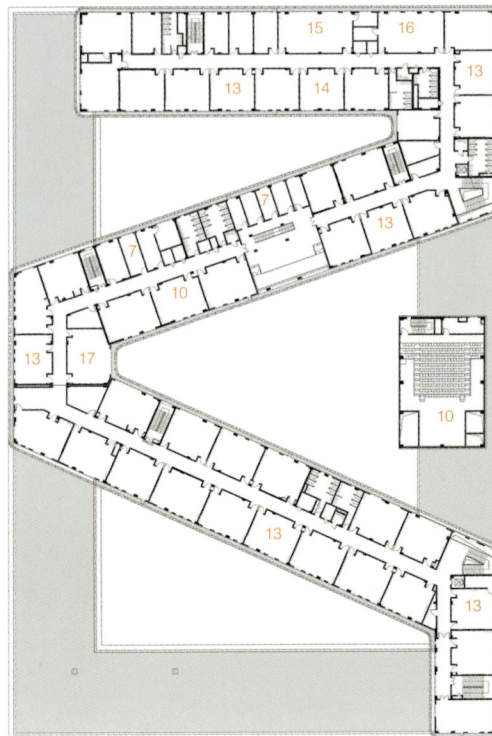

■ 楼梯间局部（摄影：刘柏良）

1 门厅	11 维修间
2 储存间	12 锅炉房
3 资料室	13 教室
4 学习室	14 练习室
5 活动室	15 艺术室
6 多媒体中心	16 音乐室
7 办公	17 实验室
8 医务室	18 半室外架空空间
9 学前班教室	19 设备机房
10 多功能厅	

■ 教学楼剖面示意图

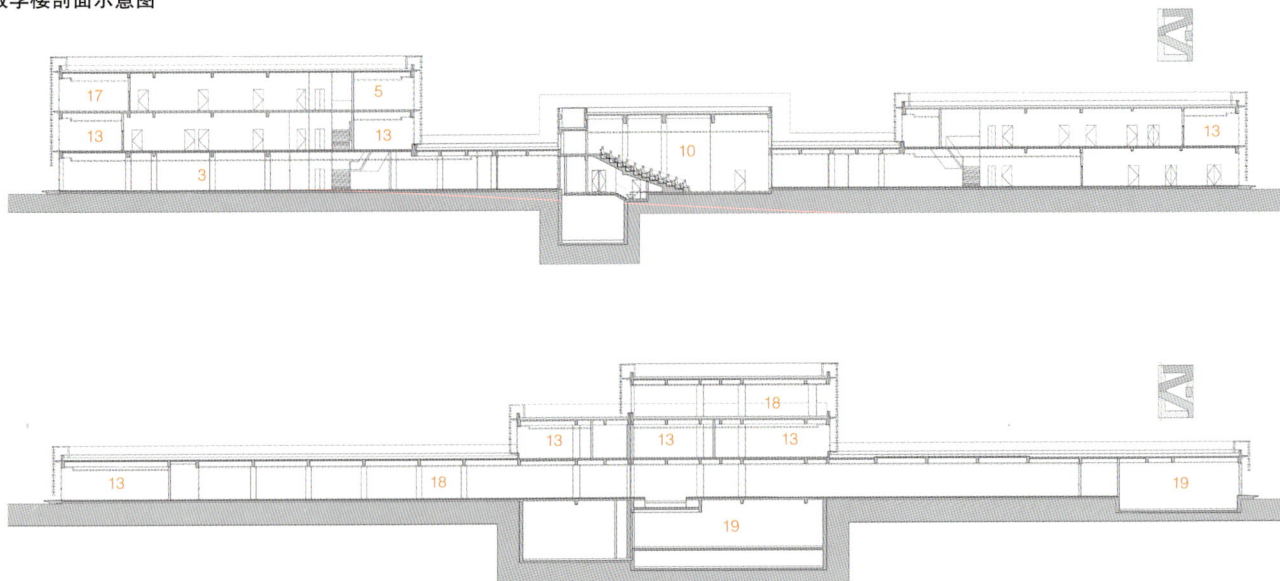

■ 幼儿园与小学之间的庭院（摄影：张广源）

■ 从架空层看食堂（摄影：张广源）

■ 从架空层看幼儿园庭院（摄影：张广源）

■ 餐厅与教学楼（摄影：刘柏良）

■ 幕墙细部构造（摄影：张广源）

■ 幼儿园走廊（摄影：张广源）

■ 练习室（摄影：张广源）

■ 多功能厅（摄影：刘伯良）

■ 体育馆局部（摄影：刘柏良）

■ 体育馆和餐厅是独立于主体之外的两栋小建筑。为了贯彻景观建筑的设计理念，这两栋建筑被处理得尽可能纯净、轻盈。建筑通体采用纯色的金属板，隐约反映出周边的环境和色彩，宛如中国园林中的亭台楼阁，与环境有机融为一体。光洁的金属板表面与富有肌理的木格栅形成了鲜明的对比，既突出了教学楼的主体地位，又相映成趣。

■ 室内设计也体现了中西两种文化的元素，我们从西方的抽象画和中国的书法中获得了灵感。与建筑造型的素雅内敛不同，建筑的室内显得非常简洁活泼。无论是教室还是走廊都没有做过多的装饰，只是用不同的色块标识出不同的区域。色块选用的都是鲜艳而明快的色彩，色块的布置也不是平铺直叙地占据整个墙面或者顶面，而是以充满动感的三角形或者在两个平面上转折的形式出现，很适合孩子们好动的天性。墙面的装饰则是一些汉字的局部，当你转到某一个角度的时候，这些局部会拼合在一起，形成一个完整的词语，寓教于乐，很有趣味性。

专家点评

■ 这是一座更加注重场所精神的校园建筑，设计师从场地的原初环境出发，不仅从场所本身寻求设计的介入点，更从中国、法国的文化碰撞中发掘设计的潜力。与此同时，中法国际学校在教学模式、文化内涵等方面的特殊性，也为这所校园创造具有不同于国内普通中小学建筑的空间样态提供了条件。

■ 虽然地处高密度的城市，但这所校园更像是一所风景中的校园，建筑的首层大量架空，使教学空间最大限度的与环境互动，同时，尽可能做低的楼层以及立面上自然化的木格栅设计，更使得这个校园自然地消隐在环境当中，成为环境的一部分，从而避免了当下很多中小学建筑由于高密度而给校园带来的压迫感。

■ "V"字形与正交体系相结合的空间组织，创造了丰富的校园庭院空间环境，更为这所国际学校多样化的教学提供了美妙的空间底景。

石华

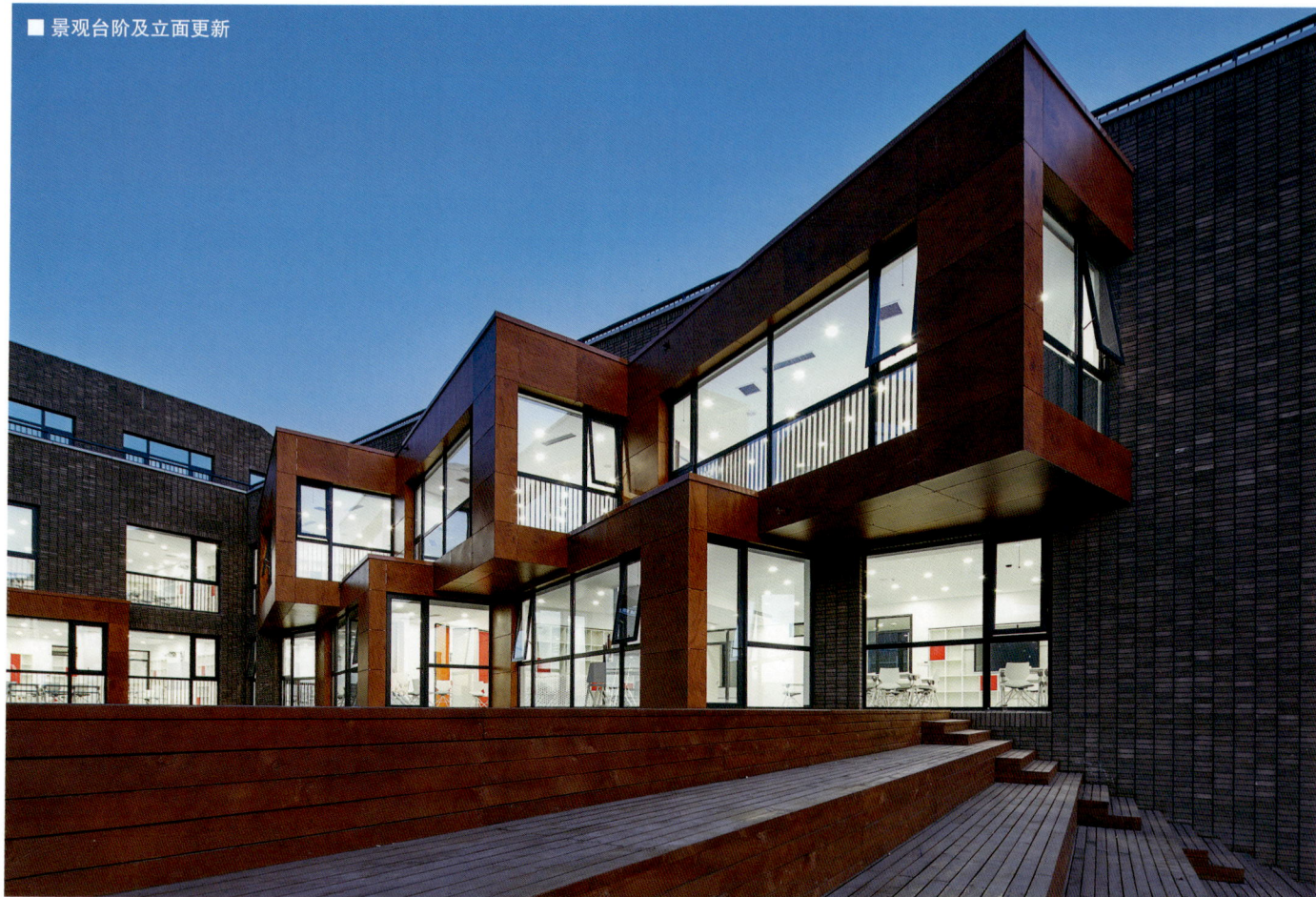

北京大学附属中学
AFFILIATED HIGH SCHOOL OF BEIJING UNIVERSITY

■ 校园局部鸟瞰

设计单位：Crossboundaries，北京
设计团队：Binke Lenhardt（蓝冰可）　董　灏　Sidonie Kade
　　　　　Irene Solà　汤佳音　Libny Pacheco　Brecht van Acker
　　　　　Maria Francesca Origa　成　思　Hugo Rios　陈彦哲
　　　　　王旭东
项目地点：北京市海淀区大泥湾路甲 82 号
设计时间：2014~2015 年 3 月
竣工时间：2014~2016 年 12 月
用地面积：51560 平方米
建筑面积：26000 平方米
班级规模：15 班
设计类别：改建

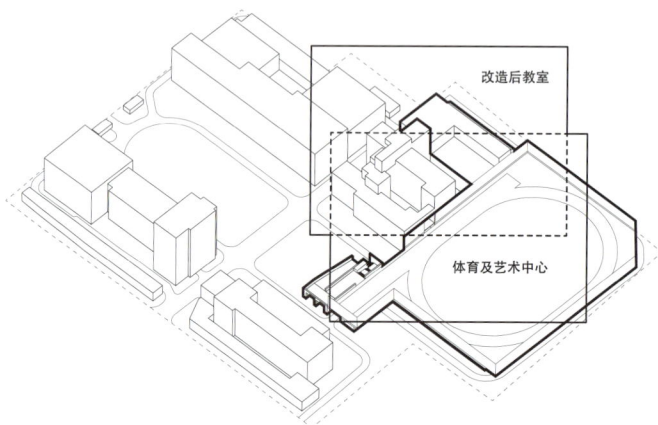

北大附中 体育及艺术中心

■ 基于北京大学附属中学强调互动、启发和个性化的教学精髓，我们预见到未来教育的需求，同时也突破现有中国教育的局限和桎梏。在学校现有的土建及结构基础之上，提出一系列可实现的调整和再设计，从而对学校长期发展提供了良好支持。增进交流和模糊界限

■ 教与学的动力建立在热情之上，也是学校和学生成长发展的必备要素。为将校园打造成承载教学热情的多元舞台，对原有教室进行系统的优化，提升了教室格局并加入了例如音乐、艺术等主题的功能区域。具体手法包含移除部分隔墙、加入开窗，对空间进行一系列调整优化。一切设计都着眼于两个关键点：增进交流和模糊不同功能主题之间的界限。为了提供更多休息和分享交流的场所，整个空间被置入了一系列多用途元素，例如功能墙，导视性标志颜色，增强视觉连接以及空间连通性。

■ 常规的走廊和教室现在被重新定义了形式和功能。为了鼓励来往学生的交流和互动，墙体间被嵌入了储物柜和壁龛座椅。教室则被重构为新的形式，把焦点从教师转移到学生上，并在不同主题和活动之间得到兼容并进。死板单一的格局被打破，取而代之的是明亮的灯光，高度不一的顶棚，以及不同的垂直工作平面与折叠墙——不同的区域被从新界定，整个建筑焕然一新。

■ 艺术、音乐和体育几个科目空间上相互渗透，彼此关联，形成灵动而又严谨的对话。首先在艺术区，高度提升至两层，空间上和体育大厅相互连接；顶棚上的灯条影射了屋顶上的跑道形状，两个科目空间在形态上相互呼应。体育教室和开放式艺术空间相互连通，同时具有一组可从艺术区直接眺望体育馆内部的开窗。除此之外，多功能厅上方外部的空间，正是体育场的观众看台；看台两边，一侧为图书馆，另一侧是学生户外活动的体育场。艺术、音乐和体育几个部分相互连接，不再独立分割。图书馆的座席与多功能厅的顶棚在形态上也巧妙地相互结合。

■ 教室的空间可按需而变

■ 通往图书馆的台阶

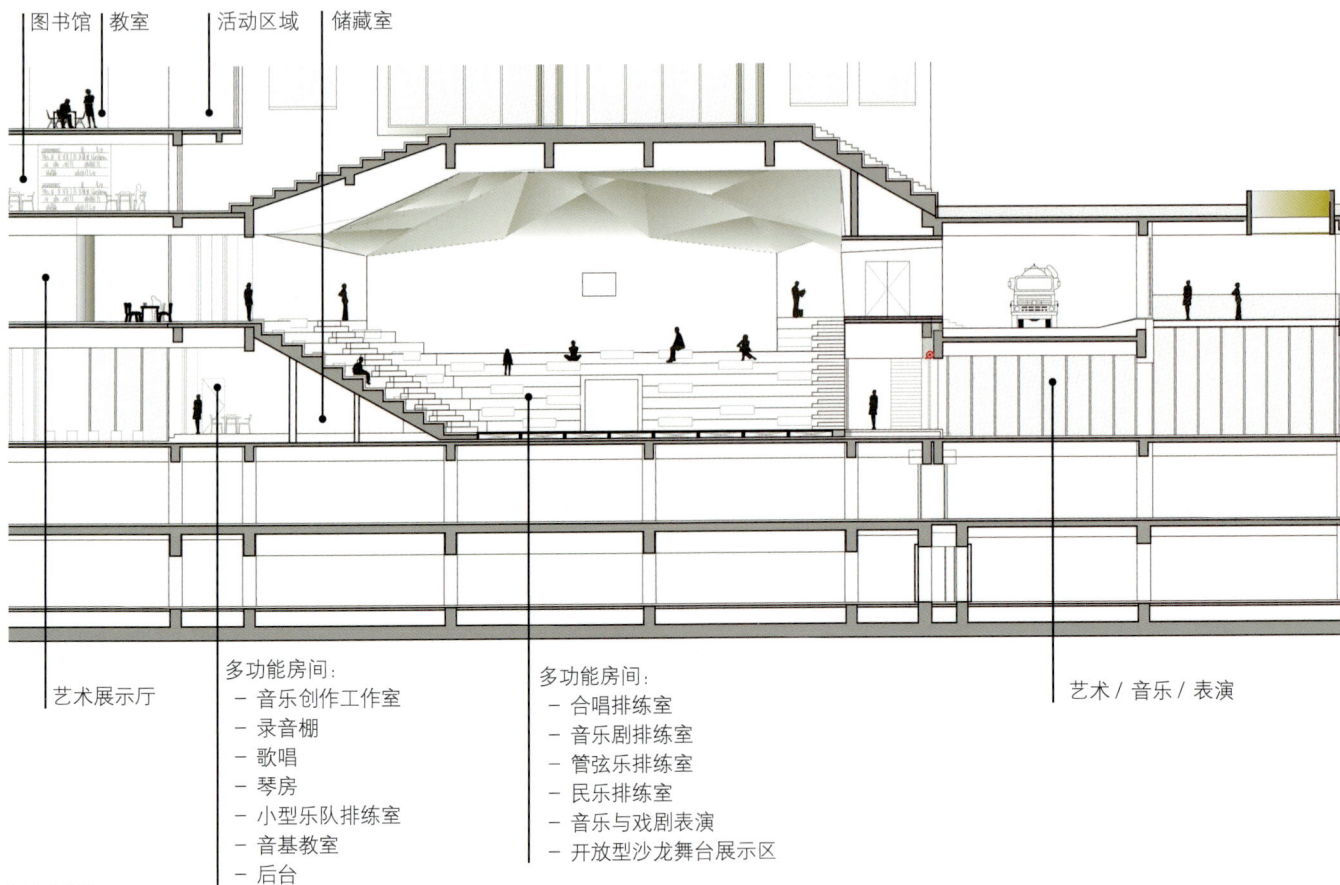

图书馆 教室 活动区域 储藏室

艺术展示厅

多功能房间：
- 音乐创作工作室
- 录音棚
- 歌唱
- 琴房
- 小型乐队排练室
- 音基教室
- 后台

多功能房间：
- 合唱排练室
- 音乐剧排练室
- 管弦乐排练室
- 民乐排练室
- 音乐与戏剧表演
- 开放型沙龙舞台展示区

艺术 / 音乐 / 表演

■ 剖面图

■ 艺术展示厅

■ 分析图

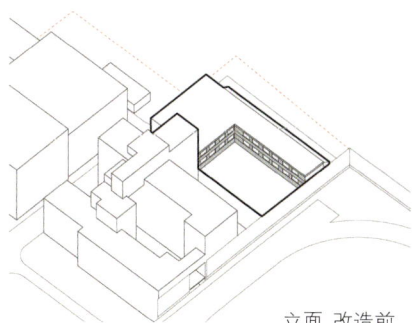

立面 改造前

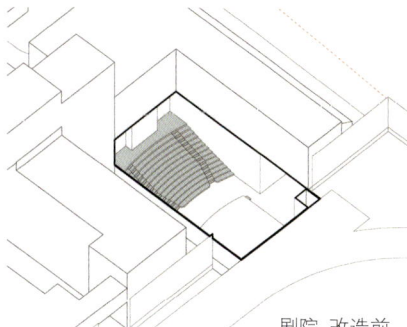

剧院 改造前

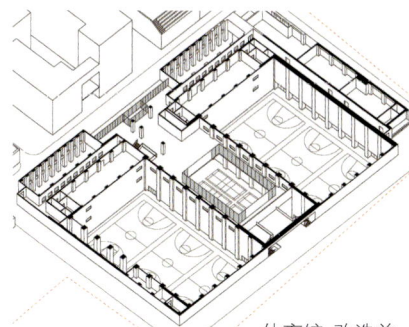

体育馆 改造前

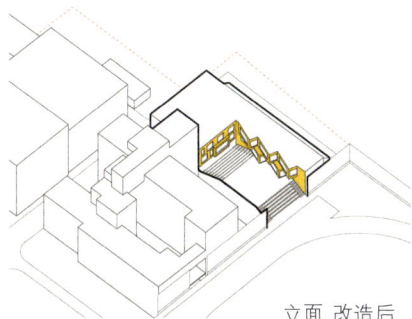

立面 改造后

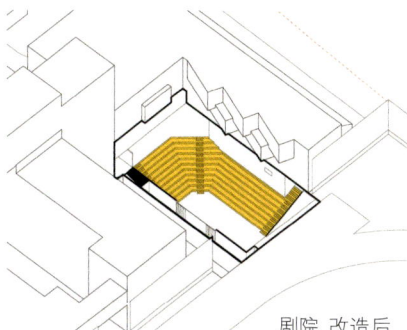

剧院 改造后

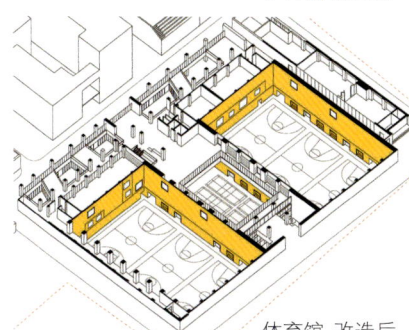

体育馆 改造后

■ 一层平面图

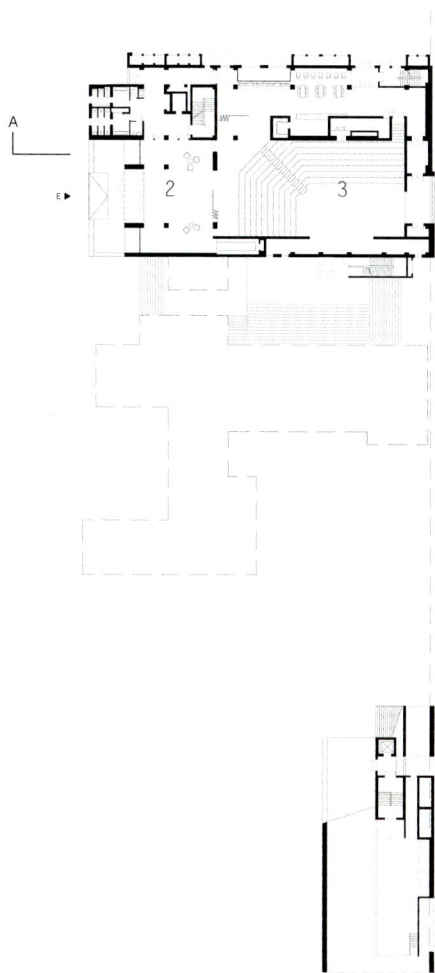

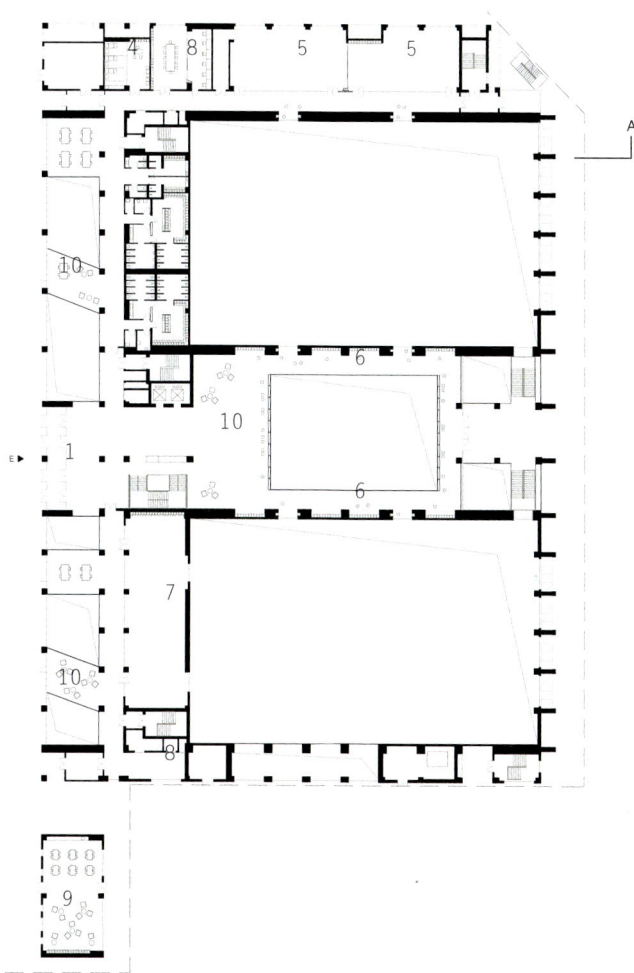

1 入口大厅
2 艺术展厅
3 剧院
4 医务室
5 运动区
6 运动器械区
7 乒乓球室
8 办公室
9 俱乐部及自由艺术
10 公共空间

■体育馆

■操场

■教室

■艺术展示厅

■图书馆

■ 通高空间

■ 楼梯空间

■ 体育与艺术中心入口大厅

专家点评

■这是一个传统老校为引入新型教育理念，针对物理空间所做的升级改造，很有代表性。随着中国越来越多的学校开始教育创新的探索和转型，作为其载体的教学空间，也势必需要与时俱进地变化。本案将最传统的"教师加走廊"室内格局，升级为更少隔墙、灵活可变的开放教学空间，并因地制宜地植入座椅、储物等功能元素，给予学生更大自主学习、充分交流的空间。

■将艺术、音乐和体育空间相互重叠，不仅提升了空间使用效率，也顺应了倡导跨科学发展的教学目的。

王小工

北京市育英中学
BEIJING YUYING MIDDLE SCHOOL

设计单位：中国中元国际工程有限公司
　　　　　美国 SHW 建筑设计公司

设计人员：李东梅　李　强　刘　红　徐　莉　张　颖　汤晓丹　王建强
　　　　　陈　鹤　符晓满　申　展　夏雨花　陈云涛　徐　斌　杨正英
　　　　　张　斌　徐泽宇　丁霞霞　吴桑金　南晓炫　刘　杨

项目地点：北京市海淀区

设计时间：2013 年 3 月

竣工时间：2019 年 8 月

用地面积：2.475 万平方米

建筑面积：47000 平方米 / 地上 26000 平方米 / 地下 21000 平方米

班级规模：初中 36 班，高中 24 班

设计类别：新建

■ 校园整体概念图

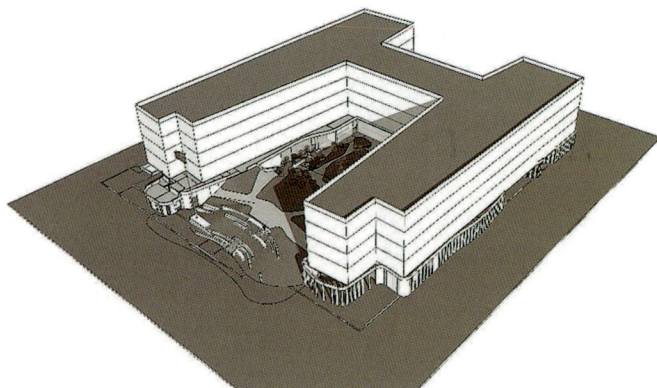

■ 北京市育英中学是海淀区示范性普通高中校，始建于1948年河北省平山县西柏坡。1949年，学校随党中央机关迁入北京，1958年分为中学部和小学部，中学部即现在的育英中学。

■ 建校六十多年来，学校始终坚定地传承和发扬西柏坡精神，恪守"团结、严谨、求实、创新"的校训，秉承"去华就实，进德修业，和谐聚力，臻于至善"的核心价值理念，努力实现"面向全体学生，促进学生全面发展，培养造就未来社会发展需要的积极而负责任的公民"的培养目标。

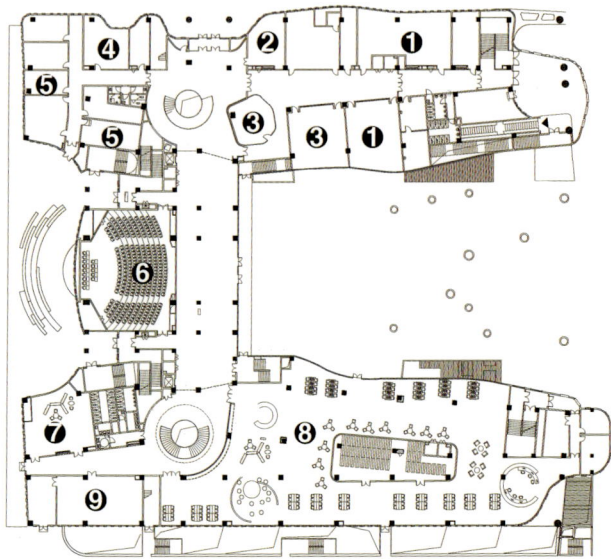
■ 教学楼首层平面图

1　学生活动室
2　校史展览室
3　教师办公室
4　教务办公室
5　校务办公室
6　合班教室
7　视听阅览室
8　图书馆
9　图书编目室

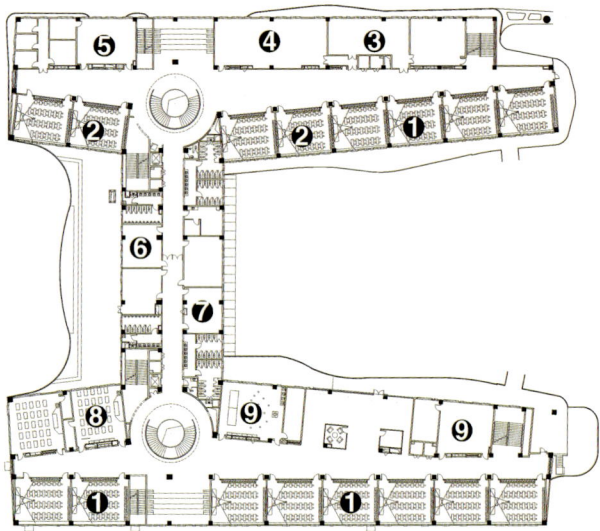
■ 教学楼二层平面图

1　普通教室
2　备用教室
3　心理咨询室
4　心理咨询活动室
5　会议室
6　年级办公室
7　学科教研室
8　书法教室
9　美术教室

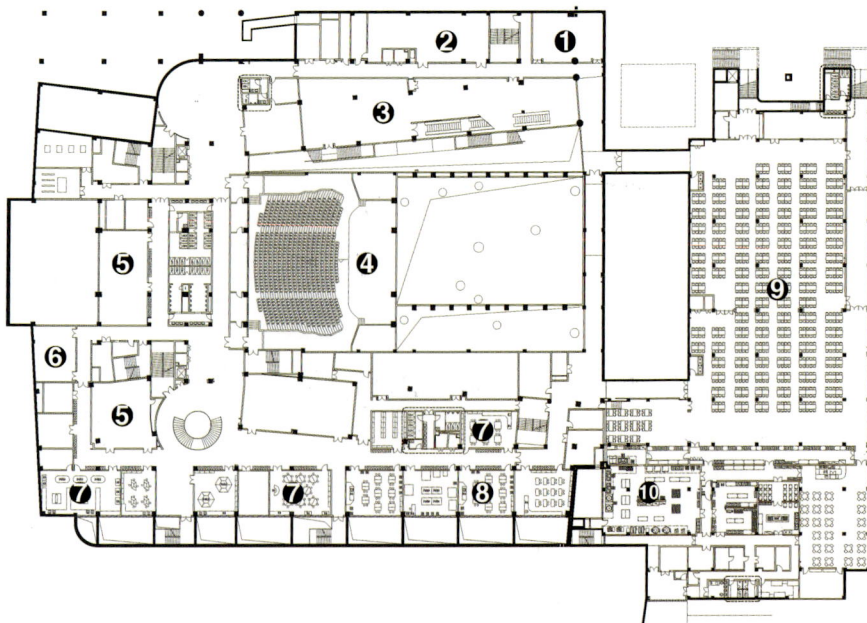
■ 教学楼地下一层平面图

1　信息机房
2　设备机房
3　自行车库
4　报告厅
5　学生活动室
6　劳技工具间
7　劳技教室
8　通用技术教室
9　餐厅
10　厨房

■ 教学楼

■ 外立面实景照片

■报告厅

■（地下）交通主街

■图书馆

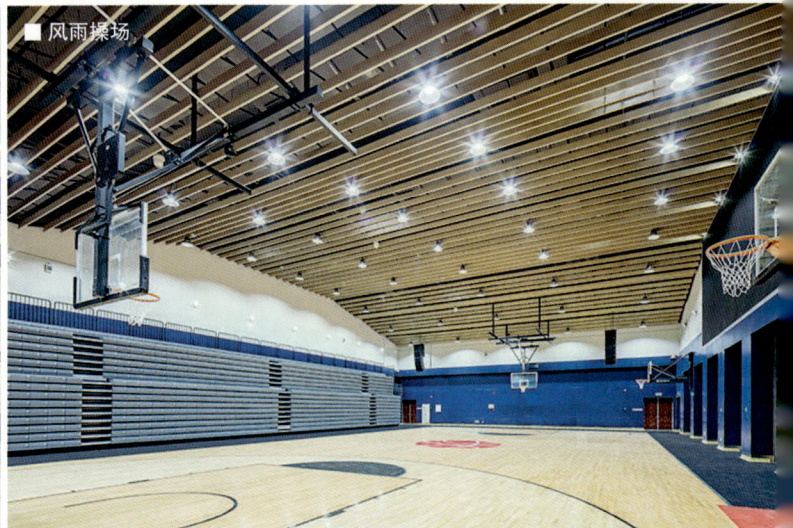
■风雨操场

■教室

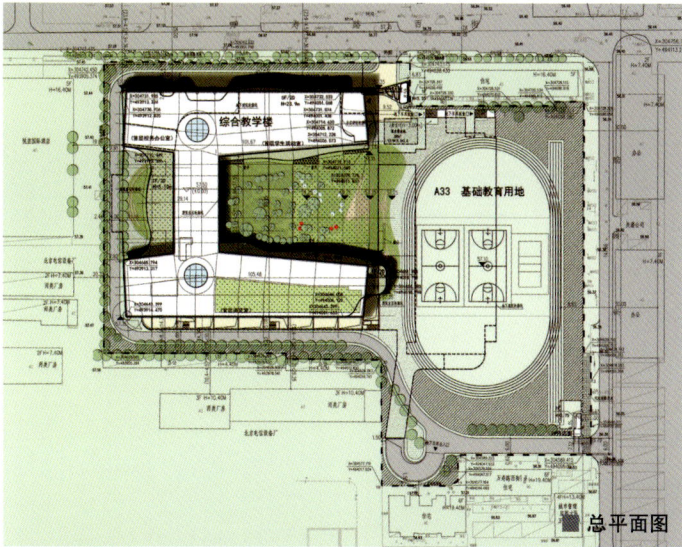
总平面图

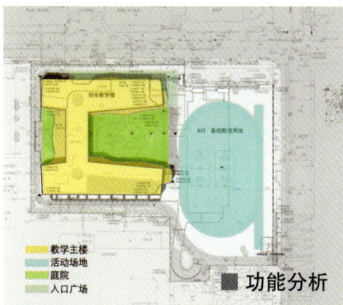
功能分析
- 教学主楼
- 活动场地
- 庭院
- 入口广场

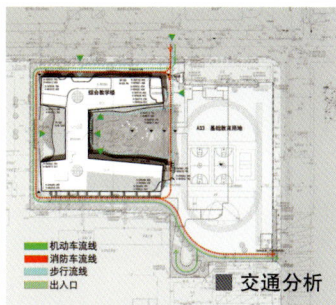
交通分析
- 机动车流线
- 消防车流线
- 步行流线
- 出入口

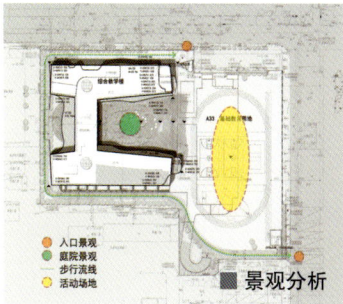
景观分析
- 入口景观
- 庭院景观
- 步行流线
- 活动场地

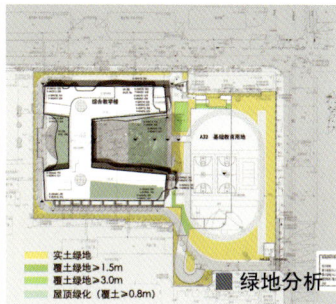
绿地分析
- 实土绿地
- 覆土绿地 > 1.5m
- 覆土绿地 > 3.0m
- 屋顶绿化（覆土 > 0.8m）

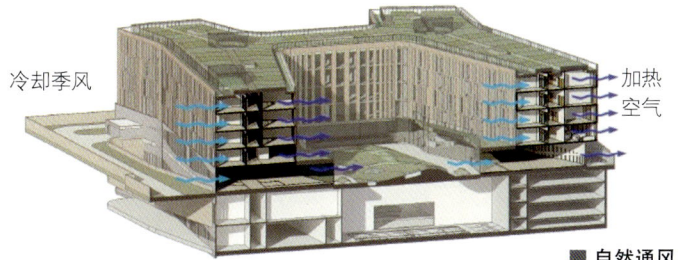
冷却季风　加热空气
■ 自然通风

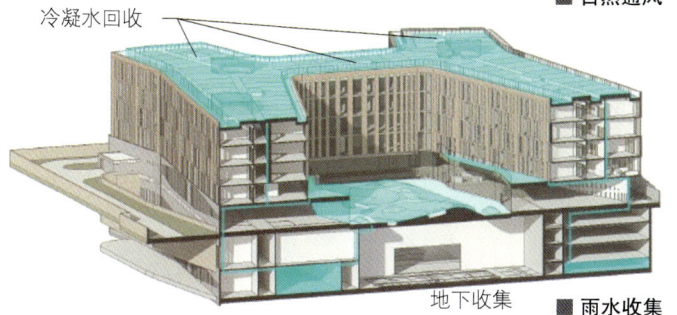
冷凝水回收　地下收集
■ 雨水收集

夏至阳光过滤　冬至阳光提供日照　漫射光采光
■ 太阳光线

太阳能集热器　屋顶绿化　太阳能光伏发电
■ 能源模块

设计理念

■ 基于中心城区用地紧张、分期实施问题，采用集约综合的设计理念，打破教学楼、实验楼等传统布局方式。

■ 变异"工"字形平面应对日照要求，在容积率控制条件下，将风雨操场、大报告厅设置在中心区域地下，结构体系合理。

■ 丰富的学校内外空间，实现素质教育场所，意在培养具有"创新能力、批判性思维、团队协作"的新型人才。

■ 起伏绿化场地赢得室内空间的同时，创造城市绿洲校园感受，呼应西柏坡意向。红色陶板寓意学校的红色精神传承。

专家点评

■ 模块化的空间可根据需要灵活变化，普通教室可以与实验室配套设置，既可以适应当前教学模式的需要，也为未来组团式、社区式、家庭式的新教学方式提供了空间上的可能。

■ "随处学习"将学校变成一个随处可以学习的空间，无论是在教室、实验室、阅览室、休闲空间、庭院、还是书吧，学生都可以进行自习、小组讨论或者相互学习，最大限度促进了德智体美劳的全面发展。无线网络覆盖校园，为随处学习提供信息支持。

张祺

■ 教学楼剖面图

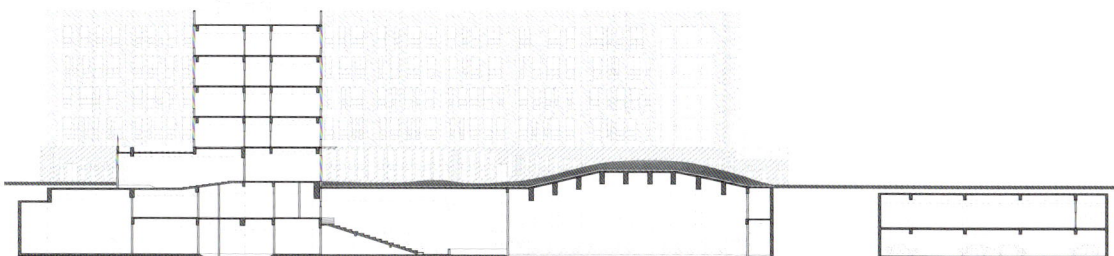

北京朝阳凯文国际学校
BEIJING CHAOYANG KAIWEN ACADEMY

设计单位：北京市建筑设计研究院有限公司
设计人员：张晋伟　侯新元　王小工　王英童　韩　薇　闫　洁　李永亮
　　　　　杨文军　甄娓凰　张斯斯　于宏涛　童国君　赵　朝　李宝健
　　　　　褚德伟　刘馨屿　林　琳　孙传波　李万斌　郭圆圆　梁　爽
　　　　　宋立军　李　乐　张少玉　张　辉　俞振乾　胡安娜　张　磊
　　　　　吴佳彦　苑海兵　许　山　吕晓薇　田文静　贾宇超　崔　仿
　　　　　王　磊　赵亦宁　董大纲　田进冬　樊　华　宋立立　赵丹萌
　　　　　肖　娟　范　蕊　刘子贺　刘　纯　段　茜　杨　萌　张文帝
　　　　　朱苡萱　李国亮
项目地点：北京市朝阳区金盏乡北马房村
设计时间：2015 年 9 月 ~2017 年 9 月
竣工时间：2018 年 7 月
用地面积：141484 平方米
建筑面积：284035 平方米
班级规模：160 班
设计类别：新建

■ 北京朝阳凯文国际学校整体为一座大型综合国际学校，包含960名学生的小学部、3000名学生的中学部（初中及高中）、学生生活宿舍区及配套教研办公等功能容积率1.5。

■ 教学楼布局与造型：中小学部教学楼位于园区北侧主路旁，建筑体量均采用围合院落布局形式，内部功能流线完整独立。由于教学楼担负着展示园区主要立面形象的任务，因此为提升整体校园建筑气势，增强北侧沿主路校园展示形象，对立面进行高度整合，通过将不同楼栋立面进行整合，形成"大门"意向的主立面形象，建筑造型采用传统红砖学院风与现代风格相结合的形式，赋予了园区类似大学学园的文化氛围。

■ 其他建筑布局与造型：演艺中心、体育中心、体育运动场地、学生宿舍生活区等功能沿校园内部南北主轴依次展开，建筑分组布置最终使得校园内部形成了教学区、体育运动区、学生生活区及中心广场区等分区，功能

流线及分区明确合理。建筑造型除演艺中心使用表皮式白色穿孔铝板造型作为校园的点睛之笔外，其余建筑均采用与教学楼类似的红砖学院风建筑立面，形成了鲜明的校园整体氛围。

■ 体育场地与设施：体育文化与体育教育是凯文国际学校一大特色，从设计伊始业主就一再强调要布置非常丰富多样的各类体育场馆与场地。园区最终设置了中学部体育中心一座（包含游泳馆、冰球馆、综合馆、训练馆），小学部体育馆一座，标准400米田径场一座，小学部200米田径场一座，室外篮球场地若干。

■ 校园景观：校园内通过与建筑"院落+街巷"式布局相结合，在建筑组团内设置庭院景观，再由街巷进行串联，形成了多层次的景观布置，为学生、教师的学习生活提供了丰富多样的空间环境与交流空间，最终形成了立体而丰富的景观环境。

■ 演艺中心外景

■ 中学部教学楼外景

■ 学生宿舍区外景

■ 校园沿街效果图

中学部教学楼东南侧外景

中学部教学楼思维广场

中学部教学楼内院空间

中学部教学楼连廊活动空间

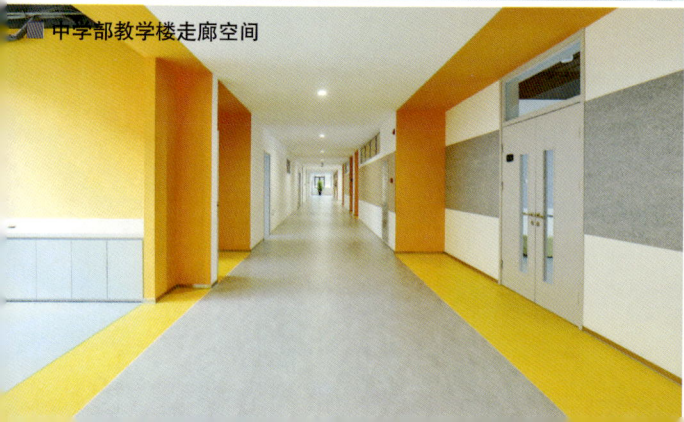
中学部教学楼走廊空间

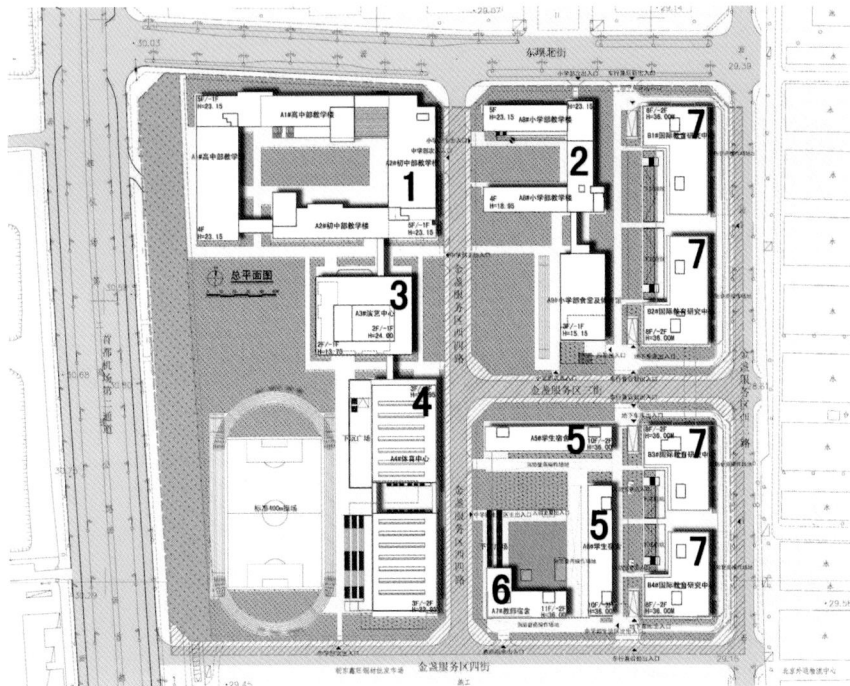

1 中学部教学楼（120班）
2 小学部教学楼（40班）
3 演艺中心
4 体育中心
5 学生宿舍
6 教师宿舍
7 教育综合楼

■ 教学楼功能设计

■ 校园是一种承载了社会空间的复杂性及其历史延续性的建筑，教学楼作为校园的核心功能，承载了众多学生与教师的学习、交流、生活等大量活动，因此可以将教学楼建筑理解为一个微型城市。在教学楼中除了布置必须数量的普通教室及科学艺术教室外，设计还尽可能多地在教学楼内部布置类似思维广场的共享空间，营造出许多类似城市空间的场所：广场、庭院、台阶等，这样多样化的交流与活动场所给学生们提供了不同尺度的共享交流角落和有趣的空间体验，并试图激发他们的好奇心与想象力，在交流与探索中不断成长。整个设计通过塑造新时代教育建筑的人文气度，体现出新时代国际学校创新求索、严谨治学的精神内涵。

■ 中学部教学楼三层平面图

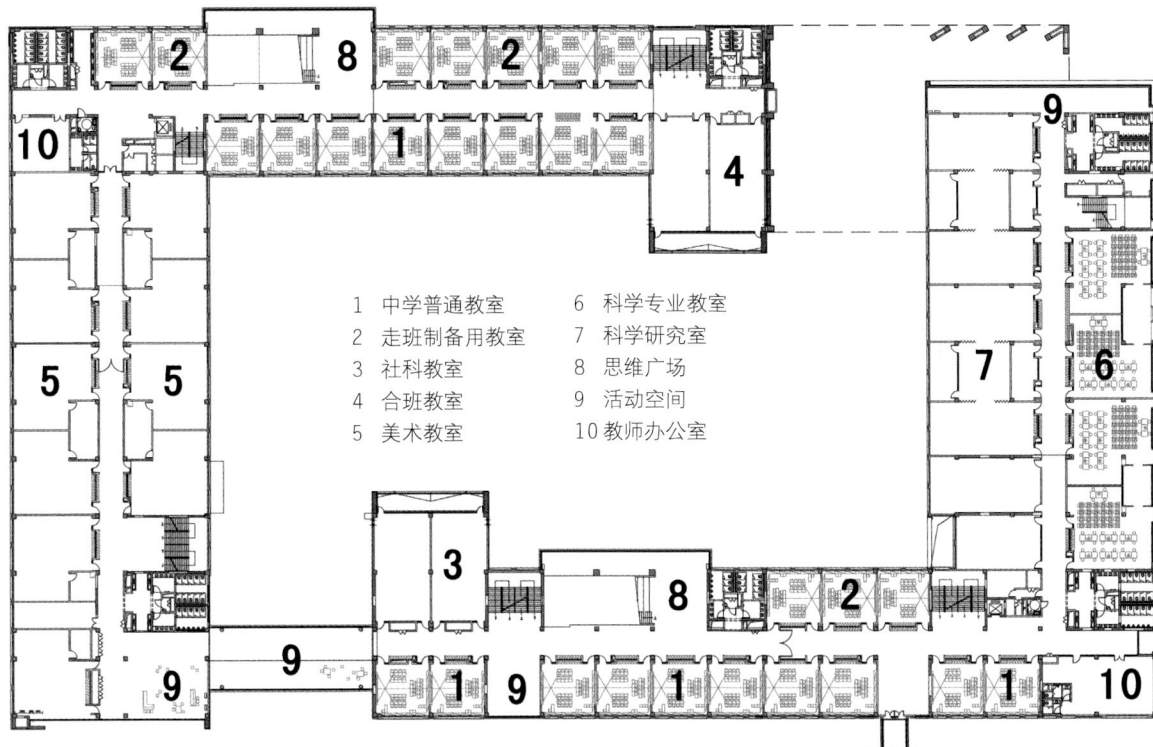

1 中学普通教室　　6 科学专业教室
2 走班制备用教室　7 科学研究室
3 社科教室　　　　8 思维广场
4 合班教室　　　　9 活动空间
5 美术教室　　　　10 教师办公室

■ 演艺中心首层平面　　　　　　　　　■ 小学部教学楼二层平面

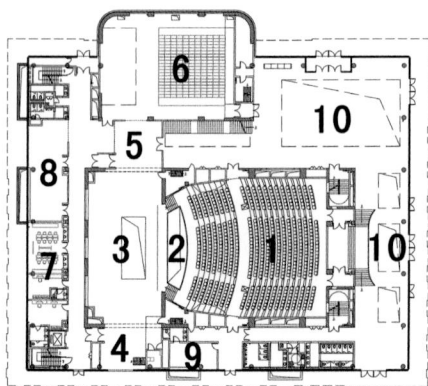

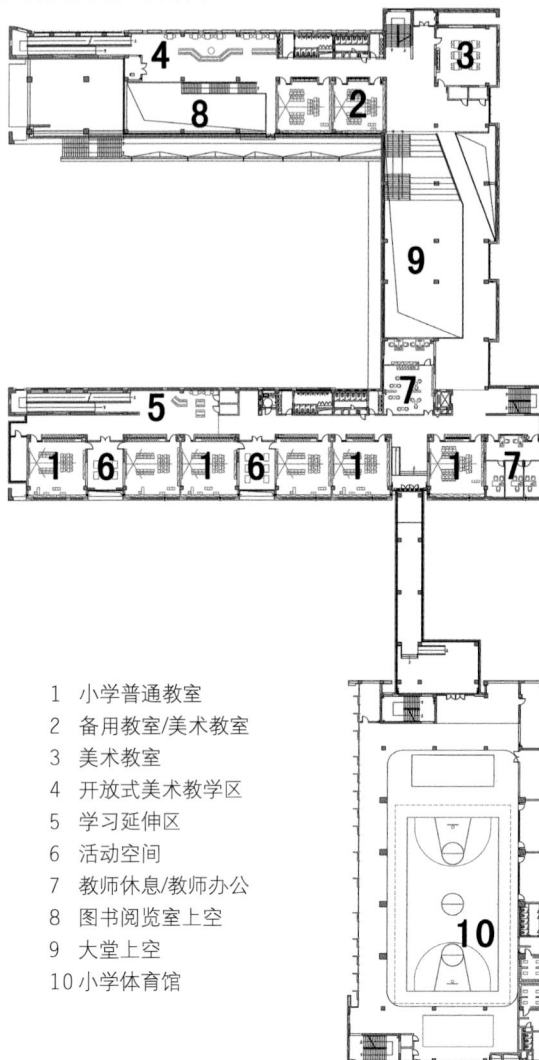

1 800座礼堂/剧场　　　6 220座黑盒子剧场
2 乐池　　　　　　　　7 化妆间/VIP化妆
3 机械升降舞台　　　　8 道具工作室
4 侧舞台/布景通道　　　9 贵宾接待室
5 共用侧舞台　　　　　10 门厅/观众休息厅

专家点评

■ 本项目规模较大功能复杂，设计通过一系列围合院落形成分区明确的总平面布局，流线清晰合理。建筑通过传统材质材料与现代手法相结合的形式，在极具整体构图的总体立面框架下，形成丰富的虚实对比与立面节奏，校园整体品质感较高。各教学与生活空间在保障基础功能的前提下，加入了丰富的教学辅助功能与体育活动空间，同时在建筑中融入了大量共享交流空间，并使之成为校园一大亮点，符合新时代教育建筑的发展潮流，体现了新时代国际学校应有的设计水准。

姜涌

1 小学普通教室
2 备用教室/美术教室
3 美术教室
4 开放式美术教学区
5 学习延伸区
6 活动空间
7 教师休息/教师办公
8 图书阅览室上空
9 大堂上空
10 小学体育馆

■ 体育中心地下一层平面

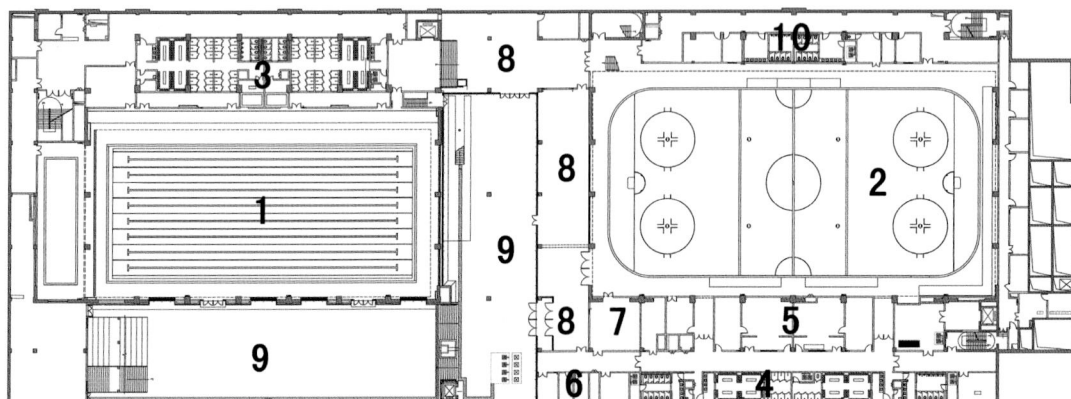

1 游泳馆（50米标准道）　　3 游泳馆更衣室　　　6 裁判员更衣室　　　　9 下沉景观庭院
2 冰球馆（56米×25米标　　4 冰球馆更衣室　　　7 裁判员工作/会议　　10 灯光音响/计时计分
　准场）　　　　　　　　5 团队指导室　　　　8 门厅/展示

■ 体育中心剖面

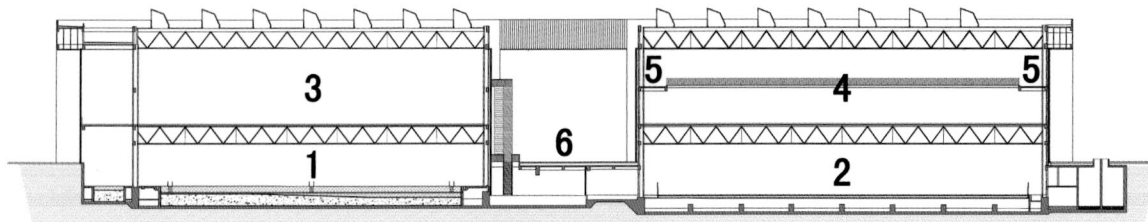

1 游泳馆（50米标准道）　　3 综合馆（篮球排球）　　5 训练馆架空环形跑道
2 冰球馆（56米×25米标准场）　4 训练馆（网球羽毛球）　6 场馆间半室外共享空间

■ 校园中心外景

■ 中学部教学楼内部庭院

■ 体育中心东侧外景

■ 体育中心游泳馆

■ 体育中心冰球馆

■ 小学部教学楼入口门厅

■ 演艺中心800座剧场

北京大学附属中学朝阳未来学校
CHAOYANG FUTURE SCHOOL OF THE AFFILIATED HIGH SCHOOL OF BEIJING UNIVERSITY

设计单位：Crossboundaries，北京
设计人员：Binke Lenhardt（蓝冰可） 董 灏 高 旸 周业伦
　　　　　Natalie Bennett　Andra Ciocoiu　Irene Solà　郝洪漪
　　　　　崔雨柔　Tracey Loontjens　Aniruddha Mukherjee
　　　　　Libny Pacheco　Sidonie Kade　谈可斌　方 若
　　　　　于 杨　Silvia Campi　王旭东
项目地点：北京市朝阳区惠新东街 8 号
设计时间：2015 年 6 月 ～2016 年 7 月
竣工时间：2017 年 1 月 ～2017 年 12 月
用地面积：25916 平方米
建筑面积：26622 平方米
班级规模：40 班
设计类别：改建

扫码看视频

■ 此次朝阳未来学校的改造以学生为主导的多功能教学空间为出发点，并以充满色彩的元素为手段，做到了将学习过程延伸到整个校园的每一个角落，使每一个学生可以完整地体验教学活动与社会生活。从城市环境、到景观、再到建筑和室内，每一处都表达着同一主题但又独具个性，不仅让这个校园焕然一新，也实现了校园以及教育产业更好地反馈社区的愿景。

■ 原有校园建于1980年代，密集的空间布局有机地融于周边紧凑的城市环境中。朝阳未来学校希望通过不断努力而实现的长远

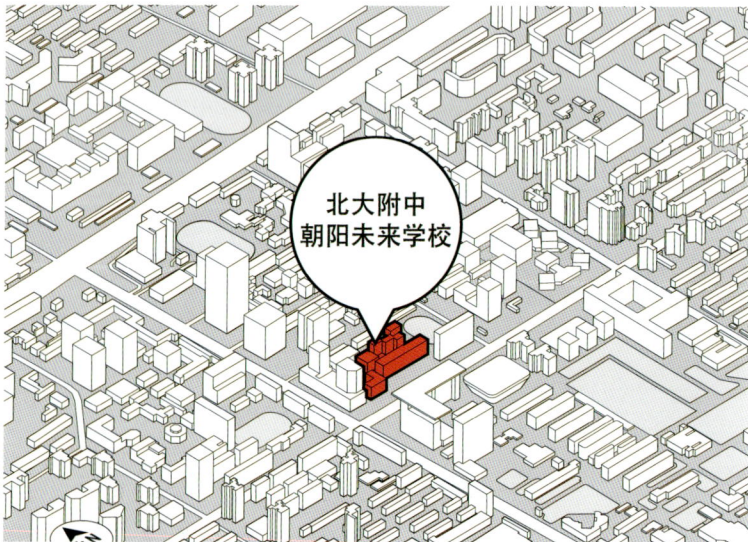

北大附中
朝阳未来学校

目标，即通过整合现有社会，经济以及环境资源，探索符合未来发展需要的全面型教育理念。我们从研究北大附中现有的课程设置与教学方法出发，思考总结与之相匹配的空间模式，来创造一个满足于每一个师生需求的乐园。

■ 颜色——未来学校最具识别性的设计元素，正如位于校园正中红色的艺术中心，改造后简洁且活泼的红色盒子象征着未来学校的朝气与活力。灵感源自曾经爬满校园各个角落的藤蔓植物，色彩的生命力能够以另一种方式延续并由外而内为新校园带来活力。

■ 纯净的白墙配以方形窗洞，保留了原有丰富的立面韵律。颜色在教学楼间由绿到黄再向红自然渐变，这种由外到内的变化除了提升校园的导向性之外，也让校园内每个建筑独具特性。这些激活了整个校园与城市边界的视觉联系，也为学生提供另一处有趣的休憩之地。

■ 校园入口广场

■ 新立面与自然的融合

■ 校园景观

■ 公共交流空间

■ 校园景观

■ 教室走廊

■ 公共交流空间

■ 颜色概念分析图

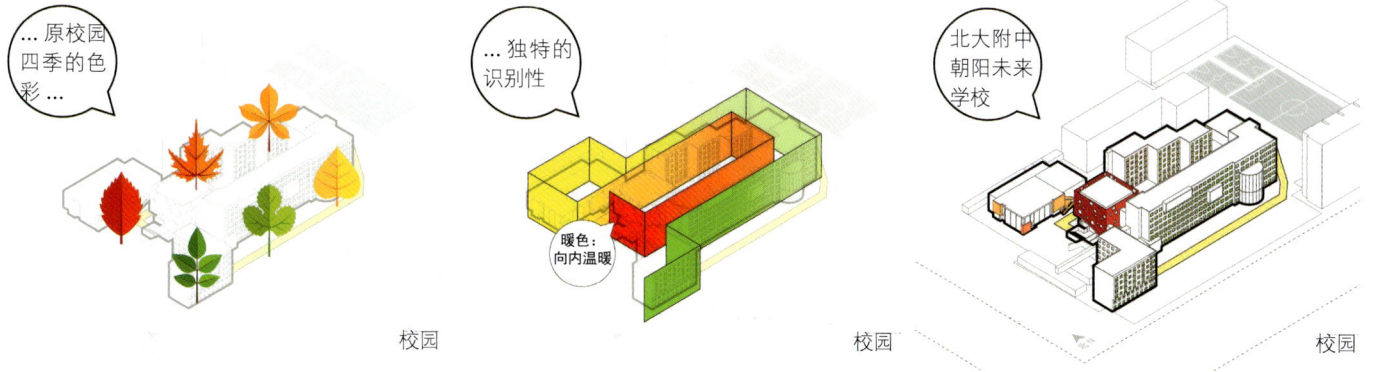

...原校园四季的色彩...

校园

...独特的识别性

暖色：向内温暖

校园

北大附中朝阳未来学校

校园

■ 剖面图

1 教学中心
2 艺术中心
3 食堂+X
4 女生公寓
5 男生公寓

■ 总平面图

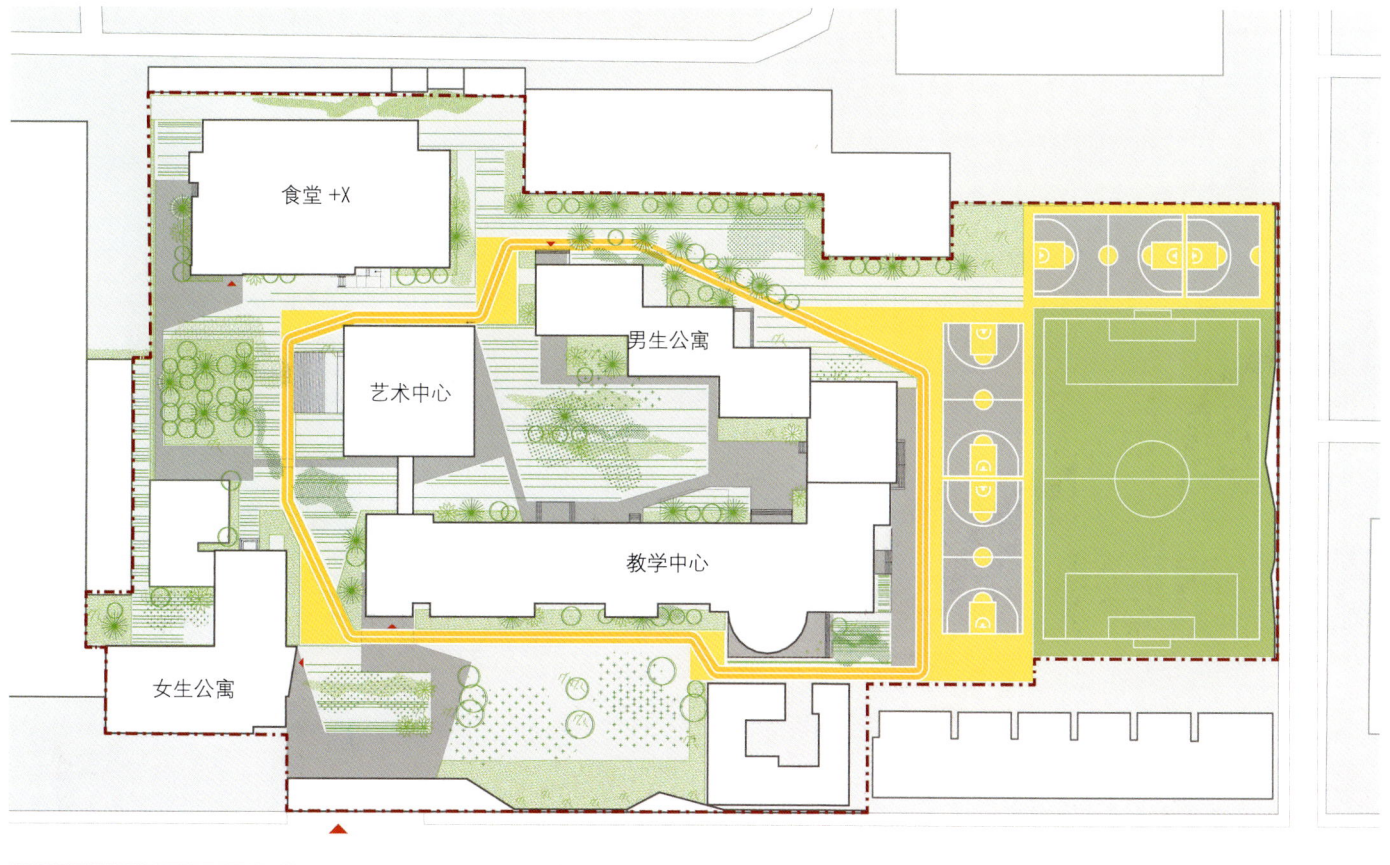

食堂+X

艺术中心

男生公寓

教学中心

女生公寓

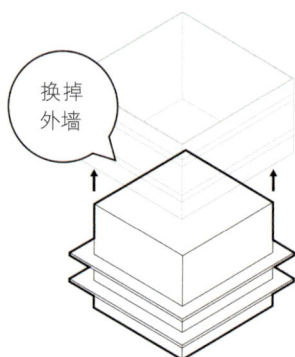

换掉
外墙

艺术中心

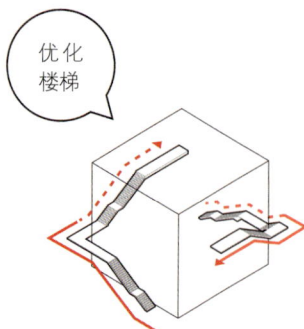

优化
楼梯

艺术中心

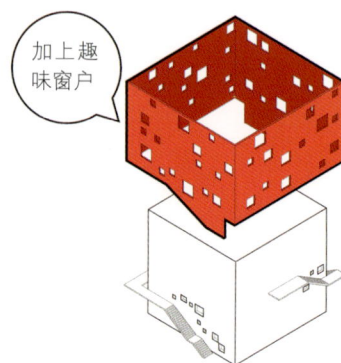

加上趣
味窗户

艺术中心

■ 艺术中心

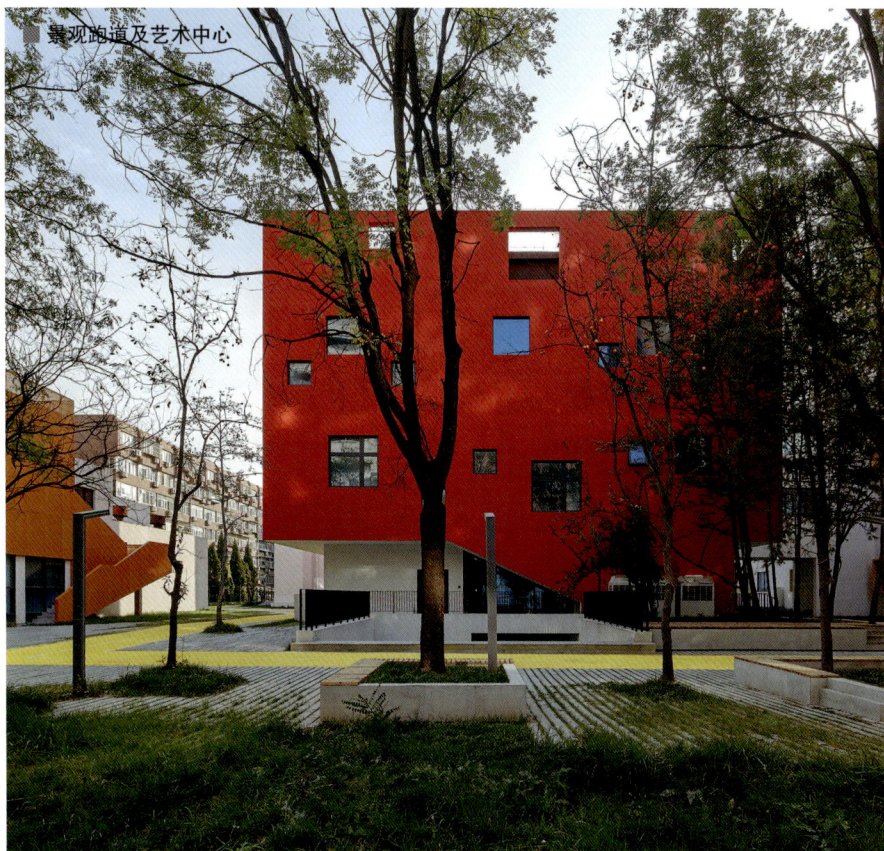
■ 景观跑道及艺术中心

■ 楼梯空间

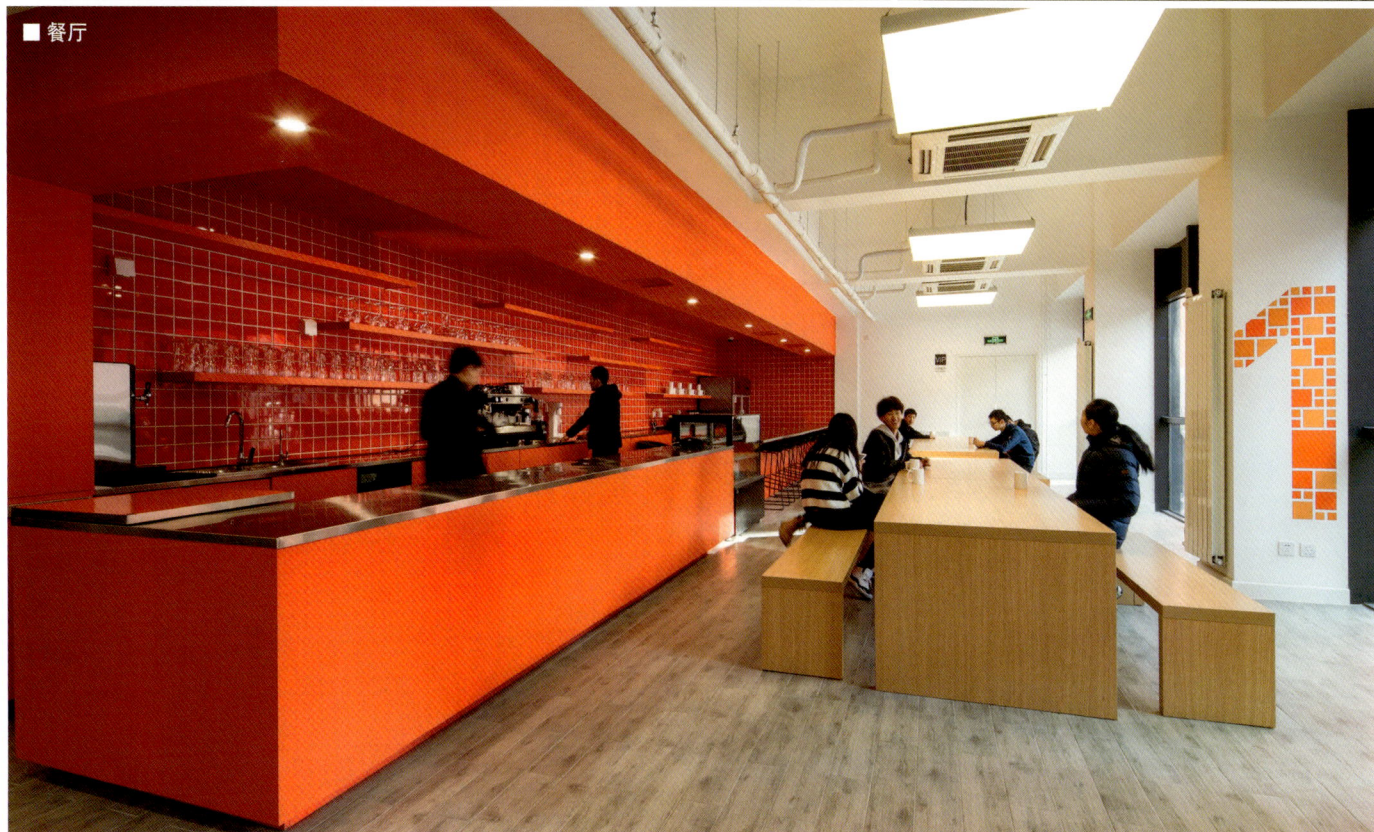
■ 餐厅

专家点评

■ 理性的用色策略，是该项目的设计特色之一。项目用色虽丰富，但背后遵循着严谨的逻辑。色彩排布有着清晰的空间对应关系——以绿色对应学习中心，橙黄色对应生活区，红色为艺术中心；楼内各学科楼层也都保持了同层一致的色彩元素。这样一来，作为日常使用者的师生，就可以将颜色作为寻路的依据，在头脑中清晰构建起对校园各处空间的整体记忆，从容地做出行动决策。

■ 而要达到这样的效果，必须将对色彩的把控，贯穿整个设计与施工周期。设计方采用整体设计的策略，从城市环境、景观、再到建筑和室内及家具标识，由外而内全面考虑，保证了用色彩引导校园行为的有效性。

王小工

■ 西立面全景

北京 161 中学回龙观学校
BEIJING NO.161 HIGH SCHOOL HUI LONG GUAN BRANCH

设计单位：北京市建筑设计研究院有限公司
设计人员：石 华 褚奕爽 王英童 王 璐 杨 帆 谢晓栋
　　　　　韩启勋 张连河 任 艳 胡亚鑫 张 力 向 怡
　　　　　张 晋 王 芳 郭 雪
项目地点：北京市
设计时间：2013 年 12 月
竣工时间：2015 年 6 月
用地面积：45100 平方米
建筑面积：53050 平方米 / 地上 30513 平方米 / 地下 22537 平方米
班级规模：初中 24 班，高中 24 班
设计类别：新建

■ 内敛而开放的校园：北京161中学回龙观学校属于城市高密度社区中的中学校园，校园用地相对紧张，这样的校园在公共活动场地与教学建筑的布置上具有相对的唯一性。项目根据用地条件，将400米运动场布置在校园的西侧，将学校的教学组团安排在校园的东侧。学校地处城市居民聚居区，周边环境相对繁闹，方案希望通过设计一种院落式的校园空间，为师生在城市中营造一种相对宁静的校园环境。教学组团的两栋"L"形的建筑相互围合成庭院，功能分区的配置充分考虑学校教学功能的需求，两栋"L"形建筑的南北向主楼布置初中、高中普通教室，东西向主楼布置科技实验教室和音美劳教室，功能合理，流线清晰。这样一种院落式的校园同时也不是完全封闭的，它通过一系列的空间收放变化和视线沟通引导，与周边的城市互动，使这座学校既有自身归属感，又属于这个城市区域的大环境。

■ 该校在设计中特别注重对学生活动的公共空间环境的营造——开敞的广场、架空的廊道空间、二层的屋顶平台、下沉的绿化庭院和小剧场，阶梯式的阅读空间、课间休息空间……这些校园副空间的精心设计为校园师生在这里的生活提供了生动的背景。

■ 总平面图

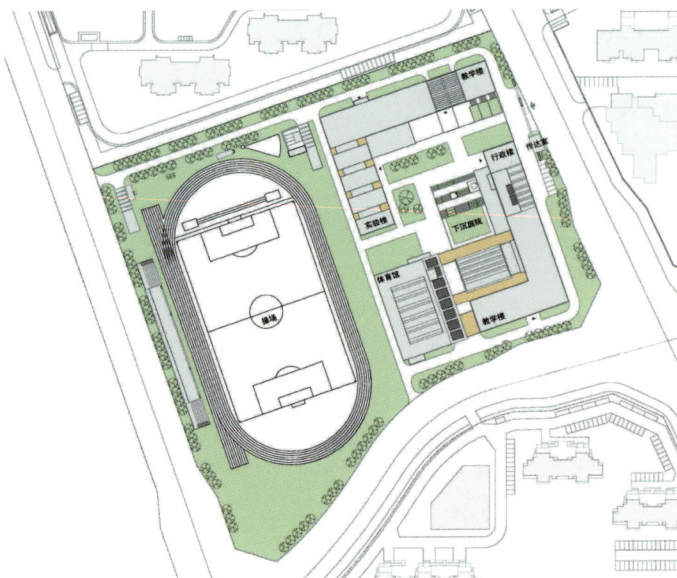

■ 南側下沉庭院

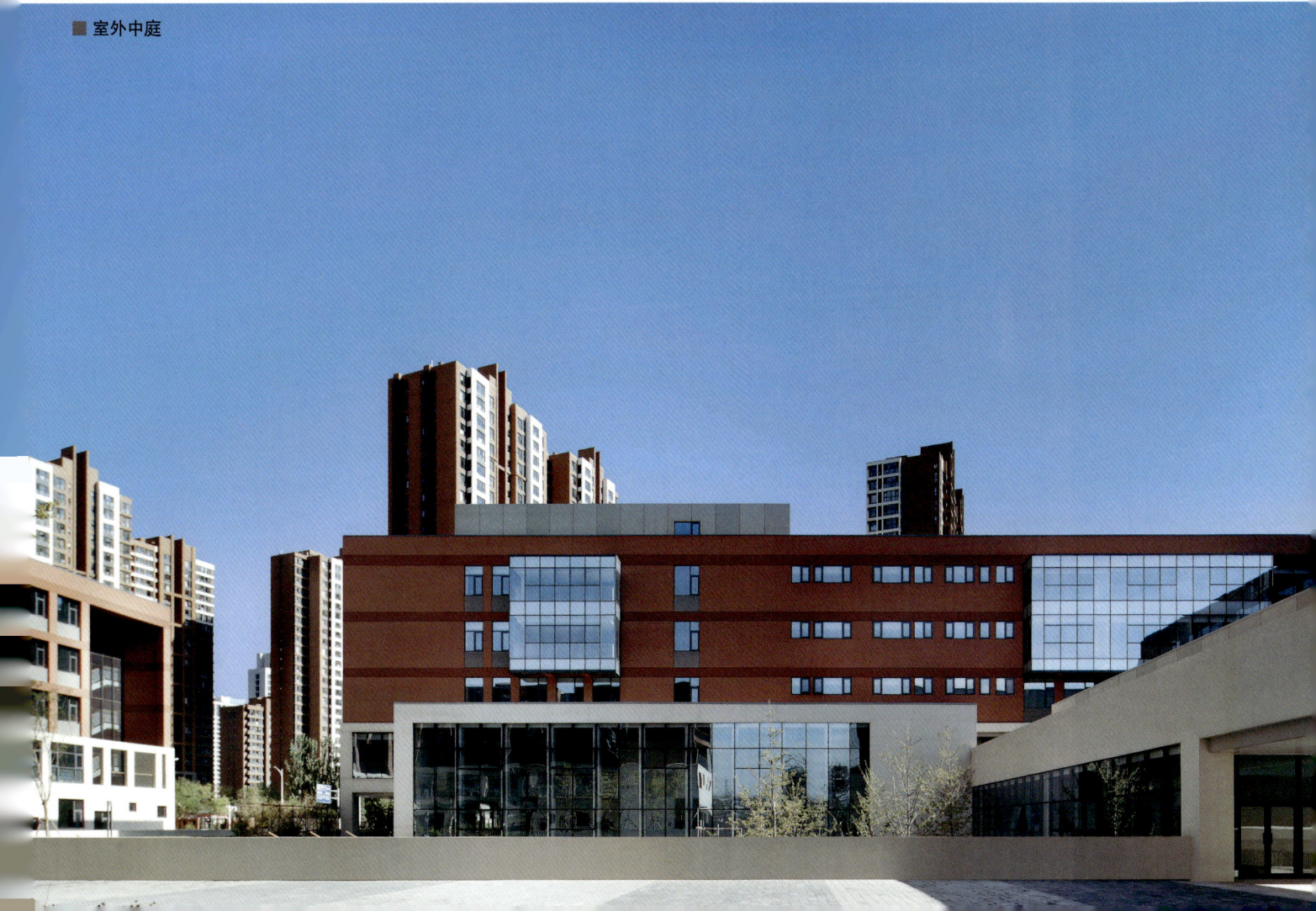
■ 室外中庭

■ 开放空间分析

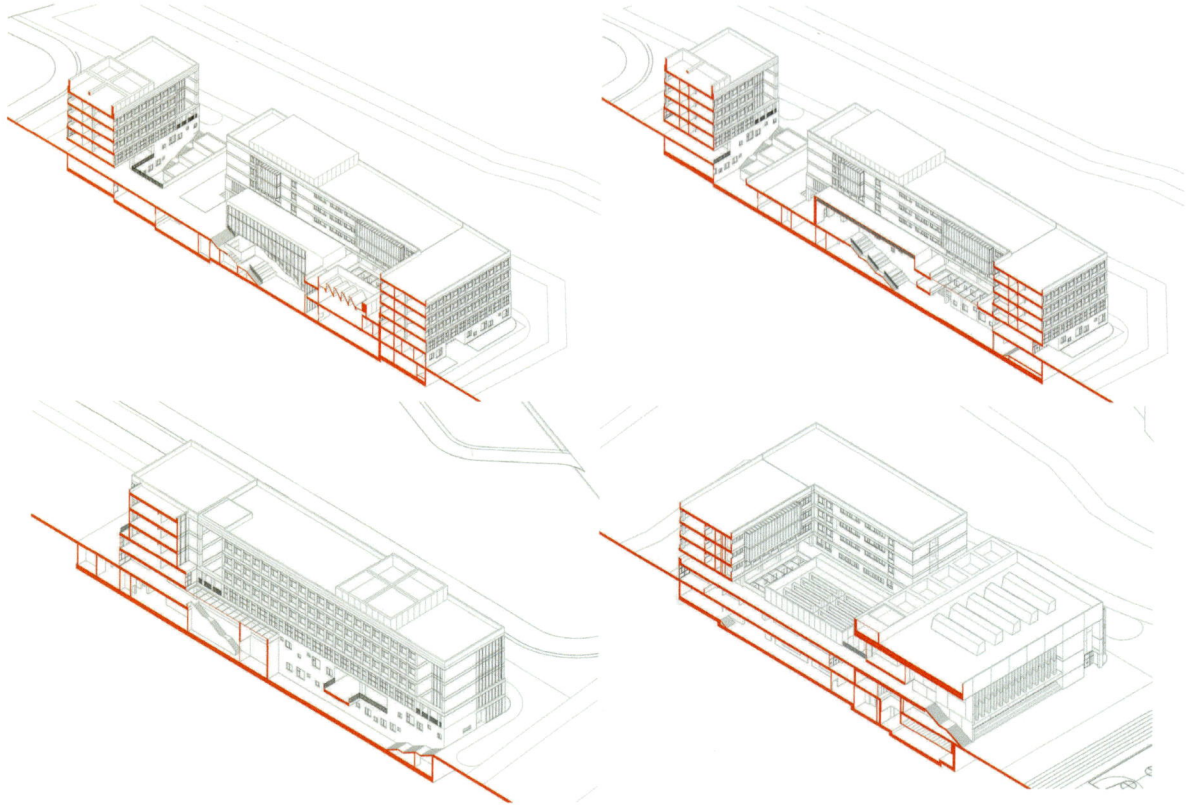

■ 地下一层平面图

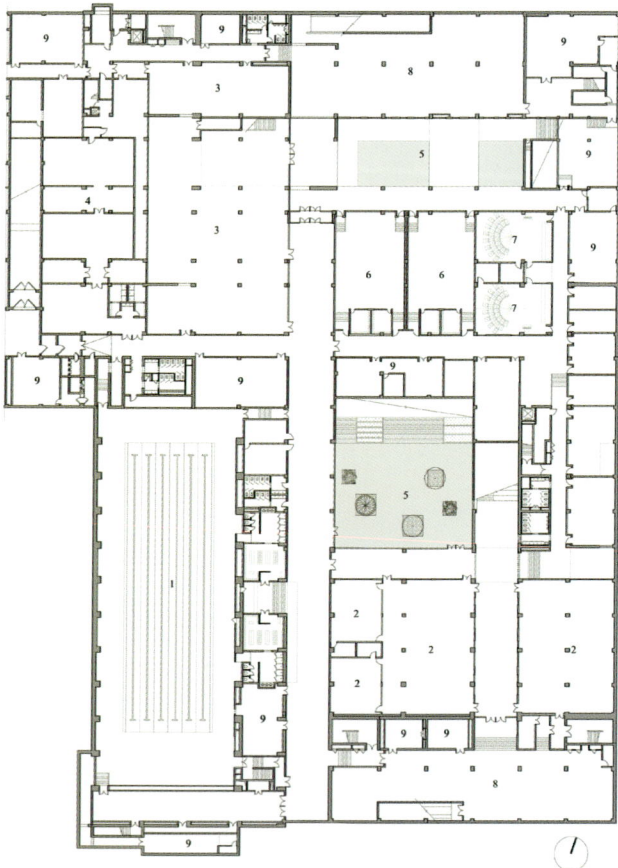

1 游泳馆　2 阅览室　3 学生餐厅　4 厨房　5 下沉庭院
6 舞蹈教室　7 乐器排练教室　8 自行车库　9 设备用房

■ 二层平面图

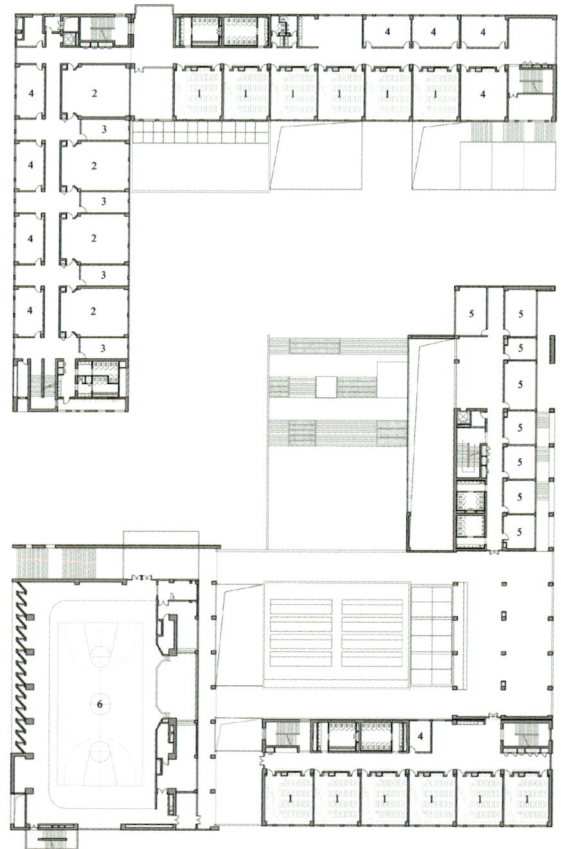

1 教室　　2 实验室　　3 准备室
4 教师办公室　5 行政办公室　6 体育馆

■ 北侧下沉广场入口

■ 体院馆人视图

■ 体育馆入口

■ 实验楼南立面全景

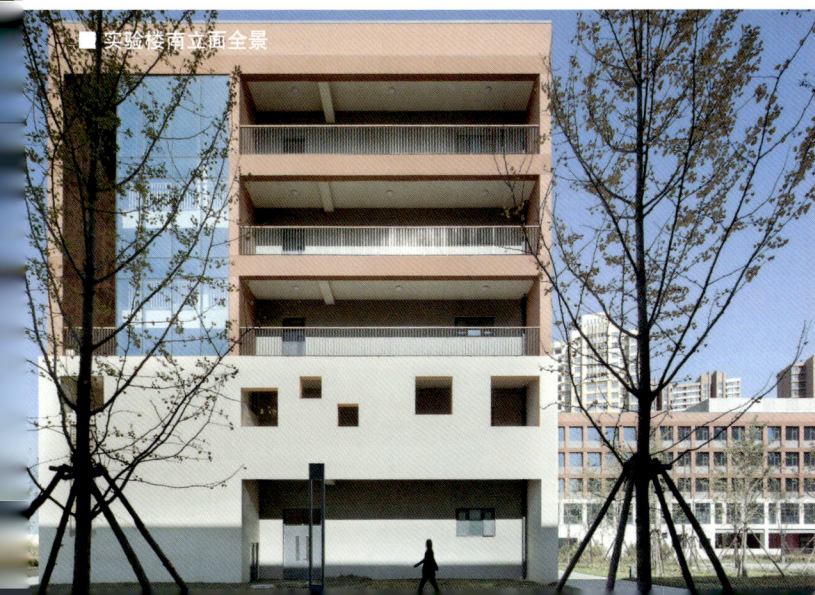

■ 游泳馆室内

■ 剖面图

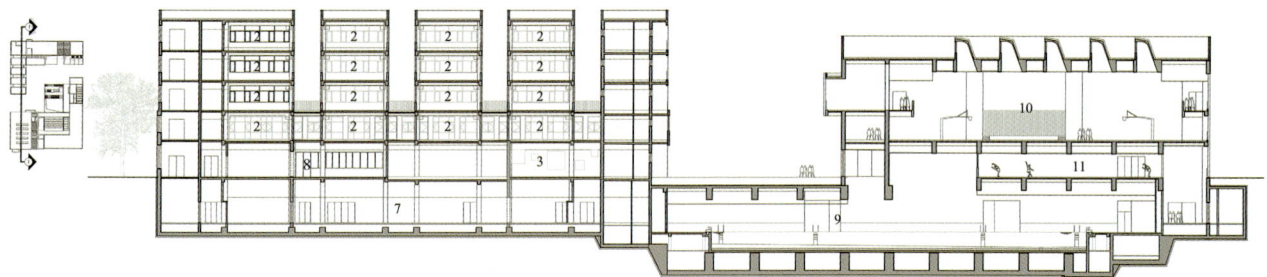

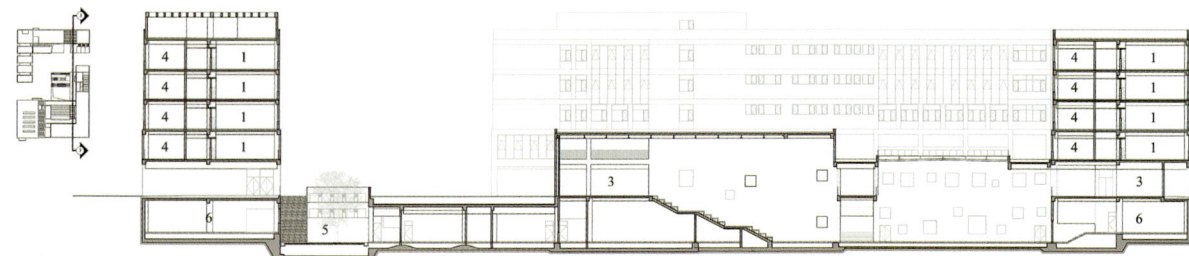

1 教室
2 实验室
3 走廊
4 教室办公室
5 室外庭院
6 自行车停车区
7 学生自助餐厅
8 教工食堂
9 游泳馆
10 体育馆
11 排练厅
12 阅览室
13 合班教室

■ 体育馆室内

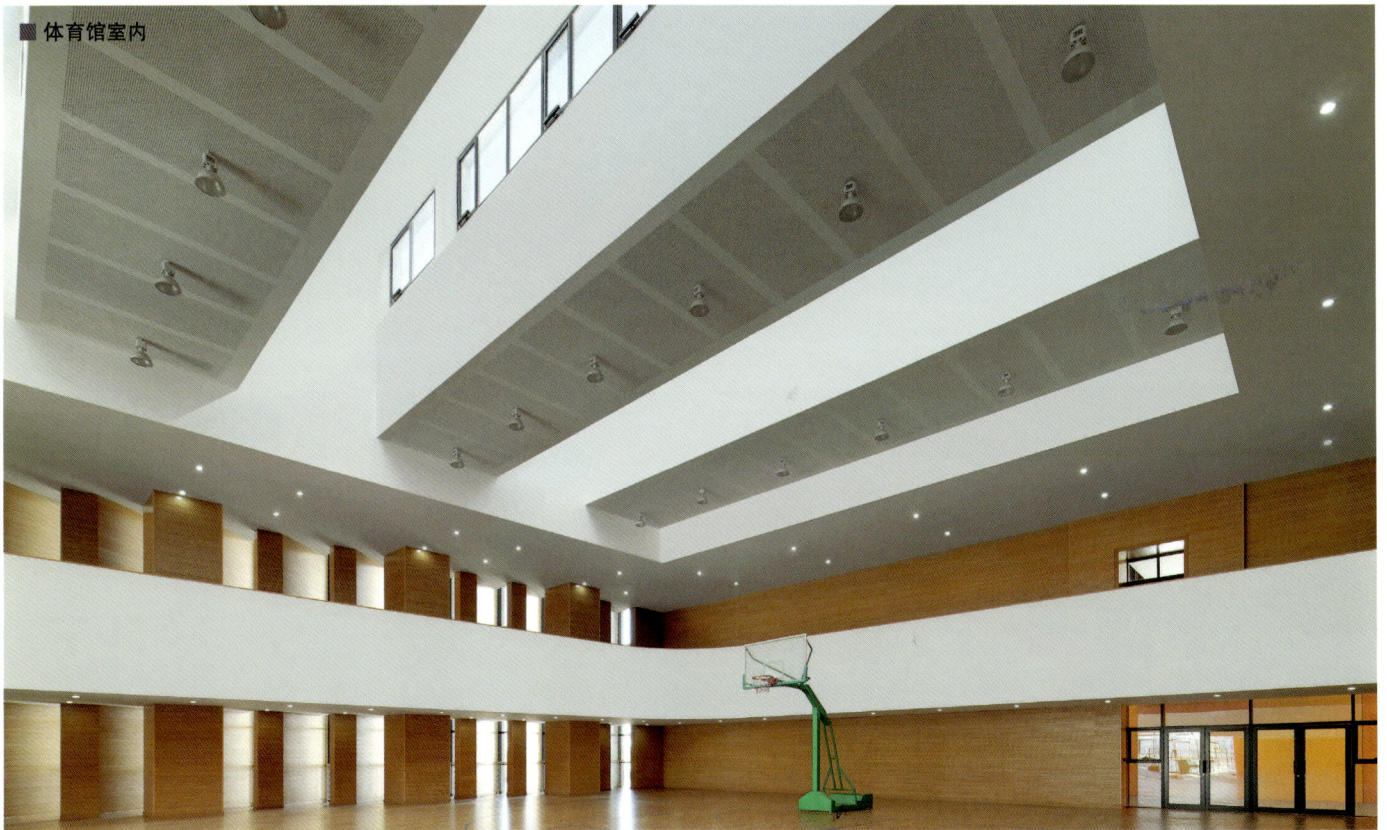
■ 合班教室室内

■ 室内公共交通空间

■ 室内图书馆阅览室公共空间

专家点评

■ 建筑布局方面，设计通过两个"L"形形体的围合成了一个有归属感的庭院组团，同时形成了明确清晰的功能关系，由于用地紧张，设计中充分利用地下空间。平面突出的特色是使用功能单元组团的标准化处理。教学单元形成有韵律的几何建筑体块，穿插组合完成建筑简洁的体型。建筑外墙采用灰白色和明快的橙黄色，立面效果较好，校园气息活跃。结合校园中央庭院，设计下沉露天剧场、庭院、廊道，形成立体的室外景观环境和通透而具有互动性的开放空间系统。地下空间及主要空间充分利用建筑手法引入自然光线，使空间充满生机，且可以达到绿色节能的效果。

胡一可

北京市中关村第三小学万柳北校区

ZHONGGUANCUN NO.3 PRIMARY SCHOOL WANLIU NORTH CAMPUS

设计单位：美国三乔建筑规划设计事务所
中国建筑设计研究院有限公司

设计人员：Ethan Bartos　Allen Washatko　Tom Kubala　Erik Hancock　刘燕辉
崔海东　王敬先　徐超　余蕾　罗敏杰　匡杰　陈静
马豫　孙海龙　史敏

项目地点：北京市海淀区
设计时间：2012年5月
竣工时间：2016年3月
用地面积：23500平方米
建筑面积：45728平方米（地上25698平方米 / 地下20030平方米）
班级规模：规划48班
设计类别：新建

扫码看视频

■ 校园区位总平面图

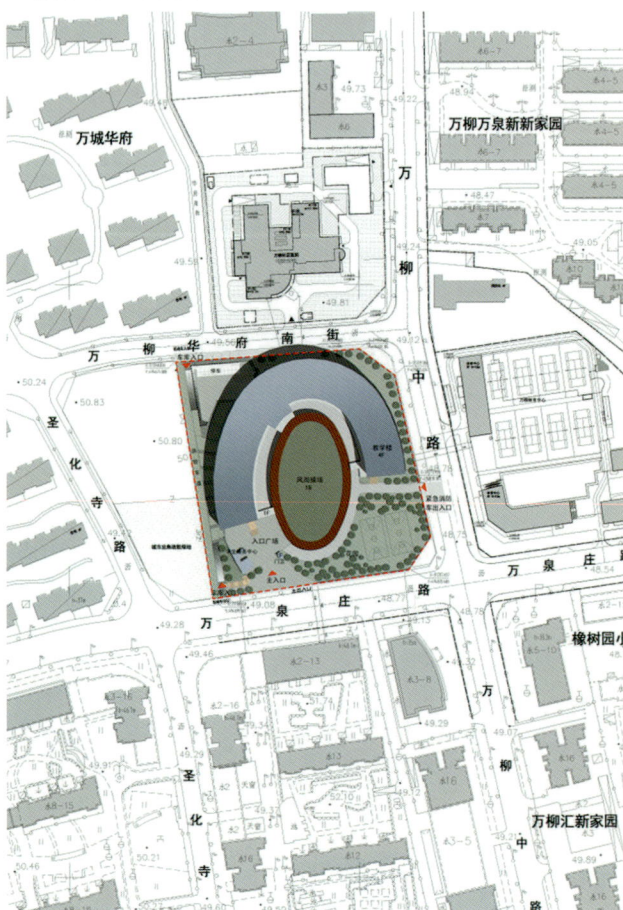

■ 新三小的设计过程是学校的教育家与建筑师共同参与完成的，学校提出了创新的教育理念，建筑师把这些理念用建筑空间实现出来。项目的设计目标是建成国际一流的小学校，利用"班组群"等新型的教学空间理念，让不同年级的孩子共同发展。建筑具有可调节变化的空间，随处都是教室，随处都可以进行互动式地学习。孩子随处可以呼吸新鲜空气，具有庭院式教学空间等设计理念。为适应近似正方形的紧凑的场地，设计采用向南侧开口的"C"形集中式布局的教学楼方案，中间环抱着椭圆形的半地下风雨操场。教学楼地上4层，每层布置有5个班组群，每个班组群由3个可分可合的普通教室和一个开放教室，以及卫生间和楼梯间等配套空间组成。普通教室之间以及它们与开放教室之间采用活动隔断，可根据课程需要灵活组合各种教学空间，实现由封闭式到开放式、从单一功能到多维功能、从物理空间到课程空间的空间转换。班组群是师生家庭式的学习基地，由不同年级的学生组成，大孩子和小孩子可共同学习和进步。风雨操场的活动场地位于地下一层，它的屋面作为学生主要的室外运动场地，通过4个连桥与教学楼二层平接。入口广场的地下一层有游泳馆，可以更好地和社区共享。

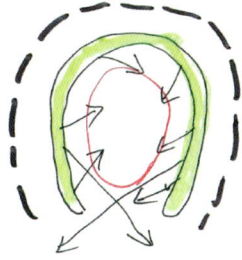

与更大的世界连接　　　社区场地　　　感受整体的学校　　　影像生物气候　　　充分利用日照

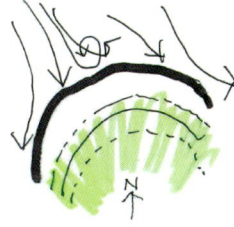

学校的集合　　　模糊室内和室外的界限　　　空间的梯度　　　学校中的学校　　　大小孩子在一起

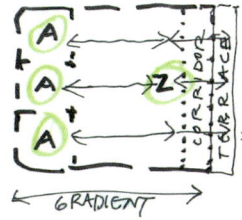

■ 校园实景照片

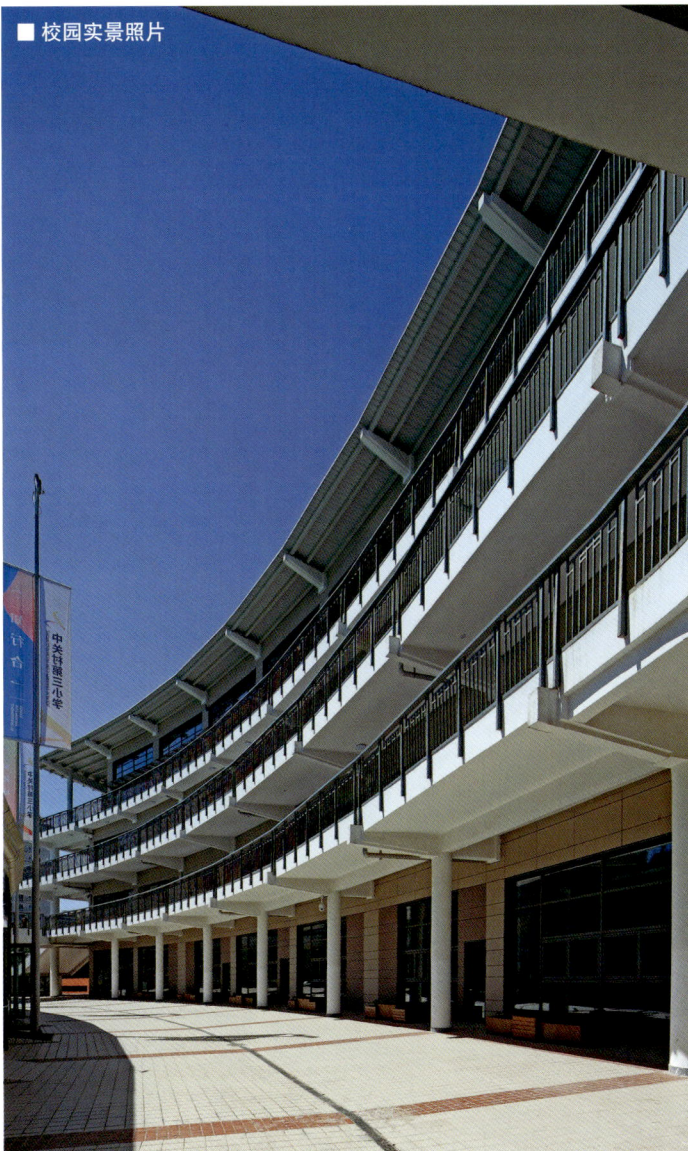

■ 校园实景照片

■ 校园实景照片

■ 校园实景照片

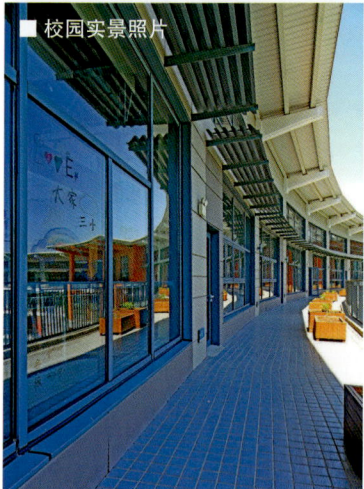
■ 校园实景照片

■ 校园实景照片

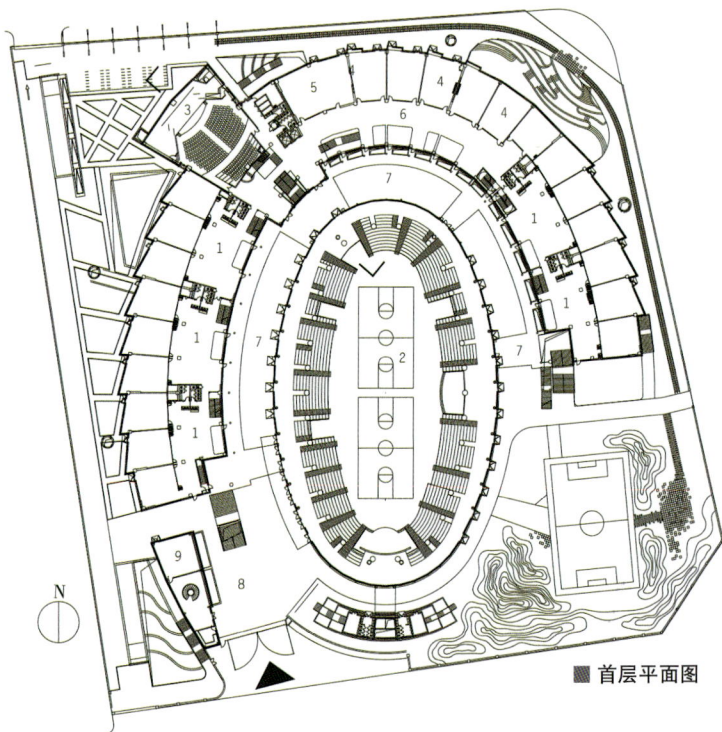
■ 首层平面图

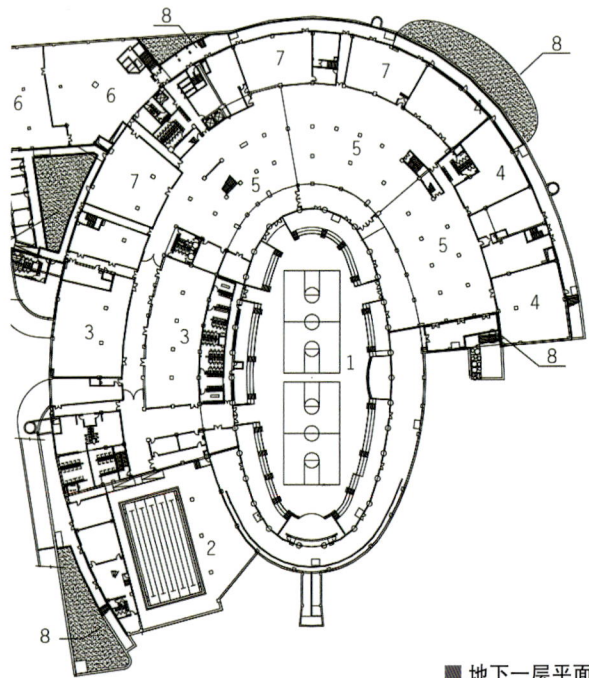
■ 地下一层平面图

1	班组群	6	开放教室
2	风雨操场上空	7	消防环路
3	成学会堂	8	校前广场
4	专业教室	9	学生中心
5	教师研修中心		

1	风雨操场	5	多功能活动室
2	游泳馆	6	厨房配餐间
3	体能训练室	7	设备机房
4	排练厅	8	下沉庭院

■ 校园实景照片

■ 校园实景照片

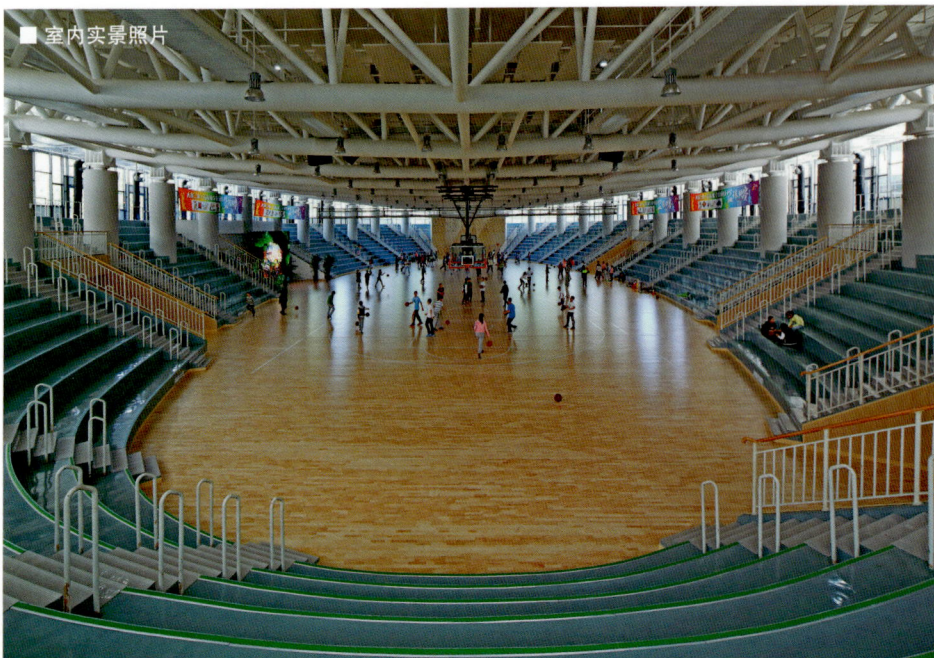
■ 室内实景照片

■ 室内实景照片

■ 室内实景照片

CENTRAL LIBRARY

中央图书馆

■ 室内实景照片

■ 室内实景照片

1 普通教室　2 活动隔断墙　3 开放教室
4 卫生间　5 楼梯间　　6 阳台

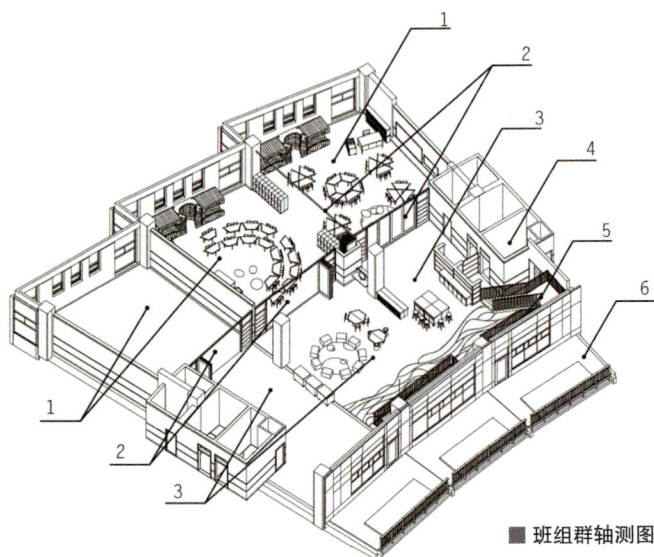
■ 班组群轴测图

■ 剖面透视图

■ 室内实景照片

■ 室内实景照片

专家点评

■ 中关村三小万柳北校区坐落于一片成熟的社区之中，其建设起止时间略迟于周边的居住环境，加之具有特色的办学理念，社会期望值极高，造成了班级规模偏多与用地面积狭小的客观条件。

■ 把"用地狭小"作为资源进行规划；以三小"3.0版"的教学方式作为依据；遵循"先有校长，后有学校"的初衷，以师生为本，力求建筑空间上有所创新。

■ 马蹄形平面的主体建筑化解了与外部街道的局促感，增强了内聚的向心力；内部空间的"3+1"模式凸显了校中校的办学特色，举架式的操场与半地下的体育馆成为校园动感核心；走廊、楼梯、教室、图书馆相互连通，形成复合功能空间，不再呆板乏味。正是由于大量复合空间的出现，使校园充满了神奇、变幻、多样、亲切、高效的体验。校园建筑成为日常最大的一个"教具"，潜移默化中为孩子们从小打上求知好学的印记。

■ 孩子们把这个弯弯的教学楼描绘成一道"腾空的彩虹"，更像一座通向未来的桥梁。

刘燕辉

■ 校园日景鸟瞰图

北京师范大学盐城附属学校（幼儿园及小学部）

YANCHENG SCHOOL AFFILIATED TO
BEIJING NORMAL UNIVERSITY(KINDERG
ARTEN，PRIMARY SCHOOL)

设计单位：北京市建筑设计研究院有限公司
设计人员：王小工　王英童　李轶凡　张月华　杨秉宏　盛诚磊
　　　　　李　静　王征妮
项目地点：江苏省盐城市
设计时间：2017 年 4 月
竣工时间：2018 年 8 月
用地面积：76407 平方米
建筑面积：64343 平方米 / 地上 54643 平方米 /
　　　　　地下 9700 平方米
班级规模：18 班幼儿园，48 班小学
设计类别：新建

扫码看视频

■ 总平面图

1 幼儿园主出入口	10 图书馆
2 小学部主出入口	11 小学部教学楼
3 小学部次出入口	12 小学部教学楼
4 小学部地下车库入口	13 小学部教学楼
5 小学部地下车库出口	14 小学部礼堂、行政楼
6 校园次出入口	15 小学部宿舍楼
7 幼儿园教学楼	16 小学部体育馆
8 幼儿园教学楼	17 开放式戏台
9 幼儿园综合楼	

■ 书院+园林：方案采用"书院+园林"的设计概念，引入国际化校园建筑布局策略及教育理念，布局具有灵活性、复合性、丰富性的特点。在整体规划及建筑空间层面吸纳了传统书院的特点，同时也保证了整个学校植入北师大的文化内涵，体现地方区域传统人文特色。该方案最大的特点是创建多样的公共空间，植入学校的各个角落。将学生的各类学习活动从传统的封闭教室释放出来，采用开放式的教学空间，让学生能参与不同层面的群体交流实践活动。

■ 本方案还探索了新型教学组团的设计理念，在新型的教学组团中，各个功能空间的边界逐渐模糊，同一个空间内可以满足学生学习、休闲、观演等多种需求. 本方案小学部教学组团的开放空间除了承担原有走廊所承担的交通疏散功能外，还被赋予了服务组团内学生的多种新型功能。开放空间设置了观演活动区、年级图书角、交流讨论区等不同功能的空间：观演活动区通过置入一个大台阶实现；年级图书角让学生不用跑到中心图书馆便可随时借书；学生交流讨论区通过橱柜、推拉隔板、家具等分隔而成。学生们在收获知识的同时，还可以在这样一个充满趣味性的空间里游戏玩耍，放松身心。

■ 体育馆、宿舍及教学楼

■ 教学楼与老校门

■ 体育馆、宿舍及教学楼

■ 首层平面图

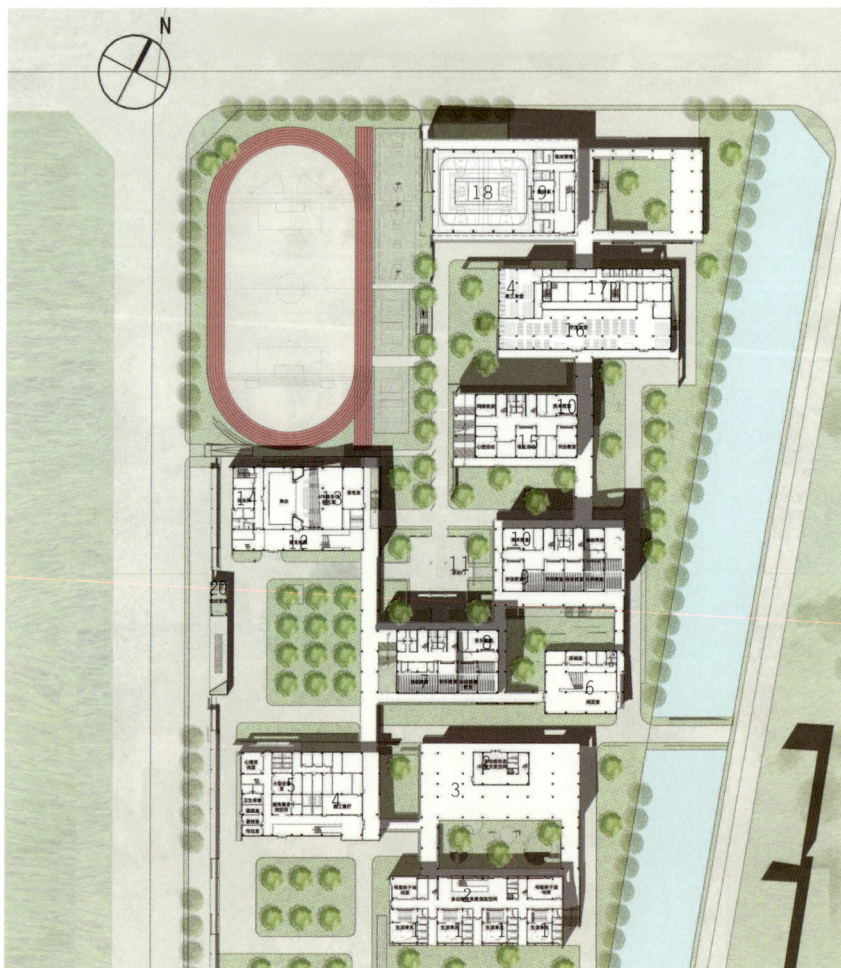

1　生活单元
2　多功能交流区
3　架空活动空间
4　教工餐厅
5　会议室
6　阅览室
7　舞蹈教室
8　音乐教室
9　劳技教室
10　美术教室
11　老校门
12　德育展廊
13　678座多功能礼堂
14　化妆间
15　学生活动室
16　学生食堂
17　后厨
18　体育馆
19　器材室
20　值班室

■ 礼堂剖面图

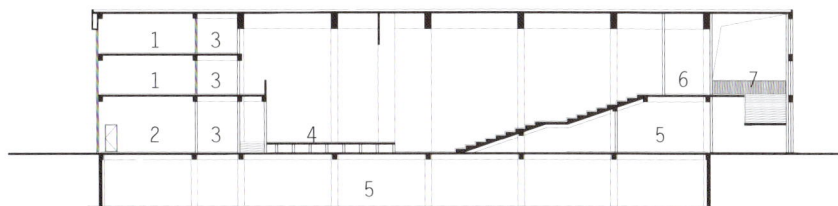

■ 体育馆剖面图

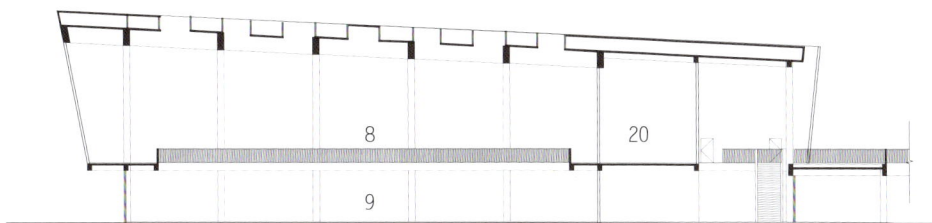

■ 教学楼剖面图

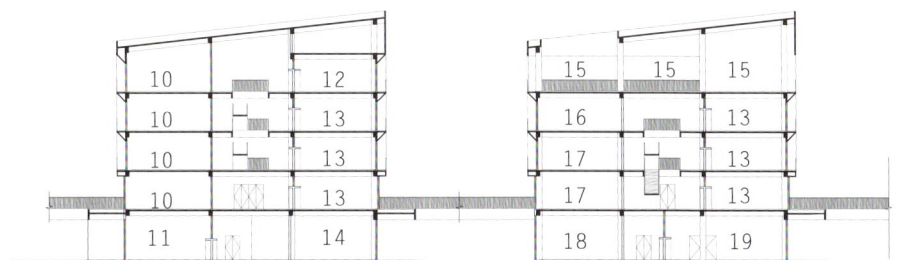

1　行政办公用房
2　化妆间
3　走廊
4　舞台
5　设备用房
6　控制室
7　室外活动平台
8　室内慢跑道兼观看廊
9　体育馆
10　教研室
11　美术教室
12　备用房间
13　普通教室
14　辅助用房
15　屋顶花园
16　合班教室
17　多功能教室
18　音乐教室
19　自动录播教室
20　器材室

■ 校园庭院空间

■ 教学楼及室外空间

■ 教学楼及行政楼

■ 图书馆室内空间

■ 图书馆室内空间

■ 教学楼走廊空间

■ 幼儿园室内空间

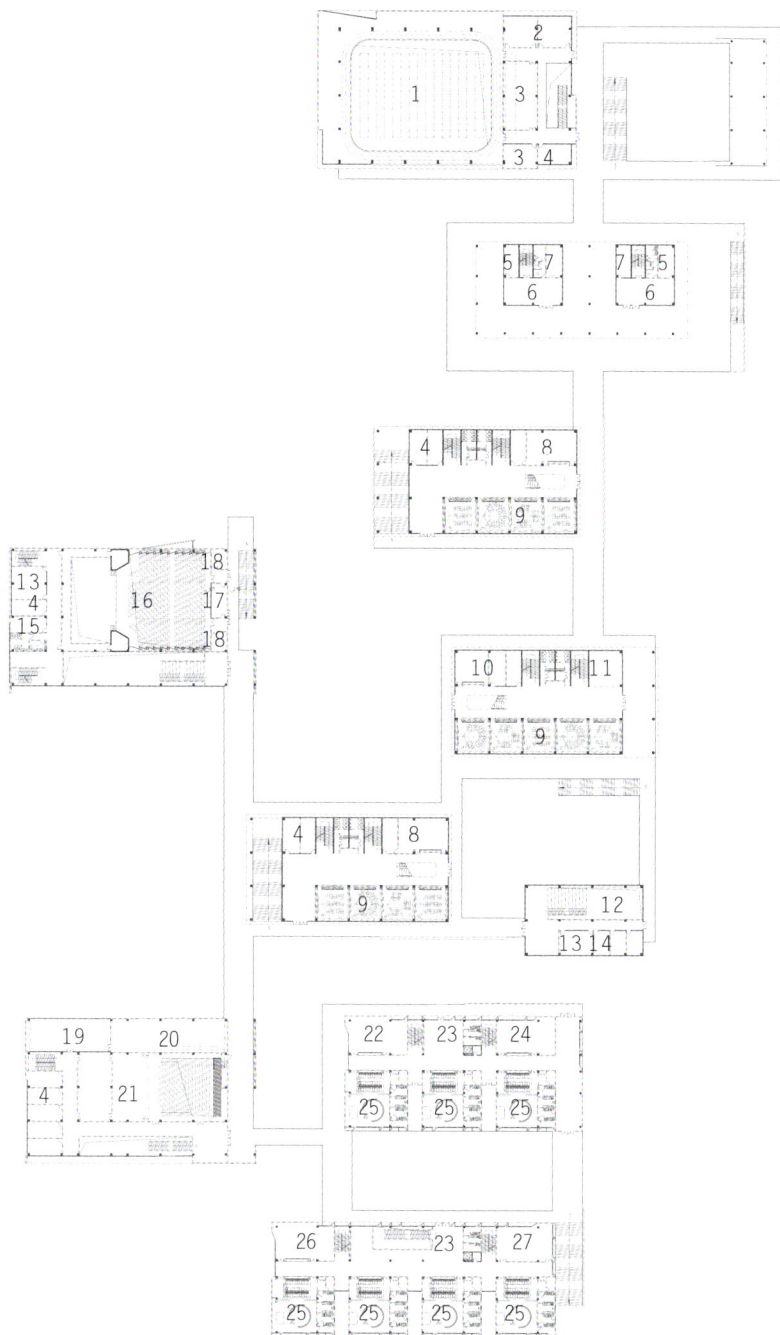

1 体育馆上空	10 远程教室	19 屋顶活动平台
2 体质测试室	11 多功能休息兼交流空间	20 屋顶修缮平台
3 器材室	12 图书馆	21 舞台
4 教职工办公区	13 会议室	22 科学发现室
5 心灵小屋	14 讨论室	23 多功能休息兼交流空间
6 门厅	15 设备/辅助用房	24 绘本阅读室
7 接待兼会客室	16 678座多功能礼堂	25 幼儿生活单元
8 计算机教室	17 控制室	26 厨房体验室
9 普通教室/备用教室	18 储藏室	27 舞蹈房

专家点评

■ 盐城小学及幼儿园项目的设计者注重将新型教育理念与空间设计相结合，组团式布局与实际的教学组织形式高度吻合。整体布局采用正南北向行列式构图，形成规则的院落式组团，组团之间通过平台、连廊、庭院衔接，产生灵动而又有秩序的布局效果。校园功能分区合理、流线组织清晰，建筑空间统一中富有变化，变化中又有一定秩序。设计者大胆采用具有盐阜地域特色的粉墙黛瓦为建筑材料，展现出校园的地方文化特色。

董灏

■ 宿舍楼侧视角

深圳坪山锦龙学校
SHENZHEN PINGSHAN JINLONG PRIMARY SCHOOL

设计单位：Crossboundaries，北京
设计人员：Binke Lenhardt（蓝冰可）董灏 高旸 甘力
　　　　　侯京慧 David Eng Silvia Campi Eric Chen 王旭东
项目地点：广东省深圳市坪山区锦龙大道和体育四路交叉口西南
设计时间：2018 年 6 月 ~2018 年 11 月
竣工时间：2018 年 10 月 ~2019 年 8 月
用地面积：16172 平方米
建筑面积：53508 平方米
班级规模：42 班
设计类别：新建

■ **建造快**：装配式建筑，意味着高效率，高质量。本次设计在满足校园设计要求的前提下，充分利用装配式建筑的优点，对教学区域以及宿舍区域进行了分析，并作出相应的分类，不仅使布局简洁却不单调，也使立面统一又不失变化。

■ **密度高**：为满足教学及使用需求，本次设计将校园打造成立体式的校园，这样既减轻了高密度环境的紧张布局，又使校园各个功能空间得到了充分的利用。设计将公共操场抬高，并在教学及宿舍区域分别穿插艺术、展示等功能空间，使师生置身于校园内但并不会受到高密度的影响，使整个校园环境立体又有趣。

■ **学校好**：从功能上看，设计将公共操场置于整个校园中心的位置，并将大部分公共空间、艺术空间相应的与操场结合，使整个中心区域被激活。从交通流线上看，公共外廊贯穿整个教学区，而相应围合成的敞开院落，使各个教学楼之间产生联系，使不同大楼之间的师生可以产生交流互动又不会互相干扰。

■ 鸟瞰分析图

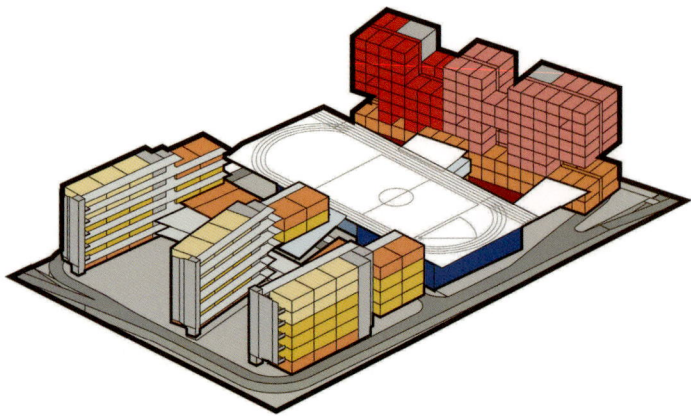

■ 教学楼间庭院

■ 宿舍楼公共空间

■ 剖面分析图

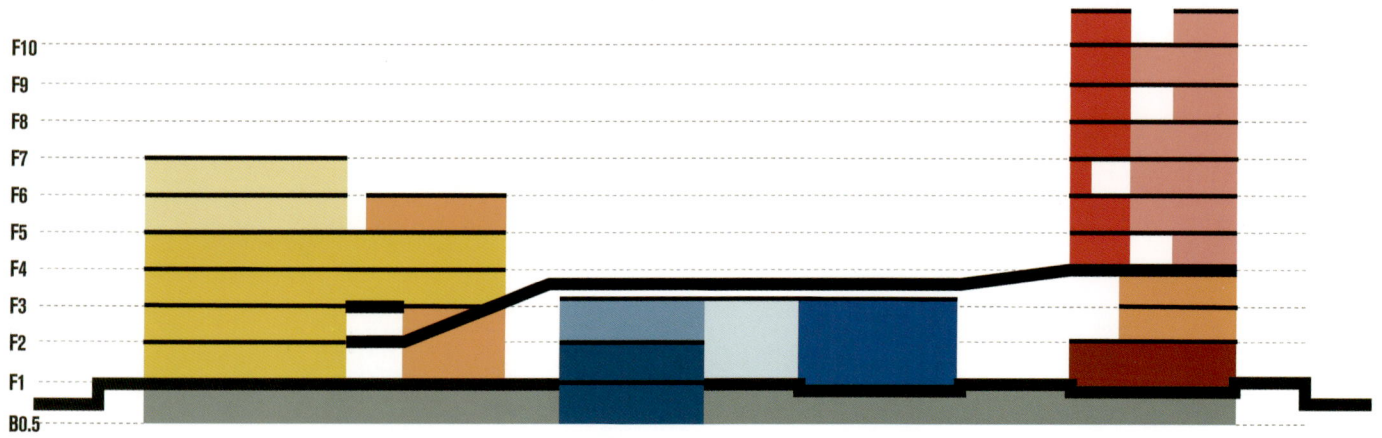

F10
F9
F8
F7
F6
F5
F4
F3
F2
F1
B0.5

CLASSROOMS
教室

OTHER CLASSROOMS
其他教室、创客

OFFICES
教师办公

CANTEEN
食堂

LIBRARY
图书馆

SPORTS
室内体育

SEMI-OUTDOOR SPACE
通廊、半室外多功能区

THEATERS
剧场

TEACHERS' DORM
教师宿舍

STUDENTS NAP/DORM
学生午休/宿舍

PARKING, EQUIPMENT
停车(学生接送)、设备

■ 从南侧俯瞰校园

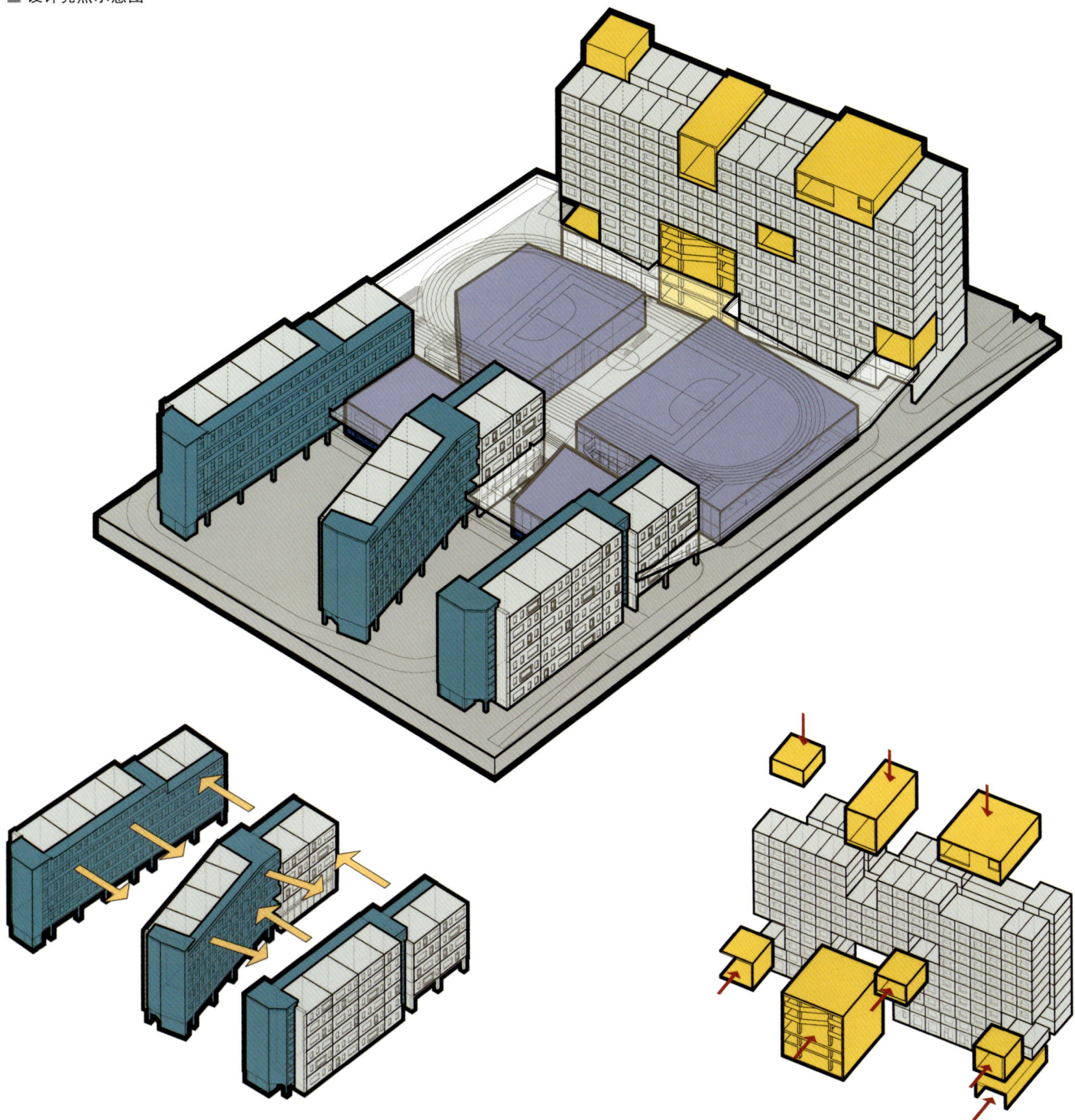

■ 教学楼间中庭

■ 宿舍楼的立面变化

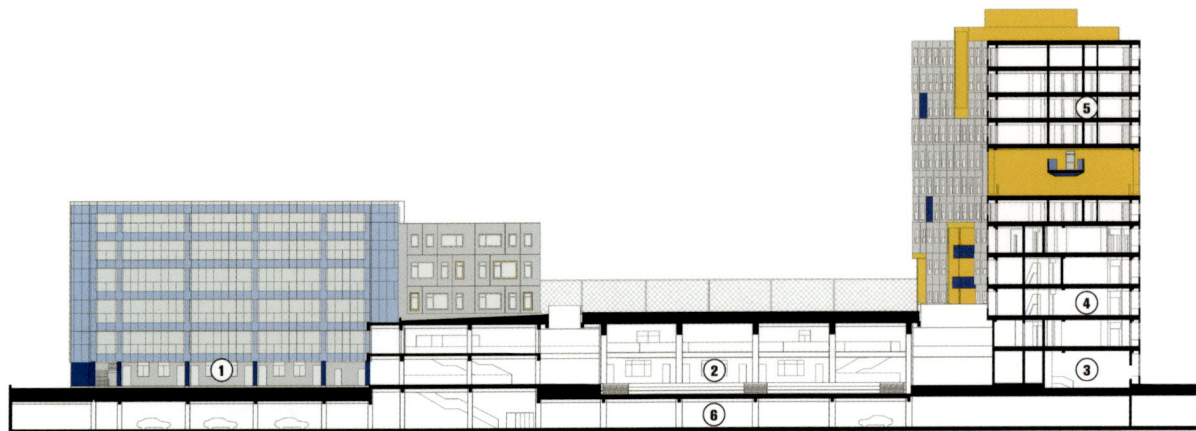

①	CLASSROOMS 教室	③	THEATERS 剧场	⑤	STUDENTS NAP/DORM 学生午休/宿舍
②	SPORTS 室内体育	④	OTHER CLASSROOMS 其他教室	⑥	PARKING, EQUIPMENT 停车(学生接送)、设备

CAMPUS SECTION
校园剖面

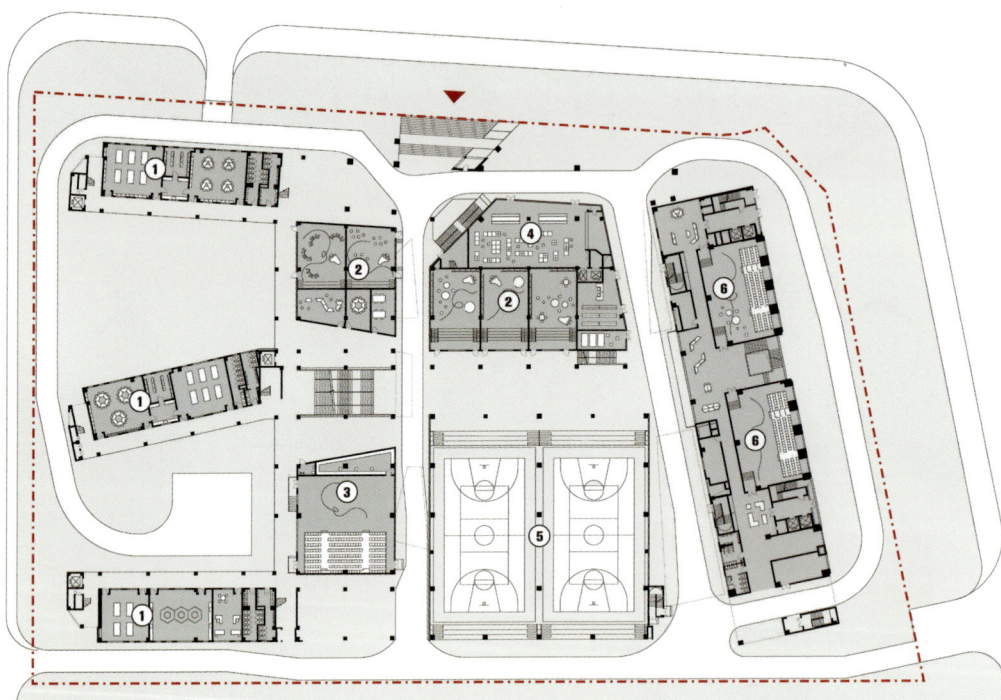

LEVEL 1
一层平面

① CLASSROOMS
  教室
② OTHER CLASSROOMS
  其他教室
③ AUDITORIUM
  阶梯教室
④ CANTEEN
  食堂
⑤ SPORTS
  室内体育
⑥ THEATERS
  剧场

■ 教学楼立面

■ 入口处的廊道

■ 隔街远望鲜明的立面

专家点评

■以装配式建造回应公立学校在预算、工期及高密度方面的难点与需求，这是一次很好的尝试。

■教学楼和宿舍的建筑立面，高度体现了装配式建筑的优势，模块化又不失灵动，使得整体效果既统一又具有趣味性，创造性地解决了高密度校园的布局，将体育场上盖位于场地中间，不仅弱化了整体建筑群体量，更使得体育及公共活动成为校园的核心。布局合理，各功能间联系紧密。

王小工

■ 鸟瞰图

北京亦庄保华国际教育园
B&P INTERNATIONAL EDUCATION PARK

设计单位：建设综合勘察研究设计院有限公司
设计人：曹 薇 张赞讴 李德成 曾小兵 刘欣阳 王 卓
　　　　崔景悦 徐 晓 赵超阳 沈萌萌 邵兰真 杨 颖
　　　　顾 畅 赵方荣 苏 静 龙 雨
项目地点：北京市亦庄经济技术开发区
设计时间：2014年6月
竣工时间：2018年5月
用地面积：118913.2平方米
建筑面积：104520平方米 / 地上90939平方米 / 地下13581平方米
班级规模：幼儿园23班 / 小学32班 / 中学48班
设计类别：新建

■ 耀华中学外景

■ 北京亦庄保华国际教育园项目位于北京亦庄开发区南部新区，西面临博兴三路，南面临凉水河二街，东北面毗邻凉水河及河旁绿地。项目包括学而国际中心、中学、小学、幼儿园、综合馆和礼堂，分为耀中教学区和耀华教学区。两教学区办学规模为3240名学生。

■ 项目因地制宜进行设计，将沿河景观纳入园。

■ 设计将国际化风范与本土化建筑进行融合、国际化教学模式与国内设计规范的衔接。

■ 设计中注重绿色节能可持续的校园理念。

■ 校园外景

■ 耀华综合馆外景

■ 校园外景

■ 耀中中学外景

■ 耀中综合馆室内

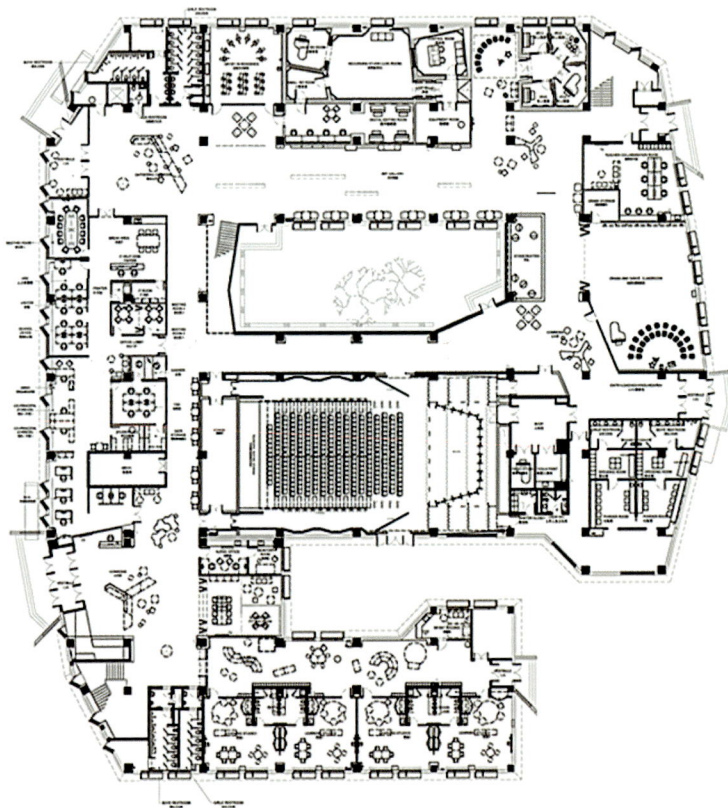
■ 耀华中学首层平面图

■ 耀华中学室内

■ 耀华中学室内

■ 耀华中学室内

■ 耀华中学室内

■ 耀华综合馆首层平面图

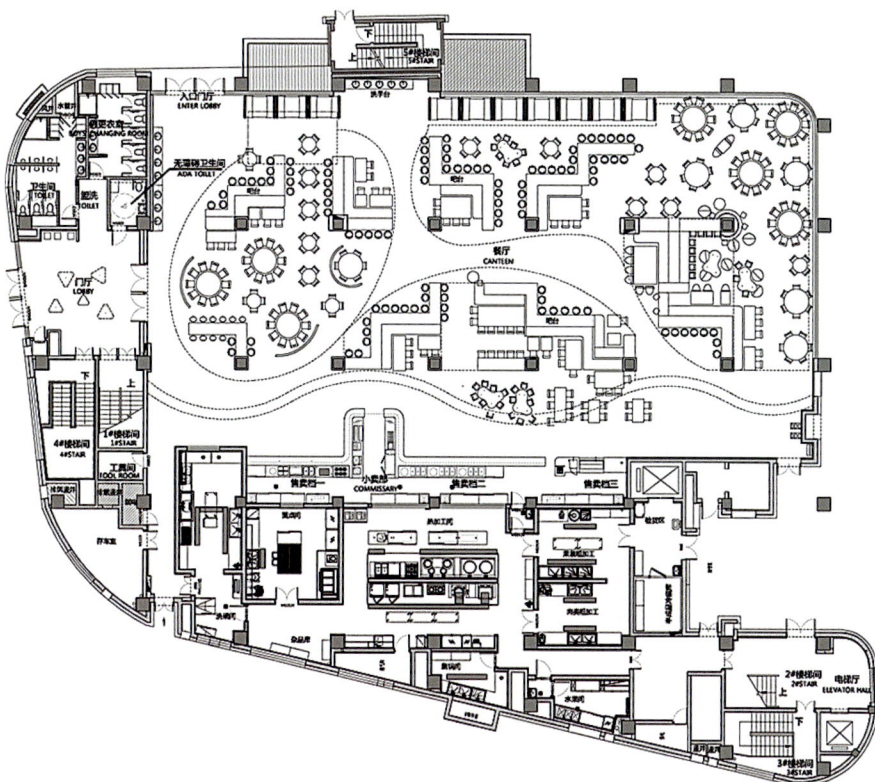

专家点评

■保华教育园作为国际学校，采用国际化教学模式，将国际化风范与本土化建筑进行了较好的融合。在设计上打破常规横平竖直式的教学建筑方式，利用我国传统围合式建筑样式进行设计，增加了建筑的中心庭院，让学生有更多的活动和交流空间，教室的景观也更加丰富。

■在教学模式上，把国外开敞式教学方式与国内建筑设计防火规范相结合，让建筑形式服务于功能，建筑设计与教学理念相互依托，既满足规范要求，同时考虑学生探索未知的天性。

■设计在总体布局上能结合用地特点，因地制宜、因景制宜，把教学建筑沿凉水河景观带布置，将沿河风光纳景入园，并采用退台方式，利用屋顶做绿化和活动空间，让学生在短暂的课间也可以充分的活动和享受，把最美的景观留给了学生。

■设计中还采用了绿色节能可持续的校园理念，例如将教室布置于南侧，西侧布置活动室，建筑西侧布置角窗，减少西晒对建筑的影响。利用导光管等方式增加室内自然光照明，减少能耗，节省能源。

周畅

■ 校园鸟瞰（摄影：张辉）

天津市第四中学新校区
THE NEW CAMPUS OF TIANJIN NO.4 HIGH SCHOOL

设计单位：RSAA 德阁建筑设计咨询（北京）有限公司 + 天津市城市规划设计研究院
设计人员：Reinhard Angelis　庄子玉　Fabian Wieser　岑伟红　刘毅　张世峰
　　　　　陈冬冬　王涛　吕涛　刘国宇　宋扬　董威宏　赵春水　侯勇军
　　　　　陆伟伟　李津澜　田轶凡　李淑婷　张明　任艳琴　刘磊　郭鹏
项目地点：天津市河西区
设计时间：2012 年 ~ 2016 年
竣工时间：2018 年 8 月
用地面积：91 700 平方米
建筑面积：58 000 平方米
班级规模：36 个初中班，36 个高中班，8 个国际班
设计类别：新建

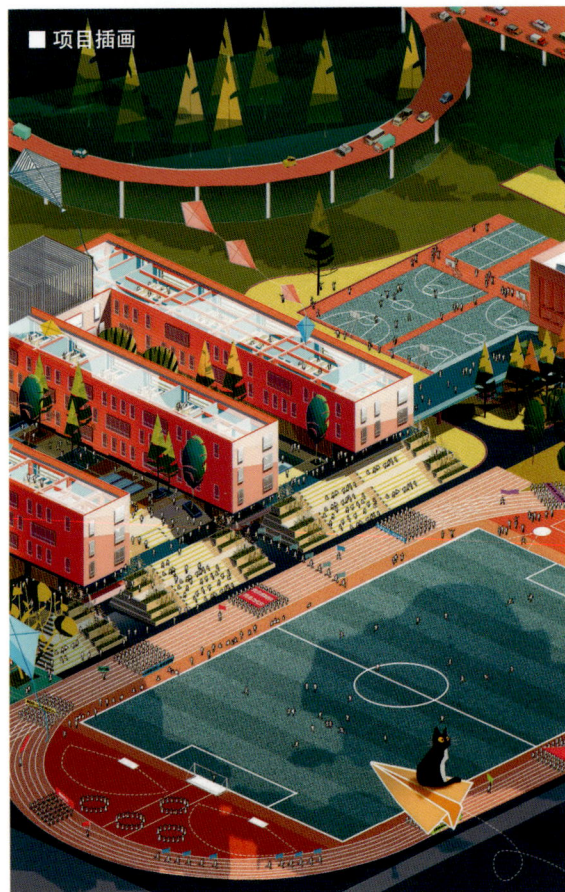
■ 项目插画

■ 关于学校设计，我们希望教育在这里不是一个冰冷的机械化的经历，而是希望它和学生的人生体验能够高度契合，即空间变成了人生体验的一部分。在学校的六年时间里，希望能提供学生真正需要的东西。

■ 本工程为天津市第四中学新校区工程，校园空间结合澧水道主入口设置南北向校园主轴，将校园分为A、B两个功能区。A区以教学为主，B区以生活、运动为主。两区通过校园主轴紧密联系。主轴由南而北设置食堂、体育馆、看台等公共空间。看台贯穿整个A区建筑西侧，与屋顶绿化连为一体，形成教学区与运动场的过渡空间，是学生交流、思考、放松的适宜场所。

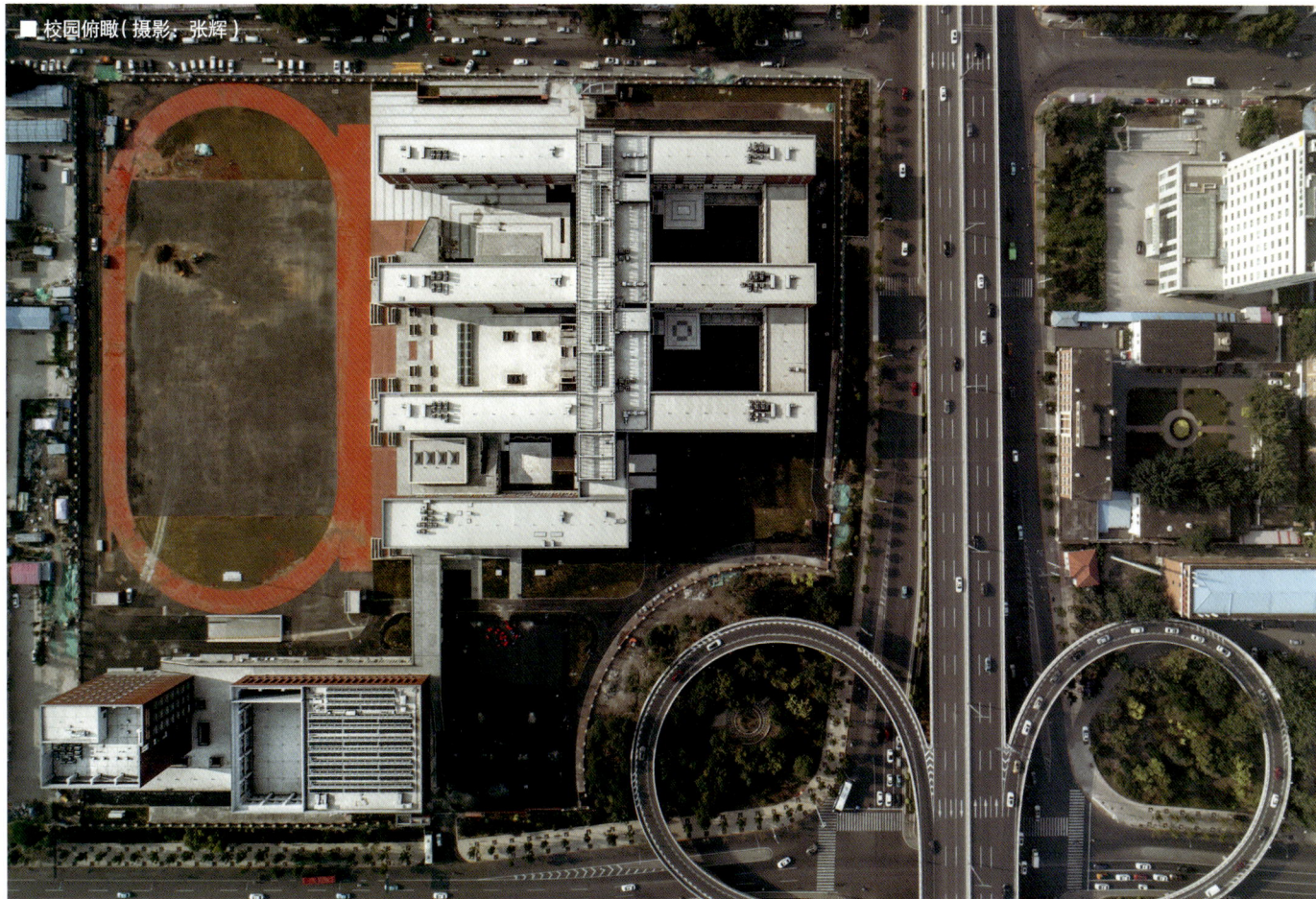
■ 校园俯瞰（摄影：张辉）

■ 学校入口与街道（摄影：张辉）

1 教学楼
2 体育馆
3 体育场
4 篮球场
5 网球场
6 宿舍楼
7 食堂

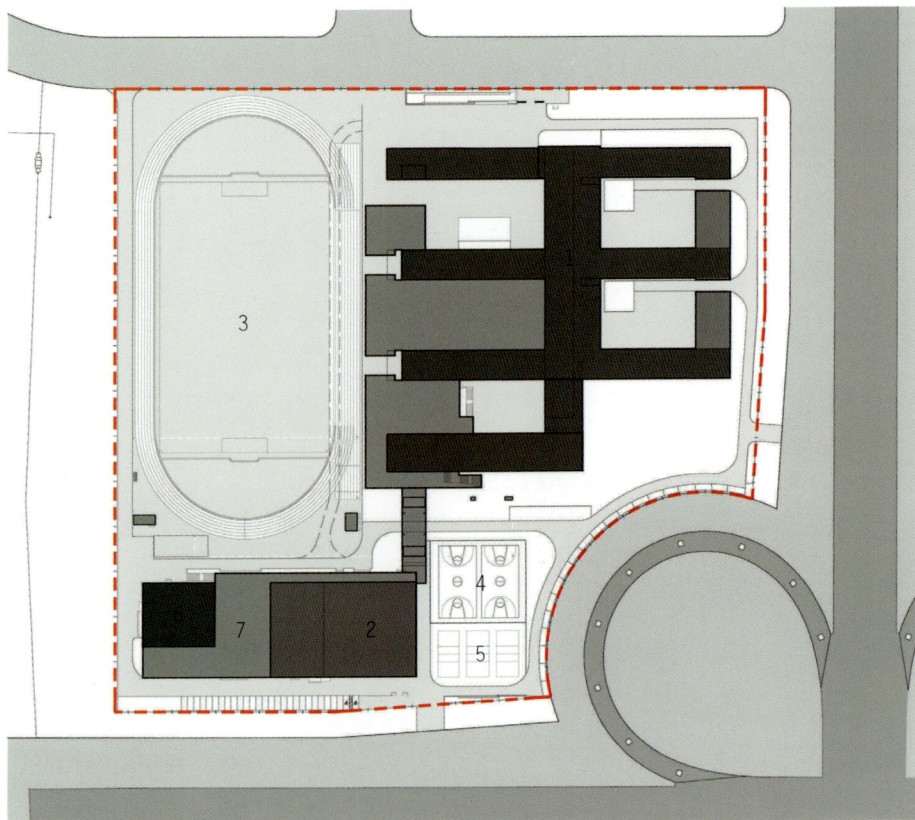

■ 体块形态演化解析图

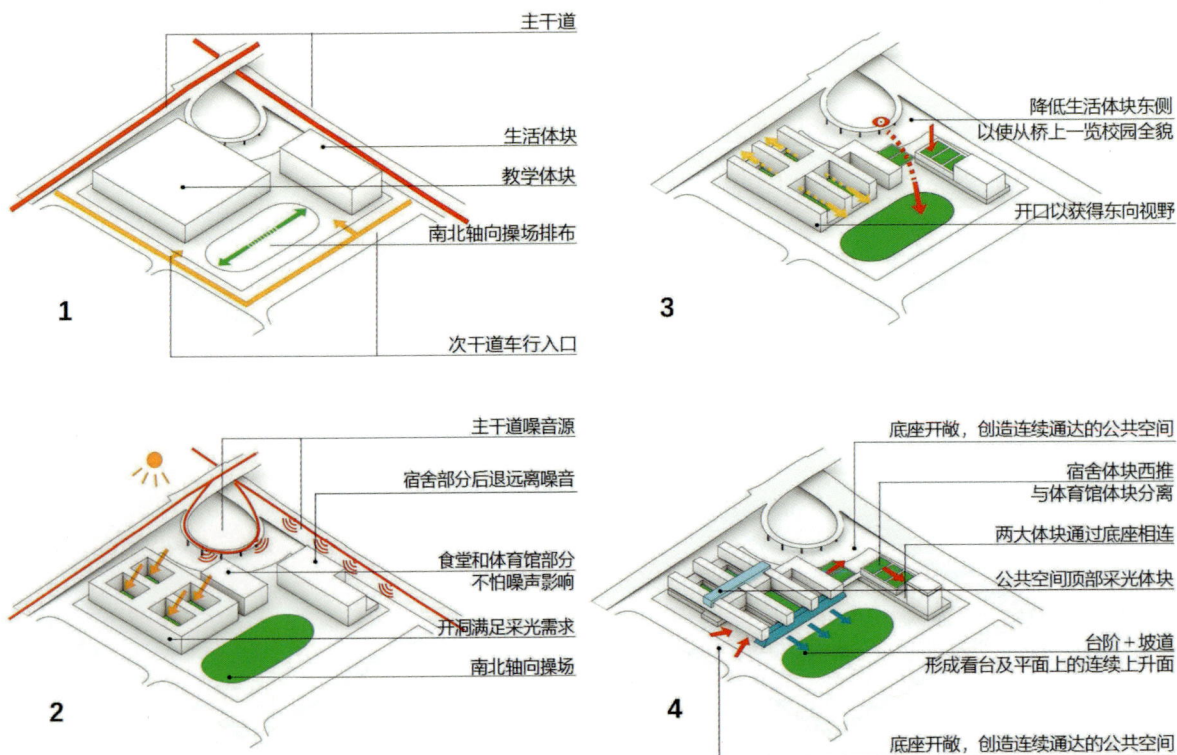

主干道

生活体块

教学体块

南北轴向操场排布

次干道车行入口

1

降低生活体块东侧
以使从桥上一览校园全貌

开口以获得东向视野

3

主干道噪音源

宿舍部分后退远离噪音

食堂和体育馆部分
不怕噪声影响

开洞满足采光需求

南北轴向操场

2

底座开敞，创造连续通达的公共空间

宿舍体块西推
与体育馆体块分离

两大体块通过底座相连

公共空间顶部采光体块

台阶＋坡道
形成看台及平面上的连续上升面

底座开敞，创造连续通达的公共空间

4

1　教室
2　阅览室
3　展览室
4　实验室
5　报告厅
6　办公室
7　后勤

■ 生活区一层平面图

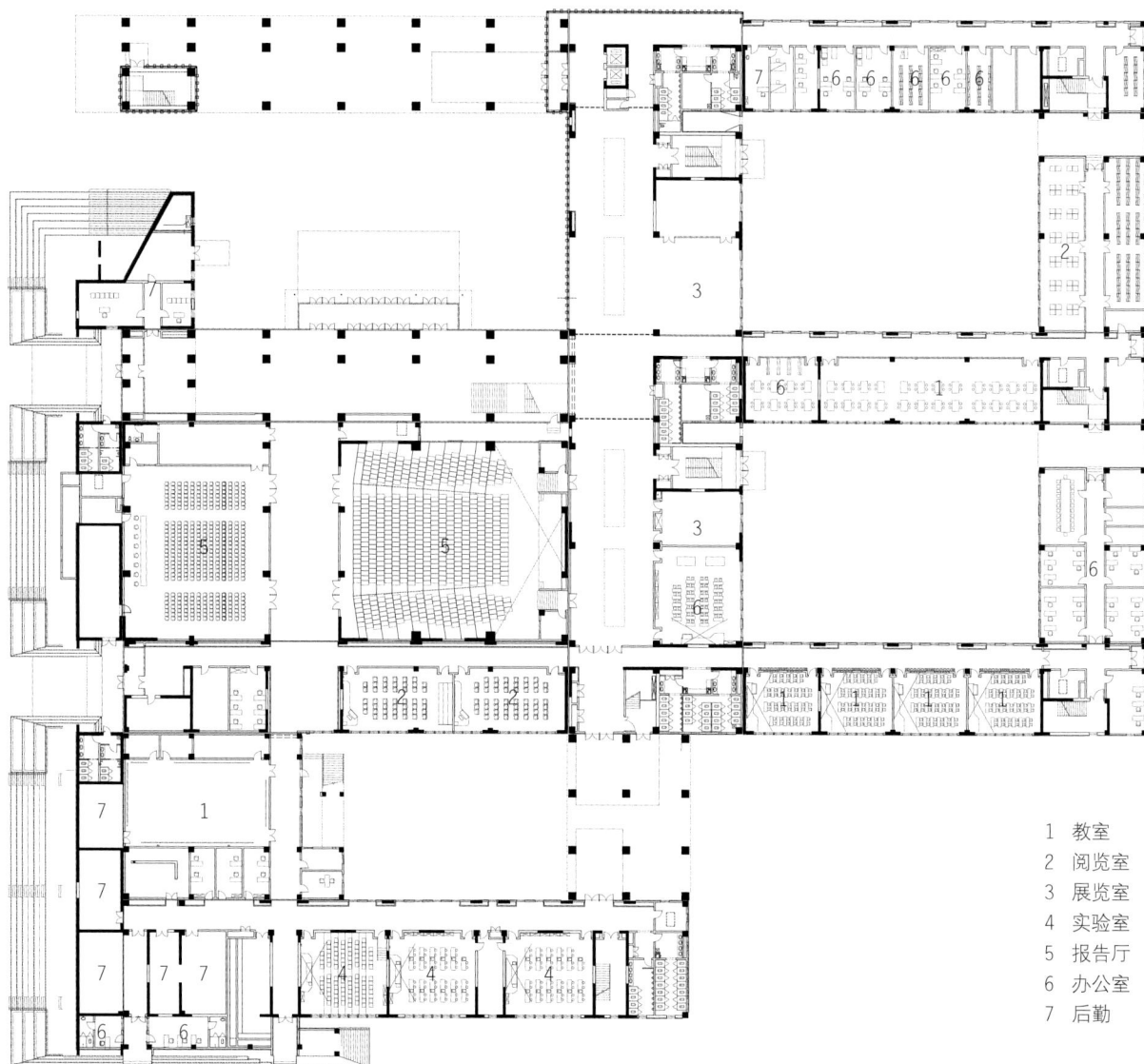

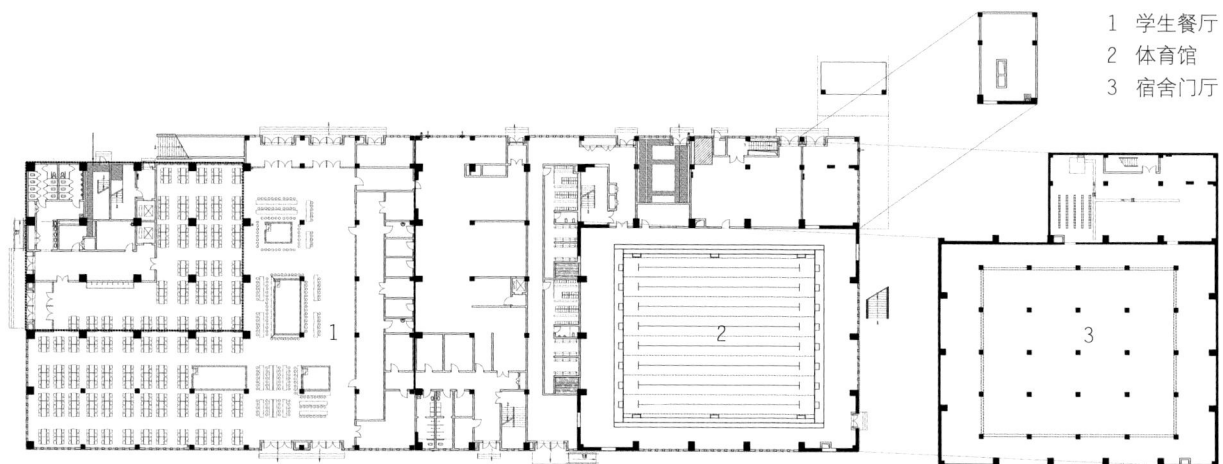

1　学生餐厅
2　体育馆
3　宿舍门厅

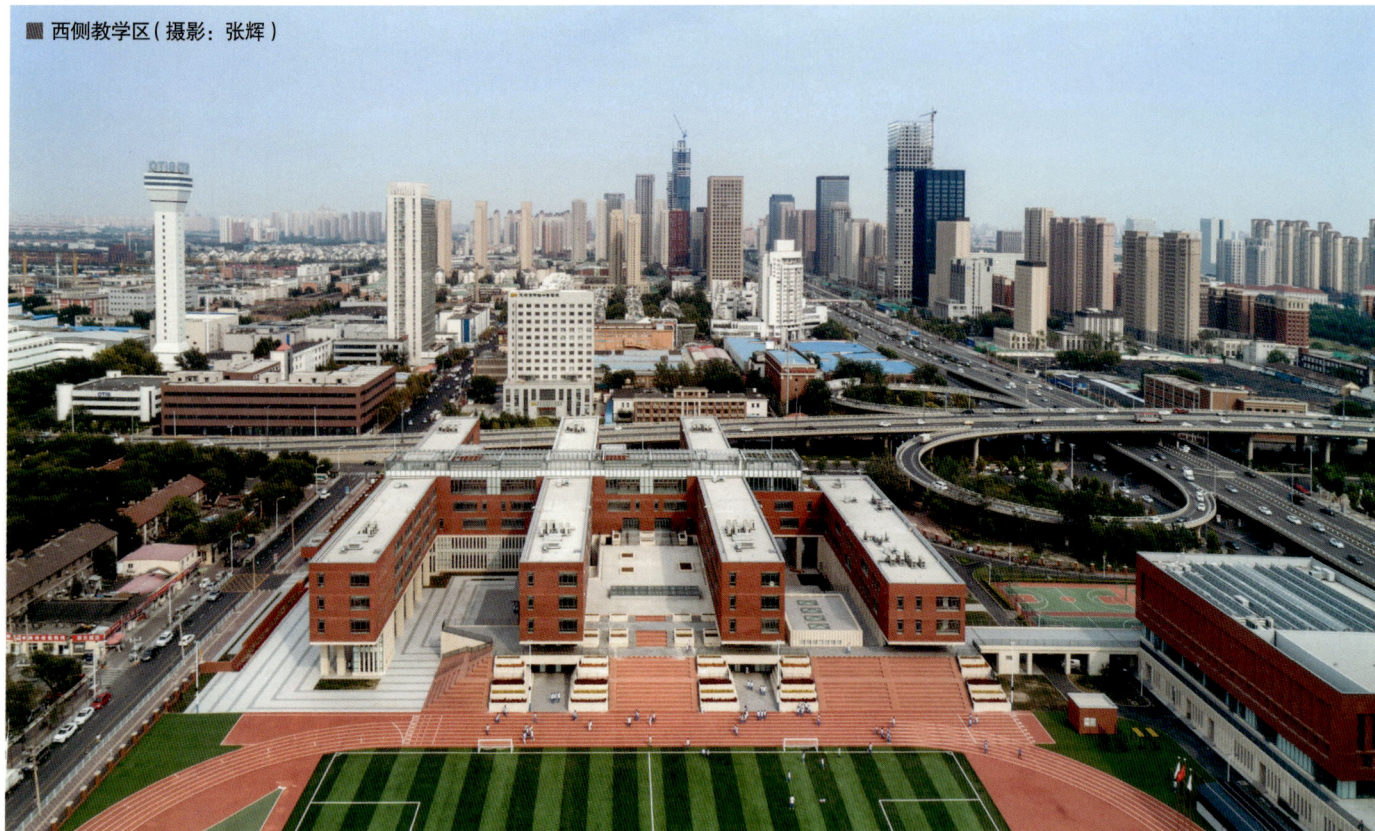

■ 西侧教学区（摄影：张辉）

■ 教学区集中北侧，用食堂和体育馆两个体量最大限度地隔离高架桥的噪音影响。生活区、体育馆排布在南侧，有利于体育馆的对外开放。校史馆、图书馆、食堂、体育馆、看台等公共空间起到了将整个学习区与运动生活区连接起来的枢纽作用，从而使学生在时间和空间上的选择更加自由、广泛。与建筑紧密结合的庭院、看台与屋顶绿化是景观设计的扩大化——将学习、思考等活动空间延伸到室外，室内外的空间与活动场所得到适当的交流。

■ 教室是教学体系最核心的部分，放在最上层具有形而上的意义，同时从功能体块的角度更便于采光和管线关系的完成，所以形而下的操作方式与形而上的意义达成了契合。公共空间撑起教学空间的体块，公共空间形成报告厅、走廊、校史馆、入口大厅功能分区，作为漂浮体块的支撑体。

■ 教学区（摄影：张辉）

教学区（摄影：张辉）

体育馆北侧（摄影：张辉）

宿舍楼（摄影：陈溯）

体育馆东侧（摄影：张辉）

专家点评

■在满足学校日照间距和容积率要求的基础上，项目在完成学校高效布局的同时，创造出了丰富的教学体验空间。

■应对当代中学校园空间复合使用的趋势，设计以底层架空达成开放的活动空间，并以中央连廊将学校各个复杂的功能统合，形成有机的整体。

■建筑立面的材料处理，回应了教育建筑类型文化表意的诉求，以砖的排布变化和材料丰富肌理，在视觉和触觉的尺度层级达成了敏感的人文表现。

■项目处于中央城区，地块本身的城市肌理相对复杂，建筑师通过设置漂浮的体块和立面拓开的方式，创造了友好的城市表情，弱化了对于周边环境的压迫感。

张昕楠

■ 校园日景鸟瞰图

北京第二实验小学兰州分校
BEIJING NO.2 EXPERIMENTAL PRIMARY SCHOOL, LANZHOU

设计单位：北京市建筑设计研究院有限公司
设计人员：王小工　言语家　王　铮　李　楠　李忠辉　邹华钧　何有胜
　　　　　费正力　李　荣　张　薇　柴雅琴
项目地点：甘肃省兰州市
设计时间：2013 年 1 月
竣工时间：2016 年 9 月
用地面积：33333 平方米
建筑面积：56283 平方米 / 地上 52554 平方米 /
　　　　　地下 3729 平方米
班级规模：小学 48 班
设计类别：新建

扫码看视频

■ 总平面图

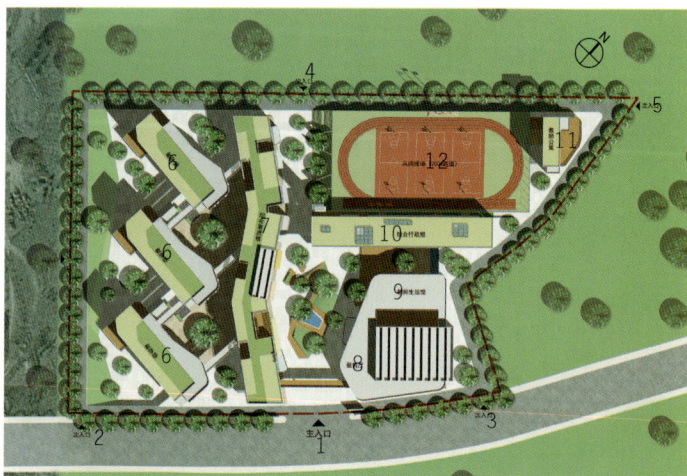

1　主出入口	7　综合素质楼
2　场地南侧次出入口	8　报告厅
3　场地东侧次出入口	9　教师生活馆
4　场地西侧次出入口	10　综合行政楼
5　场地北侧次出入口	11　教师公寓
6　教学楼	12　风雨操场

■ **尊重和呼应兰州市的城市总体规划**：建筑从来不是孤立存在的，它既是对生活环境本身的营造，也是城市空间不可分割的一部分。在北京第二实验小学兰州分校项目中，我们对场地周边环境进行充分调研，最大化将城市绿化资源融入整个校园的规划设计中，使景观成为校园与城市的契合点，将兰州城市文化融入校园。

■ **适应我国教育现状和教学管理模式的规划设计**：建筑是让人产生"或思"、"或恋"、"或动"的地方。对于校园空间来说，经营环境的目的是让使用者感到安全、愉快与舒适，在此基础上，课内教学与课外活动才能更加充分和高效的开展。在设计过程中，我们调研了当前国内小学师生每天从入校到离校各个时间段的生活和学习行为特点，探索出与各项需求相匹配的功能空间模式和相应的人车动线，并考虑到学校的未来发展，在一定程度上预留弹性可变空间，让师生在当下和未来都能体验到校园建筑的适用。

■ 主入口

■ 报告厅

■ 主入口广场

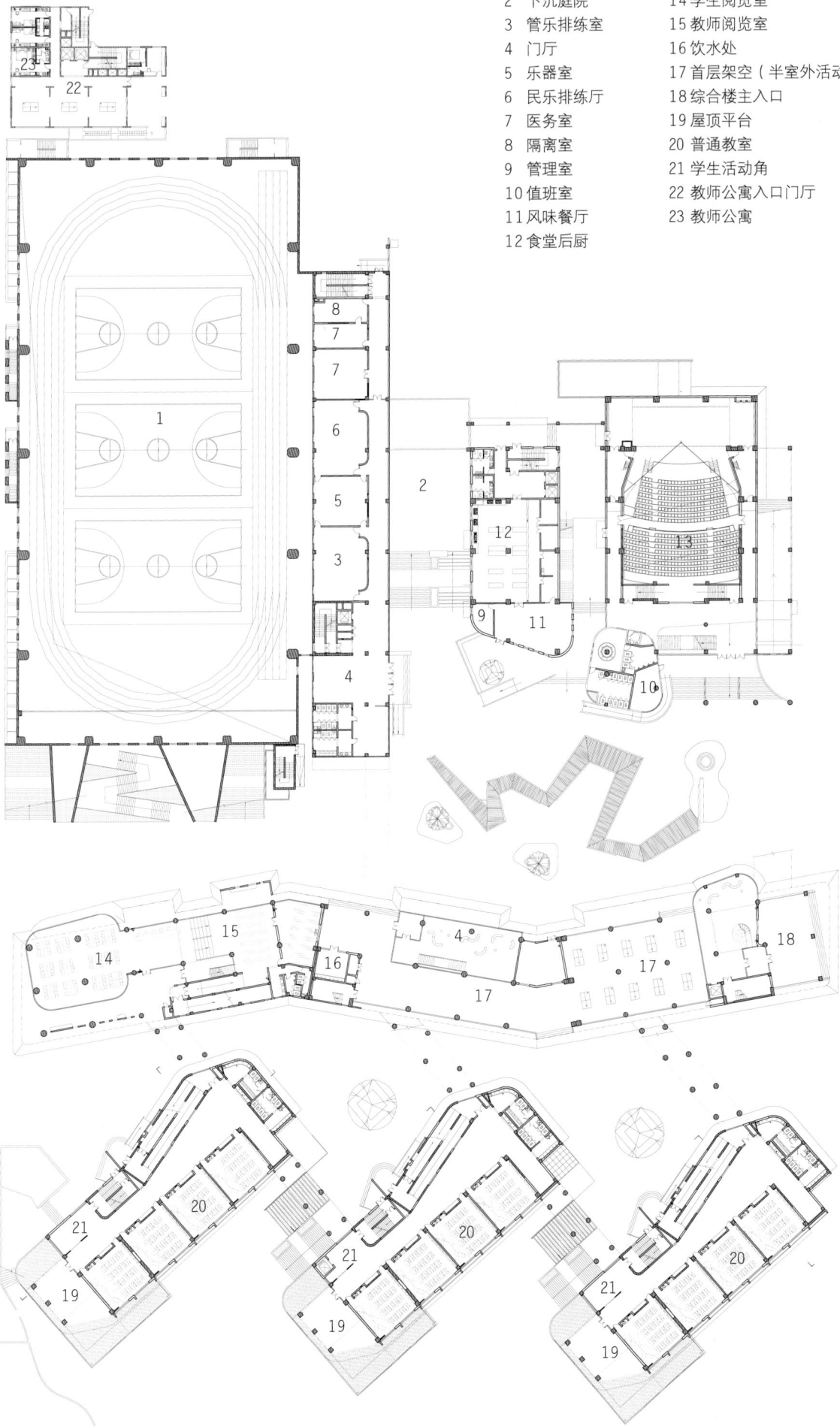

1 风雨操场
2 下沉庭院
3 管乐排练室
4 门厅
5 乐器室
6 民乐排练厅
7 医务室
8 隔离室
9 管理室
10 值班室
11 风味餐厅
12 食堂后厨
13 600人报告厅
14 学生阅览室
15 教师阅览室
16 饮水处
17 首层架空（半室外活动区）
18 综合楼主入口
19 屋顶平台
20 普通教室
21 学生活动角
22 教师公寓入口门厅
23 教师公寓

■ 报告厅及入口广场

■ 报告厅室内空间

■ 阅览室室内空间

■ 体育馆室内空间

■ 教学楼剖面图

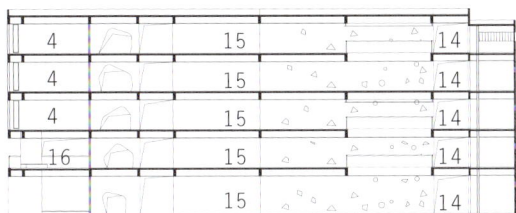

1 门厅	7 电教室	13 科学教室
2 首层架空	8 美术教室	14 饮水处
3 开放式教学空间	9 图书室	15 走廊
4 办公室	10 社团活动室	16 屋顶活动平台
5 会议室	11 舞蹈教室	
6 庭院	12 普通教室	

■ 教学楼剖面图

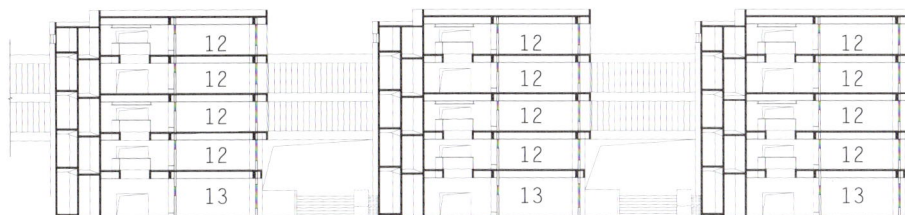

■ 综合素质楼剖面图

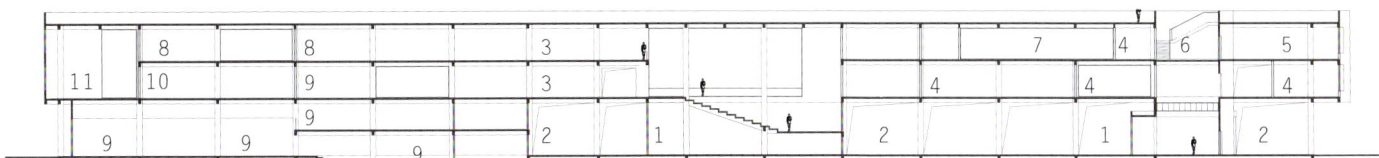

■ 校园内院

■ 综合素质楼及教学楼

■ 北区/南区建筑单体

首层架空作为操场看台使用

艺体功能临近风雨操场

剧场报告厅临近道路

内含教师生活馆和600人报告厅

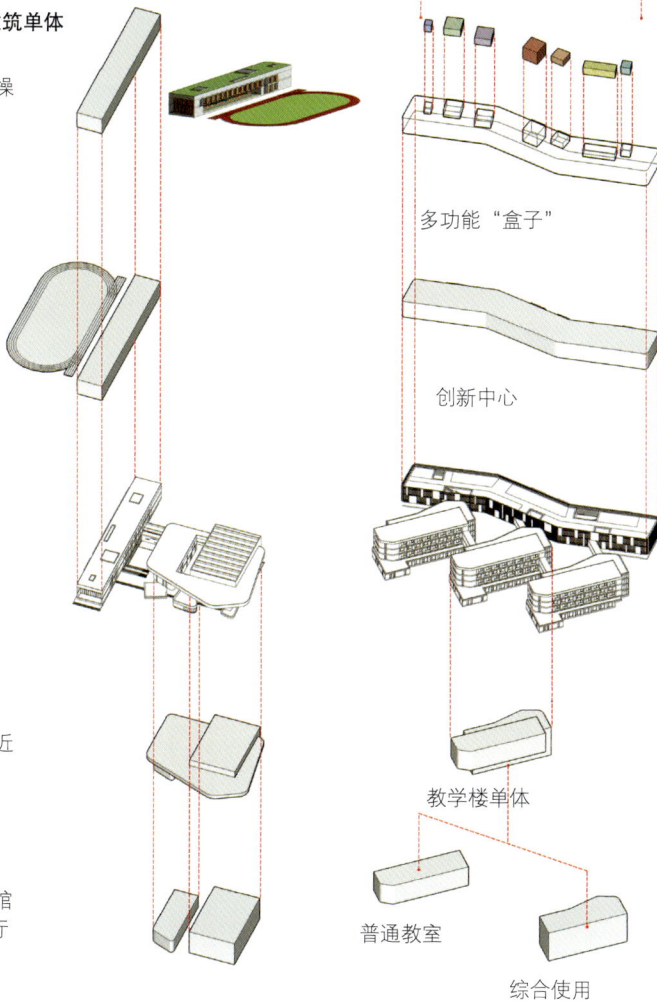

多功能"盒子"

创新中心

教学楼单体

普通教室

综合使用

■ 综合楼公共空间

■ 教学楼走廊

■ 开放式活动空间

■ 校园整体功能布局

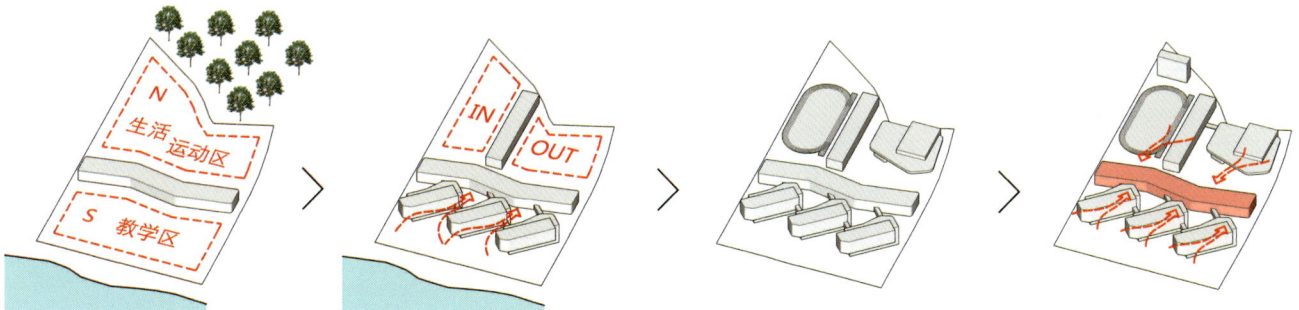

N 生活运动区
S 教学区

IN
OUT

用地南侧为黄河，北侧为植物园，创新中心将用地分为南北两区，南区为教学区，接驳城市；北区为生活运动区，环境宜人。

南区三栋教学楼正南北向错动布置，采光良好，同时黄河景观渗入校园。北区由办公艺体楼分为"内、外"两个分区。

北区"内"为风雨操场和200米运动场，"外"为可供社会化使用的报告厅。

教师公寓位于用地最北端，临近植物园。创新中心链接各单体，同时也是学生交流共融的校园核心场所。

专家点评

■校园布局充分契合了不规则的场地，分区合理明确，建筑错落有致，既满足了新时代教育理念下建筑空间升级改造的需求，又呼应了黄河的文化精神和兰州的城市特色。

■空中连廊将各个单体建筑衔接起来，围合并延伸出若干庭院空间，形成了既各自独立又密切联系的校园空间。三组南向布置的教学单元，产生了活泼连续的转折界面。报告厅的柱廊空间具有很强的视觉效果，强化了主校门的标志性。

■建筑内部色彩丰富，充满趣味。中庭、坡道、大台阶构成了活跃的室内空间，让学生可以上下对话，可以自由奔跑，可以静下来阅读思考，让学习展开在学校的各个角落。

邓烨

■ 校园日景鸟瞰图

育翔小学回龙观学校
YUXIANG PRIMARY SCHOOL HUILONGGUAN BRANCH

设计单位：北京市建筑设计研究院有限公司
设计人员：王小工　石　华　王英童　褚奕爽　李　楠　周娅妮
　　　　　逯　烨　唐　强　张　力　张　晋　郭　雪　陈　婷
　　　　　李　阳　李　昊　战国嘉
项目地点：北京市昌平区
设计时间：2010年2月～2012年4月
竣工时间：2014年8月
用地面积：38499平方米
建筑面积：43606平方米／地上94292平方米／地下14525平方米
班级规模：48班小学
设计类别：新建

■ 教育综合体：学校占地面积38499平方米，建筑面积43606平方米。作为北京市西城区旧城疏解的重要配套公共设施，这所学校对北京西城区的旧城疏解和城市边缘新城的良性健康发展具有重要的作用。校园用地十分紧张，高密度的土地使用状态成为设计实现所面临的最困难的问题。针对这样的现状条件，"平常"的适应性设计策略来自对场地的多维度利用，通过对地形、景观、空间等内容的巧妙营造，最大限度地创造出丰富的校园交往场所，为在这里学习生活的师生提供足够丰富的空间背景。

■ 总平面图

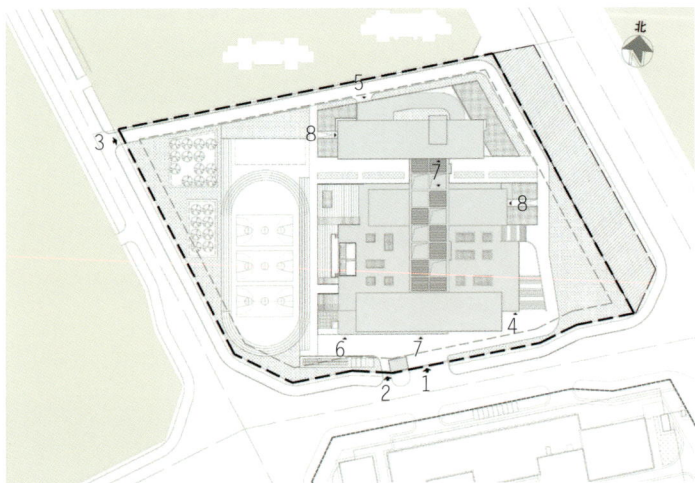

1	小学校园人行主出入口	5	地下车库主出入口
2	校园车行临时出入口	6	地下车库次入口
3	小学后勤出入口	7	综合教学楼主入口
4	地下自行车库出入口	8	综合教学楼次入口

■ 校园西侧透视图

■ 校园西侧透视图

■ 校园东侧透视图

■ 教学楼首层平面图

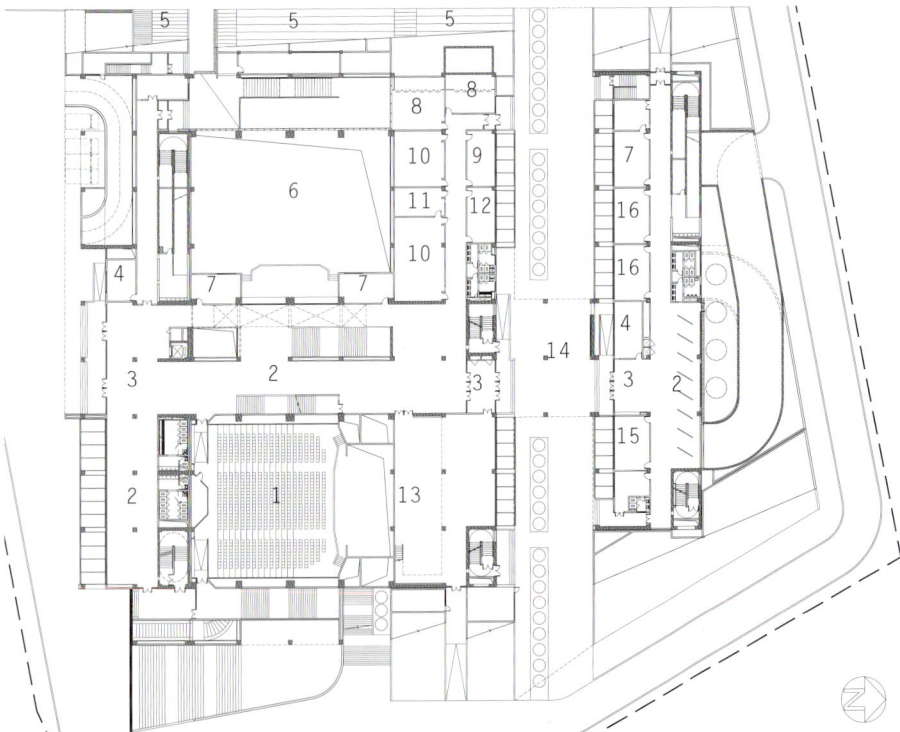

1	700人报告厅
2	展厅
3	门厅
4	管理、接待
5	看台
6	多功能风雨操场
7	办公室
8	心理咨询活动室
9	谈话沙龙
10	观摩录课室
11	准备室
12	团体活动阅览区
13	图书馆阅览区
14	过街楼
15	医务室
16	保健室
17	公共活动空间
18	计算机教室
19	科学教室
20	多功能交通廊

■ 教学楼剖面图

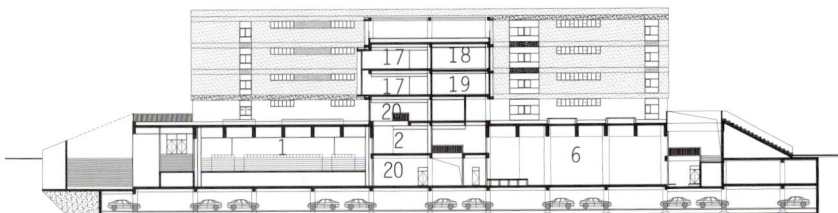

■ 教学楼三层平面图

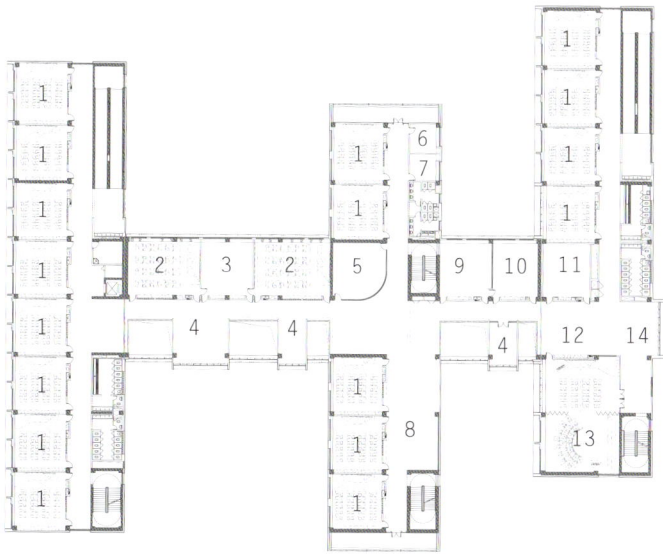

■ 教学楼剖面图

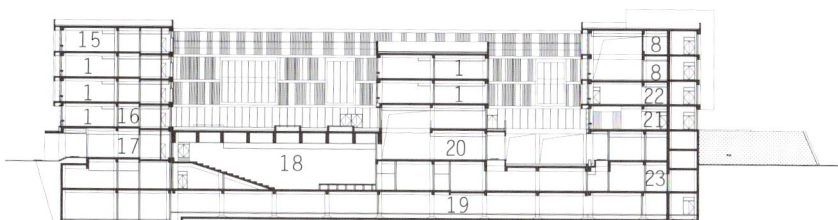

1　普通教室
2　科学教室
3　准备室兼仪器室
4　社团活动
5　标本陈列室
6　低年级组长办公室
7　低年级组资料室
8　年级组开放答疑区
9　低年级组办公室
10　低年级组研讨室
11　乐器室
12　展示空间
13　音乐教室
14　公共活动区
15　合班教室
16　德育展室
17　观摩录音室
18　多功能报告厅
19　车库
20　图书馆阅览室
21　书库
22　开放阅览区
23　教师餐厅

■ 教学楼大厅透视图

■ 食堂透视图

▨ 食堂透视图

■ 教学楼走廊透视图

■ 教学楼坡道透视图

■ 公共空间透视图

■ 舞蹈教室透视图

■ 室内坡道透视图

■ 楼梯透视图

专家点评

■ 这是一个高密度的校园设计。在用地约束及校园设计规范的共同作用下，如何集约、高效地排布空间就成为设计的重点。设计将具有公共性的校园功能空间和单元化的教学空间进行空间上的分类，将具有公共性的校园空间——这其中包括学校的风雨操场、报告厅、图书阅览空间、展示空间、餐厅等功能安排在与地面衔接最为紧密的建筑物的地下一层与首层，并通过一个与操场看台和景观植被结合在一起的连续的二层屋面将这些公共性的空间统合在一起，形成一个连续的水平向的校园活动界面系统，这个系统使校园最开放的地面活动空间（操场）与建筑自然进行衔接，避免了建筑与场地90度垂直化的碰撞带来的消极影响，最大化地利用场地营造出积极的交往空间。在这个水平的连续活动界面系统中，充满了不同类型的开放场所，有景观的坡地，有可供交往的看台，有下沉庭院的小剧场，有共享的交通廊，这些场所空间为校园里师生们多层次的交往提供了丰富的底景。

董灏

■ 教学楼鸟瞰图

新疆阜康第五小学

XINJIANG FUKANG THE FIFTH PRIMARY SCHOOL

■ 学校鸟瞰

设计单位：北京构易建筑设计有限公司

设计人员：杜孝民　韩孟臻　陈慧颖　黄瑾瑜　常志峰　黄光泽
　　　　　刘国祥　赵红梅　周春风　陈星　郭晓静　万莉
　　　　　张建峰　张申海　徐慧娟　薛飞　张昕

项目地点：新疆 阜康

设计时间：2013年11月

竣工时间：2015年7月

用地面积：36893平方米

建筑面积：11210平方米

班级规模：36班

设计类别：新建

设计理念

■ 基于容积率较低的用地条件，本设计以小学生的生理和心理成长阶段为设计构思的核心，发展出以公共空间作为脊骨，串联起形态迥异的各年级教室的空间模式。

■ 一年级小学生乐于亲近自然、无拘无束、随意性大、判断能力不强。作为从幼儿向学童过度的物质空间，本方案为一年级设计了具有明确班级领域感的教室空间。每个班级教室都在一层，且都配备室外活动场，便于儿童室内外活动的无缝转换。

■ 二年级小学生贪玩好动、竞争意识、心理趋向稳定、乐于交往、具有强烈的集体荣誉感。二年级的教室同样被设置在一层，但将每个班的室外活动场联合成为有分有合的空间形态，便于同学们在日常活动中跨班级地自发交往。

■ 三、四年级小学生喜欢交往、情绪控制力增强、希望被表扬与鼓励、行为独立性增强、由被动学习向主动学习转变。本方案以条形单廊方式组织三、四年级教室，配置了开放型的公共活动场。规范孩子们的日常活动更趋于组织性。

■ 五、六年级小学生自我意识提高、情绪情感丰富、意志品质独立、易受外界影响、对新奇事物兴趣浓厚。本方案以具有中心感的庭院空间组织五、六年级教室，该"学院式"空间意向的规则空间，匹配了孩子们更趋成熟、理性的生理和心理特征。

■ 全校的公共空间：图书馆、实验室、美术教室、多功能厅等，作为所有年级公用的功能空间，像树木的主干一般自南向北地串联起各个年级。该空间设计更加强调公共性，犹如城市街道一般收放有致，使不同年龄段的学生除了使用前述功能空间之外，也能够在此发现不同尺度感、开放感的空间领域，促进学生们自发性的各类活动，行成跨年级的交流。

■ 学校前广场

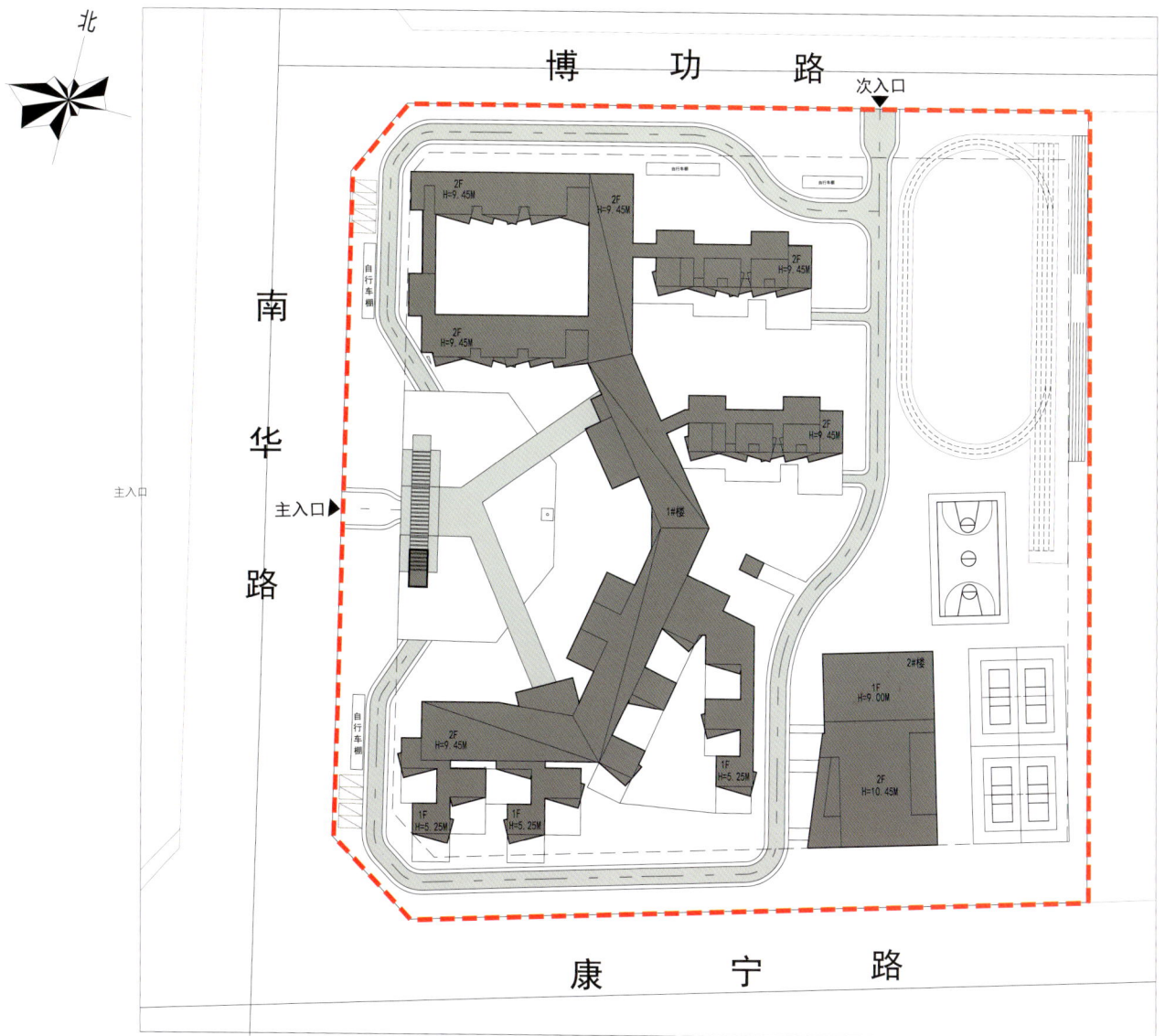

北

博　功　路

次入口

南
华
路

主入口

主入口▶

2F
H=9.45M

2F
H=9.45M

2F
H=9.45M

2F
H=9.45M

2F
H=9.45M

自行车棚

自行车棚

自行车棚

自行车棚

1#楼

2#楼
1F
H=9.00M

2F
H=9.45M

2F
H=10.45M

1F
H=5.25M

2F
H=9.45M

1F
H=5.25M

1F
H=5.25M

1F
H=5.25M

康　宁　路

■ 总平面图

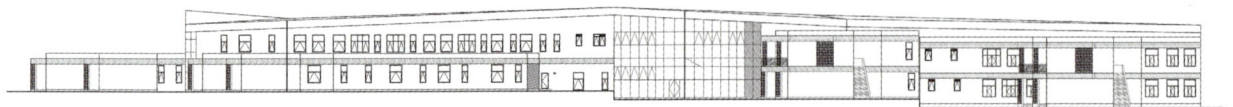
■ 东立面图

■ 西立面图

■ 五、六年级教学楼

■ 二年级教室

■ 教学楼东立面

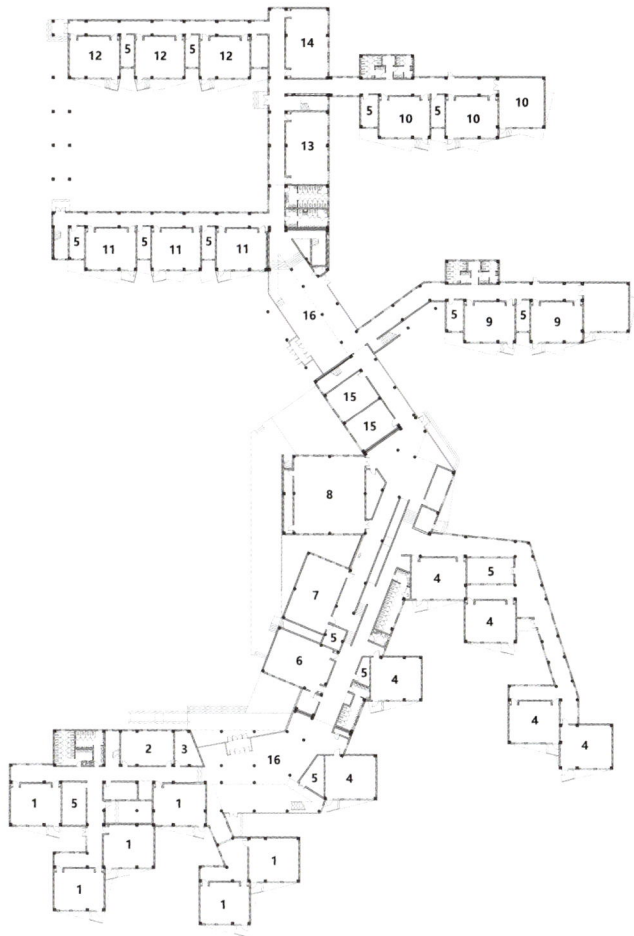
■ 一层总平面图

1 一年级 教室	5 准备室	9 三年级教室	13 图书阅览室
2 广播中心	6 舞蹈室	10 四年级教室	14 多功能教室
3 传达室	7 音乐室	11 五年级教室	15 办公室
4 二年级教室	8 多功能室	12 六年级教室	16 门厅

■ 教学楼内景

■ 教学楼局部

专家点评

■ 新疆阜康第五小学是在用地容积率宽松条件下,对学校空间模式的创造性探索,突破了目前程式化的中小学校固有空间模式的制约。

■ 尤为可贵的是,该设计的建筑形态源于针对小学生生理和心理发展特征的审慎研究,为不同年龄段的学生,量身定制了特色迥异的教室以及室内外空间组织模式。公共空间脊骨的"城市街道化"设计也符合国际中小学设计趋势。脊骨中诸多非固定功能的多义空间,具有多样化的空间体验,为学生自主发现、自发利用提供了富有激发性的场所。

■ 目前国内大城市中出现的教育用地愈发集约的趋势值得警惕。尽管通过设计手段能够一定程度地缓解用地紧张问题,甚至出现别具一格的高密度教育空间形态,但从教育空间的本质来看,教育用地的充分与否还是保障了学生与自然接触的先决条件。

程晓喜

■ 教学楼

■ 教学楼沿街立面（摄影：李季）

北京大学附属中学实验学校
THE EDUCATION GROUP OF THE AFFLIATED HIGH SCHOOL OF PEKING UNIVERSITY

设计单位：中国建筑设计研究院有限公司
设计人员：杨金鹏 刘 德 余 恺 杨子孚 郭 佳 王 玮 代 亮
　　　　　李健宇 陈帅飞 贺小宇 曹 阳 李 毅 刘 奕 齐海娟
　　　　　张剑涛 孙 亚 于 健 李 娟 张 凡 王 松 尹腾文
　　　　　史 敏 汤纪元 曹 诚 李 甲 刘子贺
项目地点：北京市海淀区
设计时间：2016年3月
竣工时间：2019年9月
用地面积：21268平方米
建筑面积：31314平方米 / 地上16135平方米 / 地下15179平方米
班级规模：初中36班
设计类别：新建、改建

教学综合体

■ 围绕"走班制"的教学模式，挖掘其自主、灵活的教学特点，通过向地下做庭院、向上结合屋顶做平台、向内部挖空做共享空间等设计策略来营造流动的教学、交流空间，满足多维度的教学理念。

■ 基地位于北大园区内，场地受到限制。设计把图书馆、教学组团、实验室、体育室、阶梯教室以及学生活动室等多种功能体围绕200米的标准操场组合成"凹"形教学综合体，解决用地紧张的问题。各功能体之间不规则的流动空间形成了学生交往、学习和共享的区域，营造出丰富的文化气氛。

■ 建筑外墙主体采用灰色砖材质，与周边建筑色调协调统一，传承北大建筑文化内涵；局部与改造部分采用"红、黄"涂料饰面，打破"灰砖"的束缚，增添了活泼的颜色要素，表达出校园建筑的文化特质和内涵。立面设计在规整中寻求变化，表达理性主义的思想，通过强化细部设计和内部功能体组合的逻辑性来反映教育建筑的性格特征，打造城市中用地狭小、造型丰富、功能多元和空间灵活的走班制教学综合体。

■ **校园总平面图**

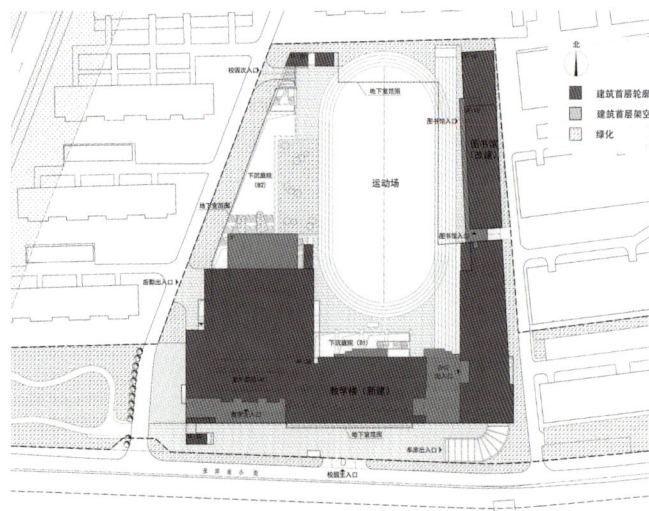

100

■ 面向操场的活动室（摄影：李季）

■ 主入口室外（摄影：李季）

■ 操场西侧（摄影：李季）

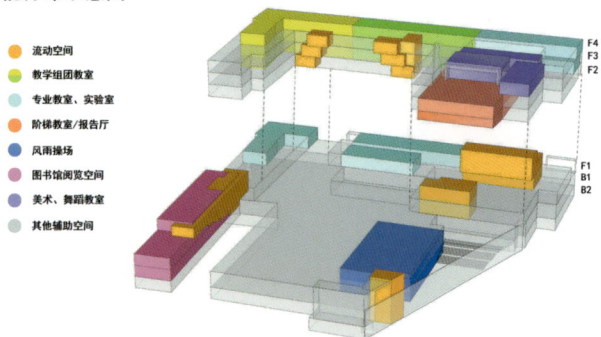

流动空间
教学组团教室
专业教室、实验室
阶梯教室/报告厅
风雨操场
图书馆阅览空间
美术、舞蹈教室
其他辅助空间

组团教学模式

■ 针对"走班制"教学模式，形成组团教学空间，每个组团包括教学空间（教室）、活动空间（活动室、走道）与辅助空间（卫生间+楼梯间）。组团内打破传统固定班级模式，学生与教师依据特定课程自由组合在教学空间内。

■ 由于采用了较传统教学模式更为自由的"组团教学"，老师、学生的教学、交往等活动会更加丰富多样，而发生这些活动的建筑空间也应该更加灵活。能激发教学活力，增进交往机会。

流动空间

■ 在校园内置入多种灵活自由的流动空间：与活动室结合的水平层叠流动空间；与主入口结合的竖向贯通流动空间；与楼梯结合的斜向穿插流动空间；它们都旨在促进校园内人与人之间的流动与相遇，让传道授业、答疑解惑、探讨研究能自由流动在校园里每一个有趣的空间内。

■ 教学组团中的共享中庭（摄影：李季）

■ 教学组团中的活动室（摄影：李季）

学生活动区
STUDENT ACTIVITY AREA

■ 教学组团中的走廊（摄影：李季）

■ 首层实验室（摄影：陈鹤）

室外活动空间

■ 由于用地规模有限，建筑向上利用屋顶，向下利用下沉庭院，扩展室外活动空间。根据每个室外庭院、平台的位置和空间特点，赋予其独特的功能与主题。

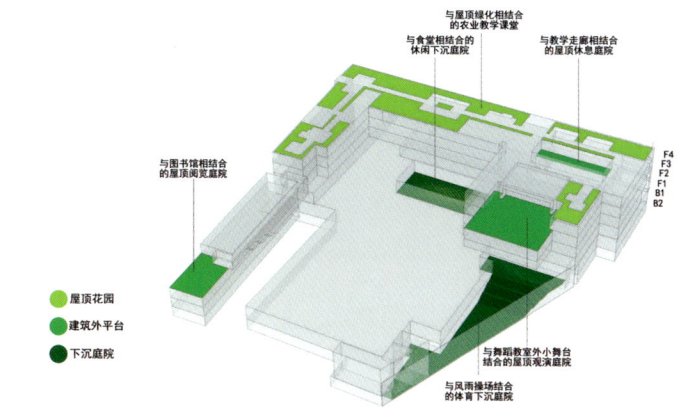

与屋顶绿化相结合的农业教学课堂
与食堂相结合的休闲下沉庭院
与教学走廊相结合的屋顶休息庭院
与图书馆相结合的屋顶阅览庭院

F4
F3
F2
F1
B1
B2

屋顶花园
建筑外平台
下沉庭院

与舞蹈教室外小舞台结合的屋顶观演庭院
与风雨操场结合的体育下沉庭院

舞蹈教室　美术教室　庭院　教室
教室
阶梯教室/报告厅　讲台/舞台　中庭
办公室　门厅
下沉庭院　餐厅前厅　中庭　餐厅
车库
校园次出入口
下沉庭院

■ 地下二层的庭院（摄影：李季）

■ 地下一层的下沉庭院（摄影：李季）

■ 咖啡厅外的下沉庭院（摄影：李季）

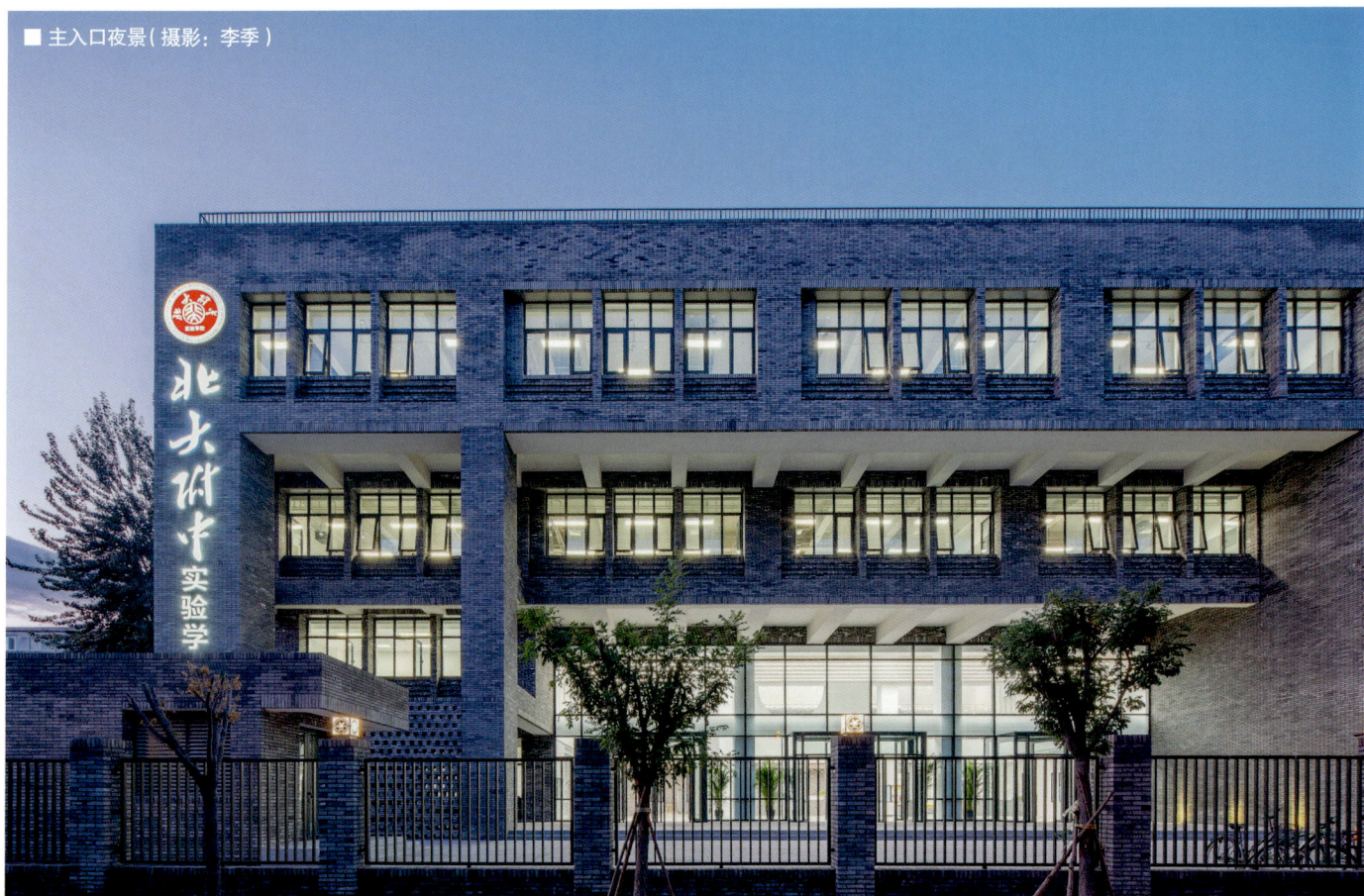

■ 主入口夜景（摄影：李季）

■ 沿操场校园建筑群（摄影：李季）

专家点评

▓ 虽然受到场地规模的限制，但本项目利用屋顶、下沉庭院、共享中庭等多种手段，在有限的范围内，小中见大拓展无限的空间可能，提供多维的活动场所，成为丰富多彩的校园生活的发生器。

▓ 灵活流动的建筑空间，很好地回应了北大附中"走班制"的创新教育理念，弱化了班级单元，通过"教学组团"的空间组合丰富了教学模式，也提高了学生、老师的交流机会。

▓ 采用实体灰砖，并在传统的砌筑手法基础上进行创新，让整个校园呈现出古朴厚重的韵味，传承着北大的百年底蕴。校园局部以亮色点缀，符合青少年的心理特点。传统与现代、历史与青春在这里碰撞交融。

赵正雄

庭院中的旋转楼梯（摄影：李季）

主入口门厅（摄影：李季）

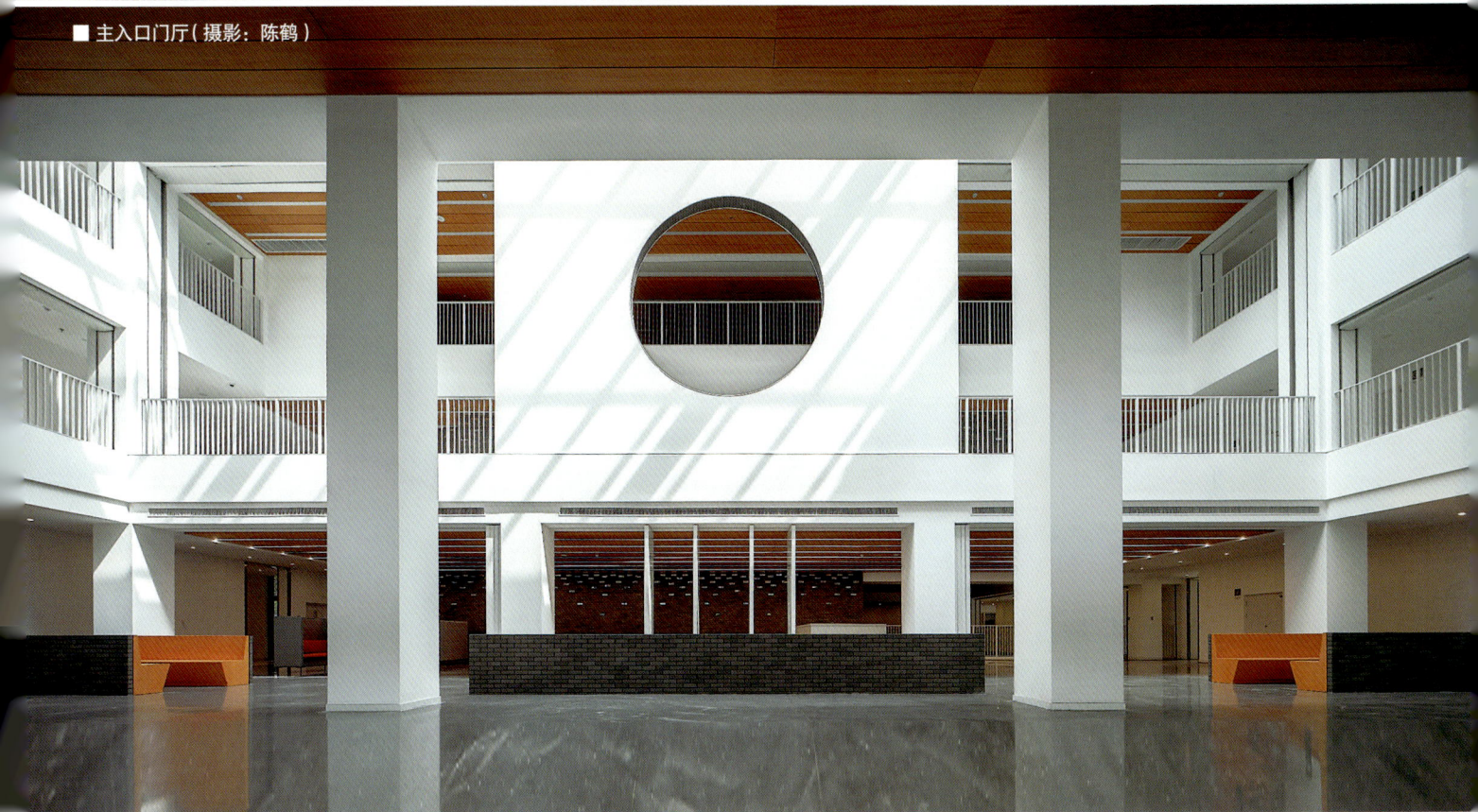
主入口门厅（摄影：陈鹤）

地下餐厅（摄影：李季）

舞蹈教室（摄影：李季）

■ 教学楼

北京师范大学附属中学西校区

INTERNATIONAL CAMPUS OF THE HIGH SCHOOL AFFILIATED TO BEIJING NORMAL UNIVERSITY

设计单位：北京市建筑设计研究院有限公司
设计人员：王小工　王英童　张月华　毛伟中　马文丽　侯　宇　任　艳
　　　　　席海明　胡亚鑫　邓奕雯　张　力　何枫青　胡　坤
项目地点：北京市西城区
设计时间：2013年2月～2014年6月
竣工时间：2016年8月
用地面积：12048平方米
建筑面积：26158平方米 / 地上12006平方米 /
　　　　　地下14152平方米
班级规模：18班高中
设计类别：扩建

扫码看视频

■ 总平面图

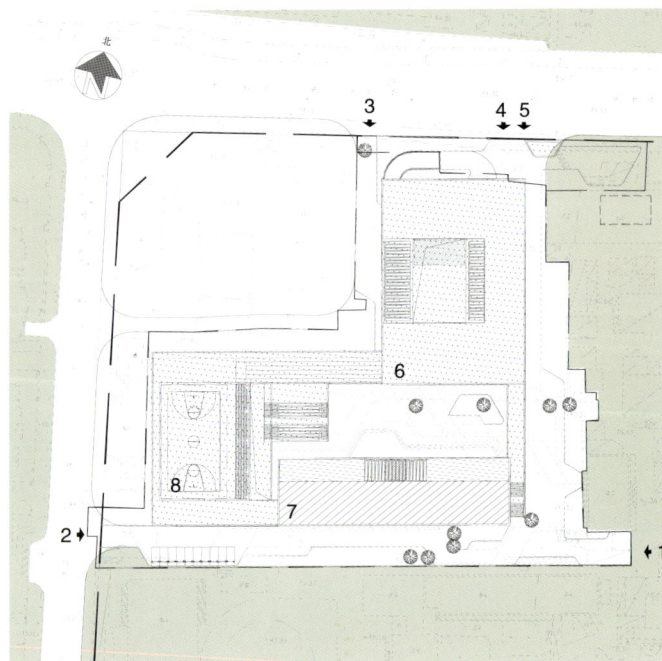

1　校园学师生主要出入口兼临时车行出入口
2　校园次要出入口兼体育馆社会化出入口
3　校园车行出口
4　校园车行入口
5　校园行政人员出入口
6　教学楼
7　宿舍楼
8　体育馆

现代书院

■ 师大附中一直秉承"国内一流，国际先进"的办学目标，并贯彻于西校区的建设中。面对这样一个处于历史文化古都的百年老校的设计，设计中引入"现代书院"的设计思想，希望校园在满足现代化办学需求的同时，传承传统文化的精髓。

■ "院者，垣也"，传统书院是矮墙围起来的藏书之所，古人于书院授业解惑。设计中将教学楼、体育馆、宿舍三者通过二层平台和首层风雨廊紧密的联系在一起，并将开放式学习交流空间——交流讨论区、开放式答疑区、思维广场、思维匣子融入教学楼、宿舍内部，在形成多层次"院"——中心庭院、下沉庭院、屋顶庭院的同时，使生活和学习空间复合式的融通在一起。通过这种方式唤醒校园与历史古都、传统文化之间的联系。在建筑外部，"院"成为学生重要的课外活动场所，也是他们"相互授业"交流的场所。在建筑内部，开放式学习交流空间使学生的生活与学习空间进一步融通，设计上设置了各式各样的开放式书架，使"书"随处可见，学生可以随时随地的与"书"对话，所谓课余品书香，正是如此。现代书院不仅是学生生活和学习的空间，更是他们自由交流、快乐成长的场所。

■ 校园室外公共空间

■ 校园室外公共空间

■ 教学楼及屋顶跑道

■ 半室外空间

■宿舍及体育馆下沉庭院

■教学楼前下沉庭院

■宿舍及体育馆下沉庭院

■ 思维广场

■ 思维广场

■ 多功能实验室

■ 教学楼公共交流区

■ 教学楼二层平面图   ■ 教学楼三层平面图

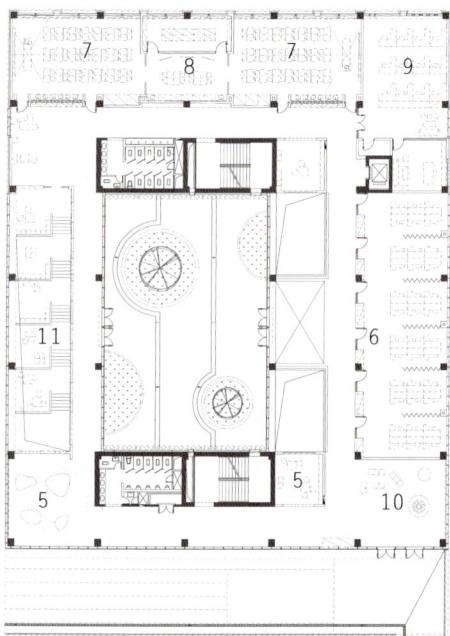

1　多功能实验室
2　普通教室
3　公共活动区
4　开放式答疑区
5　思维匣子
6　教师办公室
7　多功能实验室
8　小组讨论兼准备区
9　行政办公组团
10　开放式答疑区
11　思维广场

■ 教学楼公共交流区

■ 体育馆

■ 游泳馆

■ 体育馆剖面图

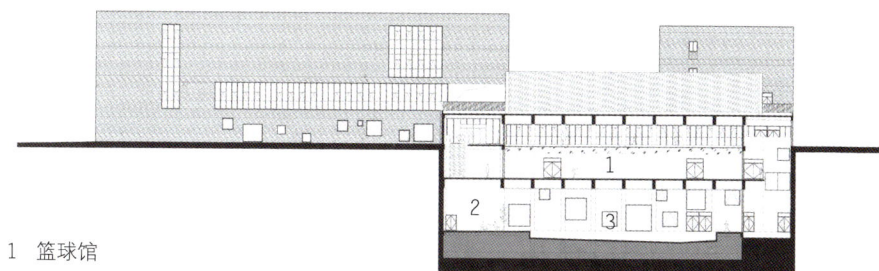

1 篮球馆
2 活动兼授课区
3 游泳馆

专家点评

■设计充分考虑了用地的现状条件，在有限的用地下将场地条件利用到极致。通过对周围环境的分析以及对校园未来使用及发展的考虑，进行了合理的功能布局，使其分区明确有序。学校抓住改扩建机会，充分利用既有条件，精心规划设计，营造出既彰显教育场所品位特征、吻合百年老校厚重格调，又极富现代气息、深具审美教育价值的美丽校园。尤其，将传统书院的文化内核与新时代教学场所多元、灵活的特征，以多种空间形式贯通，使百年老校的教育品质，得以在新载体上传承和发展。

董灏

泰安一中新城校区
TAIAN NO.1 SENIOR HIGH SCHOOL XINCHENG CAMPUS

设计单位：清华大学建筑设计研究院有限公司
设计人员：闫 凯　任 飞　宋燕燕　杜 爽　曹士荣　尤 洋　傅 堃
　　　　　李 慧　王 智　史云燕　孙朋雪　董 瑞　陈 宏　王 岚
　　　　　张菁华　邵 强　黄景锋　张一舟　张雪辉　付 洁　来庆贵
　　　　　王 一　赵建玲　孙伟晓　陈志杰　李 晖　龚鹏宇　丁明琦
　　　　　刘建华　王 澈　李玉明　张 华　谢 庚
项目地点：山东省泰安市岱岳区
设计时间：2014年7月～2016年3月
竣工时间：2017年8月
用地面积：338711平方米
建筑面积：179006平方米
班级规模：96班
设计类别：新建

■ 总平面图

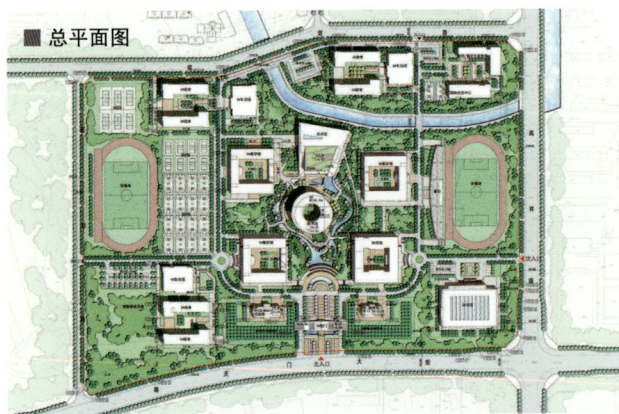

■ 泰安一中新城校区位于泰安市国家级高新技术开发区室外体育运动场及看台用地面积约56000平方米，学校总体规模为96班寄宿制高中，每班50人，共4800人。

■ 校园主要建筑由教学楼、科学楼、国际交流中心、图书馆、艺术馆、体育馆、师生宿舍、生活馆、行政办公楼及校史馆组成。依据功能可以分为教学办公建筑与生活辅助建筑两大类。

■ 设计师利用中式与西式相结合造园手法，既体现学校开放现代的一面，又体现对传统文化的尊重，注重对城市历史文脉的传承。结合不同景观节点，循序渐进地将人流引入，体现校园文化和城市底蕴。

■ 校园主入口由礼仪广场和校门组成，校门为开放性建筑，成为"城市客厅"，独特的造型充分的体现了泰山文化意向，同时充满朝气与活力。

■ 主要建筑内部布置内庭院，形成"书院"气氛，增加学习氛围，入口布置展厅及休息区，为课间交流提供场所，教学楼各层将走道放宽，结合观景平台，使之不仅具备功能要求，也成为一个交流空间。使学生在短暂的课间休息也能够充分放松，整理思绪。

■ 教学楼、科学楼、宿舍组团采用合院式设计，体现书院理念。同时矩形体量、模数化设计，能够体现校园建筑经济、实用的设计原则；艺术馆采用地景建筑，与环境有机融合，雕塑感强。图书馆为环形设计，与周边建筑相协调，立面采用幕墙体系，形似书简，符合建筑气质。体育馆设计体块感强，形似泰山石。形成从南天门大街进入地块的标志性建筑。

■ 中轴广场

■ 体育馆

■ 艺术馆

■ 学生宿舍/食堂

■ 体育馆

■ 艺术馆

■ 校园中部以图书馆为核心布置由三栋教学楼、艺术馆、科学馆组成的的主教学区，六栋建筑错落布置，形成梅花的意向，取"宝剑锋从磨砺出，梅花香自苦寒来"的寓意，激励学生奋发图强。教学建筑单体采用院落式布局，同时建筑之间又形成半围合的院落，符合中国传统"书院"格局，文化气息浓郁。建筑中心为中式园林化的核心景观，为师生提供最优的学习环境。 生活组团围绕主教学区布置，由环形道路及自然水系与教学区隔开，相对独立互不干扰。

■ 图书馆剖面图

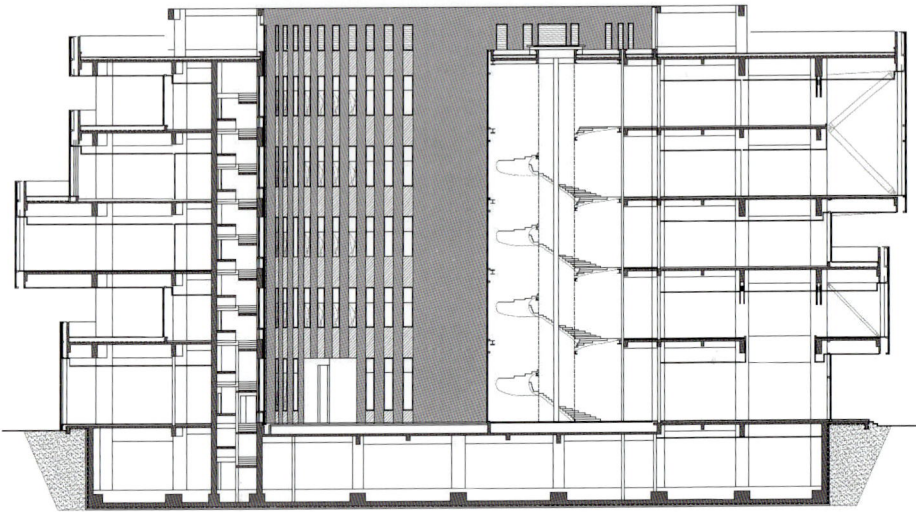

■ 图书馆中庭

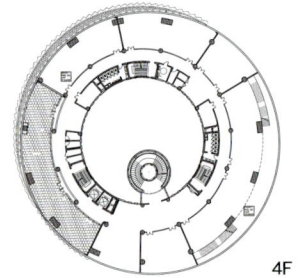

■ 图书馆平面图

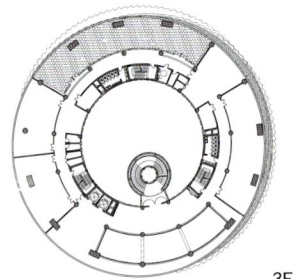
4F

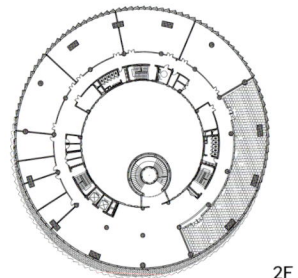
3F

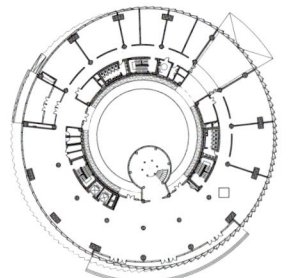
2F

1F

■ 科学馆

■ 食堂

专家点评

■该规划方案紧密结合周边的环境特色,建筑格局严整大气,南北向轴线与泰山形成呼应关系,营造出"在泰山脚下读书"的氛围意向。

■主校门布置在地块南侧,结合校门布置景观广场,以礼仪景观轴线引入校园。校园主入口两侧为行政办公楼与校史馆,建筑风格为复建的老校区历史建筑,充分体现学校的文化底蕴。校园规划结构采用组团式布局模式,中心为公共教学组团:以图书馆、艺术馆、科学馆及3栋教学楼为核心形成主教学区,6栋建筑错落布置,形成组群,其中图书馆及艺术馆造型独特,个性鲜明,使校园核心形象别具一格。各年级生活组团围绕公共教学区布置,临近教学楼,缩短学生到各主要功能区的距离,高效便捷。同时各教学组团相对独立、互不干扰。校园东西两侧布置体育活动组团,方便师生使用的同时兼顾服务周边社区。校园规划方案布局清晰、合理、有序,由内及外,层次分明,动静相宜。

■校园规划还充分借鉴了中式传统建筑的文化特色,建筑格局采用院落式,因借了中国传统"书院"意向,传承中式文化内涵,民族文化气息浓郁。图书馆周边及各庭院环境因用中式园林景观,通过广场铺地、林荫绿化、自然水系创造优美的园林环境,为师生提供优雅惬意的学习环境。

■同时各单体方案充分结合空间特点,在室内外设计了大量的交流空间。建筑入口布置展示及休息区,为课间交流提供场所;教学楼各层走廊结合观景平台形成交流场所。交流空间使学生短暂的课间休息能够充分放松、整理思绪,培养学生开放、乐观、积极、健康的性格,鼓励创造性思维方式。

■方案建筑整体以灰色调为主,红砖和白墙点缀其中,建筑整齐有序,秩序中不乏趣味,严肃中不失活泼。建筑风格既是对传统文化的尊重与回归,又通过重点建筑刻画、突出个性,体现出中学校园的活泼与朝气。

■优美宜人的校园环境、稳重大方的建筑空间将为学生发展提供优质的学习生活环境,别具匠心的规划设计使该校园成为现代与传统兼容并蓄,风格与特色独树一帜的中学。

谢欣

安徽省肥东第一中学新校区
THE NEW CAMPUS OF NO.1 MIDDLE SHOOL OF FEIDONG ANHUI

设计单位：北京市建筑设计研究院有限公司
设计人员：王小工　王　铮　李　楠　杨　晨　贾文若　陈恺蒂　丁　洋
　　　　　言语家
项目地点：安徽省合肥市肥东县
设计时间：2013年6月
竣工时间：2016年9月
用地面积：243630平方米
建筑面积：146475平方米 / 地上129025平方米 / 地下17450平方米
班级规模：90班高中
设计类别：新建

■ 肥东一中新校区项目位于安徽省合肥市肥东新区，用地面积约350亩，其周边交通市政等条件成熟。

■ 田园校园：肥东一中新校区的设计方案保留了用地上原有的一片苇塘，并以其为中心布局了教学楼、行政楼、生活楼等，传承了巢湖北岸特有的围绕池塘来组织道路和房屋的传统村落格局。

■ 院落空间：院落空间是当地民居聚落的重要特征，也体现了地域文化的传承，将多维度院落的模式应用在校园的设计中，不仅丰富了校园的空间层级，更为师生们提供了多样的交流场所，同时也诠释了校园的文化内涵。

■ 粗粮细作：在材料的选择上，试图通过巢湖北岸传统民居的材料来展现一种有传统地域色彩的建筑表征。诚然，这是在造价有限的前提下采取的策略性尝试。传统民居里的砖、石、瓦、木等材料非常易于取材，且价格经济。

■ 耕读传家：校园建成后，孩子们可以在池塘芦苇边晨读，也可以在田间地头上运动，也可以在藤蔓树林下休憩，穿行于一片片老墙和一条条街巷之间……田园般的校园可以使孩子体会到属于这片土地的原本的记忆，甚至可以找寻到在这片土地上延续了千百年的"耕读传家"的意味。

■ 总平面图

1 北出入口	6 综合实验楼	11 生活服务楼
2 西出入口	7 综合教学楼	12 学生公寓楼
3 东出入口	8 书院图书馆	13 400米运动场
4 南出入口	9 综合艺体楼	14 教师公寓楼
5 综合行政楼	10 国际部综合教学楼	

■ 年级专属庭院透视图

■ 中心景观区透视图

■ 教学楼透视图

■ **建筑生成**

1.用地现状

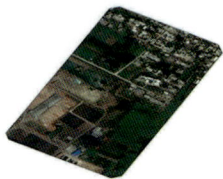

用地基本平坦，内有村落、农田、砖窑厂、苇塘等

2.场所认知

将用地内部原有的苇塘和水田保留作为核心景观

3.功能分区

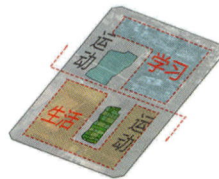

围绕苇塘和水田组织学习和生活两大功能分区

4.单体布置

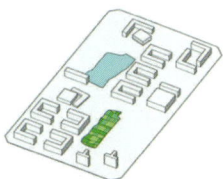

按功能及指标要求布置整个校园的建筑群体

5.九龙攒珠

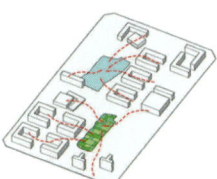

功能的排布交通的组织空间的序列环境的渗透

6.城市共生

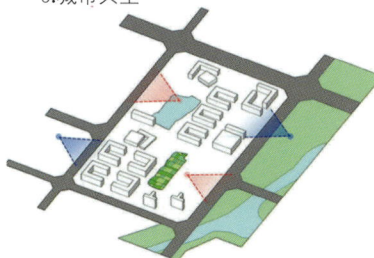

校园建筑和城市形成互为虚实相互渗透的共生关系

■ **建筑体量**

建筑体量化整为零，一方面使其功能构成更加明确，另一方面加强了建筑与环境的渗透，此外，使建筑尺度更加近人。

III段综合教学楼

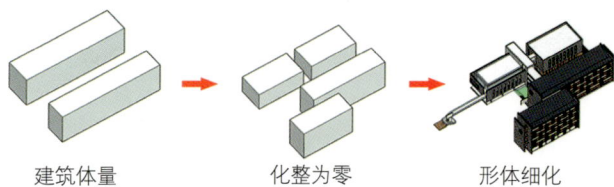

建筑体量　　　化整为零　　　形体细化

VII段学生公寓楼

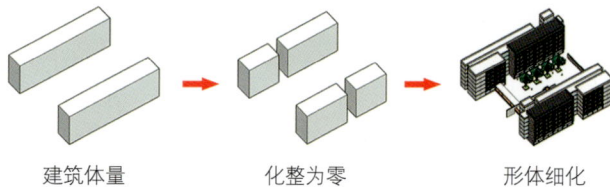

建筑体量　　　化整为零　　　形体细化

■ **空间意向**

屋顶女儿墙

木质立面

巷道节点

过渡空间

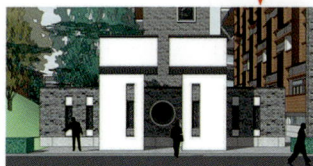

■ **综合艺体楼透视图**

■ **综合行政楼透视图**

■ 综合行政楼剖面图

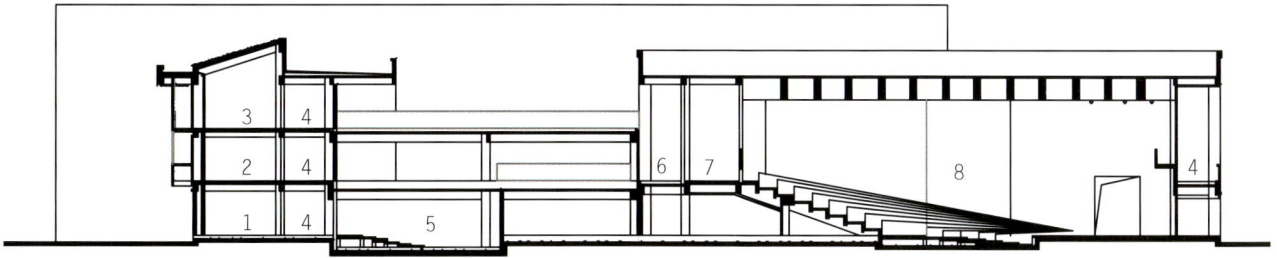

■ 综合教学楼剖面图

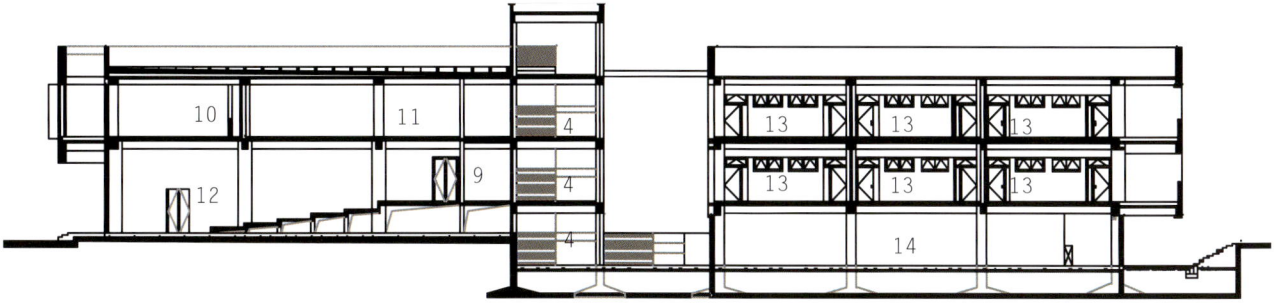

■ 综合艺体楼剖面图

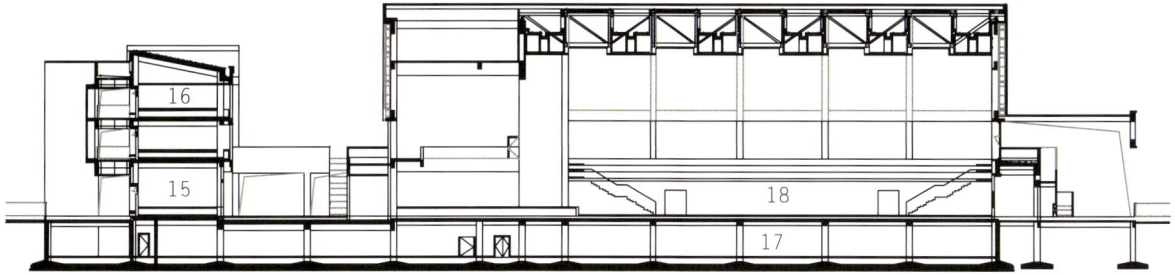

1 保管室	7 放映控制室	13 特长生教室
2 工会活动室	8 舞台	14 半开放式阅读区
3 化学学科部	9 控制室	15 器乐教室
4 走廊	10 思维广场	16 美术教室
5 160人阶梯会议室	11 合班教室	17 车库
6 外廊	12 年级阶梯教室	18 体育馆

■ 国际部滨水教学楼透视图

■ 实验楼透视图

■ 教学楼透视图

■ 学生公寓楼透视图

■ 校级大礼堂透视图

■ 综合行政楼一层平面图

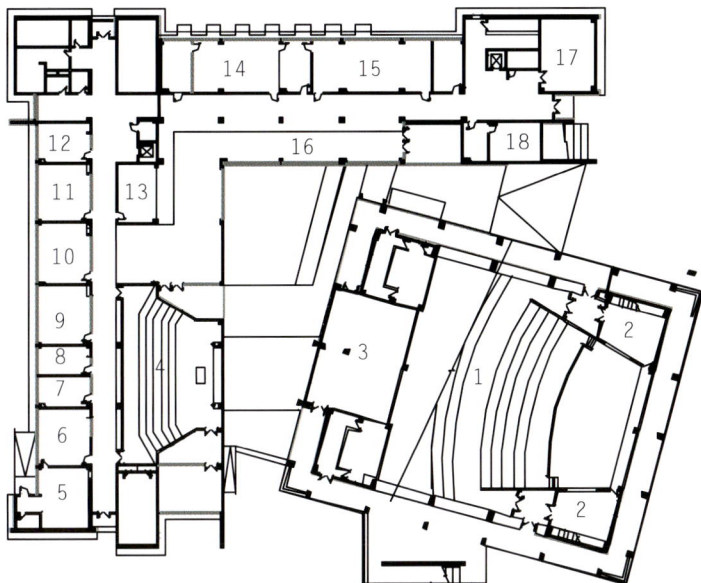

■ 综合教学楼一层平面图

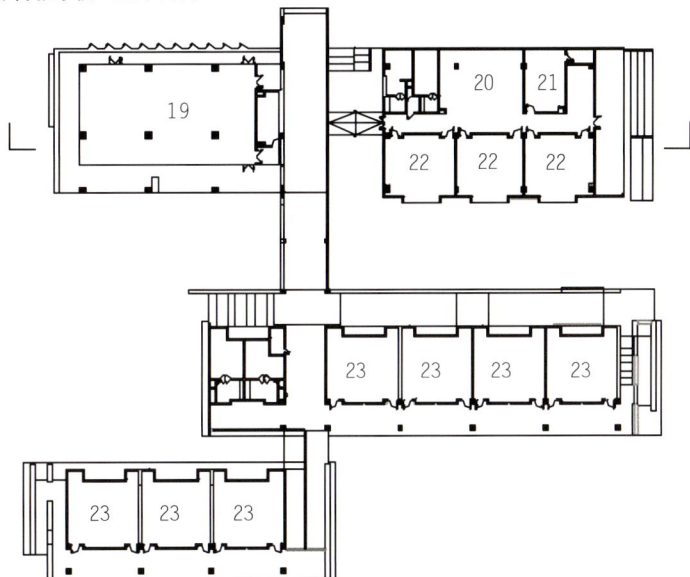

■ 看台透视图

■ 综合艺体楼透视图

■ 书院图书馆透视图

■ 校园保留湿地透视图

■ 教学楼透视图

1 大礼堂	13 操作储藏间
2 侧台	14 网络中心
3 休憩空间	15 消防安全及巡考机房
4 160人会议室	16 校史展览大厅
5 检查室	17 接待室
6 医务室	18 储藏室
7 水电工办公室	19 年级阶梯教室
8 绿化办公室	20 开放式讨论区
9 保管室	21 办公室
10 会计室	22 特长生教室
11 总务处办公室	23 普通教室
12 总务处主任室	

专家点评

■校园整体布局功能分区清晰而高效。核心建筑群围绕着保留的水塘层层展开，创造了一种自然聚落的生长感和传统记忆。校园以传统民居中的砖、石、木为主题，配以水塘、绿植，将文化融入其中，别具水乡韵味和书卷气息。

■十余栋建筑充分满足了教学的需求，并结合各自功能采取了不同的建筑形式，高低错落，虚实结合。传统书院造型的图书馆和灯笼造型的综合艺术楼都具有鲜明的特点，成为校园的核心空间。挑檐、长廊、格栅的设置充分考虑了地域性特点，同时让校园空间变得更加丰富多样，更加宜人舒适。

邓烨

■ 学校中心广场

山东省实验中学西校区
WEST CAMPUS OF SHANDONG EXPERIMENTAL MIDDLE SCHOOL

建筑设计单位：清华大学建筑设计研究院有限公司
　　　　　　北京清水爱派建筑设计股份有限公司
　　　　　　山东省城建设计院
设计人员：祁　斌　程　刚　张　灿　李东梅　李伟欣　庞天一　杨　硕
　　　　　王鹏飞　蒋玉泉　赵恩燕　纪德刚　杨宗爱　刘建平　杨学超
　　　　　王晓玲　刘昌军　陈　娣　王传水　王学涛　孙丰光
项目地点：山东省济南市槐荫区德州路1999号
设计时间：2012年9月～2013年1月
竣工时间：2014年3月
用地面积：117900平方米
建筑面积：78818平方米
班级规模：72班
设计类别：新建

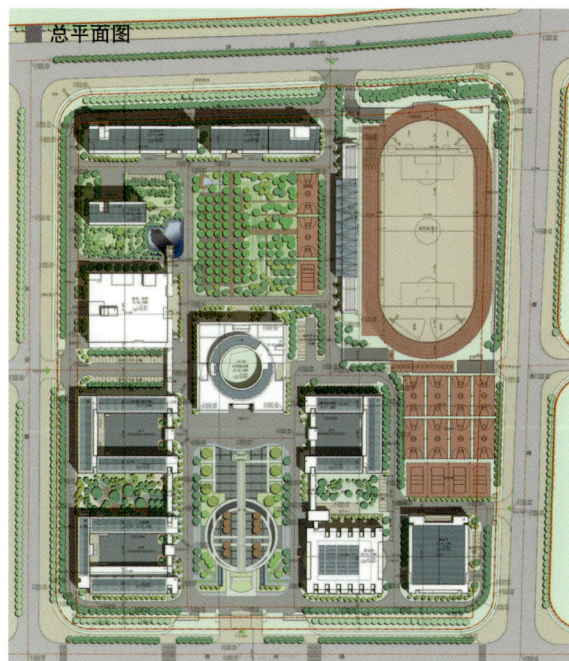
■ 总平面图

■ **建筑设计总体风格**：建筑设计具有时代气息和风貌，并兼顾传承实验中学特有的校园文化，创造出一个人文气息浓厚的学府氛围。首先，在校园规划设计中我们尝试营造出一种"教学相长"的学府氛围；在每个建筑单体设计中考虑设置一些舒适安全、环境宜人的开放交流区域，从而加强师生之间的学习交流，突出同学之间的资源共享。其次，按照建筑物的使用功能和形态，结合济南城市历史建筑文化特征和色彩，建筑材料选择红砖、灰砖、浅灰色石材等，使建筑设计带有历史积淀的韵味，符合百年学府应有的气质。

■ **"花园校园"的景观设计理念**：古代书院多依名山大川而建，拥有良好的自然环境。实验中学作为礼仪文化之乡的重点中学，以延续古代书院的精髓为目标，力求成为"花园校园"的典范。校区的景观中轴线和校园主轴线互为重合，突出校园文化广场景观的对称关系，东西两个辅助景观轴线围绕步行连廊展开。景观轴线南端为校园文化广场景观带，北侧为生活区花园景观带，东西两侧为教学楼庭院景观节点。景观轴线和庭院节点相互渗透、联系、衬托，最大限度地营造出良好的校园景观环境。

■ **入口广场**：围绕杏坛圣人的故事展开，通过对书院、学堂的布局结构进行解读与重新诠释，把人们记忆和理解中的书院"痕迹"与当代人与环境的关系交织在一起。使校园景观从实际型景观向实质性教学环境进行转变。砖、石作为景观的主要材料，砖的铺砌整齐划一，与建筑的风格相呼应，粗糙的石材铺装隐喻古代书院的记忆。

■ **后花园**：以水、林等自然元素为主题的园林设计，是整个校园的"绿肺"，并成为学生、教职员工课外活动、交往、晨读、游憩的绿色空间。

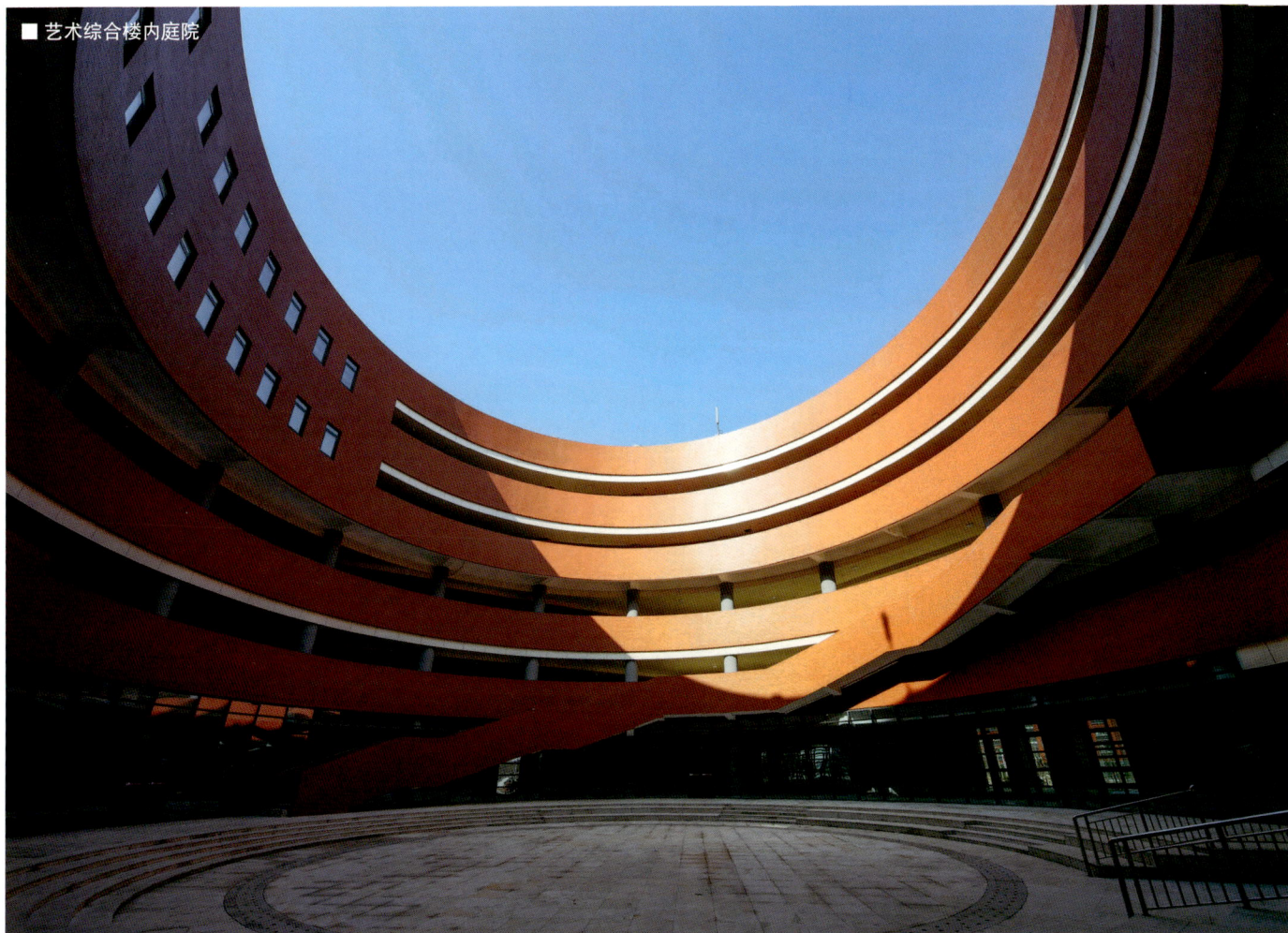

■ 艺术综合楼内庭院

■ 图书馆局部

■ 图书馆

■ 图书馆一层平面图

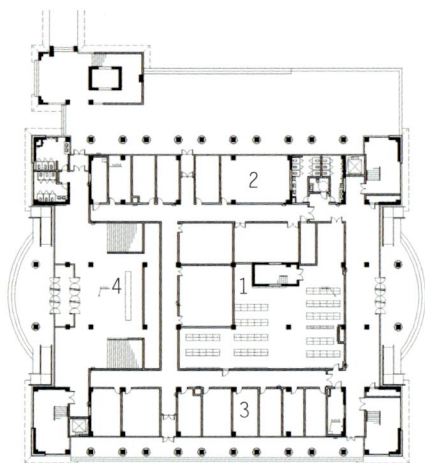

1　书库
2　卫生室、会议室
3　办公室
4　服务存包区

■ 图书馆剖面图

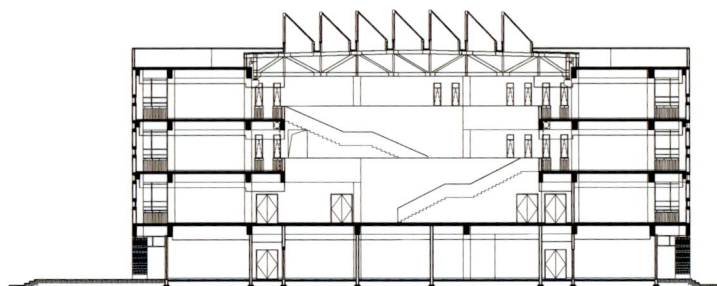

■ 教学楼与图书馆

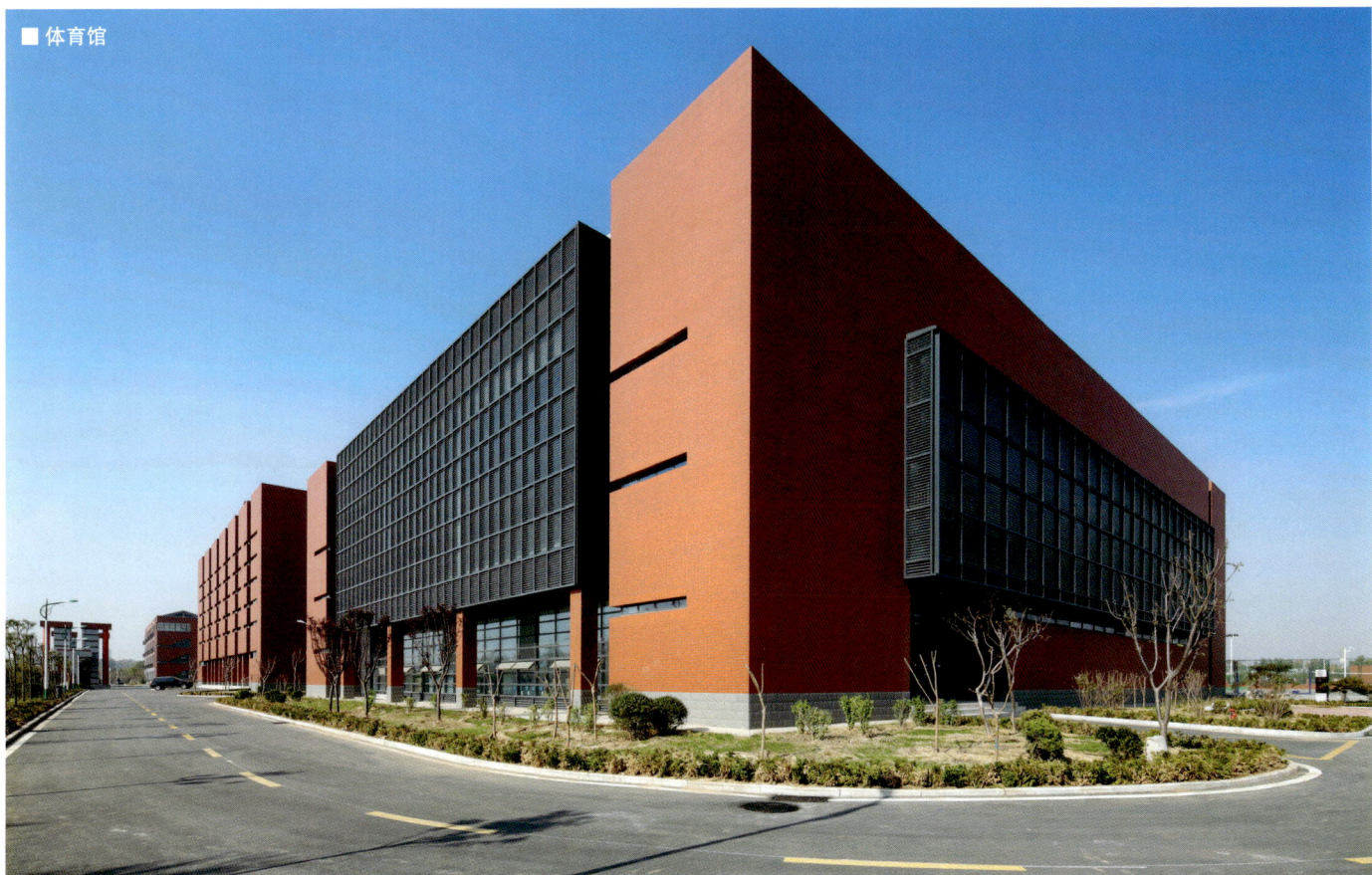

■ 体育馆

■ 体育馆一层平面图

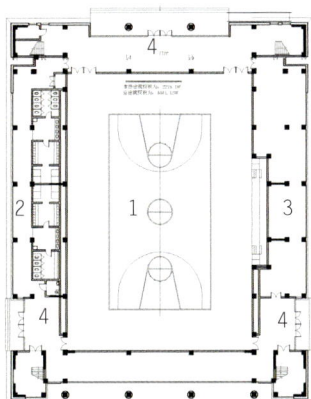

1 运动场地
2 更衣淋浴
3 器材室
4 门厅

■ 体育馆剖面图

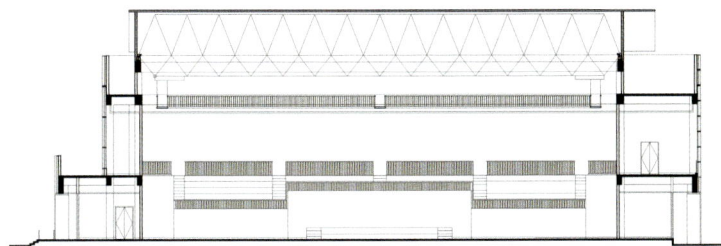

■ 体育馆北立面

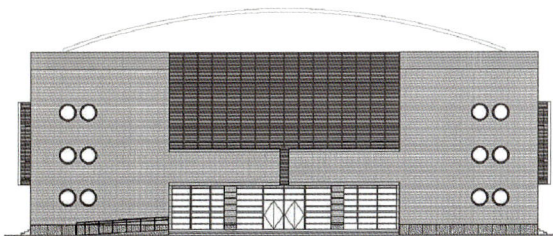

■ 体育馆西立面

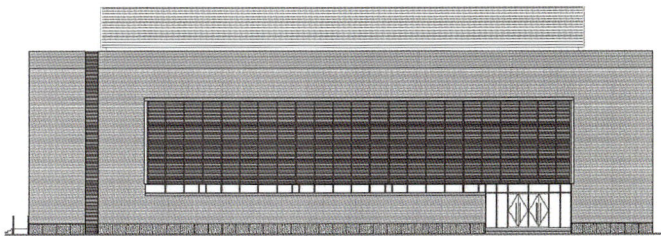

专家点评

■校园整体规划设计中，专用教室位于校园礼仪广场的中轴线上，并且是该中轴线的高潮，因此建筑的形象及体量也是我们重点思考的问题。结合礼堂功能体块以圆形为中心，以特定模数的柱廊为方形基础。镌刻着自身文化的烙印，体现专用教室楼综合艺术的建筑品质；教学楼及实验楼建筑借鉴传统书院的合院形式，按年级分为三个院落式建筑，每个院落由南侧的实验楼、北侧的教学楼、西侧的教师办公楼、东侧的步行走廊围合而成。建筑面向庭院设计开敞走廊环绕相连，便于学生课间交流观景。图书馆位于主轴线东侧，是校园里文化积淀的基石，立面沿用校园统一的红砖为基调的风格，砖与退后的深色玻璃幕墙形成两个丰富的层次，体块鲜明稳重。体育馆建筑统一于整个校园的设计风格之中，立面采用红砖结合灰色石材。

谢江

富文乡中心小学
CENTRAL PRIMARY SCHOOL
OF FUWEN TOWN

设计单位：中国美术学院风景建筑设计研究总院有限公司
设计人员：王 伟 武兆鹏 危石军 钱利玮
项目地点：浙江省杭州市淳安县富文乡
设计时间：2016年11月~2017年10月
竣工时间：2018年11月
用地面积：10833平方米
建筑面积：2604平方米
班级规模：6班
设计类别：改建

扫码看视频

■ 改建前的校舍如同中国大多数传统学校，呆板而又缺乏想象力，和自然环境更无关联。改建设计来自这所学校100多个山村儿童最熟悉的灰红色坡屋顶山村家园和起伏山峦形象的启示，一条由爬梯、索桥、斜坡、曲廊组成的宛如蜿蜒盘旋山中小径的立体通道与竹林、果树、山花、小池交织。将不同标高、孩童尺度的各种主题小屋——教室、阅读、游戏、交流、探索、眺望等空间连接成一个微缩的山地村落式的魔幻立体新世界，它更像是孩子们在自然中自由成长的亲切的家。

■ 虽地处乡野，本项目并未采用乡土、低技术的"常规"建造方式，而试图探索在中国和全球传统建造工艺渐失、人力成本攀升的时代，将高效、经济、环保的现代预制轻型结构和适当的传统手工艺融合并期待由此产生的新类型。工厂定制的多种红、紫色系列聚碳酸酯透明耐力板墙、屋面结合局部碎拼瓷砖镶嵌工艺、水磨石的地面、成品的仿竹波形塑木板、自由折叠开合的门窗营造了青山翠谷间明快、缤纷，与山色、天光、清风、星空对话的儿童世界，健康、艺术、自然的生活场所，这正是孩子、老师和家长们所希望的，也正是大多数城市或乡村学园缺失的。

■ 校园整体鸟瞰图

雪后的校园

■ 从北面山坡俯视校园

■ 分析图

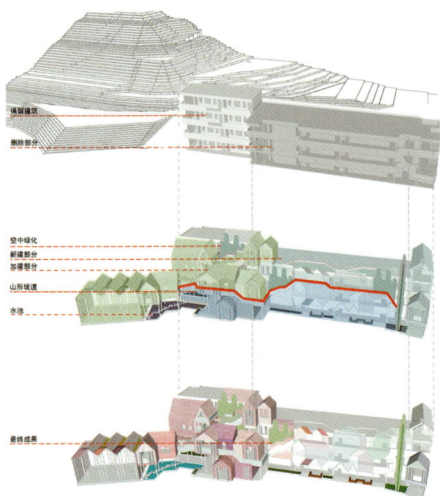

■ 总平面图

■ 改造前

■ 改造后

■ 一层平面图

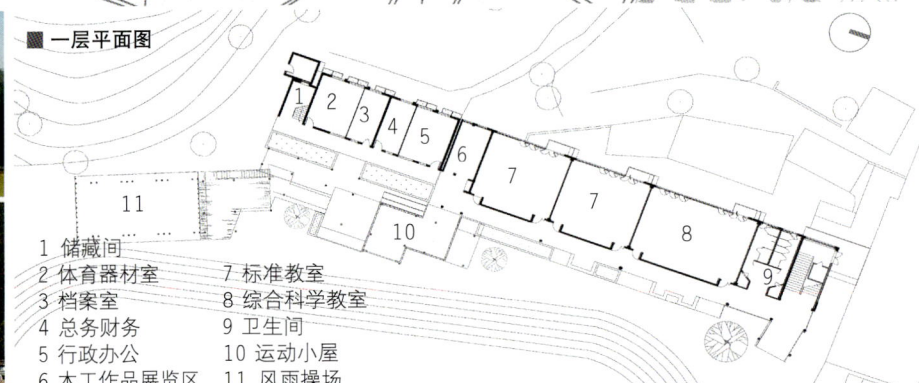

1 储藏间
2 体育器材室　　7 标准教室
3 档案室　　　　8 综合科学教室
4 总务财务　　　9 卫生间
5 行政办公　　　10 运动小屋
6 木工作品展览区　11 风雨操场

■ 立面图

■ "校园村落"局部

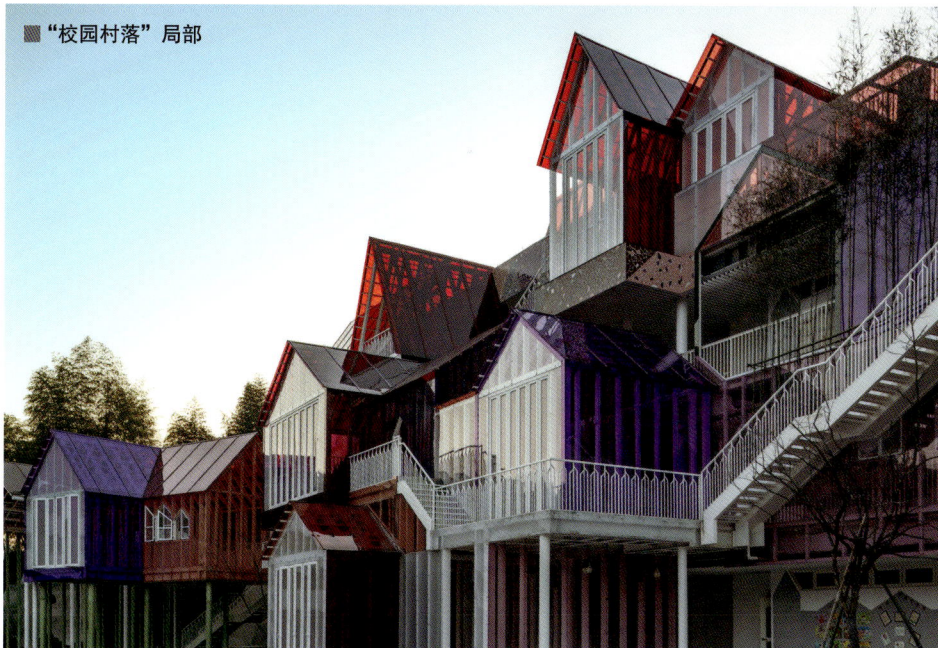
■ 小屋不冻池

■ 连接小屋的阶梯

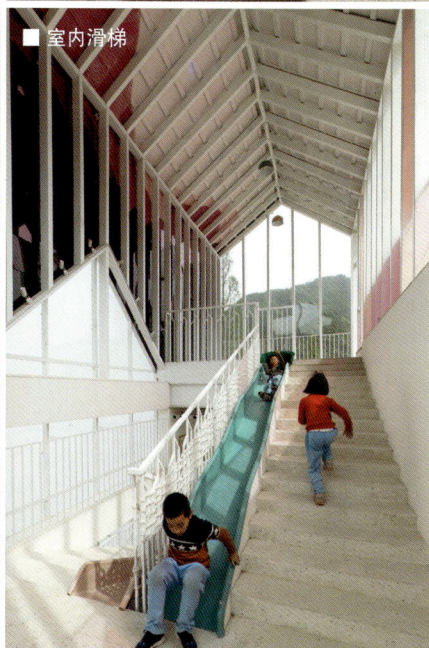
■ 室内滑梯

■ 走廊

■ 教室

专家点评

■ 拼接的积木？堆叠的鸟笼？这是改造后的杭州市淳安县富文乡中心小学建筑立面给人的第一感受，该建筑与周围山体环境相互呼应，加之行走在建筑竖向交通"山径"上的小学生，形成了一幅动人的画面。

■ 该建筑是一个改造项目，建筑师在原有建筑的基础上，没有大刀阔斧地拆除重建，而是对建筑内部小空间和建筑外立面进行了大胆、巧妙的改造，构成建筑南立面的是错动的建筑表皮和贴在表皮外的装饰楼梯，生动、活泼，非常符合小学生的心理感受。

■ 本项目涉及乡村小规模学校改造的话题，在城市化进程迅猛的社会背景下，对于小规模、低成本的乡村学校升级改造具有较强的引导和示范作用。我们深信，这所融入设计者巧思与匠心的如童话仙境般的校园一定能给乡村的孩子们带来快乐、美好的童年记忆。

常钟隽

绍兴市第一中学
SHAOXING NO.1 HIGH SCHOOL

设计单位：中国航空规划设计研究总院有限公司

设计人员：王建一　李齐生　郭　睿　陈　辉　陈天博　张　端
　　　　　吴小兰　刘静晖　李　欣　赵紫薇　沈蔚甫　魏　炜
　　　　　于昕雅　雷　蒙　苏玉婷　郭　滢　刘　茵　周　昉
　　　　　王德刚　李志鹏　蔡思思　李朝来　李　鹏　陈　洁
　　　　　毛　坤　高阳洋　陈泽毅　赵雨播　晋明华　张　超
　　　　　国建莉

项目地点：浙江省绍兴市

设计时间：2014年6月～2015年4月

竣工时间：2017年5月

用地面积：119739平方米

建筑面积：79223平方米／地上174431平方米／地下4792平方米

班级规模：高中60班

设计类别：新建

■ 绍兴市第一中学是一所百年老校，先后有蔡元培、周树人等泰斗在校任职，并从校园走出了蒋梦麟、夏丏尊、胡愈之、许寿裳等文化名流。新建校园在满足合理使用的基础上如何承载、展现绍兴一中的百年校史，是它的灵魂所在。

■ 新校区设计以地域文化和校史传承为切入点，以现代的技术手段再现"粉墙黛瓦"的水乡风貌，塑造历史感深厚、书卷气浓郁的书院式建筑与景观，形成符合绍兴一中自身特点的文化定位与充满人文关怀的校园风貌。

■ 图书馆剖面图

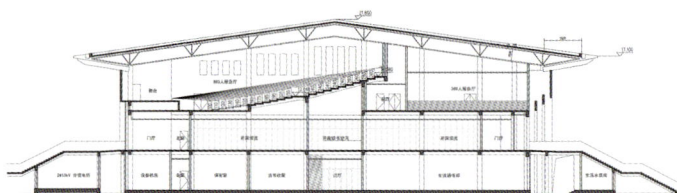

■ 校园整体剖面1——"文化之轴"

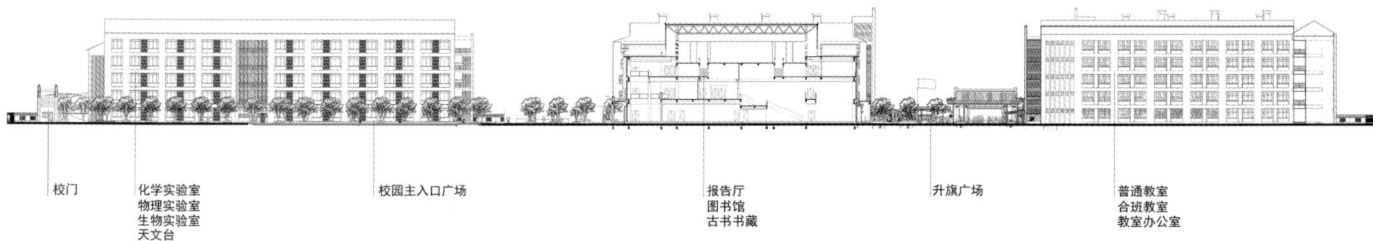

校门　　化学实验室　　　　　校园主入口广场　　　　报告厅　　　　　升旗广场　　　　　普通教室
　　　　物理实验室　　　　　　　　　　　　　　　　　图书馆　　　　　　　　　　　　　　　合班教室
　　　　生物实验室　　　　　　　　　　　　　　　　　古书书藏　　　　　　　　　　　　　　教室办公室
　　　　天文台

■ 根据建设用地的自然条件与周边状况进行规划布局，教学区处在环境最优越的用地南部并与水景结合，生活区在较安静的东北部，运动区位于噪音干扰相对较多的西北部，形成"两轴一带四区"的规划格局。

■ "两轴"是指东西向的"文化之轴"和南北向的"历史之轴"。文化之轴自西向东由主校门、实验楼和行政艺术楼分列两侧的前广场、"养新书藏"、教学楼群组成，是日常教学主线；历史之轴由南至北包括老校门（依史料新建）、"养新书藏"、体育馆、学生宿舍，南端延伸向横江，是百年沧桑办学历史的精神之轴。两轴形成"十"字构架的中心是校园的精神核心——由图书馆与会堂组合而成的"养新书藏"。

■ "一带"是指校园南部紧临横江的"滨水景观带"。利用依水而设的优势，将水景引入校园之中，形成园林化校园景观。

■ "四区"是指四大建筑群构——主入口广场区组群，教学区组群，生活区组群，运动区组群。

■ 在营造多层次交往空间、丰富第二课堂形态上，着重强化两个特色空间——主入口广场和滨水景观带。主入口广场是交通聚散的节点和校内外信息汇集、传递的场所，是新生对母校的第一印象，如校园的客厅。

■ 滨水景观带直观展示了学校的历史、文化积淀：西南角结合水面塑造富有传统文化韵味的园林化区域，凉亭、仓桥傍着池水，鲁迅工作室、元培工作室两栋仿古建筑静立其中，升华了校园景观环境品质，连接了历史、现在与未来；滨水景观带中部、"历史之轴"的南端设置了复建的绍兴一中老校门，面向静静流淌的横江，背后是江南特色书院式建筑——"养新书藏"。

■ 校园整体功能分析图

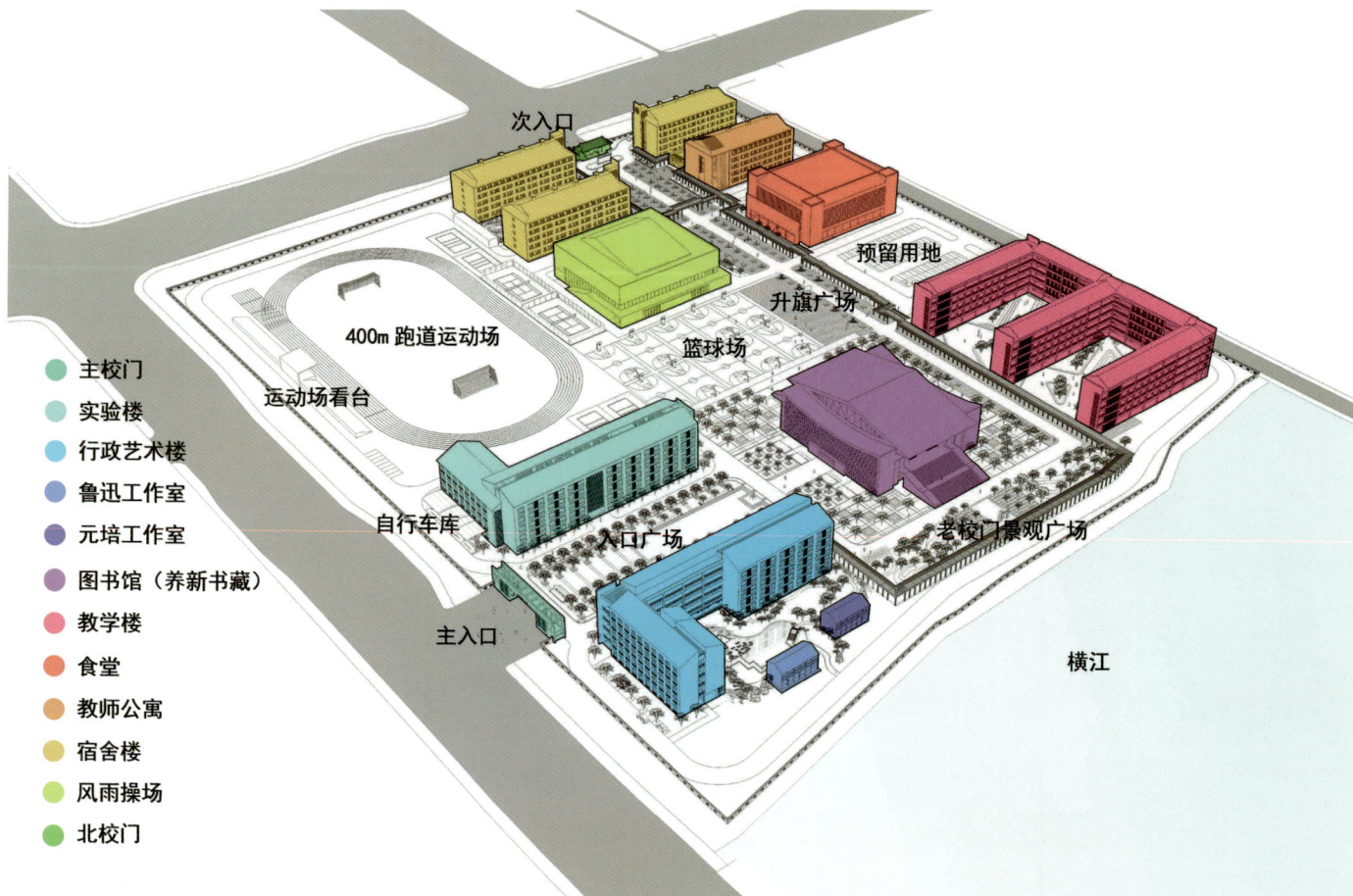

○ 主校门
○ 实验楼
○ 行政艺术楼
○ 鲁迅工作室
○ 元培工作室
○ 图书馆（养新书藏）
○ 教学楼
○ 食堂
○ 教师公寓
○ 宿舍楼
○ 风雨操场
○ 北校门

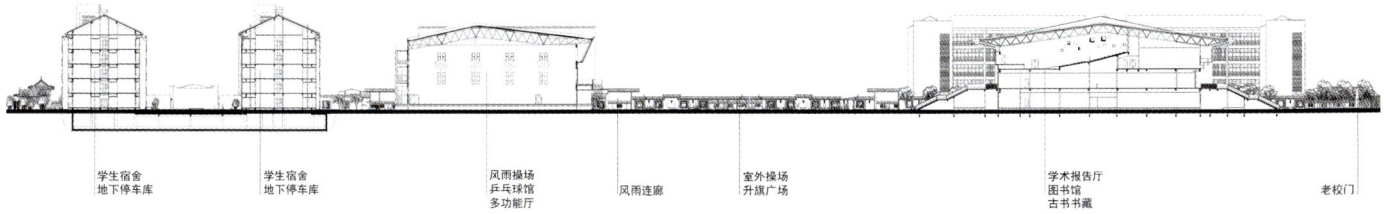

学生宿舍 | 学生宿舍 | 风雨操场 | 风雨连廊 | 室外操场 | 学术报告厅 | 老校门
地下停车库 | 地下停车库 | 乒乓球馆 | | 升旗广场 | 图书馆
| | 多功能厅 | | | 古书书藏

■ 总平面图（一层平面组合图）

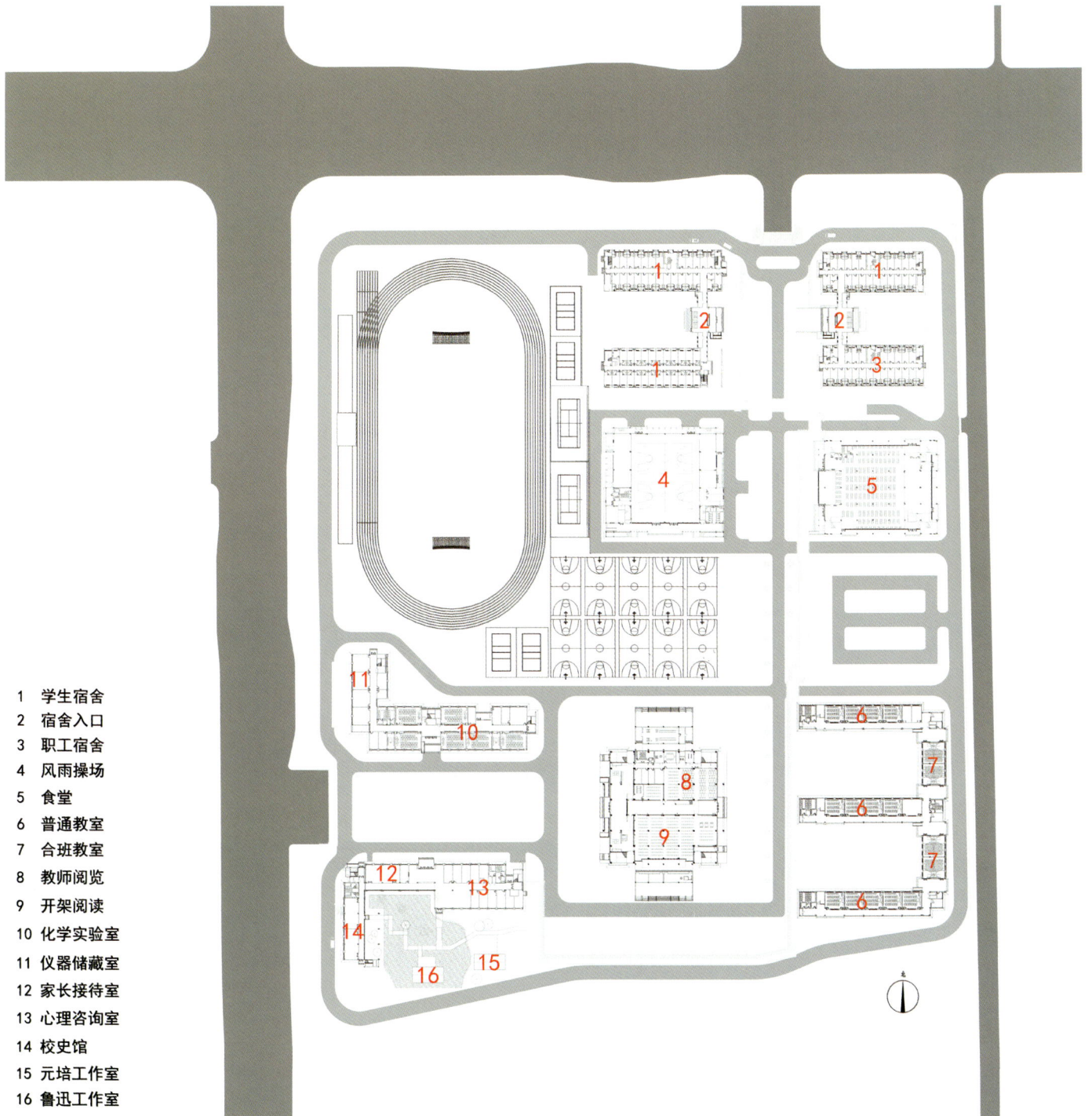

1 学生宿舍
2 宿舍入口
3 职工宿舍
4 风雨操场
5 食堂
6 普通教室
7 合班教室
8 教师阅览
9 开架阅读
10 化学实验室
11 仪器储藏室
12 家长接待室
13 心理咨询室
14 校史馆
15 元培工作室
16 鲁迅工作室

■ 老校门（复建）与南广场

■ 教学楼组群

内部庭院

■ 养新书藏

■ 园林中的鲁迅工作室、元培工作室

庄惟敏

■ 学生宿舍

■ 景观一角

专家点评

■ 绍兴一中的设计特点是以文化为抓手，用文化作为主轴来组织校园规划和单体形象设计，通过文化记忆反应绍兴一中作为百年名校的文化传承。

■ 其南北文化轴线，起点是学生生活区的林荫大道，中间节点为养心书藏图书馆，南侧以复建的老校门为终点，整条文化轴线南端面对横江，使绍兴河道纵横的水文化与校园文化相结合，体现江南水乡的书卷气息。

■ 校园内复建了鲁迅工作室、元培工作室，这种文化记忆的再造与新校区规划穿插融合，将空间与文化融为一体。

庄惟敏

■ 校园夜景图（摄影：苏圣亮）

威海市实验高级中学
WEIHAI EXPERIMENTAL SENIOR MIDDLE SCHOOL

设计单位：清华大学建筑设计研究院有限公司　威海市建筑设计院有限公司
　　　　　山东东鲁建筑设计研究院有限公司　威海凯得建筑设计有限公司
设计人员：邹晓霞　祁　斌　王明帆　丛　忻　孙覃佩　于　伟　蔡立登　刘玉红
　　　　　李　明　王立臣　武　宏　徐家云　孙言昭　于永明　郭大伟　邹　菲
项目地点：山东省威海市
设计时间：2015年9月
竣工时间：2018年8月
用地面积：208500平方米
建筑面积：149995平方米／地上130509平方米／地下19486平方米
班级规模：60班
建筑类别：新建

■ 项目位于威海东部新城，是一座60班规模，走班制、寄宿型的新型高中。设计定位于"建设一座带动区域发展的，具有创新性与设计感的新学校"。

■ 整个地形东高西低，最大高差约50米。现场踏勘正值下午，整个用地自东向西缓缓坡下，植被丰富，在夕阳的照射下，郁郁葱葱，让人印象深刻。"想要保留这片西坡"——现场这种感性的认识，在现代主义大师赖特那里得到了进一步的支撑。"塔里埃森"——古威尔士语的意思是"闪亮的前额"，并说"永远不要在山顶上建造你的房子，而是在相当于前额的山坡上。从你家门口走上山顶，你就会更好地领略这一切。如果你把房子建在山顶上，你就彻底失去了这座山"。因此，将主教学区建筑落位于山腰的不同标高处，既能保留原地形地貌，又能实现建筑良好的通风采光。

■ 在这里，校园更像功能复合型的"城市"。学校的功能空间被组织成几层台地，沿主轴展开，标准的教学单元置于自由的综合教学功能之上——既是空间的营造策略，也是正式与非正式教学空间的对仗。

■ 校园建筑主体实现了"组团式＋公共基盘，上下分区—联动"的空间体系，各功能区连接在一起，主要交通流线被拓展为创建社交空间的室内场所，学生的社会性在这里得到了锻炼和成长。

■ 总平面图

■ 校园顶视图（摄影：苏圣亮）

■ 教学楼组团（摄影：苏圣亮）

■ 体育馆（摄影：苏圣亮）

■ 餐厅（摄影：苏圣亮）

■ 教学楼夜景（摄影：苏圣亮）

■ 综合楼（摄影：苏圣亮）

■ 教学楼平面

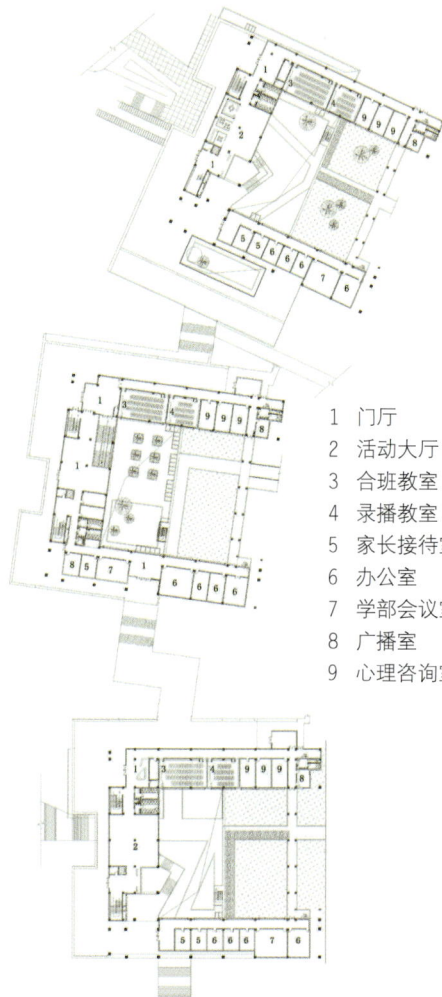

1　门厅
2　活动大厅
3　合班教室
4　录播教室
5　家长接待室
6　办公室
7　学部会议室
8　广播室
9　心理咨询室

教学楼的概念

■ 方案构筑从个人—班级组团—年级组团—学校层面之间一系列的过渡空间，以增强其归属感。

■ 三个组团的设置，增强个人与群体之间的互动。

■ 公共基盘承担了中间灰度——从各个班到下面不同的区域，根据使用频率和联系紧密程度的不同，有不同的交通方式。

■ 艺术楼（摄影：苏圣亮）

■ 艺术楼室外平台（摄影：苏圣亮）

艺术楼的概念

■ 建筑主面向西，与综合主楼对校门形成半围合之势。建筑随山势逐级而退，且覆以屋顶绿化，间有舞蹈教室等功能体块探出平台、南望主街，既与山地自然巧妙融为一体，又彰显了艺术之特立独行。

■ 建筑北侧立面以现代风格融合古典内涵，着重以柱廊与饰柱表达竖向线条，与综合主楼交相呼应。

■ **艺术楼一、二层平面图**

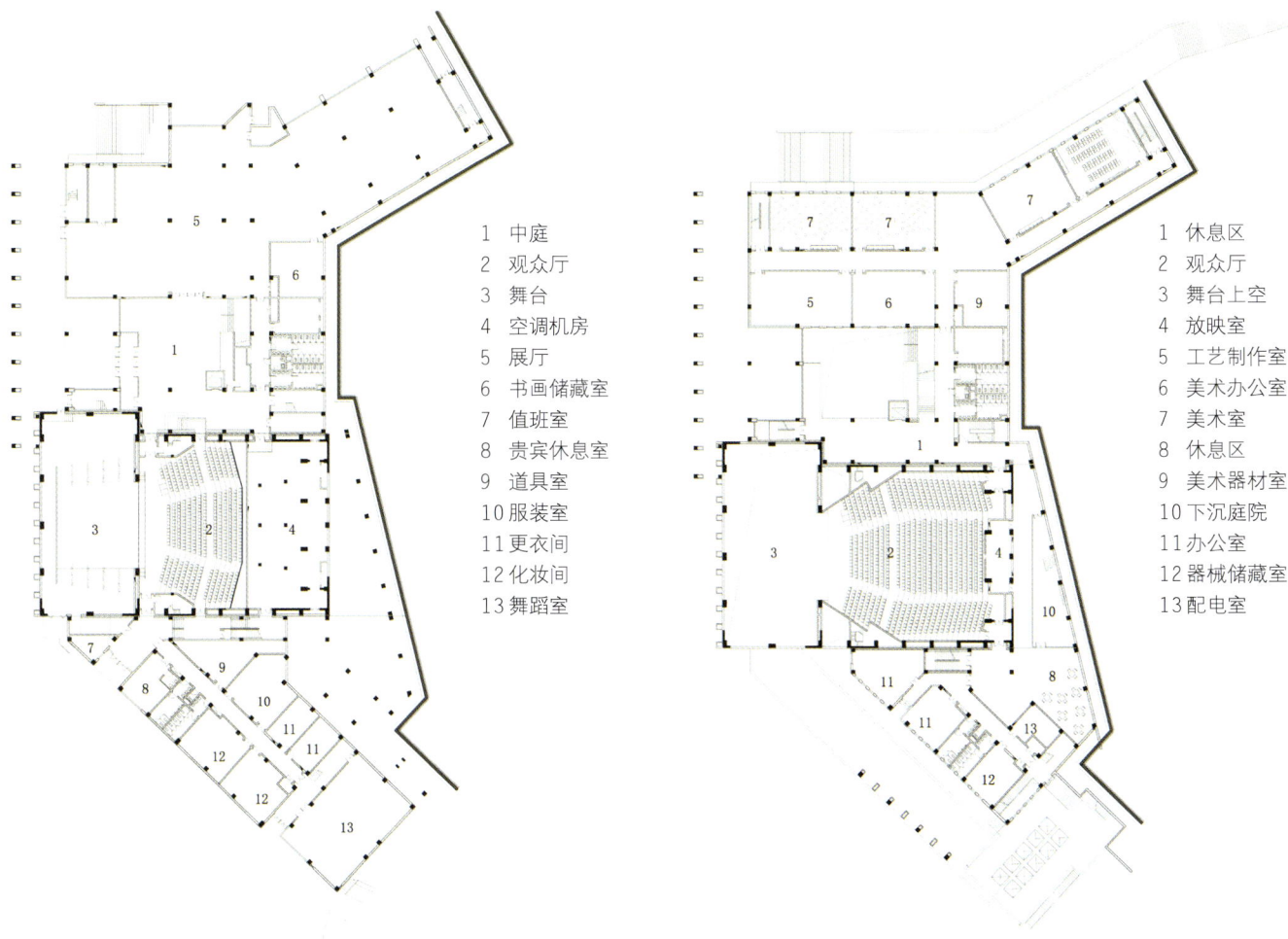

1 中庭
2 观众厅
3 舞台
4 空调机房
5 展厅
6 书画储藏室
7 值班室
8 贵宾休息室
9 道具室
10 服装室
11 更衣间
12 化妆间
13 舞蹈室

1 休息区
2 观众厅
3 舞台上空
4 放映室
5 工艺制作室
6 美术办公室
7 美术室
8 休息区
9 美术器材室
10 下沉庭院
11 办公室
12 器械储藏室
13 配电室

专家点评

■ 该设计利用场地特点，采用"筑台"式设计手法，获得了地面、台地不同层面的活动区域及功能空间，较好地解决了高差大的问题，使得功能分区明确合理；

■ 校园规划总体布局采用组团式"回"字形平面布局，巧妙地解决了建筑朝向与场地的矛盾问题；

■ 组团式、公共基盘、上下分层的空间体系使各功能区有机连接在一起，为实现教学模式的创新提供了前提条件；

■ 校园建筑及环境设计，体现现代校园建筑风格，演绎传统园林的空间意境。

朱爱霞

校园日景鸟瞰图

蚌埠市第二中学新校区
ANHUI BENGBU NO.2 MIDDLE SCHOOL

设计单位：北京市建筑设计研究院有限公司
设计人员：王小工　石　华　王英童　毛伟中　唐　强　张　力
　　　　　周娅妮　张凤启　逯　烨　张　研　丁　淼　张　冉
　　　　　孙宗齐　吴学蕾　何枫青
项目地点：安徽省蚌埠市
设计时间：2010年3月～2011年6月
竣工时间：2013年8月
用地面积：203330平方米
建筑面积：129242平方米 / 地上109551平方米 / 地下19691平方米
班级规模：90班高中
设计类别：新建

■ 学校位于蚌埠市蚌山区黄山大道以南，虎山东路以西，建设用
地南侧、西侧为代建市政规划道路，交通便捷，网络完善。通过
对国内大量此类新建学校的调研与考察，并结合对蚌埠二中新校
区的具体分析，在蚌埠二中新校区的设计中，我们着重在以下几
个层面展开设计：
空间层级化配置。将公共空间进行级配，避免大多数新校建设中
的大广场、大绿地等过大尺度的公共空间处理方式，将空间分
解，并进行级配，使每天进入校园的师生都经历开放空间一半开
放空间一具体使用空间的层级变化，达到心境的梳理。
院落空间的多维度探讨。院落空间是中国建筑传统中的精髓，
也体现了中国的一种文化精神，将院落的模式用在校园的设计
中能够很好的体现校园的文化内涵。在蚌埠二中新校区的设计
中，设计多维度的探讨了不同的院落空间模式，"L"形院、
"U"形院、"回"形院，"II"形院"T"形院等多种院落形态
不仅丰富了校园的空间层级，更为师生们提供了多维度的交流
场所。

■ 总平面图

1　东入口	7　综合艺术楼
2　南入口	8　国际部预留发展用地
3　后勤入口	9　综合行政楼
4　北入口	10　学生宿舍楼
5　综合教学楼	11　综合体育馆
6　综合实验楼	

■ **实验楼艺术楼首层平面图**

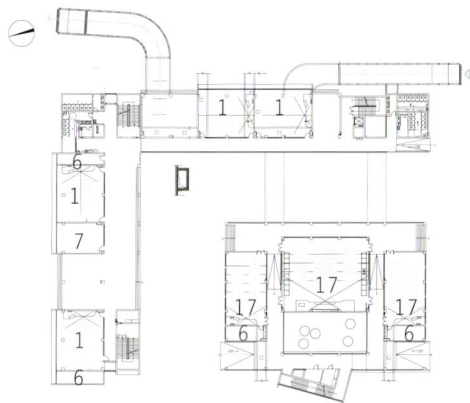

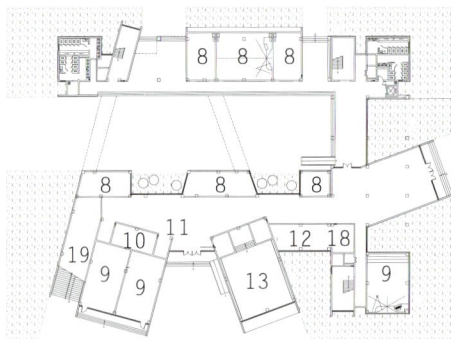

■ **实验楼艺术楼二层平面图**

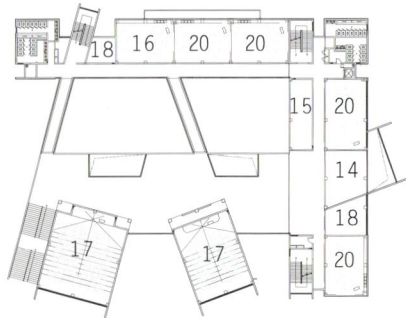

1	史地教室
2	生物实验室
3	化学实验室
4	物理实验室
5	教师办公室
6	准备室
7	化学总准备室
8	社团活动室
9	音乐教室
10	乐器室
11	音乐展厅
12	音乐准备室兼研讨室
13	舞蹈教室
14	美术展厅
15	美术书法教具室
16	美术书法研讨室
17	阶梯教室
18	办公室
19	教具室
20	美术教室

■ 实验楼艺术楼剖面图

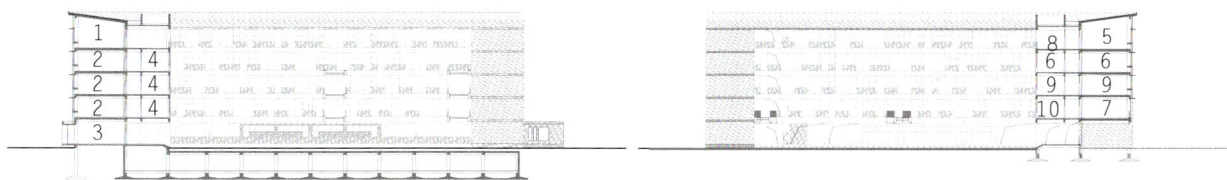

■ 实验楼艺术楼西立面图

| 1 | 数字化实验室 | 3 | 史地教室 | 5 | 信息技术教室准备室 | 7 | 美术教室 | 9 | 劳技准备室 |
| 2 | 化学实验室 | 4 | 准备室 | 6 | 语言教室准备室 | 8 | 语言教室准备室 | 10 | 美术书法教具室 |

■ 体育馆透视图

■ 体育馆透视图

■ 体育馆室内图

■ 体育馆室内图

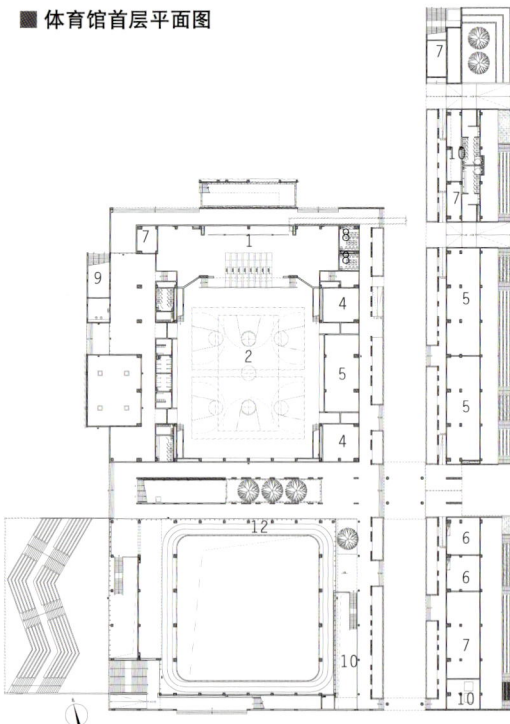
■ 体育馆首层平面图

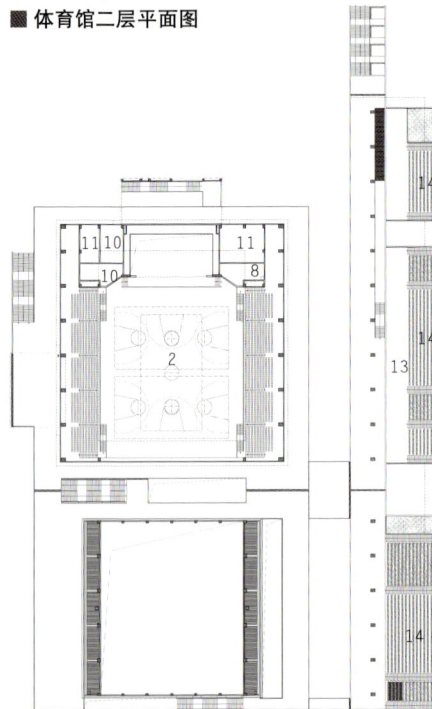
■ 体育馆二层平面图

1　舞台
2　综合馆
3　训练馆
4　休息室
5　器材室
6　体质测试室
7　库房
8　化妆间
9　值班室
10　设备间
11　教师办公室
12　室内慢跑道
13　主席台
14　看台

■ 体育馆剖面图

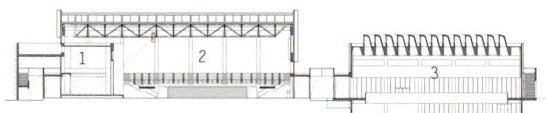

■ 体育馆西立面图

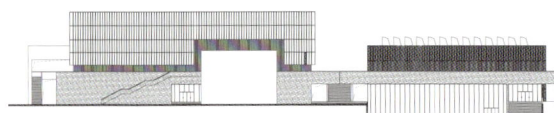

■ 教学楼透视图

■ 教学楼透视图

专家点评

■ 校园建筑应有的人文气质往往因其功能性要求被简单化地处理而渐渐缺失。蚌埠市第二中学新校区则通过不同尺度院落空间的变化，在空间的功能性、开放性等方面形成不同层级间的"过渡"，而建筑则成为"过渡"空间之间的"节点"。院落与建筑之间恰恰因为此种关系，在构成空间的同时承载了人文与环境的传承。

傅绍辉

■ 校园整体鸟瞰（摄影：苏圣亮）

威海市望海园中学
WANGHAIYUAN MIDDLE SCHOOL

设计单位： 清华大学建筑设计研究院有限公司
　　　　　 威海市建筑设计院有限公司
设计人员： 邹晓霞　丛　忻　王　潜　于　伟　张　涛
　　　　　 徐京晖　华　君　刘素娜　曹　敏　刘明伟
　　　　　 蔡立登　李　明　牛　童　王建国　张俊婷
　　　　　 武　宏　单　刚
项目地点： 山东省威海市环翠区
设计时间： 2017年3月
竣工时间： 2018年12月
用地面积： 53590平方米
建筑面积： 40150平方米
班级规模： 40班
设计类别： 新建

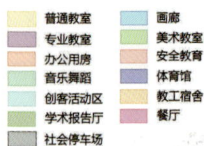

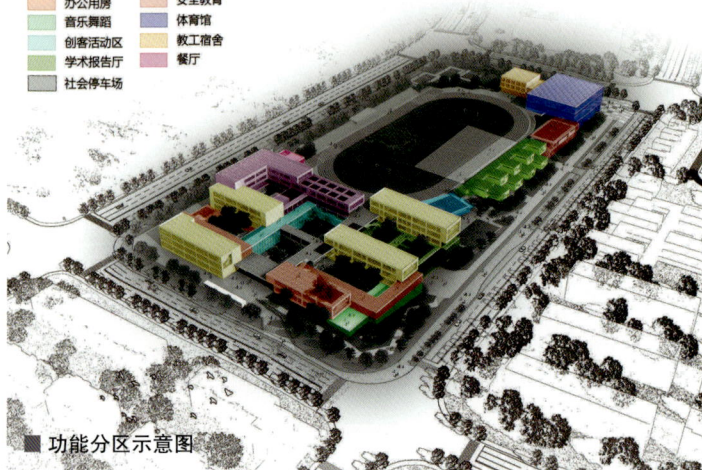

普通教室　画廊
专业教室　美术教室
办公用房　安全教育
音乐舞蹈　体育馆
创客活动区　教工宿舍
学术报告厅　餐厅
社会停车场

■ 功能分区示意图

■ **空间尺度**：项目周边为规模70万平方米的综合体和60米高度的妇幼保健院，以及20世纪90年代5~6层多层住宅。项目4万平方米的体量既不能产生足够的规模效应，也不足以支撑高度效应。学校建筑作为城市配套，采用化整为零的尺度策略，以与周边更好的协调。底部延绵的体量匍匐在大地上，上部以线性关系呼应居民区的图底关系。

■ **总图布局**：校园位于老城区，人均用地指标先天不足，要求必须设置400米标准跑道，这些前提条件让用地显得十分逼仄。简单的处理方式是将操场置于南侧或北侧，校园将被生硬的划分为教学区和运动区，80亩（5.3公顷）用地只剩下40亩（2.7公顷）尺度的校园空间。而另外一种大胆的做法是将建筑打散，如同肥皂泡泡塞满脸盆一样充满用地边界，从而把更多的场地变为积极空间。于是，校园是被建筑和绿丘包裹的，操场是共享的，空间是流动的。教学和运动不再被割裂，提高了课间十分钟的可达性。

■ 方案将场地东侧、北侧开辟为对外共享区域，设置出入口和半地下停车场。利用地形，巧妙地将体育馆、艺术教室、画廊、图书馆、剧场以及操场嵌入不同标高，既方便管理，又有效解决了土方平衡。半覆土建筑缓解了场地与城市之间的对立和隔离，也由此获得了更多的"屋顶绿坡"。校园与城市形成互动，课内与课外达成链接。

■ **空间模式**：传统校园空间和路径的组织模式多为鱼骨串联式，过于单一理性化，强调效率，却往往产生很多消极的尽端空间。选课制的推广、智慧校园的开启，公共空间将如何组织，才能更有效地服务于未来校园？项目提出"庭院洄游式"空间组织模式——各个组团通过庭院、走廊串联起来，增加外部空间的层次、叠加多重路径。并引入智慧校园概念，将走廊、楼梯等服务空间模糊化，激发使用的可能性，进而实现空间的多义性。

■ 校园主入口（摄影：苏圣亮）

■ 总平面图

■ 城市界面（摄影：苏圣亮）

■ 建筑与城市的关系（摄影：苏圣亮）

147

■ 主入口广场（摄影：苏圣亮）

■ 教学综合楼二层平面图

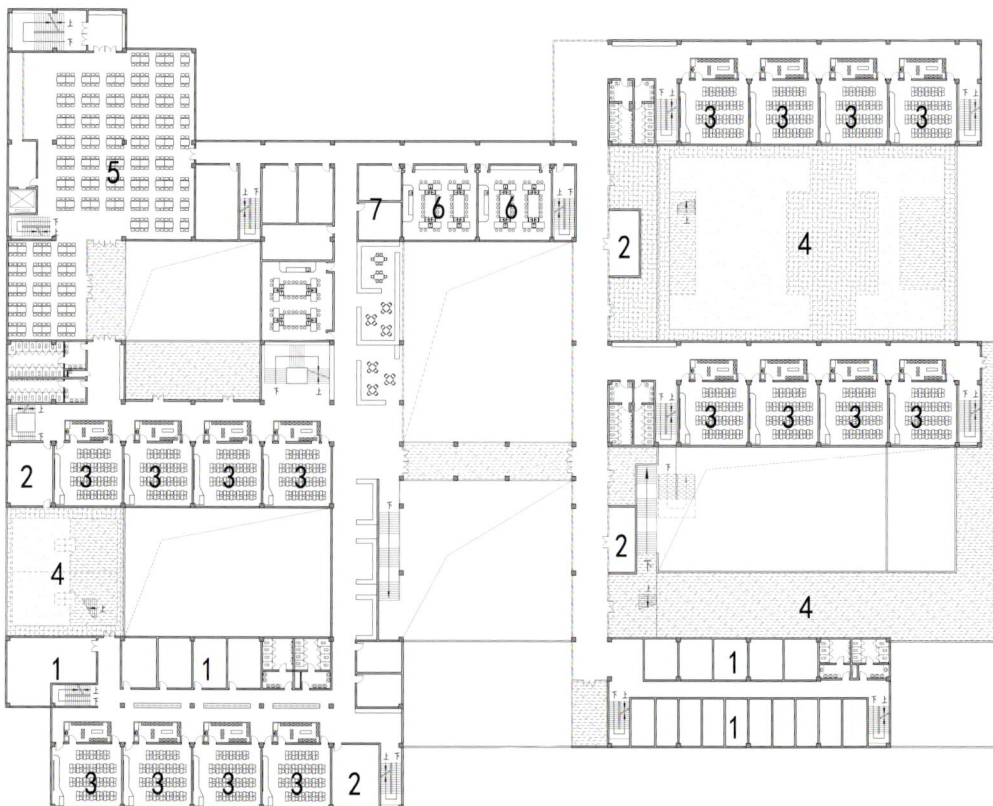

1　教师办公
2　教师休息
3　普通教师
4　屋顶活动平台
5　餐厅
6　化学实验室
7　化学仪器准备室

■ 夜幕下的校园（摄影：苏圣亮）

■ 教学综合楼一层平面图

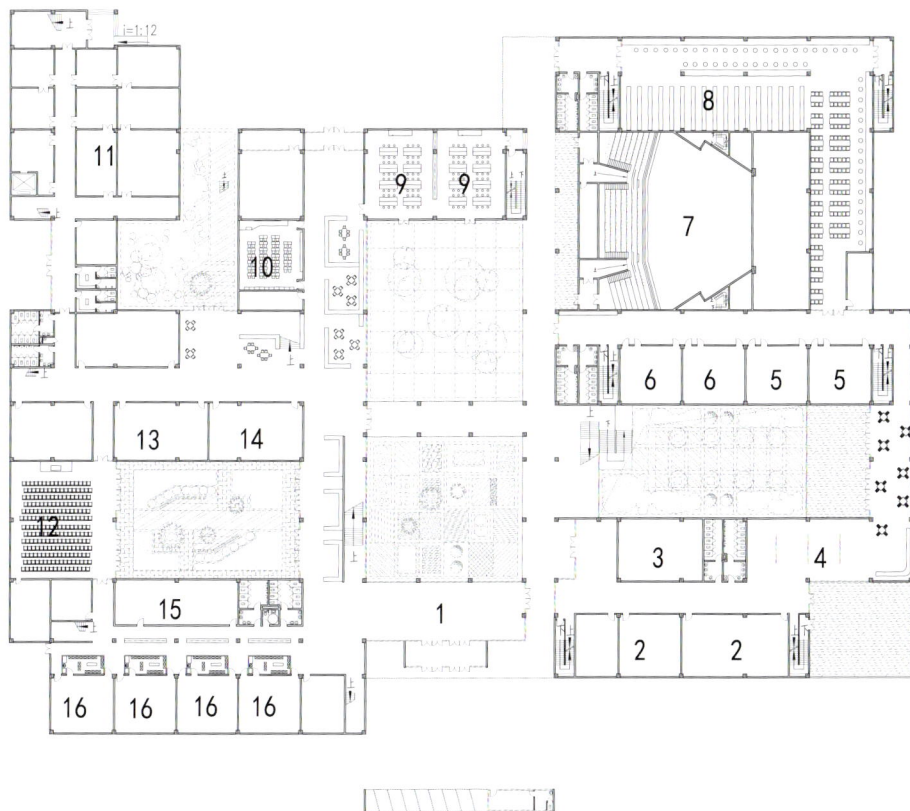

1　门厅
2　会议接待
3　学科教研室
4　德育展厅
5　教师阅览室
6　心理咨询室
7　学术报告厅
8　图书馆
9　创客＆科技活动室
10　创意设计室
11　厨房
12　综合会议室
13　生物探究实验室
14　物理探究实验室
15　历史地理教室
16　多媒体计算机室

图书馆阶梯书廊（摄影：苏圣亮）

遮阳穿孔铝板（摄影：苏圣亮）

艺术中心屋顶花园（摄影：苏圣亮）

课间嬉戏（摄影：苏圣亮）

专家点评

■建筑虽采用集中布局的形式，但通过合理的平台、庭院设置，削减了建筑体量。呼应了城市肌理，建筑特征鲜明而不突兀。

■合理利用场地高差。利用东侧沿街较低的区域设置可以对外开放的报告厅、艺术中心、体育馆，连接了城市空间与校园空间，过渡自然。

■设计呼应了教学改革的要求，在空间规划、功能组织以及景观设计上都作出了一定的创新，为未来教育探究预留可变空间。采用洄游式空间组织模式，建筑内各个空间都易于到达，每个空间都变得更加积极。

朱爱霞

■ 校园日景鸟瞰图

北京师范大学盐城附属学校（初中及高中部）

YANCHENG SCHOOL AFFILIATED TO
BEIJING NORMAL UNIVERSITY（MIDDLE
SCHOOL，HIGH SCHOOL）

设计单位：北京市建筑设计研究院有限公司
设计人员：王小工　王英童　盛诚磊　张月华　杨秉宏　李轶凡
　　　　　李　静　王征妮
项目地点：江苏省盐城市东山路西侧
设计时间：2017年5月
竣工时间：2019年8月
用地面积：147437平方米
建筑面积：108817平方米／地上94292平方米／地下14525平方米
班级规模：36班初中，36班高中
设计类别：新建

■ 未来书院：校园整体规划采用"未来书院"设计理念，运用国际化综合体式校园建筑布局策略，具有高效、复合及弹性的空间特点。
■ 方案在整体规划及建筑空间层面吸纳了传统书院的格局特点，整合现代教学功能需求，建立适应现代化教育理念的未来书院，同时也保证了整个学校的高效运转、节省运营成本。总体设计造型比例适度、空间结构美观，外观明快、线条简洁，给人简约和实用的整体印象，体现了中学生青春活泼的个性特点。
■ 在景观设计方面，对北师大文化及盐城当地传统文化特色进行呼应，注重营造多层次的景观空间效果，与校园内部不同空间形成沟通与过渡，以围合及半围合庭院错落连通校园各个区域，有利于初高中一体化教学活动的开展。设计充分运用具有盐阜地域特色的粉墙黛瓦以及体现北师大校园景观文化的灰砖和木栏建构，以现代手法诠释双坡屋面。建筑单体采用较浅的进深和较大的采光面，最大化利用自然通风和采光，实现节能环保和可持续发展的目标。

■ 总平面图

1 初中部主出入口	8 初中部素质楼
2 初中部次出入口	9 体育馆
3 高中部主出入口	10 高中部素质楼
4 高中部次出入口	11 礼堂
5 文化传播中心出入口	12 高中部教学楼
6 初中部宿舍楼	13 文化传播中心
7 初中部教学楼	14 高中部宿舍楼

■ 入口广场及高中部教学楼

■ 宿舍及风雨连廊

■ 教学楼公共空间　　　　■ 教学楼公共空间　　　　■ 教学楼思维广场

■ 教学楼走廊

■ 首层平面图

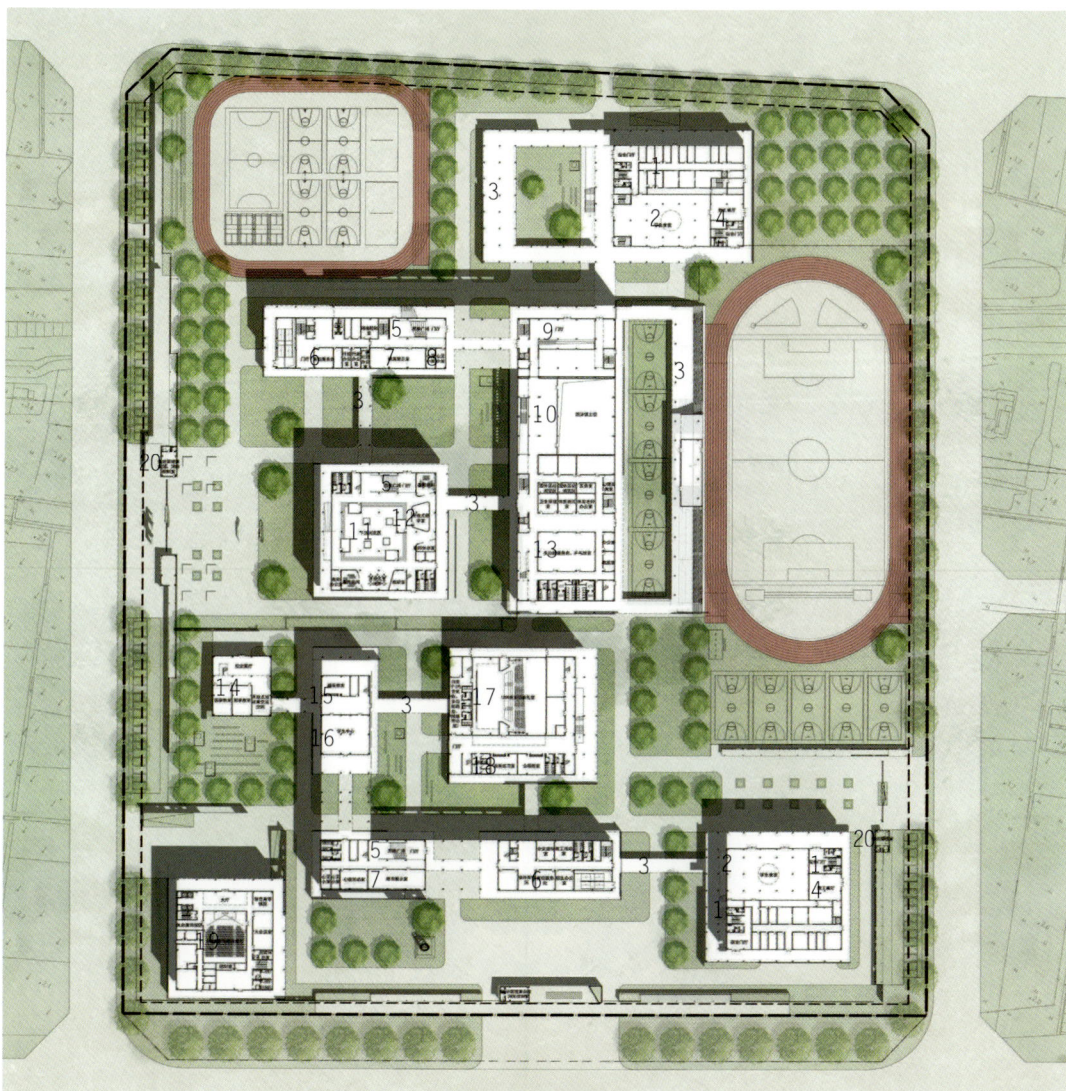

1　宿舍门厅
2　学生餐厅
3　连廊
4　教师餐厅
5　思维广场
6　家校服务处
7　德育展示厅
8　心灵小屋
9　体育馆门厅
10　游泳馆上空
11　下沉阅读区
12　开放式研学室
13　多功能健身房
14　校史展厅及国学教室
15　模联教室
16　学生中心
17　1200座多功能礼堂
18　音乐教室
19　报告厅
20　值班室

■ 教学楼公共空间

■ 食堂就餐空间

■ 初中部教学楼、体育馆剖面图

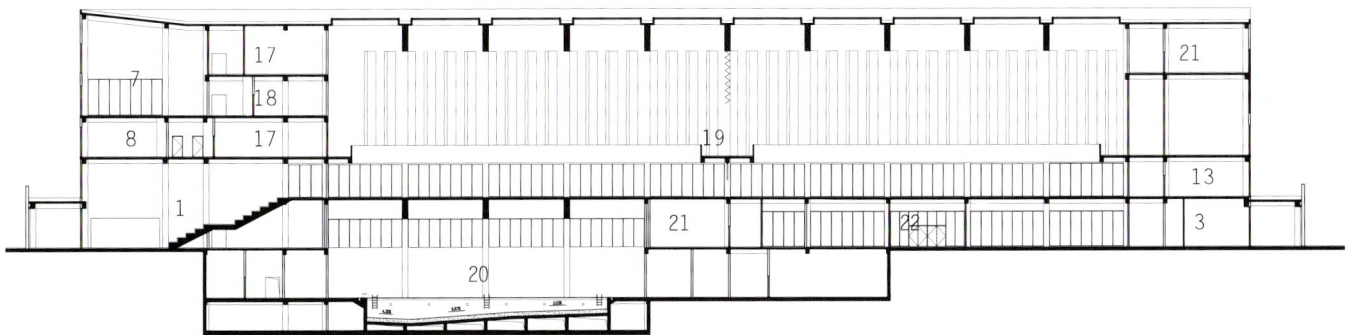
■ 初中部教学楼、体育馆剖面图

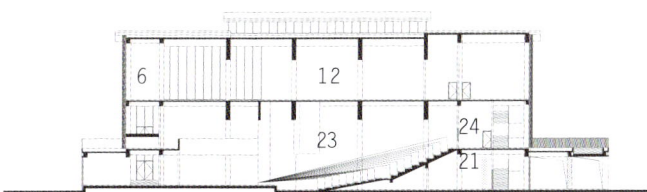
■ 礼堂剖面图

1 门厅	9 琴房	17 排练室
2 楼梯间	10 开放式教学活动区	18 音乐练习室
3 盥洗间	11 思维广场	19 体育综合馆
4 屋顶活动平台	12 图书阅览	20 游泳馆
5 备用房间	13 教师办公及教研室	21 设备用房
6 小组讨论室	14 饮水处	22 多功能健身房
7 舞蹈教室	15 学生活动室	23 828座多功能礼堂
8 音乐教室	16 会议室	24 控制室

专家点评

■北京师范大学盐城附属学校的设计充分考虑了初高中不同年龄段的分区，同时公共空间的整合利用又为初高中一体化教学提供了便利的条件。不同形态与尺度的院落空间以及地方文化特征的"提取"和"植入"，使得简洁现代的建筑透露出一丝校园建筑特有的"书卷气"。

傅绍辉

■ 鸟瞰图

商聚路小学
SHANGJU ROAD PRIMARY SCHOOL

设计单位：厚石建筑设计（上海）有限公司
设计人员：徐海航　陈　耕　寇会会　赵子清
项目地点：江苏省徐州市新城区商聚路以西
设计时间：2016年4月
竣工时间：2018年8月
用地面积：29400平方米
建筑面积：20296平方米
班级规模：36班
设计类别：新建

■ 总平面图

■ 学校位于新区行政中心的西南方向，周边规划为住宅用地和商业用地，交通条件便利，学校配备有完善的教学与实验用房、艺术体育馆、图书阅览室、报告厅、食堂和行政办公用房以及充足的室外运动场地。

■ "无规矩不成方圆"，对于一块有显著场地限制特征的地块，整体规划结构可概括为——两条结构轴，三个空间节点，四片功能组团。两轴分别为校园入口广场主轴以及连接各功能区的平台次轴；三个空间节点为入口广场节点、教学院落节点、生活广场节点；四片功能组团为教学功能组团、教学辅助及行政功能组团、生活运动功能组团、室外运动场地功能组团。

■ 自为的空间形体：该特点在室内空间也获得同样可能，将室内划分为目的性空间与非目的性空间，前者如教学楼、综合楼、后勤楼等功能性空间，后者如走道、楼梯、学生课间活动区以及楼与楼之间自由空间等非功能性空间。设计中，通过在其空间的组织过程中对走道、程梯、过厅等非目的性空间输出给予更多关注，如尺度加大，空间丰富，充实展示等功能，使整个学校洋溢思维与行为的发散性。

■ 富的建筑形式：由于建筑本身不高，通过多变的处理手段可以实现建筑的水平性与丰富性。

■ 雅的建筑色彩：学校除了空间与形体的对白，色彩的语言也发挥了重作用。通过不同材质的质感与色彩搭配的组合处理，建筑表现出活跃、丰富、明快清新的特点。

■ 网络化：基地的网络系统由交通和绿化系统组成。从"以人为本"的思想出发，强调人行活动空间，以步行和非机动车为主，最大限度减少人流与机动车流的冲突，构筑人车分流的交通体系。

■ 多元化：现代建筑更趋于多元化及个性化。本设计在造型上体现了"和而不同，多元共性"的设计特色。布局使功能相对集中、环境相对整含、空间相对变化，通过广场、院落、步道、连廊、平台等空间元素形成丰富的空间形态、宜人的艺术体会和交流空间。

■ 生态化：建筑总平面设计利于冬季日照并避开主导风向，夏季则利于自然通风。

理解生命 志趣多元

■ 操场

■ 一层平面

1 门斗	14 消防控制室
2 音乐教室	15 教师办公
3 史地教室	16 卫生室
4 音乐办公	17 心理咨询
5 音乐器材室	18 图书室
6 卫生间	19 科学实验室
7 餐厅	20 合班教室
8 售餐	21 准备室
9 洗消间	22 实验员工作间
10 管理	23 科学仪器室
11 更衣室	24 标本室
12 消防水池	25 小气象站
13 报告厅	26 储藏间

■ 学校大门

理解生命 志趣多元

■ 学校广场

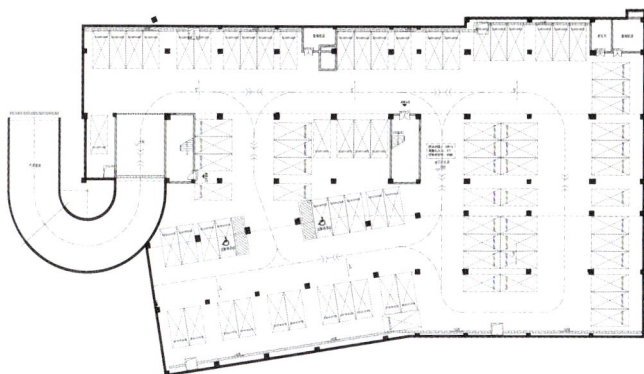

■ 地下一层平面图

1 消防水池
2 消防水泵房
3 排烟机房
4 配电间

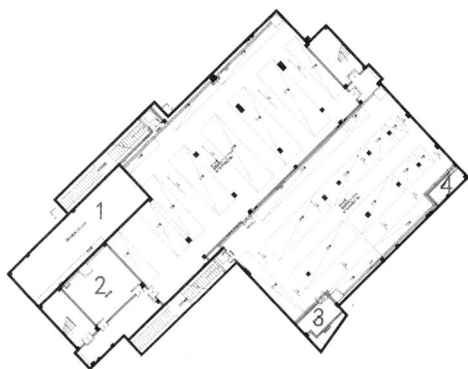

■ 教学楼内景

■ 露台

专家点评

■本项目总平面规划布局巧妙结合并充分利用了不规则的用地，在设计中加入了半开放式庭院和室内小中庭空间的景观环境绿色设计理念，用现代的建筑语言很好的诠释了空间变化的精彩韵味。位于学校大门处两轴线相交的空间节点，既突出了学校的主轴线，又串联起各个庭院空间，和室内小中庭空间遥相呼应。丰富变化、层层递进的院落结构，为不同年级的学生提供了各自具有归属感的活动场所，对学生的健康成长起到了良好的作用。不同的庭院空间通过连廊相互连接紧密，形成了一个和谐统一的校园空间。校园内动静分区明确，在不规则的空间设计中寻求使用功能空间的统一，使室内休闲空间充裕及富有趣味性。此外，各单体建筑布局严谨、功能合理，建筑立面形式简洁，内部空间变化丰富，做到了空间、形式和功能的高度统一和结合。

朱爱霞

家盒子 - 北京
FAMILY BOX – BEIJING

设计单位：Crossboundaries，北京
设计人员：Binke Lenhardt（蓝冰可） 董 灏
项目地点：北京市朝阳区望京北路51号院
设计时间：2008年8月~2009年2月（第一期）
　　　　　2011年5月~2011年7月（第二期）
竣工时间：2008年8月~2009年12月（第一期）
　　　　　2011年8月~2011年12月（第二期）
占地面积：2300平方米
建筑面积：5625平方米
班级规模：不适用
设计类别：新建

■ 家盒子的定位，介于游乐场与幼儿园、小学之间，是中国幼教领域新兴的一种"体验式学习"空间；

■ 设计师通过观察自己孩子的行为和情绪，研究出适宜儿童的尺度、材料触感和互动体验，通过这些手法，让该空间真正贴近了儿童自身的需求；

■ 家盒子坐落于一个公园内，建筑主体外部包裹了一层附有儿童线条涂鸦的玻璃幕墙，远远看去彰显着活力；

■ 其内部独立的"盒子"布局，打破了混凝土柱网的常规排版，赋予空间多变的节奏。为容纳游泳池、游戏区以及音乐、手工、厨艺课程班，每个"盒子"拥有独立的活动与主题，使得孩子们集中注意力于自己的活动。"盒子"上的小方窗，让房间内外保持联系，家长也可以时刻注意盒子内孩子们的活动；

■ 在为12岁以下儿童创造一片天地的同时，也为家长提供配套服务。

■ 总平面图

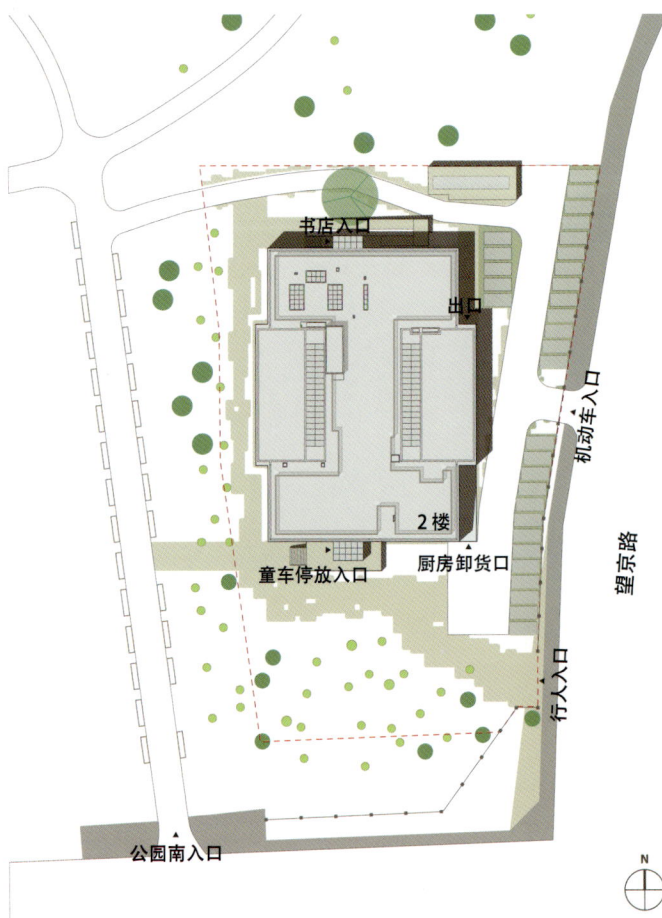

■ 玻璃幕墙

■ 阅读区域

■ 休息区域

■手工室入口

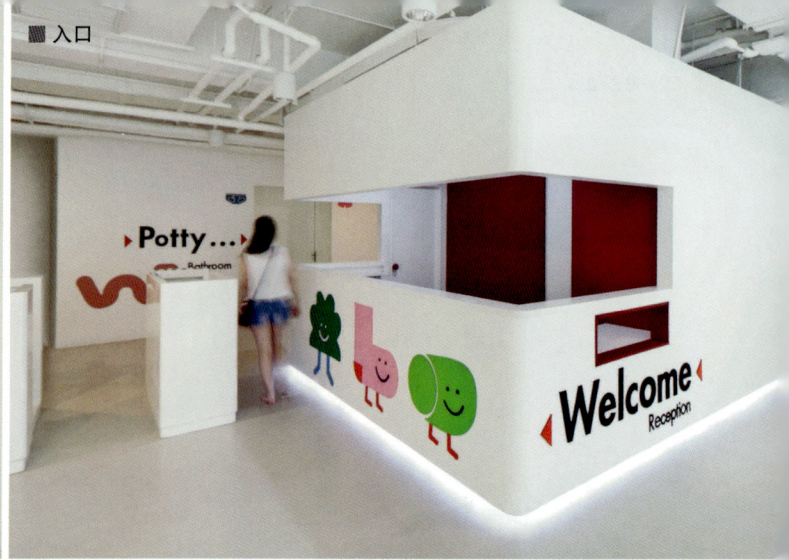

■入口

■哺乳室入口

■走廊

■游泳池

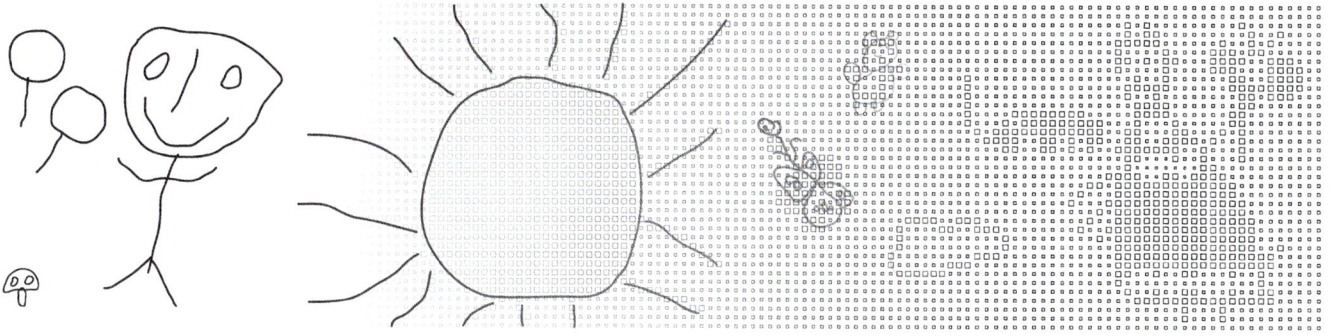

■ 概念分析图

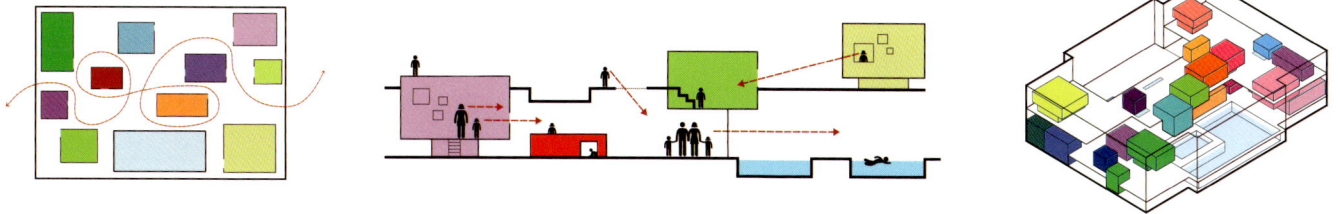

■ 平面图

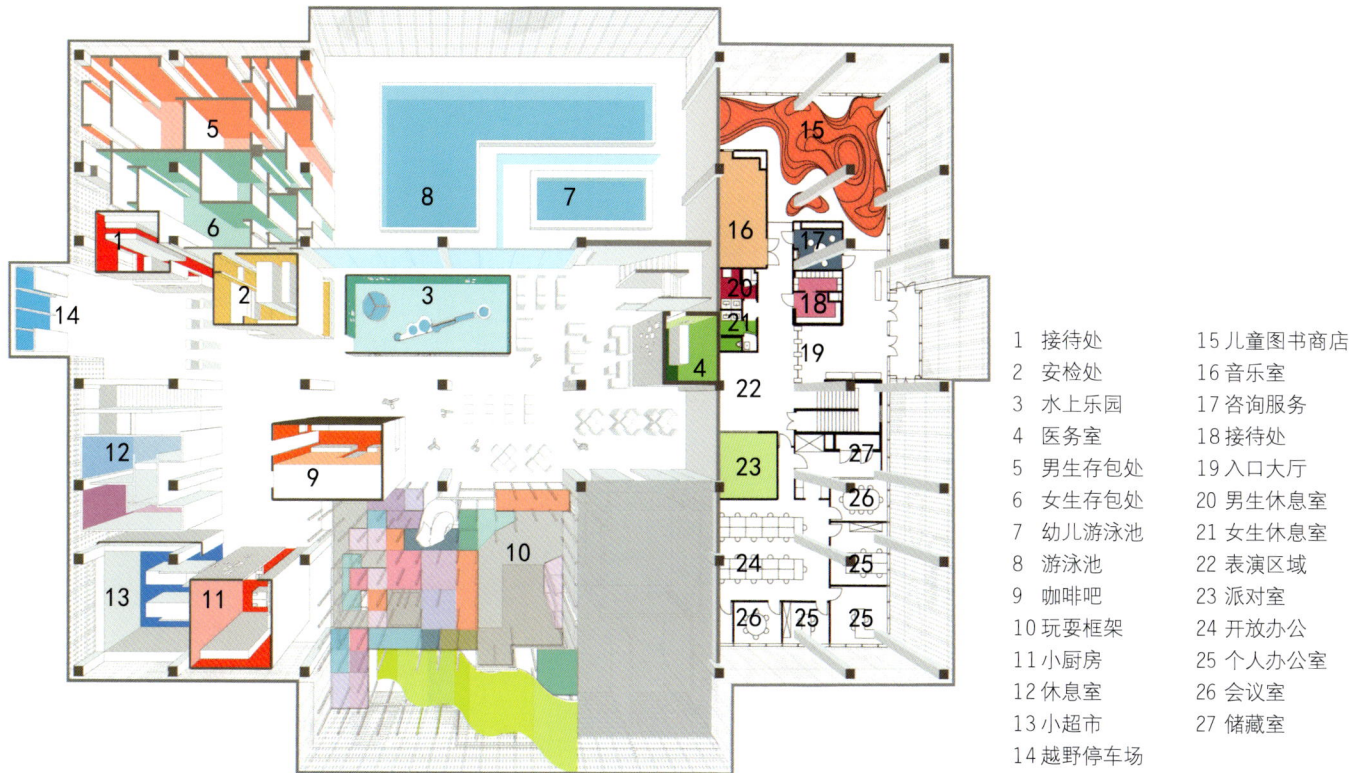

1 接待处	15 儿童图书商店
2 安检处	16 音乐室
3 水上乐园	17 咨询服务
4 医务室	18 接待处
5 男生存包处	19 入口大厅
6 女生存包处	20 男生休息室
7 幼儿游泳池	21 女生休息室
8 游泳池	22 表演区域
9 咖啡吧	23 派对室
10 玩耍框架	24 开放办公
11 小厨房	25 个人办公室
12 休息室	26 会议室
13 小超市	27 储藏室
14 越野停车场	

专家点评

■ 在一处老建筑内，高效容纳了众多儿童活动、学习功能，并能将之搭配出开敞与私密疏密得当、富有韵律感的空间起承转合。

■ 在这处成人与儿童共同活动的亲子机构中，设计者充分关照了儿童群体自身对空间的独特需求，无论是身体层面还是心理层面的。整个项目充满适宜儿童的尺度、活泼多变的趣味空间及触感温和的材质。

■ 外立面的设计活泼有趣，辨识度强；同时兼顾了采光功能，并在室内制造出充满变化的光影效果。

王小工

■校园鸟瞰（摄影：李季）

济宁市太白湖中心小学、中学

JINING CITY TAIBAI HU CENTER PRIMARY SCHOOL & MIDDLE SCHOOL

设计单位：中国建筑设计研究院有限公司
设计人员：邓 烨 黄文韬 罗 荃 徐元孟 曹 阳 马萌雪
　　　　　陈 超 张 昕 王京生 王宇恒 常林润
项目地点：济宁市太白湖新区北湖旅游度假区
设计时间：2016年
竣工时间：2018年9月
用地面积：中学：47800平方米，小学：42300平方米
建筑面积：中学：25800平方米，小学：22300平方米
班级规模：40班小学，40班初中
设计类别：新建

"礼乐相成，寓教于乐"

■ 作为山东孔子故乡，更应重视礼乐相成的教育理念；使学生不仅掌握知识、学会学习，而且热爱学习，更要通过空间的设计，释放孩子天性，让学生体验到学校生活的乐趣。

■ 整体校园均采用了院落式布局，形成了若干不同大小、形态不一的院落。小学位于用地的西南角，中学位于用地的西北角，各占一角，形成了疏密有致、视野开阔、整体更加均衡的布局形态。交错的整体布局，在学校的管理上更加灵活，可分可合。

深厚的教育历史渊源与当代的教育布局策略

■ 在总平面设计中充分考虑了场地的限制条件，均衡了功能、交通、文化等多重因素，在限制条件中实现最优的布局。

■ 将小学建筑置于场地西侧，有利于东南角的城市形象展示。

■ 中学建筑置于场地东侧，体育场置于西侧。整体布局使得场地的规划更加均衡，同时将学校之间的主入口距离扩大，减轻上下学人流对街道的压

力。由于西侧为主干道，方案适宜在东、南、北设置出入口。根据操场的设置情况，方案将小学主出入口设置在用地南侧，将中学主出入口设置在用地东侧。

"礼乐相成"和"梦幻长廊"的规划格局

■ 小学的规划设计以"礼乐相成"为核心思想，在规划中创造了一系列具有礼仪性空间的同时，也创造了一条充满童趣的梦幻长廊。

■ 中学的设计更加规整，强调各个方向的轴线感和序列感，让学生感受到更强的礼仪感和秩序感。建筑群布置也遵循规整的秩序感，由南北向的艺术楼、多功能厅、教学楼纵向的空间序列，及体育馆、综合实验楼、食堂的横向的空间序列，交叉形成。

■ 传统意义上的学校设计，不同的功能是绝对分开的，不上课时很多功能是不开放的。带来的是这些设施效率的下降。学生比较活泼好动，好奇心比较旺盛，让这些设施得到高效利用，让学生在课余有更加丰富的活动空间，增加与学生的互动，这是设计的核心，也是梦幻长廊存在的意义。

■ 小学入口广场（摄影：李季）

■ 教学楼围合景观（摄影：李季）

■ 小学教学楼与景观（摄影：李季）

■ 中学入口广场（摄影：李季）

■ 总平面图

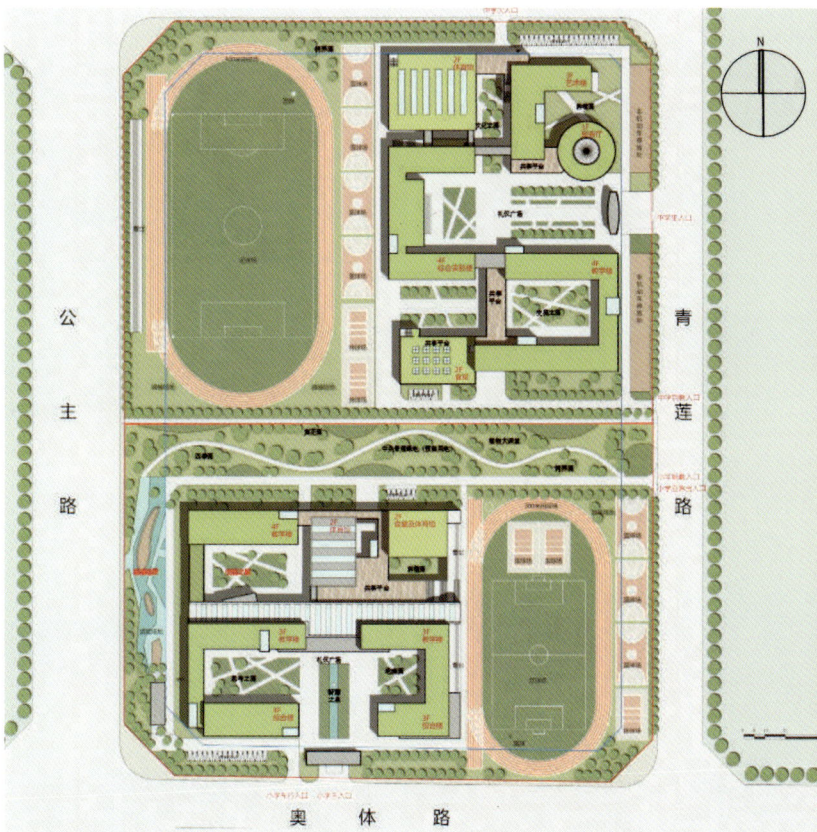

■ 教学楼走廊（摄影：陈鹤）

新型学校功能分区图

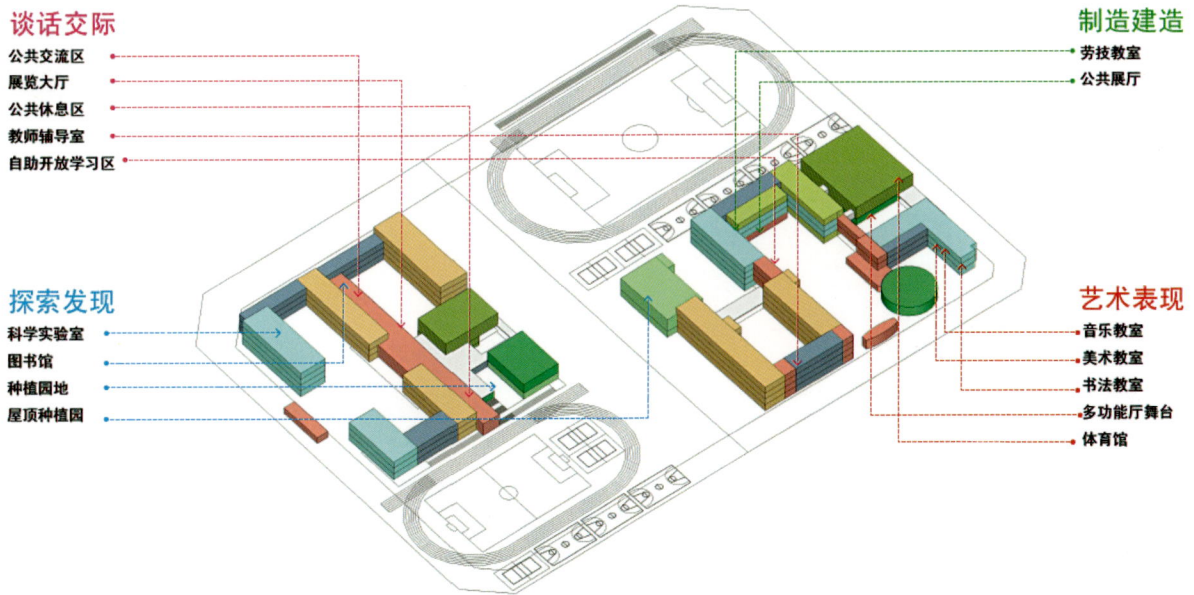

谈话交际
- 公共交流区
- 展览大厅
- 公共休息区
- 教师辅导室
- 自助开放学习区

制造建造
- 劳技教室
- 公共展厅

探索发现
- 科学实验室
- 图书馆
- 种植园地
- 屋顶种植园

艺术表现
- 音乐教室
- 美术教室
- 书法教室
- 多功能厅舞台
- 体育馆

小学一层组合平面图

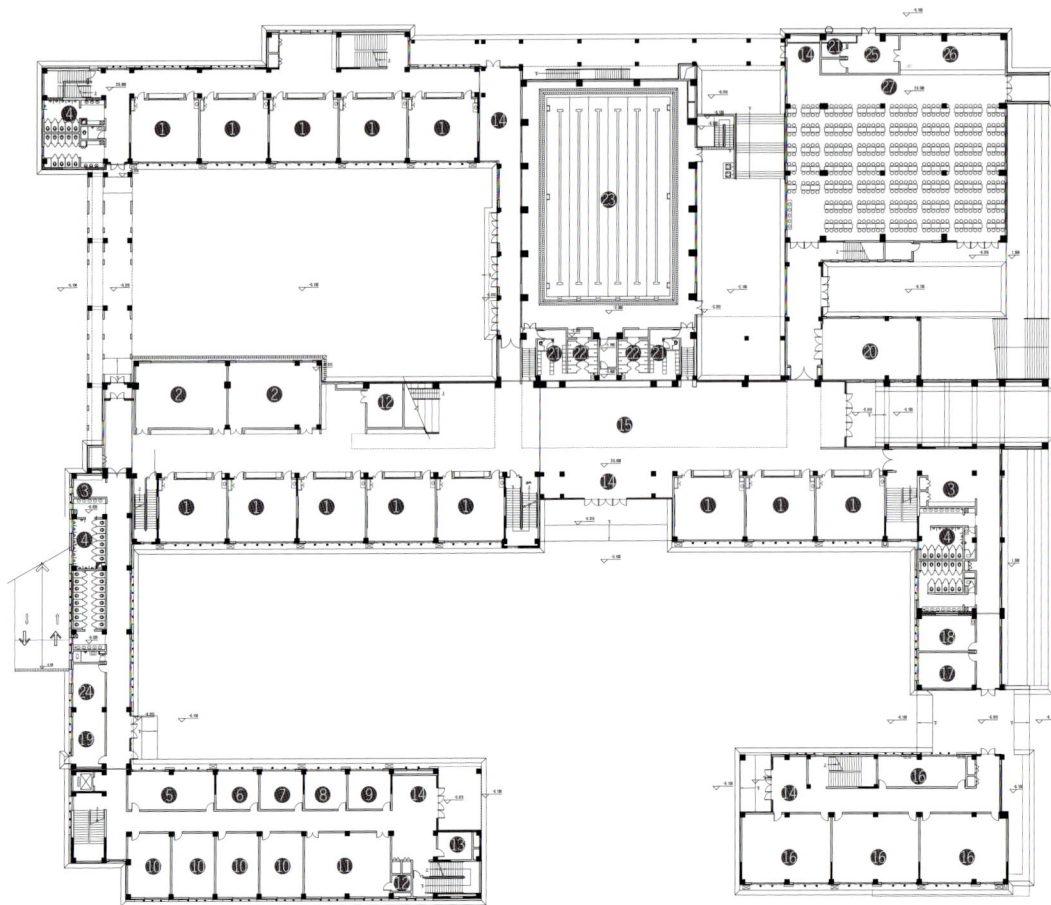

❶ 教室
❷ 多功能教室
❸ 饮水处
❹ 卫生间
❺ 总务室
❻ 文印室
❼ 档案室
❽ 教学监控室
❾ 数据中心
❿ 行政管理
⓫ 会议室
⓬ 储藏室
⓭ 接待室
⓮ 门厅
⓯ 展厅
⓰ 教师办公
⓱ 体育器材室
⓲ 卫生保健室
⓳ 消防控制
⓴ 图书阅览
㉑ 更衣间
㉒ 淋浴间
㉓ 25米游泳池
㉔ 安防控制
㉕ 备餐间
㉖ 分餐区
㉗ 600座食堂

小学剖立面图

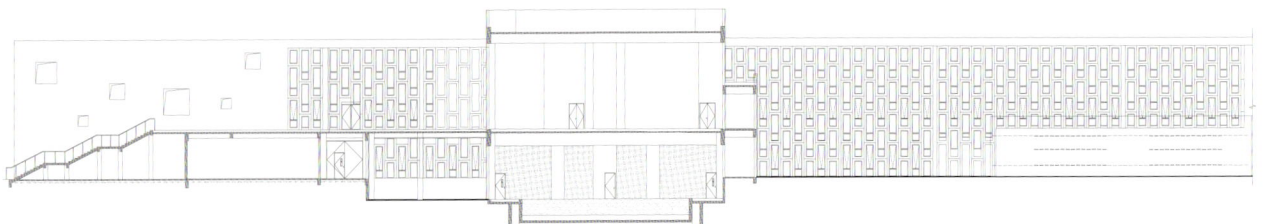

■ 小学校园鸟瞰（摄影：李季）

■ 从体育场望向小学校园（摄影：李季）

■ 中学一层组合平面图

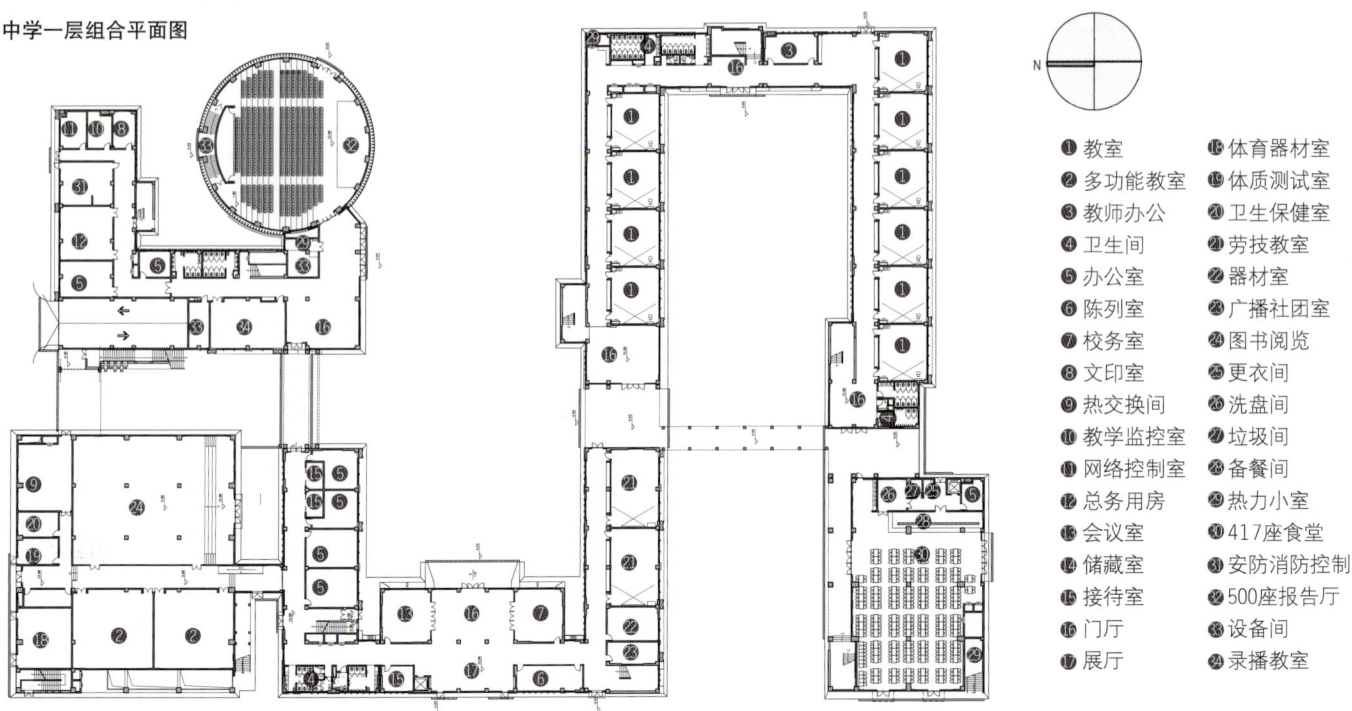

N

❶ 教室
❷ 多功能教室
❸ 教师办公
❹ 卫生间
❺ 办公室
❻ 陈列室
❼ 校务室
❽ 文印室
❾ 热交换间
❿ 教学监控室
⓫ 网络控制室
⓬ 总务用房
⓭ 会议室
⓮ 储藏室
⓯ 接待室
⓰ 门厅
⓱ 展厅
⓲ 体育器材室
⓳ 体质测试室
⓴ 卫生保健室
㉑ 劳技教室
㉒ 器材室
㉓ 广播社团室
㉔ 图书阅览
㉕ 更衣间
㉖ 洗盘间
㉗ 垃圾间
㉘ 备餐间
㉙ 热力小室
㉚ 417座食堂
㉛ 安防消防控制
㉜ 500座报告厅
㉝ 设备间
㉞ 录播教室

专家点评

■ "礼乐相承，寓教于乐"贯穿了小学和中学的不同语境。针对不同年龄学生在生理和心理上存在的差异，校园空间有所区别。小学遵循自然天性，让学生在自由和包容的环境中成长，中学生则加以约束，逐步构建对社会制度的认知。两所学校的设计体现出了这种差异性。

■ 中学强调外部空间的秩序感，东西向的主广场具有很强的礼仪性。连廊将院落空间串联成一个整体，学生可以风雨无阻地到达校园的各个角落。

■ 小学强调内部空间的丰富性，最吸引人的地方是东西向的通高长廊，深红、白色的强烈对比成为校园亮点。淡淡的彩色玻璃则强化了空间的梦幻感和非匀质性。长廊成为一个枢纽，连接了不同的功能，也可以开展多种多样的室内活动，连桥、大台阶则进一步强化了空间的戏剧性。

刘燕辉

■ 小学教学楼门厅（摄影：陈鹤）

■ 小学教学楼展厅（摄影：陈鹤）

■ 中学报告厅（摄影：陈鹤）

■ 中学教学楼展厅（摄影：陈鹤）

■ 长廊内的台阶阅读区（摄影：陈鹤）

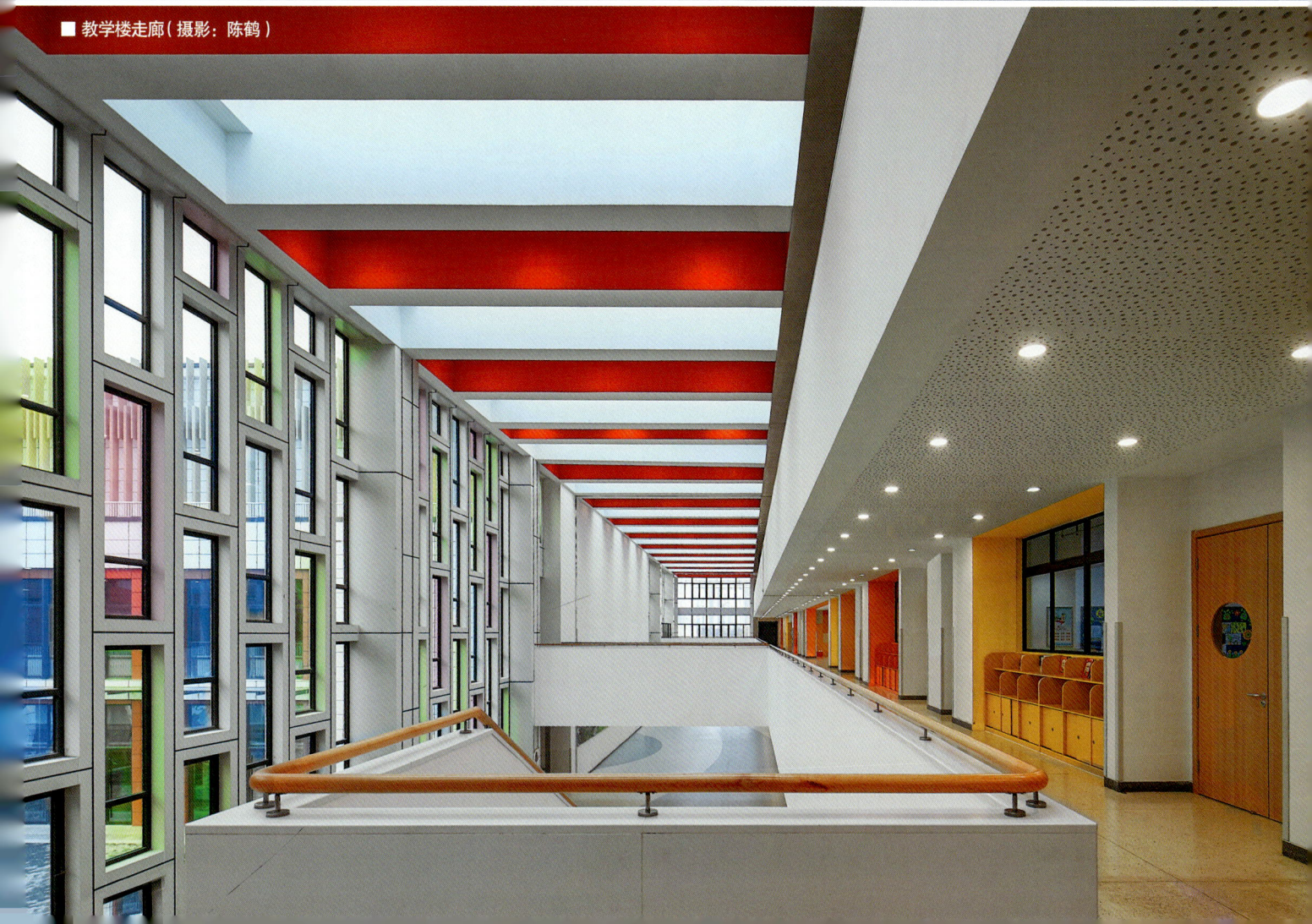
■ 教学楼走廊（摄影：陈鹤）

■ 校园实景

邯郸市第二中学

THE SE COND HIGH SCHOOL OF HANDAN
CITY

设计单位：清华大学建筑设计研究院有限公司
设计人员：吴耀东　梅子如　李　冰　郑　怿　唐晓涛　高　伟
　　　　　张　涛　汤　涵　薛健宁　陈　钢　李晓玉　王　俊
　　　　　罗新宇　张菁华　梁雪梅　高桂生　唐　海　徐　华
项目地点：河北省邯郸市
设计时间：2013年8月
竣工时间：2015年10月
用地面积：205799平方米
建筑面积：114367平方米（地上102922平方米／地下11445平方米）
班级规模：高中90班
设计类别：新建

■ 庭院内景

■ 邯郸市第二中学新校区位于中心城区北部，东西最宽约595米，南北最长约533米，用地地势平坦。东临城市干道中华大街，隔中华大街可远眺视野开阔的北湖城市公园。邯郸市第二中学已成为一座完整、独立、全新的寄宿制校园，满足高中一至三年级90班约4500名学生的教学和生活需求。

■ 校园自东向西分为三个区。用地东部为完整的教学区，担负学校教学运行的主要功能，区内布置教学用房、办公用房、图书馆及礼堂。临中华大街一侧设置学校的主校门。中华大街50米宽的城市绿化带有效阻隔了城市干道的噪声，同时成为校区主立面的美丽前景。用地中部和西北部为体育运动区，布置有标准田径场、各类小型运动场、看台和体育馆。用地西部和西南部为生活服务区，布置食堂和浴室等生活服务设施，以及学生宿舍、学生活动用房及少量教师宿舍等。

■ 教学区形成一组完整的建筑群，南北总长为260米。建筑群东西两侧的弧形外廊形成独具特色的城市风景线，与中华大街及东侧北湖公园的开阔尺度相匹配。中心广场南北两侧为两组教学庭院，院落由两组连廊串接在

一起，从而形成网状、便捷、互动、有机的教学空间与交往空间。整体建筑格调儒雅平实。礼堂、图书馆、大教室群精心设计，成为整个建筑群中的亮点。中心广场四周仰望星空的椭圆标志塔成为整个校园的独特风景。主标志塔高60米，以纪念2014年学校建校60周年。校园主入口庭院以拱廊环绕四周，让人从喧闹的城市过渡到宁静的校园空间。建筑群多进教学院落穿插展开，具有浓郁的书院氛围。

■ 教学楼主体建筑以浅米色为基调，辅以暗红色内坡屋面，"四水归堂"，将校园雨水收集利用，补充校园日常园林绿化用水。体育馆、食堂综合体和学生宿舍楼由南北向廊道串接在一起，在建筑的高度、尺度、造型及色彩方面与整体校园格调相呼应，同时兼顾西侧城市道路景观。体育馆前广场可满足对外开放的使用要求。食堂主入口设在东西和南北两条空间轴线的交汇处，方便学生使用。

■ "出发的目的是为了回归"，这句富有哲理的话意味深长。邯郸市第二中学新校区如一艘圆梦方舟，让无数学子的梦想从这里启航。

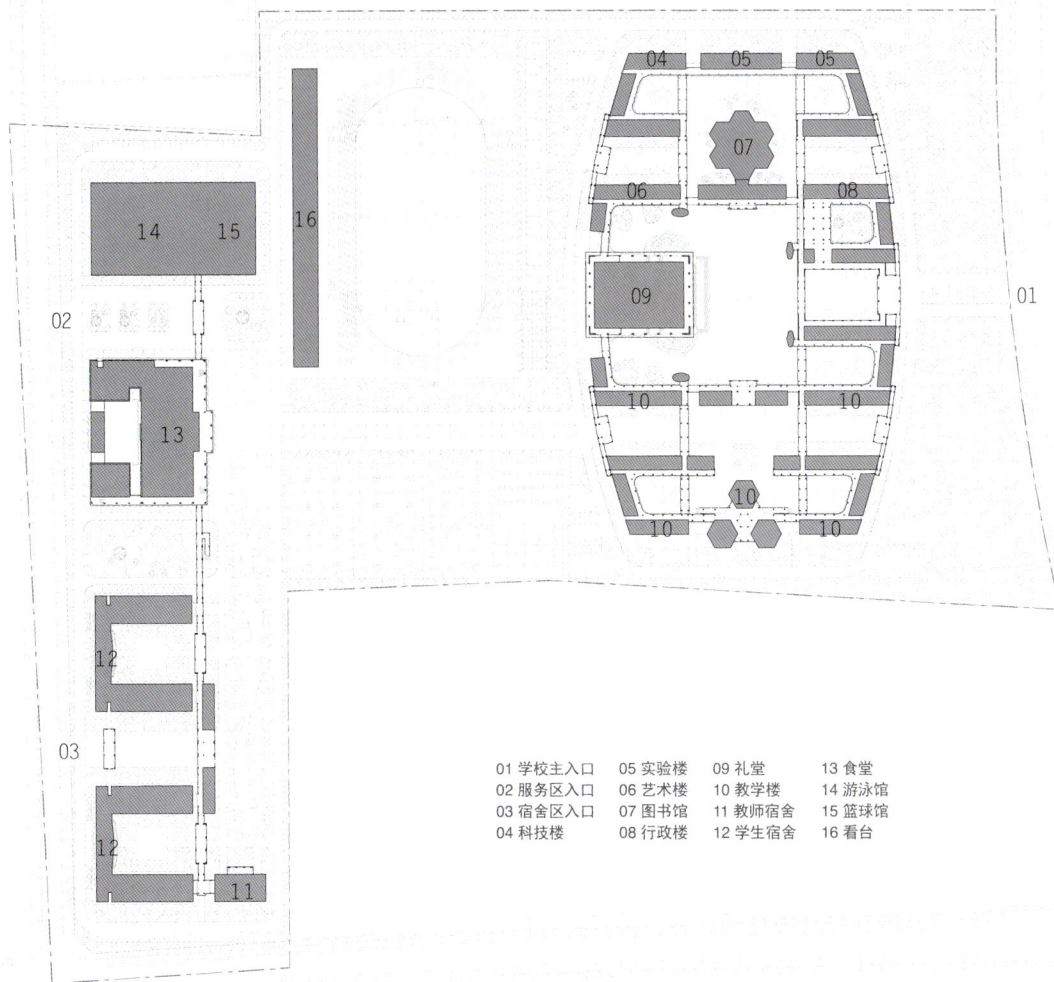

01 学校主入口　　05 实验楼　　09 礼堂　　　13 食堂
02 服务区入口　　06 艺术楼　　10 教学楼　　14 游泳馆
03 宿舍区入口　　07 图书馆　　11 教师宿舍　15 篮球馆
04 科技楼　　　　08 行政楼　　12 学生宿舍　16 看台

■ 校园总平面图

■ 校园鸟瞰图

■ 校园主入口

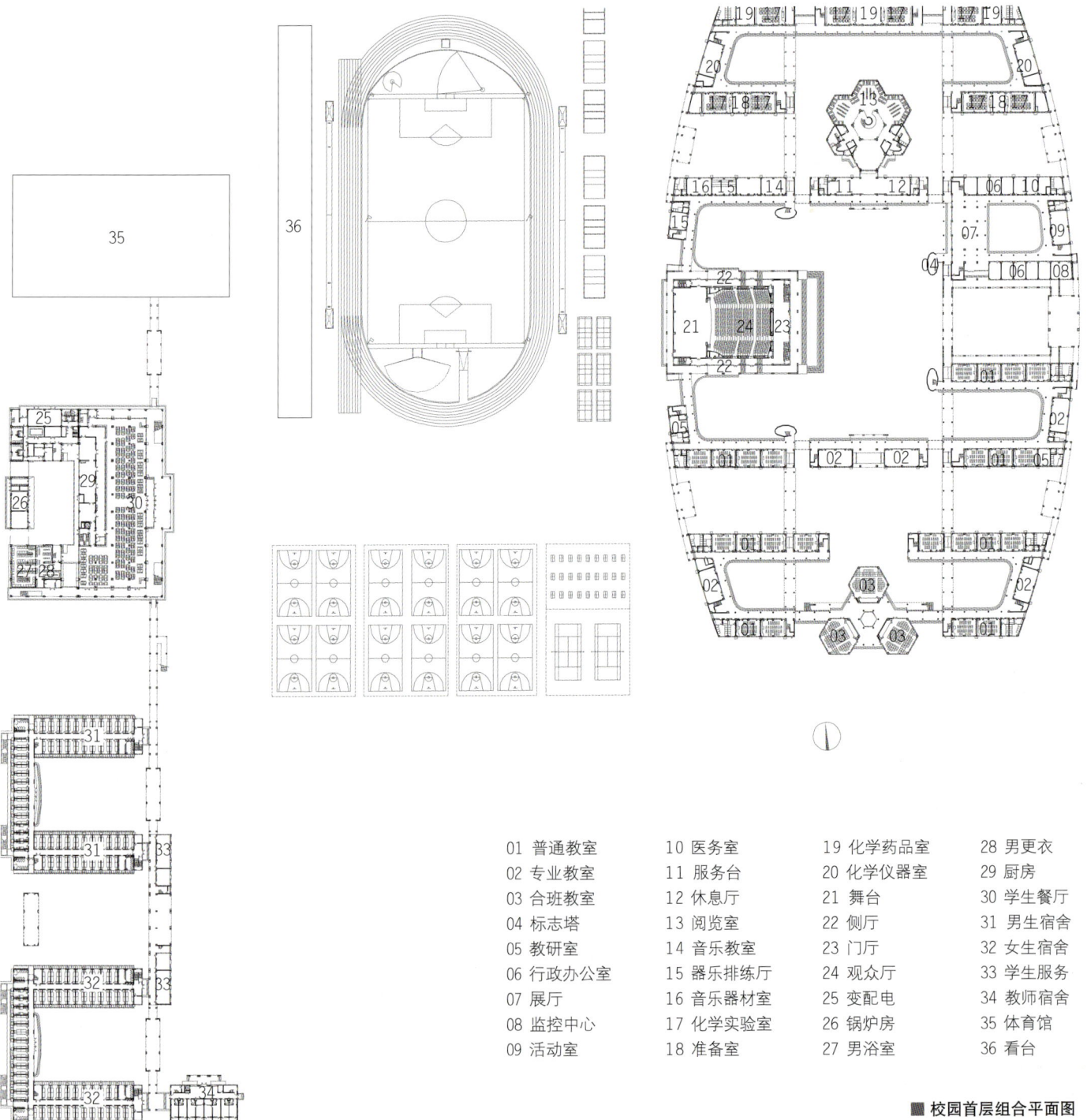

01 普通教室	10 医务室	19 化学药品室	28 男更衣
02 专业教室	11 服务台	20 化学仪器室	29 厨房
03 合班教室	12 休息厅	21 舞台	30 学生餐厅
04 标志塔	13 阅览室	22 侧厅	31 男生宿舍
05 教研室	14 音乐教室	23 门厅	32 女生宿舍
06 行政办公室	15 器乐排练厅	24 观众厅	33 学生服务
07 展厅	16 音乐器材室	25 变配电	34 教师宿舍
08 监控中心	17 化学实验室	26 锅炉房	35 体育馆
09 活动室	18 准备室	27 男浴室	36 看台

■ 校园首层组合平面图

■ 教学区主广场

■ 教学区入口庭院

■ 图书馆

专家点评

■ 邯郸市第二中学新校区的规划设计隐约能够感受到美国斯坦福大学的校园空间意象和建筑师深厚的母校情结。在不规则的建设用地上，教学区、运动区和生活区布局合理，半室外廊道将相关设施和空间串接为一个有机整体，方便学生全天候使用。学校主入口设在东侧，从城市喧闹中经过宽阔的绿化隔离带，便进入校园主入口的过渡庭园空间，能容纳全校师生聚会和升旗仪式的教学区主庭院退隐在建筑群中，将依序展开的书院式教学空间凝结为一个整体，具有浓郁的学府氛围。老校区的空间体验被传承下来，教学庭院是单廊环绕的三合院，明亮、舒适、宜人。六边形的合班教室和像花朵般开放的图书馆空间独特，宜教宜学。在投资紧张的低成本条件下，新校区的整体设计朴实、适用、典雅、美观，为学校的未来发展打下了良好的基础。

朱小地

校区鸟瞰

济南大学城实验学校（小学、初中、高中）

JINAN UNIVERSITY CITY EXPERIMENTAL SCHOOL（PRIMARY，JUNIOR HIGH SCHOOL，HIGH SCHOOL）

设计单位：清华大学建筑设计研究院有限公司
　　　　　北京清水爱派建筑设计股份有限公司
设计人员：祁　斌　程　刚　桂东海　杨雅斌　黄启东　穆灵君　高玉宝
　　　　　庞天一　宋艳玲　敖日格乐　郑　淼　曾卓丽
项目地点：山东省济南市
设计时间：2017年7月～2017年10月
竣工时间：2018年7月
用地面积：99733平方米
建筑面积：139978平方米，地上128005平方米，地下11973平方米
班级规模：小学36班，初中36班，高中60班
设计类别：新建

■ 总平面图

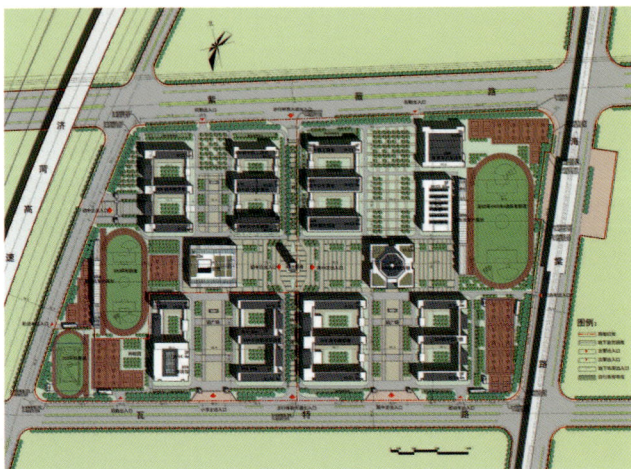

■ 齐鲁大地，孔孟之乡。山东是中国儒家思想的发源地，而孔庙则是中国书院建筑的典范，影响着数千年来中国文化类建筑的格局。书院这一古典建筑形式在今天则被赋予儒家文化的精神象征。山东省济南长清区大学城综合学校的规划设计中注重提炼中国传统书院的神韵，传承中国书院建筑的典范。
■ 校园规划采用院落式布局方式。校园的空间精髓之一体现在庭、廊、园等空与半空的趣味空间塑造上，学生活动、嬉戏、交流等不同尺度的场所也同样需要类似空间的开放性和趣味性。规划方案设计将这几类空间进行合理转译，从而形成多层次的校园空间体系。各年级教学单元形成自己独立的"书院"，每个书院分别赋予劝学、悦习等具有特殊含义的命名，分布在主轴线两侧，形成浓厚的学府气息。
■ 进入校园大门即是校园文化广场，视野开阔，气势恢宏。广场景观设计了贯穿中轴线的中心步道，中段设置围合型广场铺装，取意书院的"杏坛"，有学子满天下之寓意。中心步道尽端设置综合楼，对应孔庙的中心建筑——"辟雍"，与"杏坛"成为对景，取其"辟雍岩岩，规矩圆方"之意。把综合楼作为中心建筑，统领整个校园建筑群，强调学校以学生的素质教育为中心，为国家培养创新型人才的教育理念。
■ 庭院：围合院落式布局成为校园规划的亮点。庭院交往空间延续书院、四合院设计理念、利用花池、大树、讲坛等设计元素，营造出校园生动活泼的学术氛围。
■ 轴线：轴线与对称的反复使用、几何形的布局既塑造出具有庄严神圣感的教育空间，又能够将单元式的庭院空间有机组织起来，使空间关系更加丰富。

■ 校区鸟瞰图

■ 校园横剖面图

■ 高中教学楼一层平面图

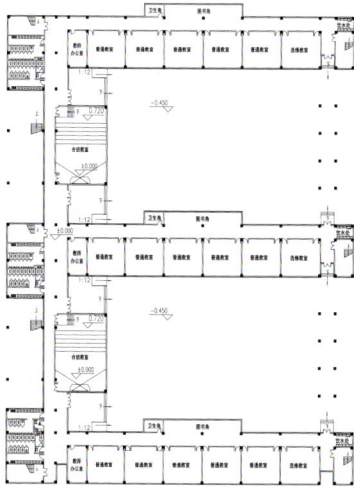

■ 高中教学楼二层平面图

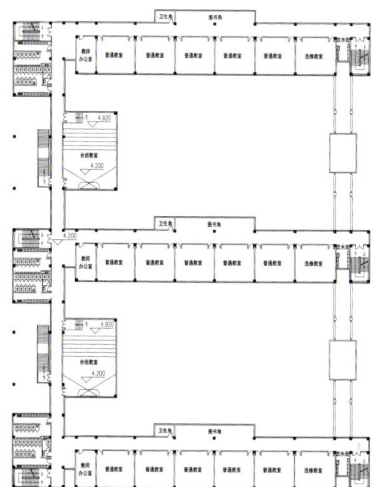

■ 高中教学楼立面图1

■ 高中教学楼立面图2

■ 高中教学楼剖面图1

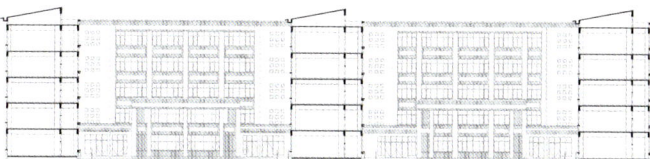

■ 高中教学楼剖面图2

■ 高中校区入口

■ 小学校区入口

■ 教学楼

■ 体育馆，行政楼

■ 校园纵剖面图

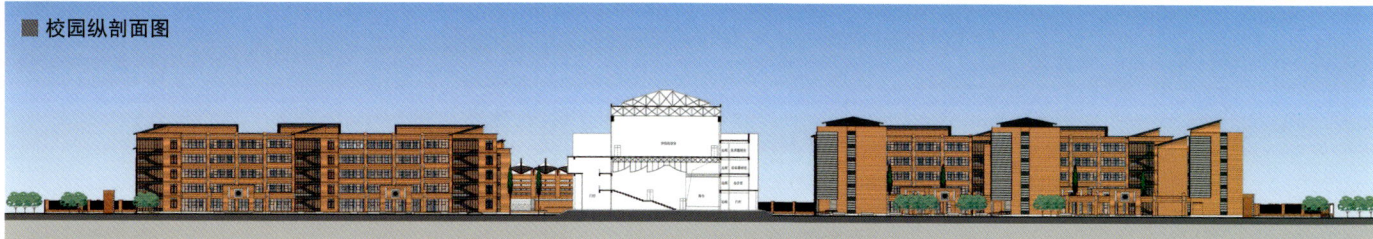

■ 看台平面图

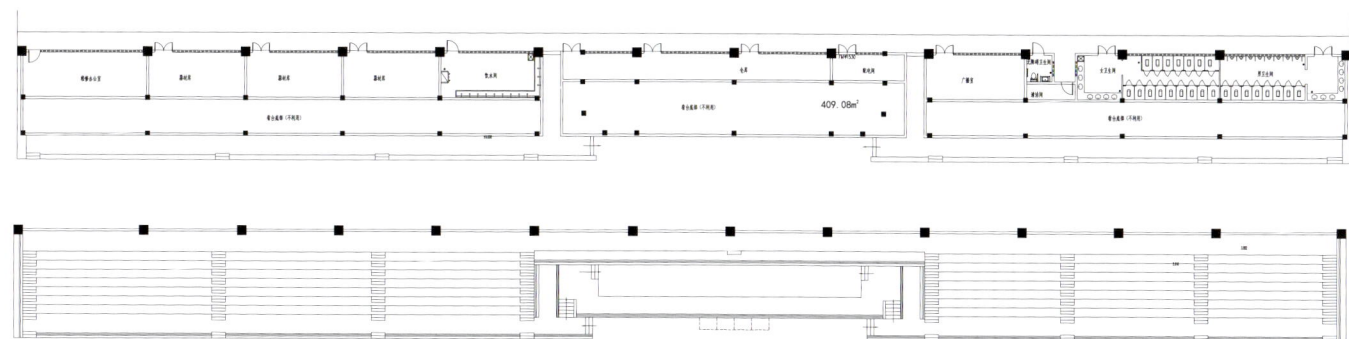

■ 看台立面图

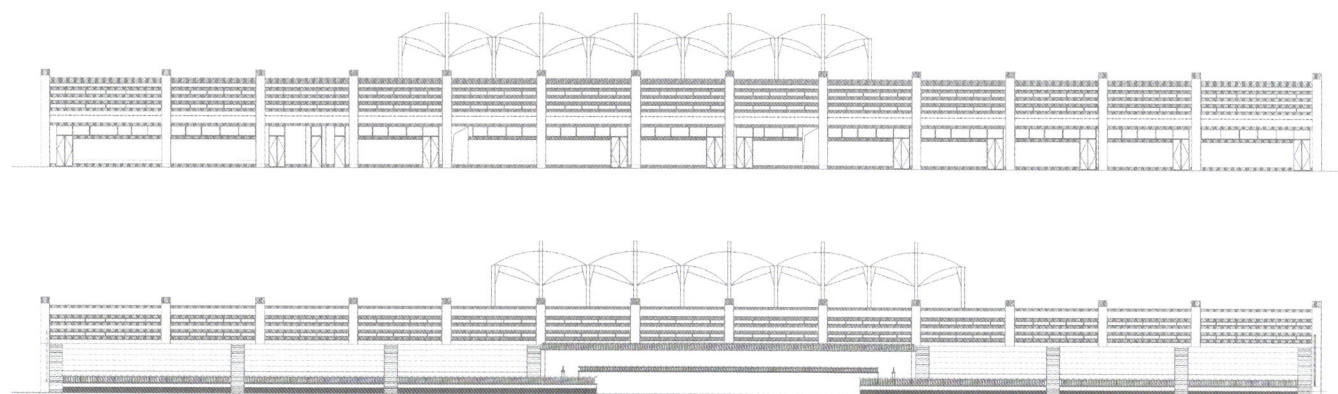

专家点评

■对于驾驭一个拥有132班的综合学校，通过完美的轴线将传统的院落空间和各个校区合理分区是一个很艰巨的挑战，本项目在总图布局中加入了书院式空间的整体设计理念，用现代的建筑语言很好地诠释了传统空间的精彩韵味。从学校大门起始，贯穿整个校园的中心景观带，既突出了学校的中轴线，又串联起了各个书院空间。丰富变化的层层递进院落结构，为不同年级的学生提供的各个具有归属感和亲和力的活动场所，对学生的健康成长起到良好的作用，此外，总图各个单体建筑的布局严谨，功能合理，拥有各自完整的院落空间，两个校区之间的钟塔形成的轴线使整个校区形成了一个和谐统一的校园空间。学校内部动静分区明确，室内外空间面积充裕且富有趣味，很好地体现了新时代素质教育理念的优势。

谢江

威海职业中等专业学校
WEIHAI VOCATIONAL SECONDARY SPECIALIZED SCHOOL

■ **总平面图**

设计单位： 清华大学建筑设计研究院有限公司　威海市建筑设计院有限公司
　　　　　威海凯得建筑设计有限公司　山东东鲁建筑设计研究院有限公司
　　　　　威海市规划设计研究院有限公司
设计人员： 邹晓霞　祁　斌　王明帆　袁　涛　丛　忻　蔡立登
　　　　　刘玉红　李　明　王立臣　杨洪清　侯玉辉　王先锋
　　　　　徐家云　李虹宇　尹俊辉
项目地点： 山东省威海市
设计时间： 2014年12月
竣工时间： 2017年8月
用地面积： 400000平方米
建筑面积： 236700平方米
班级规模： 267班
设计类别： 新建

设计理念

■ 不同于义务教育，也不同于大学教育，职业技术学校应该是怎样的存在？这种特定的教育方向，成为设计的根本出发点。学校的设计建设，不仅仅是建筑空间层面的营造，而是立足于空间给人怎样的影响。山水空间的架构，为在此学习生活的师生创造印象深刻的场所记忆；内聚与开放并存的组团，是为社会性教育的支撑；通用性设计和生态策略，目的为了建筑物持久的、高效的使用；景观设计的一草一木，既是教养也是怡情，所有的一切都将关乎成长。

■ 借鉴国内外经典院校的经验，可以发现自然要素的山体、水体以及景观视廊，是形成场所记忆的几个重点要素，而基地先天的山丘、排洪渠以及海岸线，就是我们营造特色校园的基础。规划"保留一山"，形成校园绿岛；"调理一水"，打造"T"字形滨水活动主空间；"疏通五轴"，面向大海春暖花开，根据开放层级依次展开十片区，建构空间特色鲜明的山水校园体系。

■ 教学楼（摄影：苏圣亮）

■ 学校庭院（摄影：苏圣亮）

■ 街角视点（摄影：苏圣亮）

■ 学校拓扑结构图

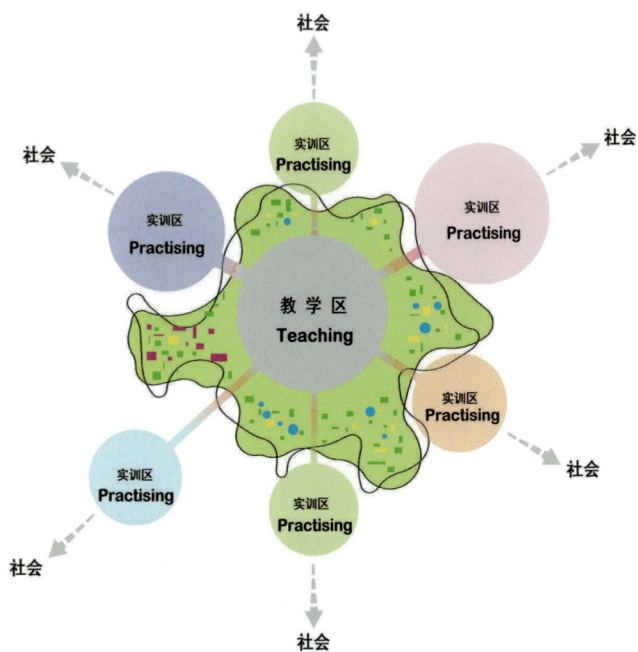

社会

社会

社会

社会

实训区
Practising

实训区
Practising

实训区
Practising

实训区
Practising

实训区
Practising

实训区
Practising

教学区
Teaching

■ 教学楼（摄影：苏圣亮）

■ 校园实训区和公共教学区均采用组团式布局。该布局方式，借鉴了大学校园按院系布局的特点。组团内部在兼顾通用性的同时，为各个学院量身打造特色空间——共享门厅、院落、休息室、交流空间，形成微气候、小环境。内聚式发展，促进院系内部交流，强化学科特色；集约高效、方便管理，有效减少课间移动距离，节约能耗方面也有优势。同时，也为各学科未来发展预留充足空间。舒适的环境不仅有利于提高教学质量，也是对技术、工艺和人的尊重。

■ 校园南向北鸟瞰（摄影：苏圣亮）

■ 综合主楼（摄影：苏圣亮）

■ 体育馆（摄影：苏圣亮）

■ 校园水系（摄影：苏圣亮）

■ 学生活动中心内景（摄影：苏圣亮）

■ 贯穿校园东西的泄洪道改造为滨水景观带，两侧象征原生地貌灵魂的黑松林在当地政府的大力支持下得以保留。景观带核心部位设置学生活动中心，打造为整个校园的热点区域。

■ 学生活动中心底层架空，内部水院与外围水道相映成趣。二层体量悬浮在水面上，内侧用极简的横向连续开窗暗示庭院的存在，并取得强烈的光影。外侧建构开敞式外廊灰空间，将视线引向外部，与校园整体和山海呼应。表皮采用简洁朴素的砌筑手法放大与再现了的传统建筑木格扇，白色涂装又将传统木构的细节平面化、抽象化，赋予当下语境。

■ 学生活动中心平面图

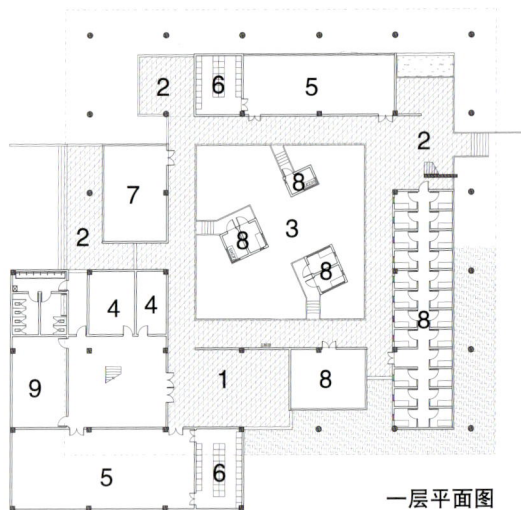

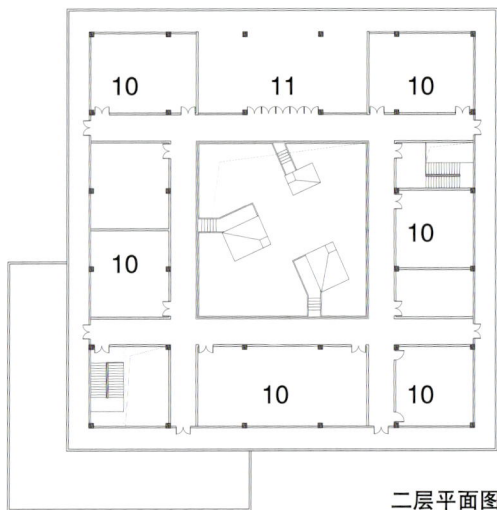

一层平面图

二层平面图

1 门厅　2 平台　3 水院　4 办公室　5 舞蹈室　6 更衣室　7 声乐室　8 琴房　9 古筝室　10 社团活动室　11 外廊

专家点评

■ 威海职业中等专业学校将地形内原有山体与排水渠保留，将地形的劣势化为优势，在用地紧张的情况下将原有地形地貌与校园规划有机结合，构建了空间层次分明的山水校园体系。

■ 将公共教学组团、实训组团则沿外围展开布局。独立于校园之外进行管理。在形态设计上也充分体现了校园的开放性势态，期待物理空间设计之外溢出的社会价值。

■ 校园实训区和公共教学区均采用组团式布局。内聚式发展，促进院系内部交流，强化学科特色；集约高效、方便管理，节约能耗。

■ 设计根据场地特征，规划了展厅、创客空间、学生活动中心、底层架空休闲空间、滨水步道、健身步道等丰富多彩的活动场所，不仅保证了教学工作的有序高效，更对青少年的身心健康和全面发展作出了贡献。

朱爱霞

■ 机电实训中心

■ 机电实训中心（摄影：苏圣亮）

■ 机电实训中心内景

■ **机电实训中心平面图**

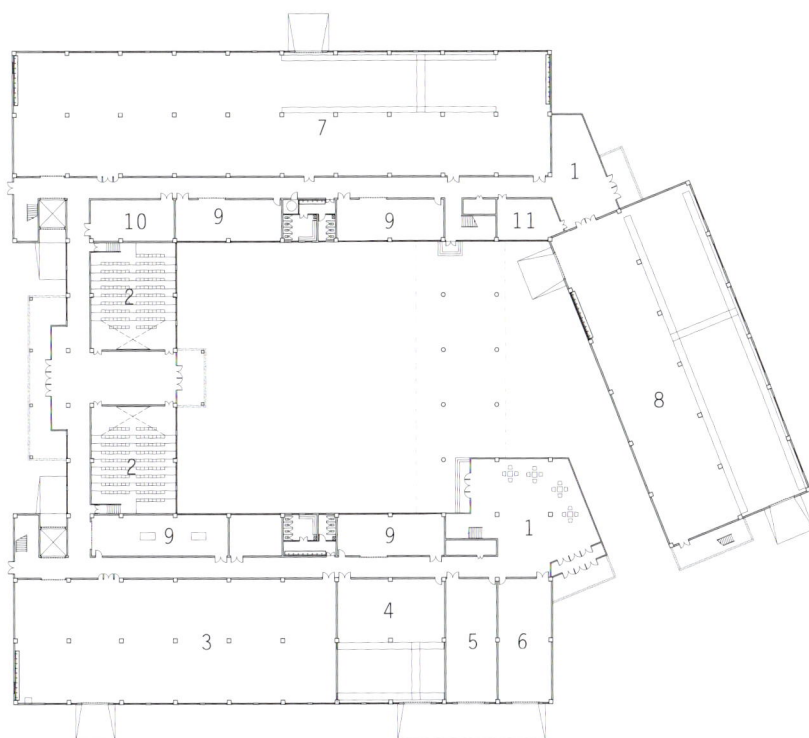

■ 设计虽强调通用性而设置大空间，但非厂房空间。混凝土建造，提高保温隔热性，设置采暖通风设备。各个大空间之间的联系部位，设置开敞空间、门厅、交流空间、辅助空间等。为学生实训提供舒适的空间，确保教学工作高效展开。

1 门厅
2 阶梯教室
3 普铣实训区
4 模具加工实训区
5 数位设备实训区
6 电梯实训区
7 数控车床实训区
8 钣金焊接实训区
9 多媒体教室
10 库房
11 接待室

■ 校园局部鸟瞰图

一土学校
ETU SCHOOL

设计单位：Crossboundaries，北京

设计人员：Binke Lenhardt（蓝冰可）　董　灏
　　　　　崔雨柔　Ewan Xiao　王旭东

项目地点：北京市朝阳区芳园里社区26号楼北侧

设计时间：2017年6月~2017年8月

竣工时间：2017年6月~2017年12月

用地面积：2600平方米

建筑面积：2100平方米（室内）
　　　　　1600平方米（景观）

班级规模：10班

设计类别：改建

■ 鸟瞰分析图

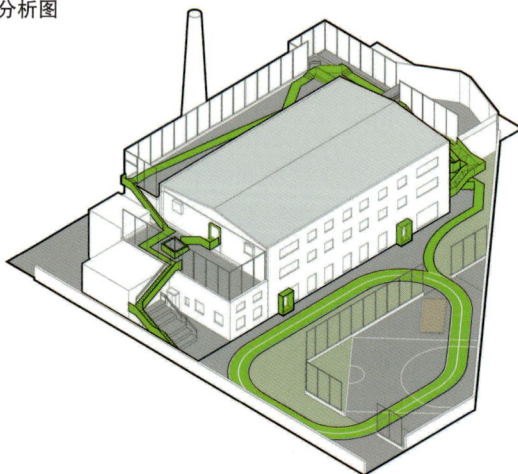

■ 在短短五个月内，我们将一座废弃的锅炉房，改造成了一所开展创新教育的小型学校，我们将重点放在室内功能上。首先对结构做了必要的加固，移除原来"中间走廊、两边房间"的老式办公格局，将班级教室安排在自然采光充足的一面，将舞蹈、美术、实验室等特殊教室安排在采光欠佳的那边。

■ 如此调整后，在各层腾出来的宽阔走廊空间，我们为各层的不同场地量身定制了几组形态各异、体验丰富的多功能集成模块，像一座座从教室延伸出来的小小"半岛"，为孩子和老师在教室以外，提供了更多非正式学习、社交和活动的空间。在模块与教室之间还设置了许多高低错落的小窗口。无论课上课余，都可让不同空间中的行为产生视觉关联、引

发互动，同时也能避免视觉盲区，便于老师同时关照到在不同场所活动的孩子。

■ 在一土学校，我们依然运用了一贯擅长的色彩系统，让空间氛围愉悦而有序。班级教室的主题色选用的是"一土"标志性的绿色；活泼的明黄色则作为模块空间的主题色，辅以中性的灰蓝色，富于层次，动静皆宜。

■ 而针对室外空间，即便十分局促，我们也尽量将其利用到极致。一圈大约1000米长的"一土绿"的环形运动地带，将地面层的活动空间和四个原有的屋面活动平台串联起来，不仅可用于奔跑、游戏、休闲、小型演出、屋顶种植等各类户外活动，也在逼仄的周边环境中，清晰而清新地界定着这座独一无二的校园。

■ 校园外视角

■ 操场视角

■ 兼具自习和储物功能的模块

■ 多功能模块可兼做阶梯教室

■ 走廊里植入的各种"半岛"

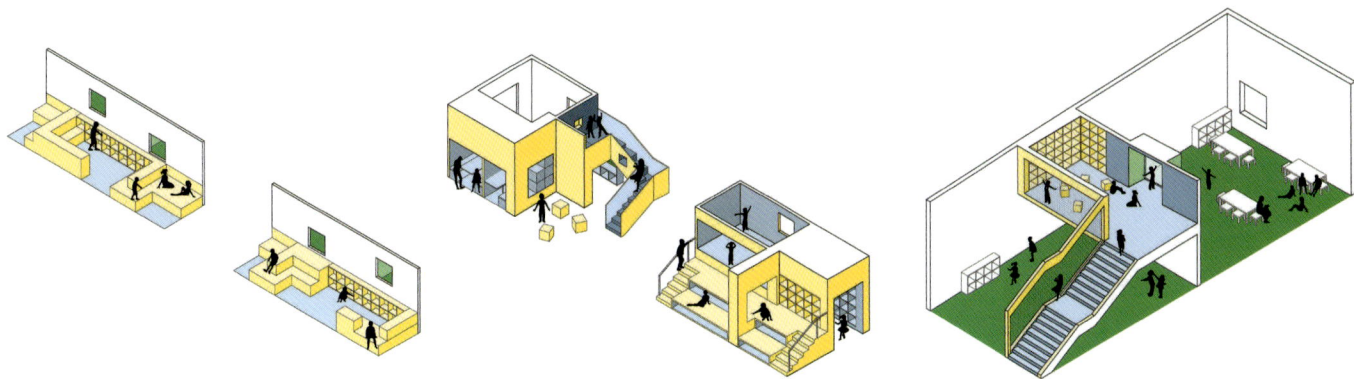

■ 半岛模块

■ 使室内外产生视觉联系

■ "半岛"从教室延伸出去

■ 为孩子创造多样化的活动角落

专家点评

■由于建筑外部不允许进行大幅改造，设计者为强化内部空间的品质与体验，创造性地在室内的公共走廊，置入若干多功能集成模块，为教室内外的空间建立起视觉联系，巧妙利用儿童天生的好奇心，引导他们将走廊作为学习的延伸。

■这些模块重新梳理了公共空间的布局，不仅提供了氛围愉悦的师生交流、活动空间，也留出很多私密、安静的功能角落——这些形式各异的小空间被用作集会区、自习室、图书馆、储物区等，为场地十分有限的校园高效地补充了丰富的功能。

王小工

北京中学东坝校区
DONGBA CAMPUS OF BEIJING MIDDLE SCHOOL

■ **总平面图**

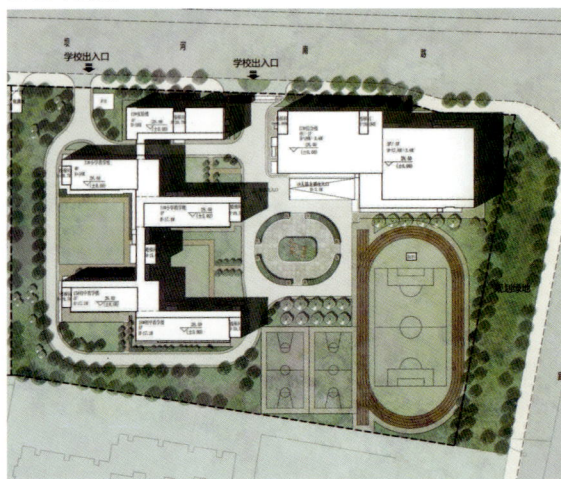

设计单位：北京维拓时代建筑设计股份有限公司
　　　　　上海水石建筑规划设计有限公司
设计人员：靳天倚　王　红　谢龙宝　王　高　李春敏
项目地址：北京市朝阳区
设计时间：2015年
竣工时间：2017年
建筑面积：19012平方米
用地面积：20886平方米
总建筑面积：19012平方米
班级规模：36班
设计类别：新建

■ 学校位于北京市朝阳区东坝乡，周边为大量居住区，交通便利，人口较多但教育资源紧缺。学校是经北京市政府批准，由朝阳区政府创办的一所公办完全中学。学校遵循"国际化、现代化、高品质"的办学定位，致力于办成一所具有北京风格、中国气质与世界胸怀的现代学校，在此定位下对建筑设计提出了很高的要求。

■ 设计力图在有限的用地空间内，在满足教育建筑的基本要求下，更多融入绿色、交流和现代的气息。规划布局充分利用建筑间距及形体，围合出不同的庭院，提供出更多学生交流活动空间。结合北京中学的办学特点，除了标准教室之外，大量预留很多实验性教学空间，便于分层分类走班制、导师制和学分制分解使用。教学楼之间的走廊上布局了大量的实用型放大空间，便于学生日常交流和学校的日常展示。校区北侧临城市道路及校区入口的设置了一栋综合楼，其解决了教学日常使用的地下停车问题，并使得机动车辆的通行距离最小，从而保证了整个校区的人车分流，最大化地保留了学生活动空间及绿化空间。地上部分近8000平方米配置了学生餐厅、实验教室、图书阅览及风雨操场。在这里形成阅历系列、服务系列、健身系列与雅趣系列的校本课程体系，探索个性化学习、联系性学习与体验性学习等学习方式的变革。

■ 学校的外立面力求满足办学特点，体现北京风格及国际化要求。在现代建筑语言的简洁形体基础上，采用砖红色的面砖和深灰色涂料及金属装饰，将中国建筑色彩与现代建筑手法结合，简约但不简单。北京中学现在还处于小规模的实验办学阶段，在探索新型育人模式的同时，致力于培育学校文化的种子，形成民主自由而又理性法治的校园文化。期待从这所学校走出的每一位学生都成为国家新一代的栋梁。

■ 教学楼

■ 首层组合平面图

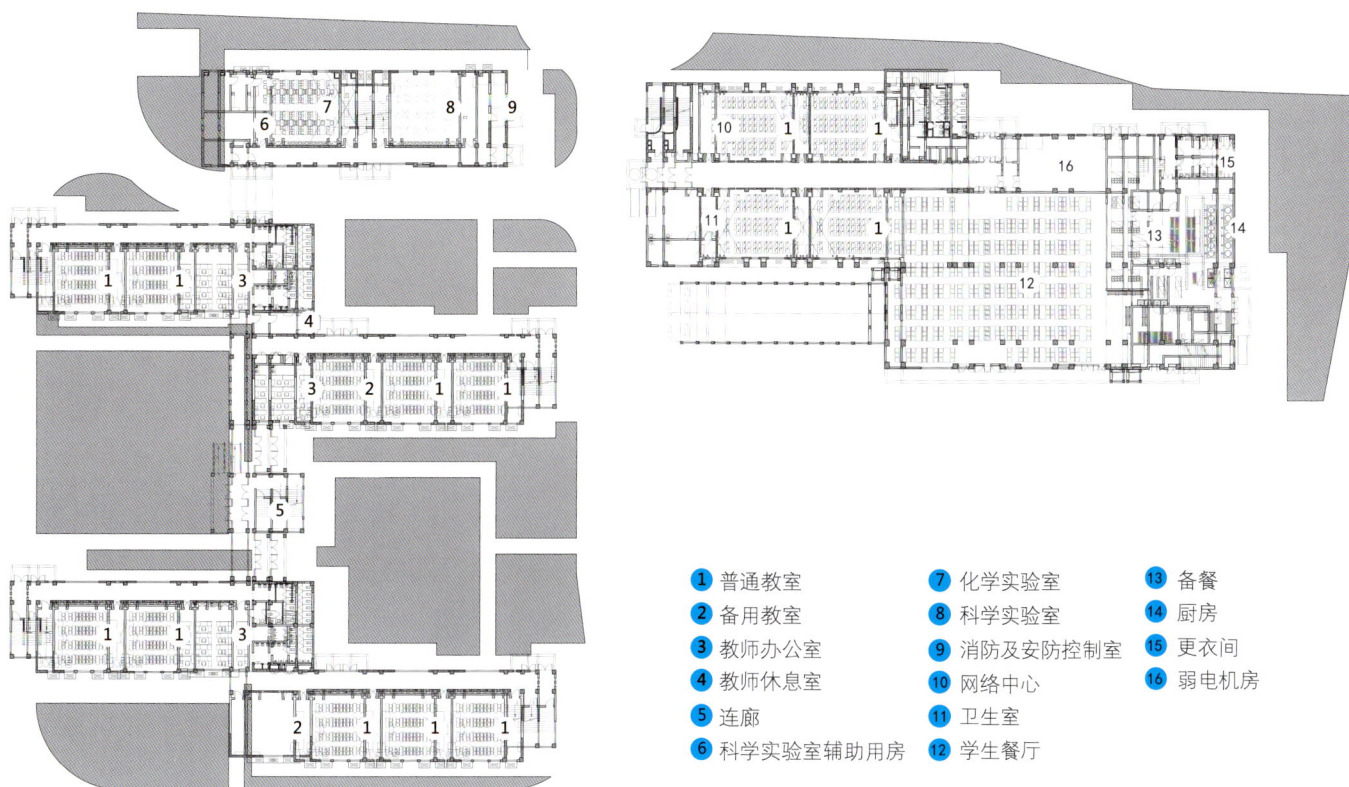

1 普通教室　　　　　　7 化学实验室　　　　　13 备餐
2 备用教室　　　　　　8 科学实验室　　　　　14 厨房
3 教师办公室　　　　　9 消防及安防控制室　　15 更衣间
4 教师休息室　　　　　10 网络中心　　　　　　16 弱电机房
5 连廊　　　　　　　　11 卫生室
6 科学实验室辅助用房　12 学生餐厅

■ 室内实景图

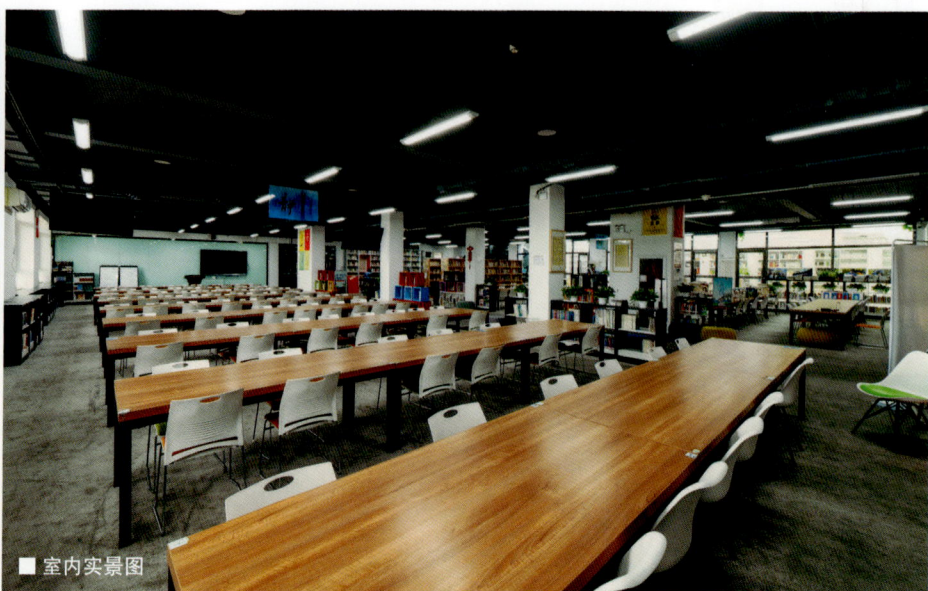
■ 室内实景图

■ 教学楼剖面图

■ 校园整体功能分析图

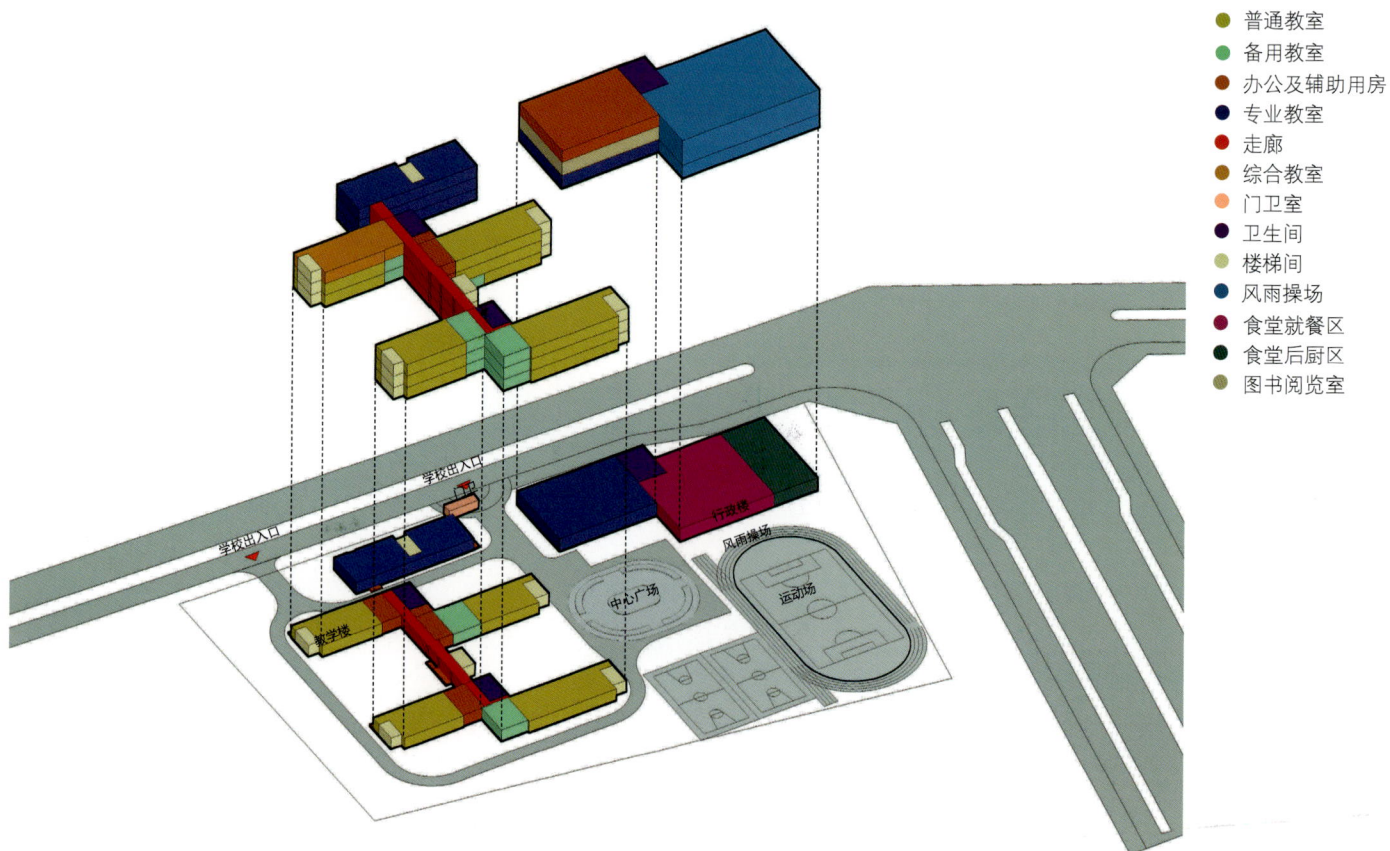

- ● 普通教室
- ● 备用教室
- ● 办公及辅助用房
- ● 专业教室
- ● 走廊
- ● 综合教室
- ● 门卫室
- ● 卫生间
- ● 楼梯间
- ● 风雨操场
- ● 食堂就餐区
- ● 食堂后厨区
- ● 图书阅览室

■ 校园组团实景图

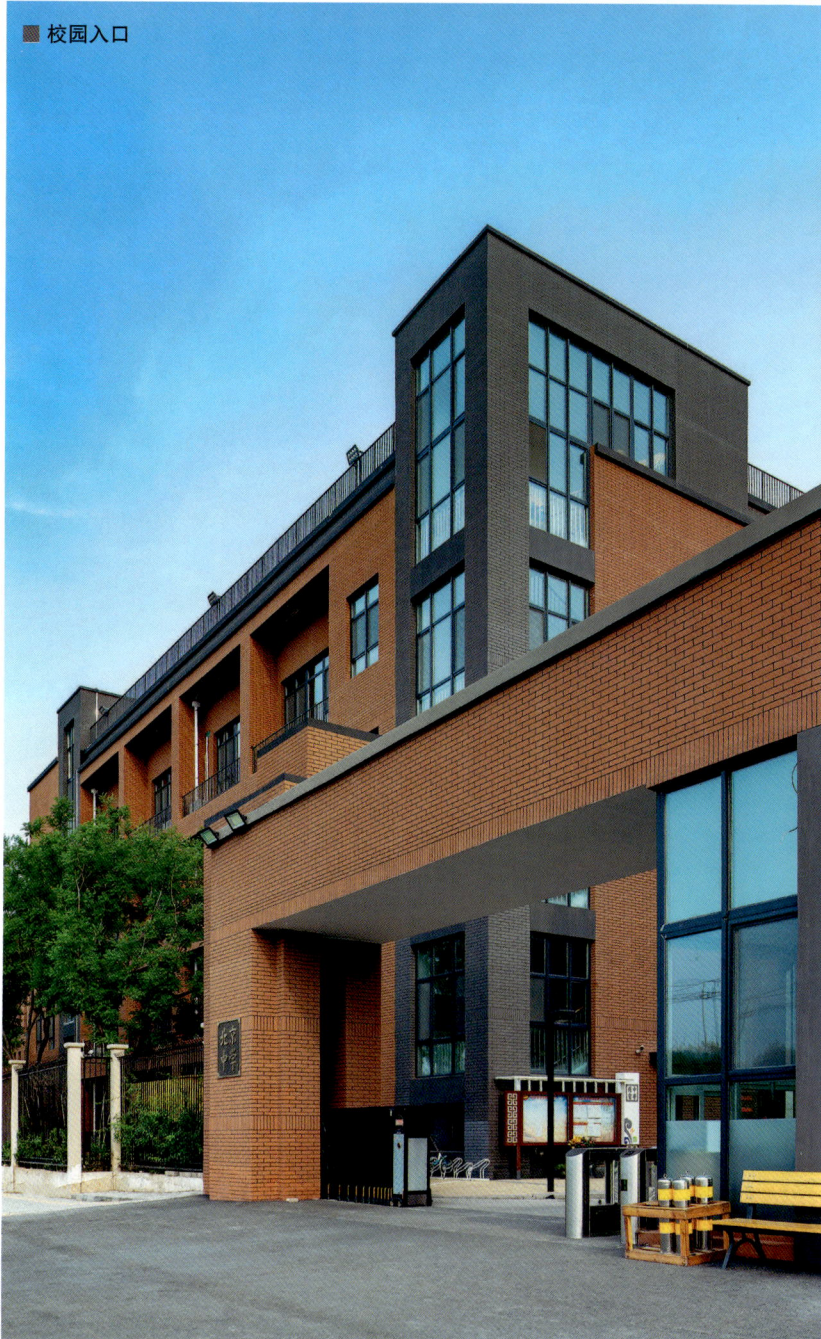
■ 校园入口

■ 综合楼

■ 教学楼

专家点评

■北京中学东坝校区功能分区明确，布局合理，通过交通连廊等过渡空间将学校的各部分紧密联系，充分和有效地利用了较为紧张的场地。通过各栋建筑的空间组合，形成了多个半围合的室外庭院并形成了开阔的中心广场，结合校园内的景观设计，使得室内外空间相互渗透，不仅满足了校园的基本功能需要，还为学校师生提供了良好的室外活动和交流场所。

■建筑造型简洁、大方，砖红色的面砖和深灰色涂料搭配运用得体，综合考虑了设备设施与空间形式的协调统一，建筑色彩沉稳，蕴含了北京传统建筑的文化美学。

常钟隽

天津

□ 校园主入口

中新生态城滨海小外中学部
BINHAI XIAOWAI HIGH SCHOOL,
SINO-SINGAPORE TIANJIN ECO-CITY

设计单位：天津华汇工程建筑设计有限公司
设计人员：王振飞　王鹿鸣　李宏宇　Thomas Clifford Bennett　王懿亮
　　　　　唐晓欢　尹国栋　李任重　刘佳伟
项目地点：天津
设计时间：2011年
竣工时间：2014年
用地面积：44023平方米
建筑面积：53000平方米
班级规模：36班
设计类别：新建

■ 中新生态城滨海小外中学部位于天津中新生态城，是一座拥有36个标准班并达到国家绿色三星标准的低能耗中学。由于学校的用地非常紧张，为节省空间，建筑师尽可能地将各种使用功能紧凑结合布置，基地北侧为综合教学楼，包括了教室、实验室、办公室、图书馆、报告厅、食堂、展厅、自行车库等功能。

■ 建筑设计中关于生态的考虑一直贯穿始终。作为绿色三星达标建筑，对各种节能设备和节能材料的应用是必不可少的，其中包括高性能的外围护结构，高效的空调机组、风机、水泵、电梯，智能的照明方式，能量回收的新风系统，可再生能源的利用，雨水收集净化再利用，非传统水源的利用以及各种新型可回收材料的使用等。

■ 除去技术上的主动节能措施，建筑设计中的被动节能措施却是更值得建筑师关心的设计策略。所有标准教室布置在二层以上的南向，窗地面积比均达到20%以上，保证室内具有良好的采光效果，并且在教学楼走廊中庭，设置天井，引入自然光，增加了走廊空间的自然采光，也使教室双面采光成为可能，为学生营造出一种健康舒适的室内光环境。北侧则布置有特殊功能的小班教室及附属用房，最大化地利用空间。办公区位于两个教学区之间，以方便教师往返于办公室及教室之间，实验区位于综合楼的最北段，与教学区平层连接，方便学生及教师到达。

■ 教学楼建筑朝向约为南偏东37°，而生态城夏季的主导风向为东南风，冬季的主导风向为西南风，因此教学楼可充分利用夏季的主导风向，实现室内自然通风，而冬季可以避开主导风向，减少室内热量流失。经室外风环境模拟，本项目人行区最大风速为 3.29米/秒，风速放大系数最大为1.00，且本项目在夏季、过渡季节75%以上的建筑前后保持1.5Pa以上的压差，从而避免局部出现涡流和死角，保证在此季节通过开窗、开内门等方式进行室内自然通风。

■ 总平面图

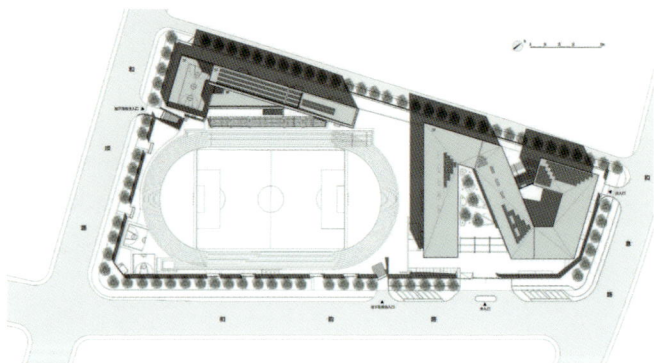

■ 公共空间分布

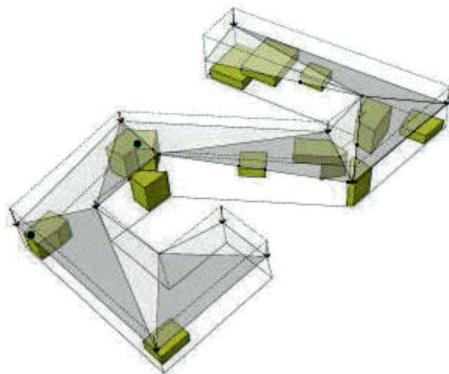

■ 教学楼地下一层平面图

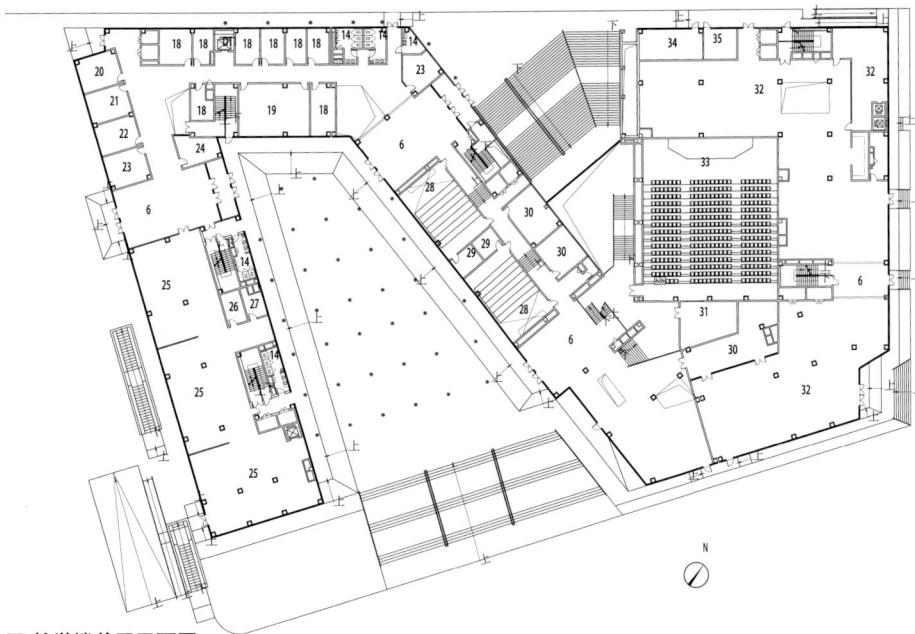

■ 教学楼首层平面图

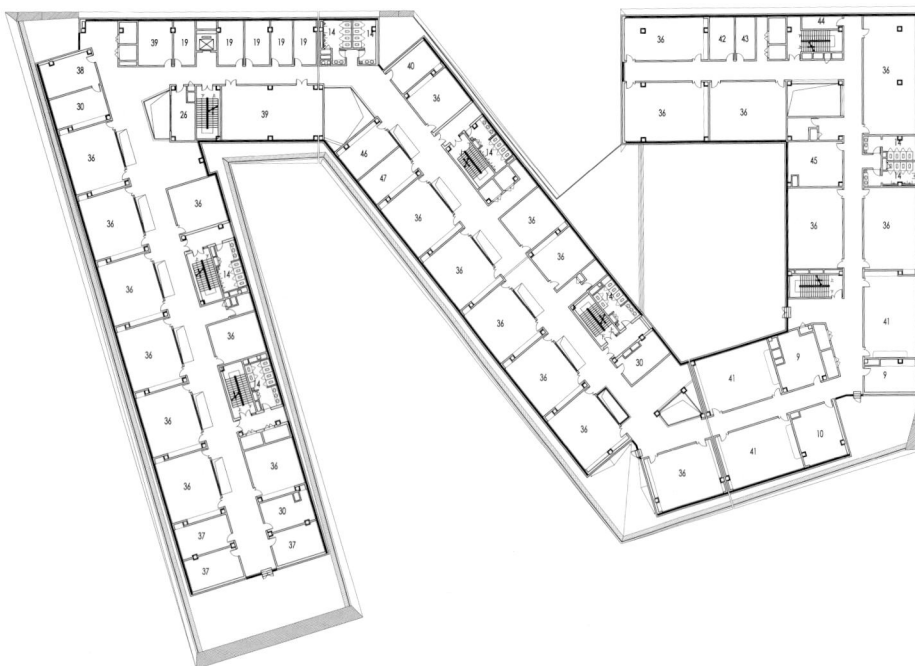

■ 教学楼二层平面图

1	变电站
2	工具间
3	自行车库
4	前室
5	校史展示厅
6	门厅
7	教职工活动室
8	书库（乙类）
9	器材室
10	准备室
11	戊类库房
12	报告厅
13	厨房
14	卫生间
15	有线电视机房
16	电话机房
17	网络机房
18	办公室
19	会议室
20	广播间
21	总务室
22	保卫室
23	传达、值班室
24	维修室
25	阅览区
26	文印室
27	教材室
28	阶梯教室
29	放映室
30	休息室
31	控制室
32	食堂
33	报告厅
34	保安监控室
35	消防控制室
36	教室
37	科技活动室
38	校长室
39	接待室
40	财务处
41	实验室
42	视听辅助
43	乐器室
44	储藏室
45	教具室
46	档案室
47	教学处

■ 教学楼夜景

■ 教学楼

■ 校园夜景

■ 教学楼

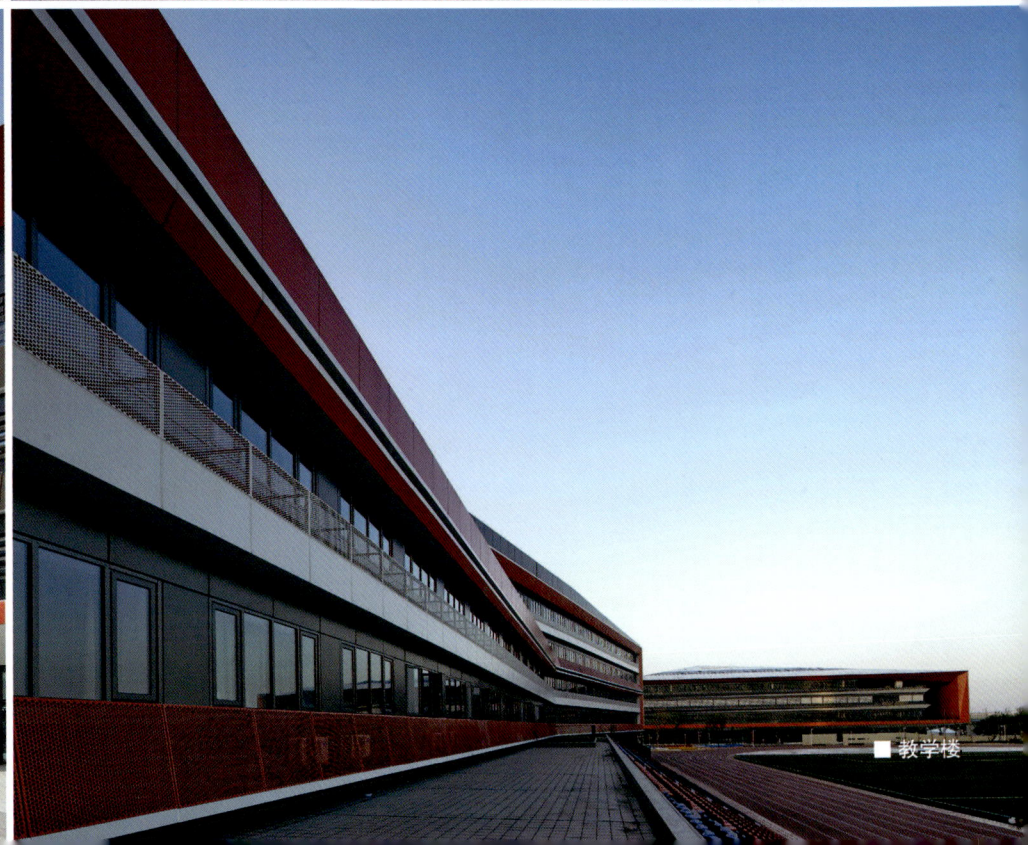

■ 教学楼

■ 南侧日景（摄影：王振飞）

■ 教学楼

■ 教学楼

■ 标准教室

■ 屋面太阳能光伏系统分析

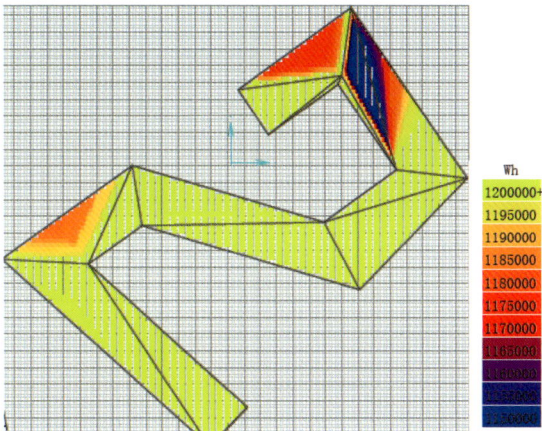

Wh
1200000+
1195000
1190000
1185000
1180000
1175000
1170000
1165000

■ 风速图（H=7.5m）

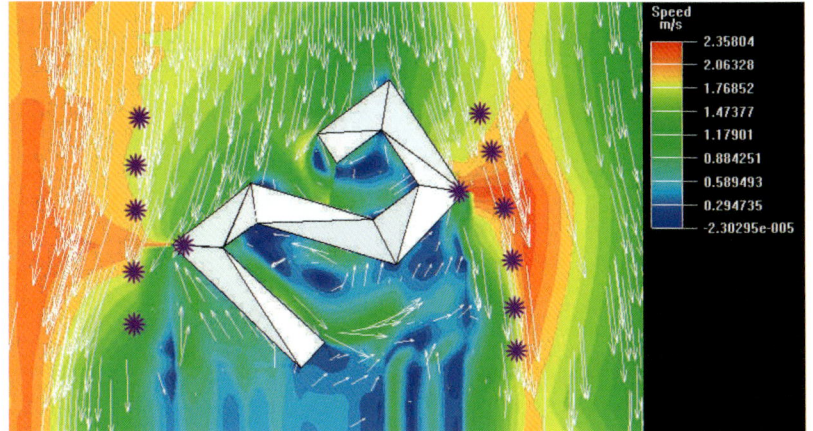

Speed m/s
2.35804
2.06328
1.76852
1.47377
1.17901
0.884251
0.589493
0.294735
-2.30295e-005

■ 遮阳系统分析

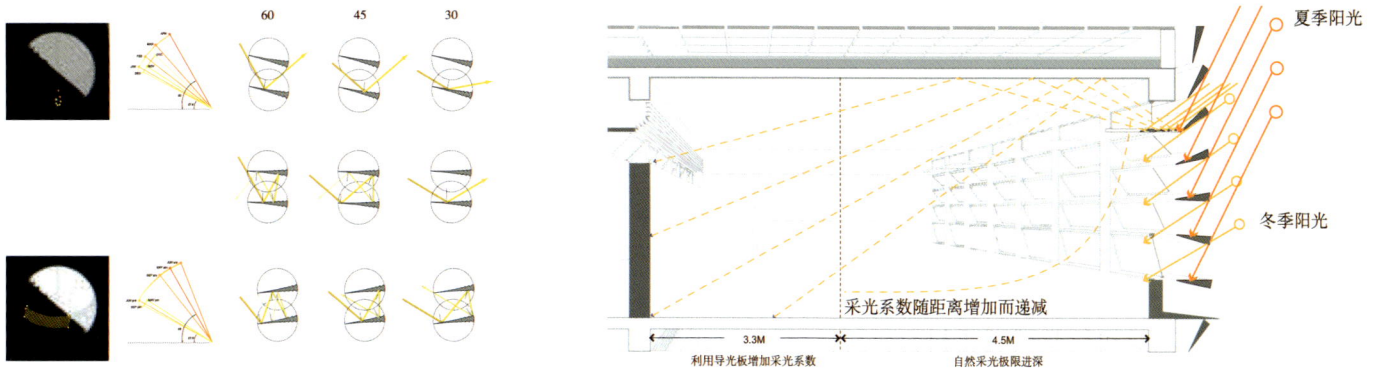

夏季阳光

冬季阳光

采光系数随距离增加而递减

3.3M   4.5M

利用导光板增加采光系数   自然采光板限进深

专家点评

■ 校园呈现了紧凑高效的布局形态，在功能与形体之间取得了良好的平衡，有限的校园空间得到充分的利用。建筑造型和立面的处理新颖大胆，在整体造型之下，红白的颜色对比和线性的立面折板创造了很强的视觉表现力，令人印象深刻。

■ 设计对教室的自然通风以及通过外遮阳系统实现更为有效的自然采光都进行了精心的设计。建筑中穿插的中庭和开放区域使得紧凑的室内空间变得舒缓和具有变化。作为中新生态城第一所实施建成的学校和达到绿建三星标准的教育建筑，各种主动和被动节能措施的应用也契合了中新生态城的整体定位。

邓烨

诸暨海亮剑桥国际学校
ZHUJI HAILIANG CAMBRIDGE INTERNATIONAL SCHOOL

设计单位：天津大学建筑设计研究院

设计人员：顾志宏　聂　莉　穆　毅　李雪涛　宦　新　张　波　李　涛
　　　　　于　泳　镡　新　郭玉章　冯卫星　闫　辉　张在方　邢　程

项目地点：浙江省诸暨市

设计时间：2012年4月

竣工时间：2015年3月

用地面积：80000平方米

建筑面积：70000平方米

班级规模：小学60班，初中40班

设计类别：新建

■ 项目位于诸暨海亮教育园内，共容纳初中和小学两个年龄段的学生，总人数2000人，采用小班制教学，每班20人，为寄宿制学校。

■ 校园总用地为8万平方米，总建筑面积7万平方米。用地北侧有一座植被丰富的小山体，是本次规划设计主要考虑的环境因素之一，山体高约35米，整体地势北高南低，适宜建设用地围绕山体从西向东渐次降低，呈带状分布，南北高差约为15米。

■ "从碎到整"的设计思考与定位：本项目从中小学校对校园空间完整性、流畅性、公共性、集体性以及开放性的需求出发，突破传统山地中小学校园规划"化整为零"的设计模式，创造性地提出"化零为整"的设计模式，把"整"的建筑融入"整"的自然环境中，保证校园建筑功能形态的完整性，以单纯的地域性枝状空间打造独特的山地国际学校建筑形态。

■ 总平面图

■ 人工的折线形态围绕自然折线山体一气呵成

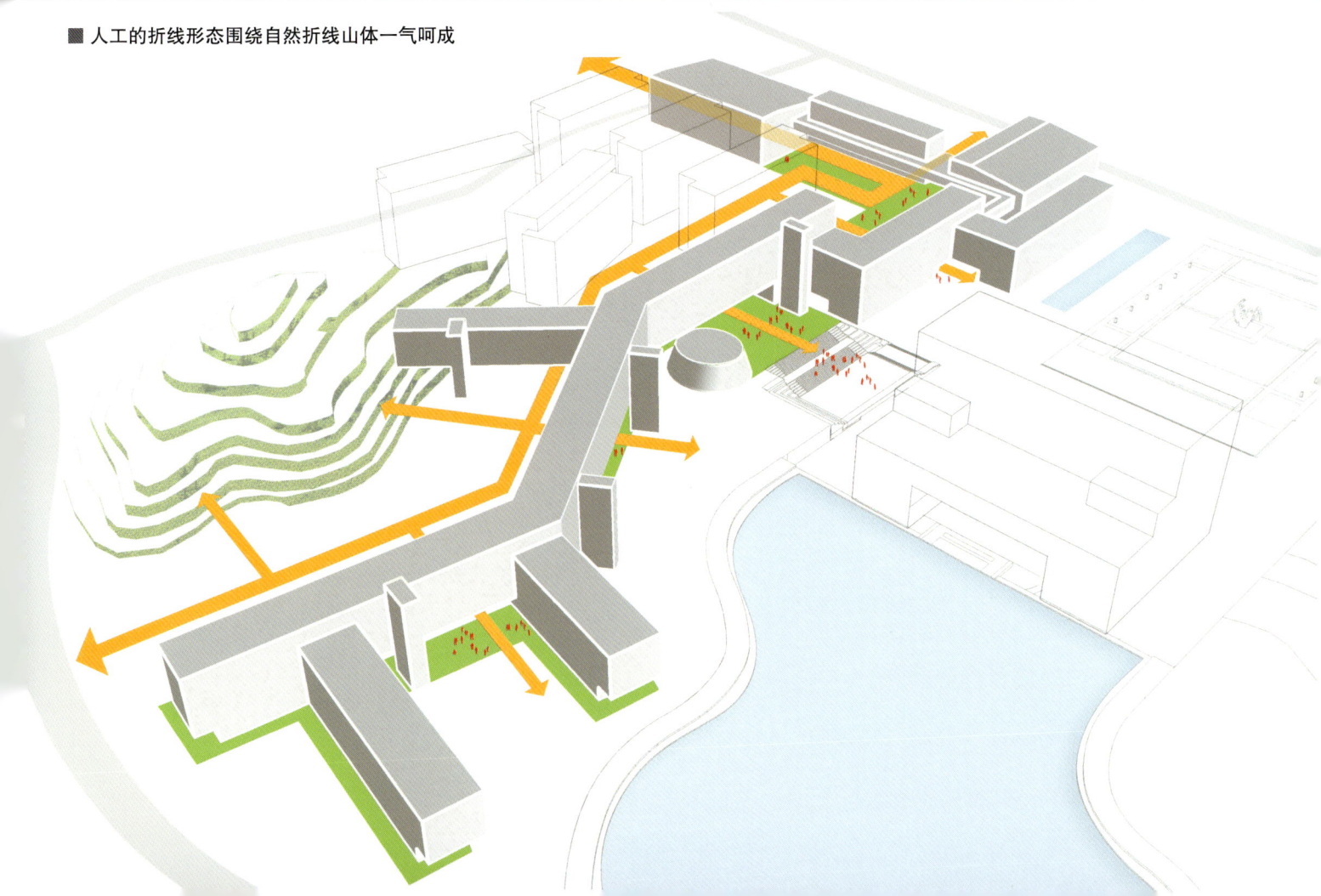

■ 首层平面图

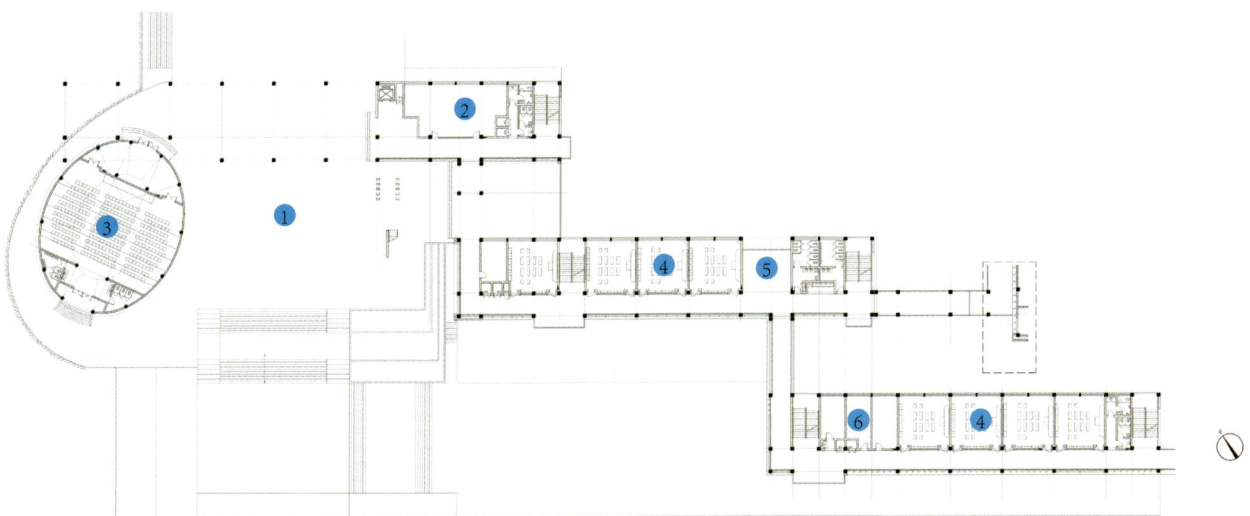

1 入口广场　2 对外交流合作中心　3 阶梯教室
4 20人教室　5 交流空间　6 教师办公室

■ 二层平面图

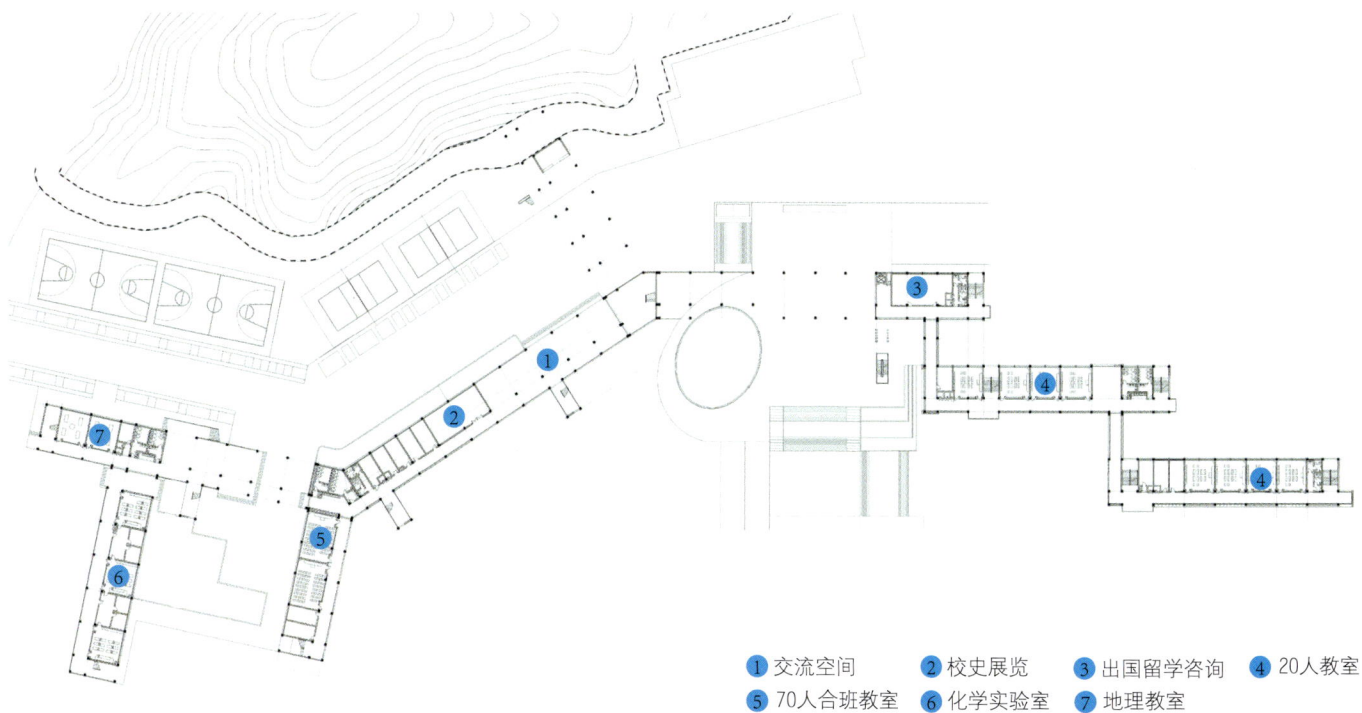

① 交流空间　② 校史展览　③ 出国留学咨询　④ 20人教室
⑤ 70人合班教室　⑥ 化学实验室　⑦ 地理教室

■ 从教育园区俯瞰剑桥国际学校

■ 山地状态下"整"的校园布局：食堂、艺术楼、风雨操场、教学区建筑则按照做整的原则，串联成一条长龙，形成了一个折线形的完整的建筑形态。这样可建设用地上折线形的建筑围绕着不适宜建设用地上折线形的自然山体，形成非常有趣味的相互呼应的整体格局，山体与建筑间的围合空间开阔流畅，为山地校园提供了难得的室外开敞空间，增强了校园归属感。

■ 自然山水中"整"的建筑形态：作为一所国际学校，简约朴素的折线形建筑并没有求新求异，也没有求洋求贵，反而采用了一种低调，扎根乡土的姿态。整体形态面向中央湖面，绵延地横向铺展，外廊及镂空的建筑立面，符合浙江地区的环境气候特点。整体形态舒展大方，好像一片轻盈的羽毛轻轻落在山水之上，创造出一种轻盈、通透、朴素的国际学校新形象。底层架空及通透的立面使得风能自由地穿过，整座建筑犹如自然环境中可以自由呼吸的有机体，可以充分享受到周围的自然风及景观。建筑本身也成为环境中的一景。

■ 适应青少年校园生活的"整"的空间构成：整体形态的"全景"教学楼以及室外连廊保证学生及老师不用穿过复杂的山地地形，通过连续的建筑室内空间就能在短时间内方便地到达不同功能的教室。同时整体校园空间流畅丰富，利于学生进行多样性的课余活动。外廊及镂空的建筑立面使得整座建筑轻盈、通透，连续的长廊使得学生可以方便地在楼内穿梭。

■ 整体建筑形态舒展通透，层层跌落

■ 校园横向剖面图

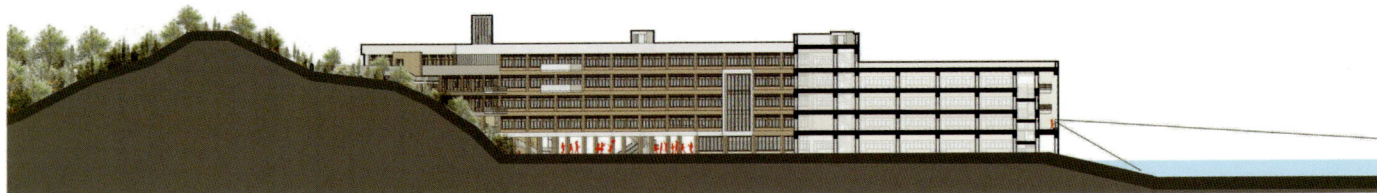

204

■ 通过体量穿插形成连接空间

专家点评

■ 作为山地学校，本项目没有采用常规的设计手法：将建筑打碎，将碎的建筑融入整的自然山水中，而是大胆创新，提出了"化零为整"的设计模式，将整的建筑融入整的自然环境中，具有开创性和借鉴意义。整座建筑以完整的形态围绕山体铺展开来，既不破坏自然山水，使得建筑与环境融合，又能形成建筑自身完整鲜明的形象，同时还为学生提供了流畅实用的空间，符合中小学生的行为需求，方便了山地学校的生活、教学功能。

张铮

■ 连接食堂、风雨操场及教学楼的风雨连廊

■ 艺术楼底层借用台阶设置看台

■ 校园整体鸟瞰图（刘东摄）

北师大静海附属学校
JINGHAI AFFILIATED SCHOOL OF BEIJING NORMAL UNIVERSITY

■ 校园布局分析图

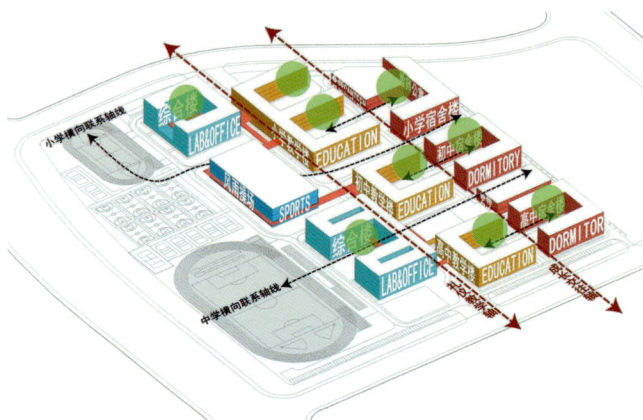

设计单位：天津市建筑设计院
设计人员：朱铁麟　陈永凯　李国勤　左剑冰　吕衍航　刘振垚　薛　振
　　　　　刘　旸　杨居光　阎　俊　王文波　张　铭　张　群　田德柱
　　　　　孙伟超　乐　慈　冯　辉　许　斌　杨　洁　李　端　黄良军
　　　　　胡卫卿　王建珣　高　晟　杨　红　乔　锐　王晓磊　崔　铮
　　　　　王悦宇　岳文彝
项目地点：天津市静海区团泊新城西区
设计时间：2016年7月
竣工时间：2017年10月
用地面积：131600平方米
建筑面积：113500平方米／地上108500平方米／地下5000平方米
班级规模：小学60班，初中30班，高中30班
设计类别：新建

■ 生成于城市——新城教育有机体。校园布局源于与城市环境衔接，西侧临团泊运动场馆，布置体育运动区；东侧预留住宅开发用地，布置宿舍生活区自然衔接；北侧为萨马兰奇纪念公园，南侧为城市住宅区，相应营造中小学校园入口广场——两个开敞的外向性空间节点。这两个节点上在建筑形态、材料和色彩的处理上突显其特有的城市功能。

■ 生成于空间——现代院落式书院。校园以"合院"为基本教学单元，小初高教学区形成各自独立、各具特色的教学文化空间。这种多中心的、自由灵活的院落组团，为学生提供课间课余的交往、集会、休闲体验空间。

■ 生成于行为——共享活力连廊。结合中小学生的日常活动交流的习惯，通过一条流动的共享活力廊道将小学和中学两个校区串联起来，首层廊道作为风雨连廊联系校区内部的公共交通，二层平台串联各个功能组团，与组团内部院落空间紧密相连，增加学生在室外驻足停留、公共集会、课间活动，打造立体共享平台，形成南北两个相对独立又彼此融合的复合校区。

■ 生成于功能——立体教学交流环。一方面，普通教学区和综合教学楼各自内部竖向相连，形成基本的"垂直教学环"，另一方面，综合楼与教学楼，走班教室、功能教室与普通教室通过二、三、四层连廊水平相连，形成"水平教学环"。

■ 生成于文化——以展开的书页为立面设计概念。书脊朝向中央连廊并向东西两侧展开，组织校园教学区主体形象逻辑。教学组团首层材料以红砖为基础，体现厚重的北师大校园文化底蕴，二层以上采用流动的水平带形窗，结合铝板材质，表达新校园的简洁清新、朝气蓬勃的特质。

■ 生成于自然——特色主题景观院落。根据组团功能和使用对象，小学教学生活组团设置探索花园、快乐花园和自然花园，中学教学生活组团设置思想花园、少年花园和阅读花园。

■ 生成于绿色——寓教于乐的绿色校园。因地制宜地设置绿色生态设施，与教育课程实践相结合，如太阳能光伏、雨水收集、自然遮阳等。

■ 小学教学区入口人视图（刘东摄）

■ 二层连廊人视图（刘东摄）

■ 校园总平面图

■ 形体生成分析

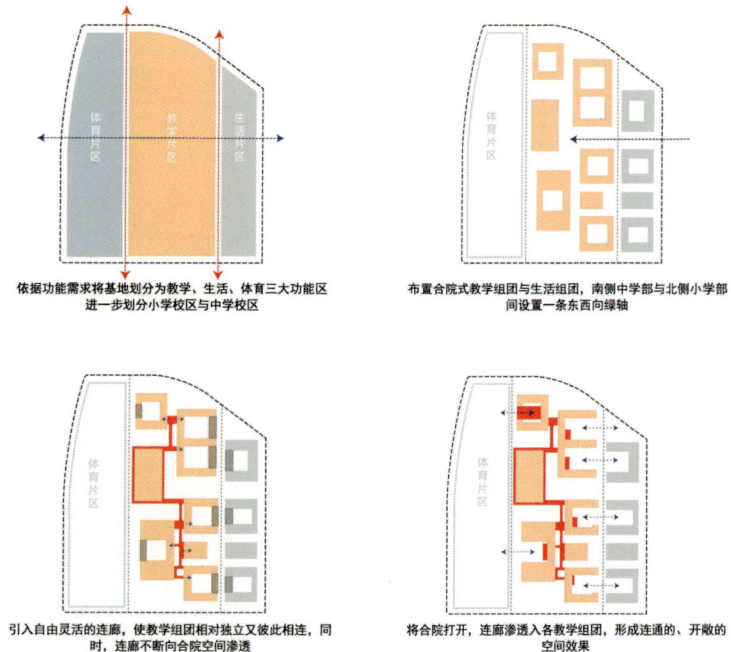

依据功能需求将基地划分为教学、生活、体育三大功能区
进一步划分小学校区与中学校区

布置合院式教学组团与生活组团，南侧中学部与北侧小学部
间设置一条东西向绿轴

引入自由灵活的连廊，使教学组团相对独立又彼此相连，同
时，连廊不断向合院空间渗透

将合院打开，连廊渗透入各教学组团，形成连通的、开敞的
空间效果

■ 交通流线分析

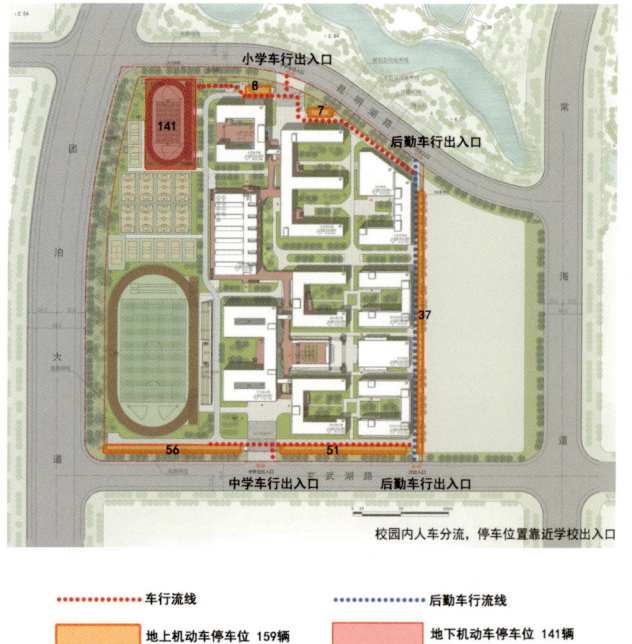

校园内人车分流，停车位置靠近学校出入口

------ 车行流线   ······ 后勤车行流线

地上机动车停车位159辆   地下机动车停车位141辆

208

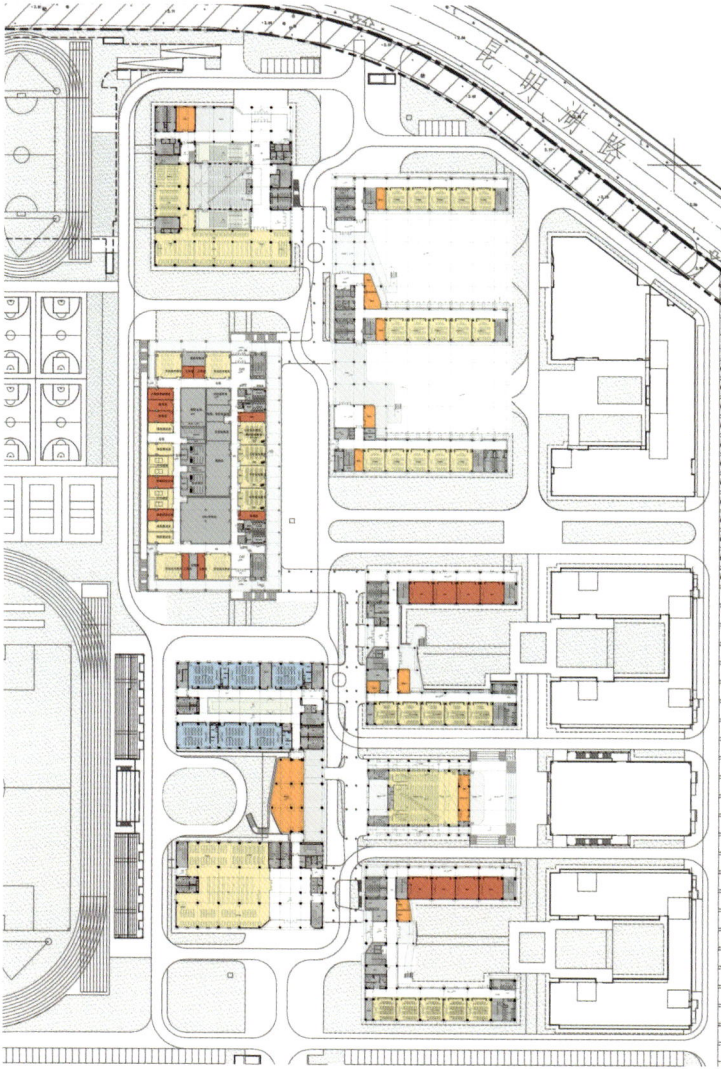

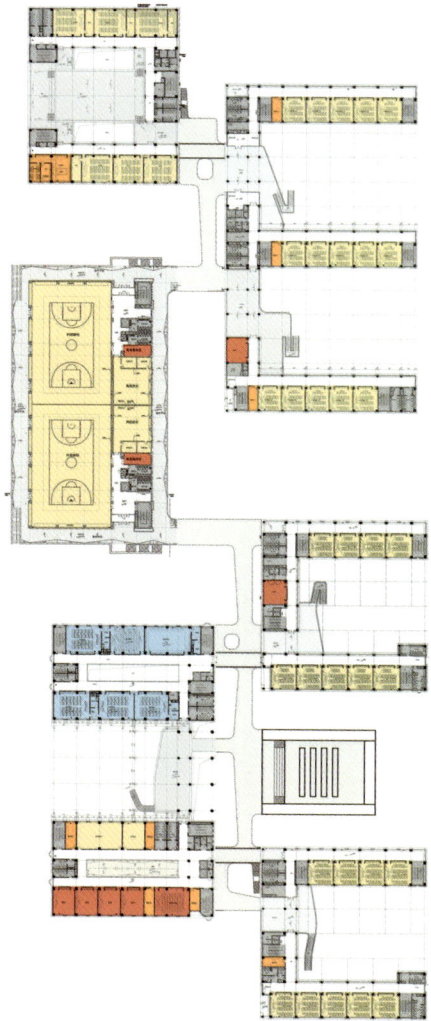

■ 中心广场（刘东摄）

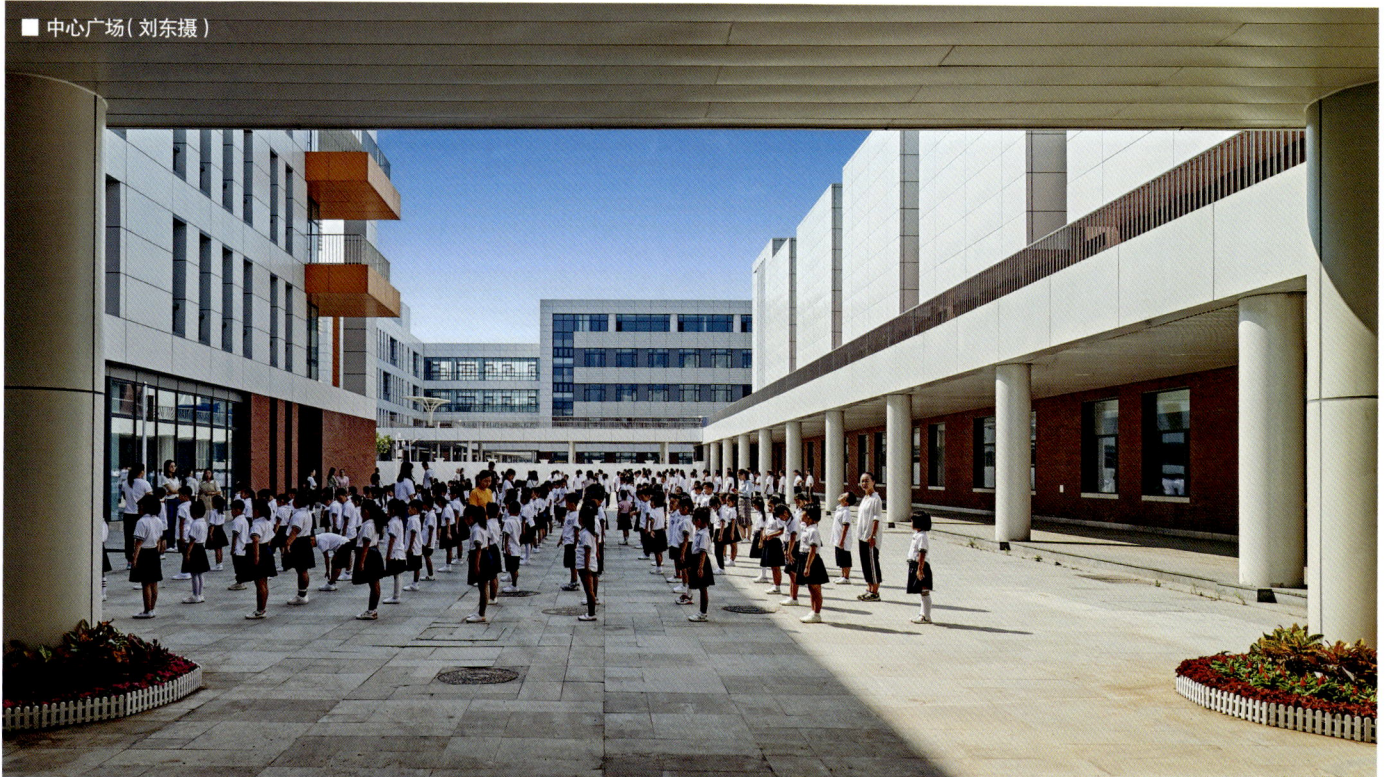

■ 中学教学区廊下（刘东摄）

■ 小学生活组团内院（刘东摄）

■ 小学图书馆（刘东摄）

■ 风雨操场（刘东摄）

专家点评

■ 校区设计布局合理，功能集约，高效便捷。建筑造型生动流畅，简洁明快。教学区、生活区各具特色，色彩清新协调，契合青少年学生的需求。

■ 南北相通的空中立体连廊的引入，宛如"漂浮的丝带"，串联起中小学教学空间和活动空间，形成院落空间与交通动线在垂直与水平维度的双重复合，"丝带"架空层渗透进入每个院落，创造出丰富多样的空间形态，便于师生的学习与交流，同时极大增强了建筑与校区的多元性与趣味性。

■ 该项目注重细节打造，尤其在近人尺度空间中，通过对各功能单元的精细设计及外部环境中微景观与微地形的塑造，以优美便利的教学环境，舒畅自然的绿色生态措施，达成师生寓教于乐、寓教于美的校园体验。

谌谦

卧龙耿达一贯制学校
WOLONG SAR GENGDA CONSISTENT SCHOOL

设计单位：天津大学建筑设计研究院
设计人员：张 颀 张 健 吴 放 解 琦 安海玉 玄 津
　　　　　王丽文 刘晓龙
项目地点：四川省卧龙特别行政区耿达乡镇区
设计时间：2009年8月~2010年3月
竣工时间：2011年8月
用地面积：28572平方米
建筑面积：11783平方米
班级规模：小学部12个班，中学部12个班
设计类别：新建

■ 总平面图

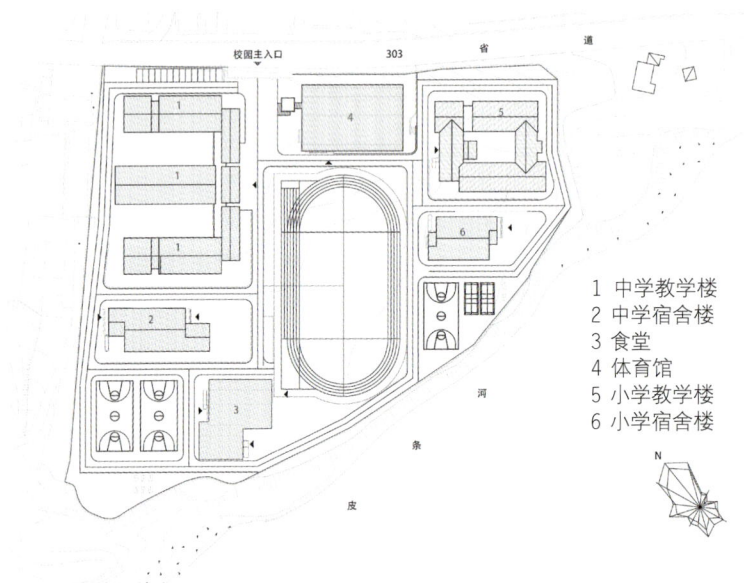

1 中学教学楼
2 中学宿舍楼
3 食堂
4 体育馆
5 小学教学楼
6 小学宿舍楼

■ 耿达一贯制学校为"5·12"震后重建项目，由香港特别行政区政府援建。

■ 校园北侧的303省道为联系卧龙自然保护区与外界的交通主干线，学校标识性强，室外场地开阔，通信条件具备。

■ 利用现有地形将小体量建筑群顺地势错落布置，土方在项目用地内得到平衡，运动区和食堂等共用设施位于用地中部，自然分隔西侧的中学部与东侧的小学部，避免使用上相互干扰，同时又便于疏散。

■ 全部建筑单体均采用隔震及消能减震技术，使其抗震设防水准高于普通抗震结构。耿达一贯制学校从规划选址、总图布局到结构设计，都为其作为紧急避难场所提供了保障。

■ 片麻石外墙借鉴卧龙民居特有的"过江石"、"布筋"的构造做法，建筑形式具有鲜明的地域特色。

■ 震后基地周边塌方情况

■ 震后基地附近民居遗存

卧龙特区卧龙一贯制学校

■ 首层平面图

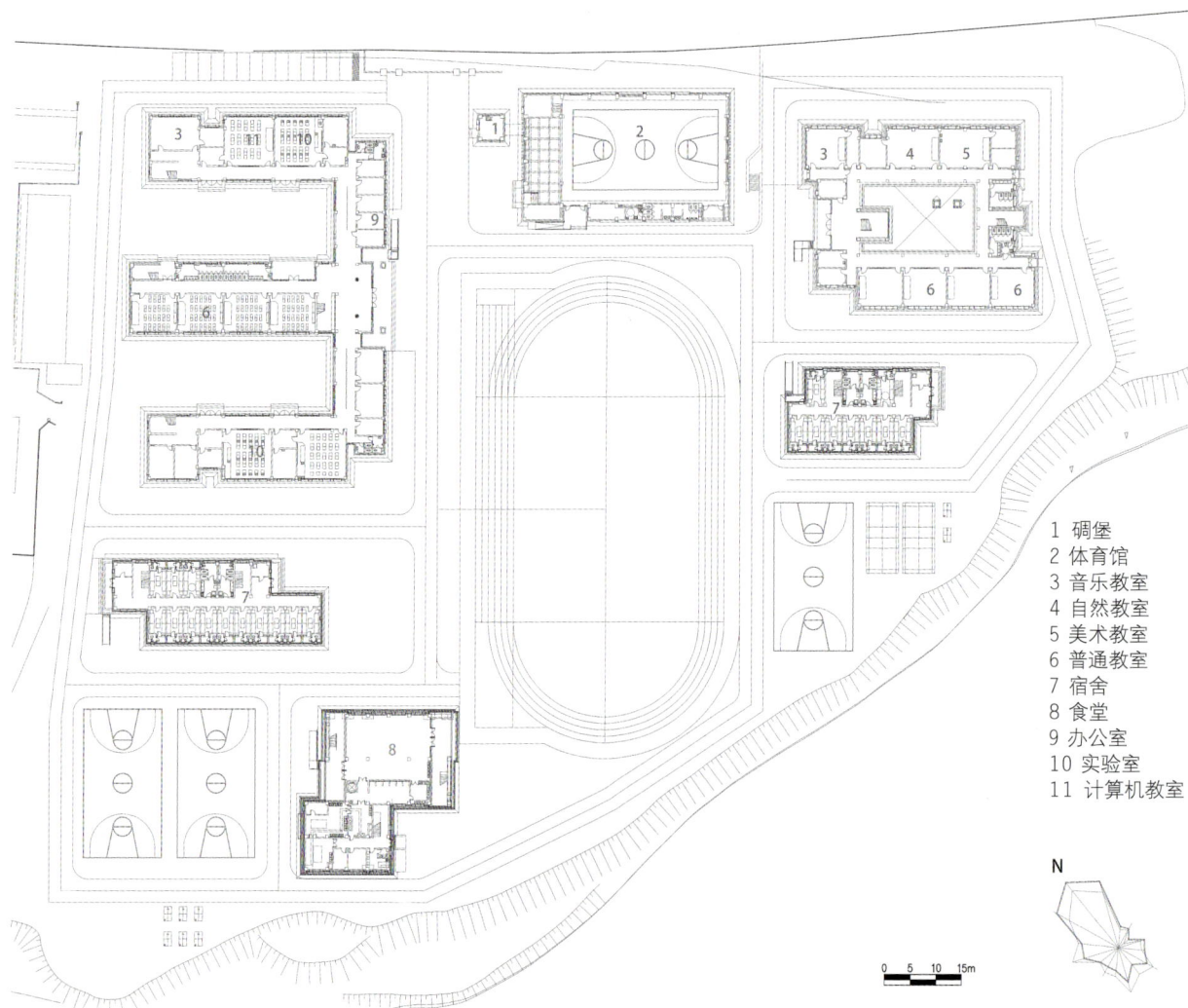

1 碉堡
2 体育馆
3 音乐教室
4 自然教室
5 美术教室
6 普通教室
7 宿舍
8 食堂
9 办公室
10 实验室
11 计算机教室

N

0　5　10　15m

■ 小学教学楼

■ 中学教学楼剖面图

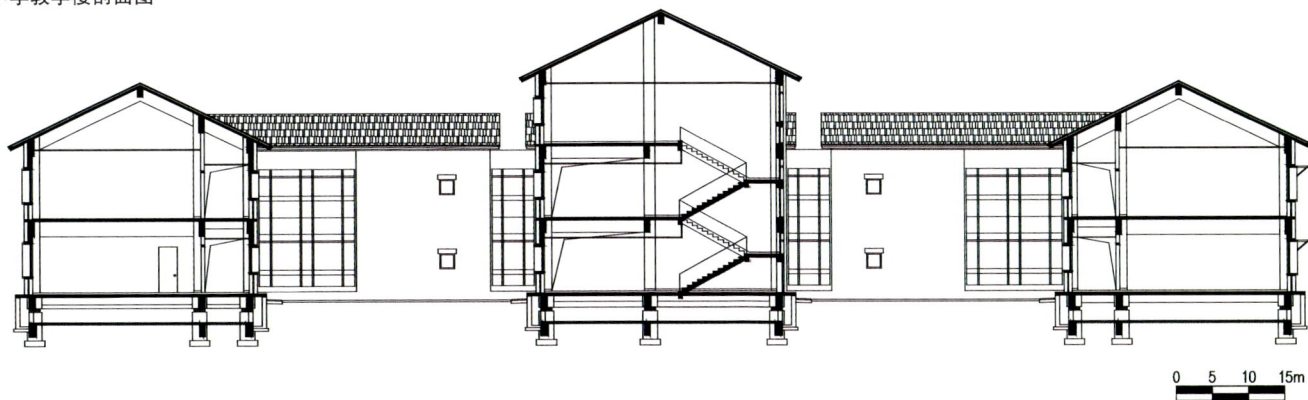

0　5　10　15m

■ 体育馆局部

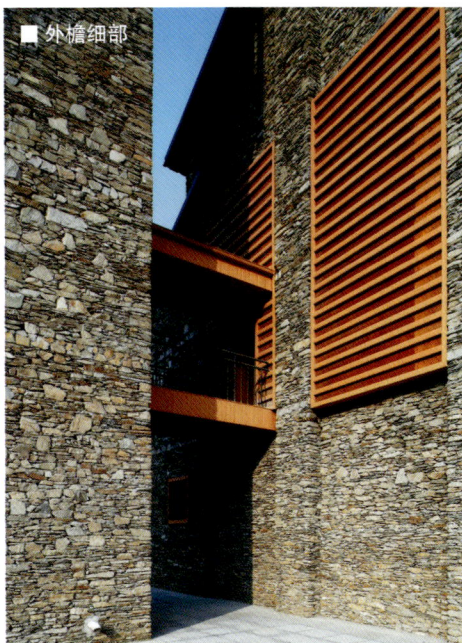

■ 外檐细部

专家点评

■ 设计回答了"新卧龙需要怎样的新建筑"这一问题，从物质重建与文脉重建两个层面提出相应的重建策略，使灾区的复兴过程得以保持文化的认同和人情的关怀。

■ 在工期紧张、传统工匠缺失的情况下通过分析大、中、小块及特异形状的石材在一定面积的墙面中出现的频率，根据这个搭配比例指导现场施工，得到的片石墙看似随意又颇具美感。

■ 在符合技术要求的前提下兼顾建筑美学，解决了隔震技术应用于起伏地势时的构造问题等技术难题。

刘景樑

■ 校园鸟瞰

泉州第二实验小学（开发区校区）
QUANZHOU SECOND EXPERIMENTAL PRIMARY SCHOOL（DEVELOPMENT ZONE CAMPUS）

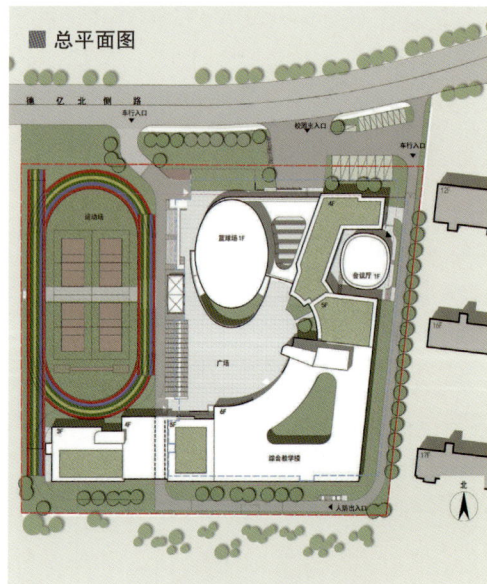
■ 总平面图

设计单位：天津大学建筑设计研究院
设计人员：蔡　泓　吴　放　张益勋　白　石　颜芳丽　王　晓　王　亨
　　　　　单玉坤　张岩寿　刘燕茹　郑　伟　田　宇　梁云龙　许智轶
　　　　　涂岱新　赵雅峰　李　岩
项目地点：泉州经济技术开发区清濛园区
设计时间：2016年10月~2017年6月
竣工时间：2019年1月
用地面积：20010平方米
建筑面积：33500平方米
班级规模：30班
设计类别：新建

■ 泉州经济技术开发区为了吸引高端人才，解决开发区区内企业和员工子女就学的后顾之忧，泉州实验学校联合市直名校"泉州二小"成立泉州市第二实验小学（开发区校区）。项目用地位于泉州经济技术开发区清濛园区嘉龙现代城西侧，德亿北侧路（规划24米次干道）以南。规划总用地20010.3平方米（约合30.01亩），场地东西高差约4米。在这样紧张的用地中，要建设一所设施齐全的30班小学，并为未来发展留有充足的空间。

■ 考虑小学教育的特点，为了在有限的用地中最大限度争取室外公共活动场地，将主要建筑布置在场地的南侧和东侧，风雨操场置于北侧，操场置于场地西侧，并利用场地东西高差将游泳馆、餐厅、展厅、车库置于地下，高效利用地下空间给师生提供更全面的教学生活保障，并由此形成面向操场的看台和屋顶广场平台。广场成了校园的核心，将主体教学楼、风雨操场、体育活动场地、课外活动空间串联了起来。围绕着中心平台的集会广场，从室外的运动场到风雨操场到建筑内院的共享空间再到室内的休息交流空间形成了丰富的可供休憩、玩耍、活动的多元公共空间，关照了小学

生活泼好动的特点。绿地结合建筑布置，增加公共空间的驻留性。用公共空间有效连接各功能空间，实现空间活跃有序与功能完整集中的有机统一。利用高差的分层设计还自然地区隔了体育活动场地和教学活动场地，使他们既互不干扰又相互关照。机动车也被限制在了地下的层面，自然形成了人车分流，对教学活动毫无干扰。高差自然形成的台阶演绎着各种校园活动：集会的座席、嬉戏的场所、晨读的一角、甚至是校园纪念照片的拍摄地……

■ 设计体现"以人为本"的理念：主要教学功能布置在综合教学楼的一至四层，将普通教室布置在建筑南侧，保证学生上课沐浴在阳光下健康成长，确保每个年级的各个班级在同一楼层，便于管理；专业教室与活动教室布置在综合教学楼的东侧，实现主教学区与辅助教学的有机组合，以年级为单位配置专业活动教室和自习室，减少楼层间的交互，降低安全隐患；五层以行政办公和展示交流功能为主，减少教职工和学生人流的穿插；六层设置教研休息室，给教师提供备课和休息的空间。

■ 内院实景

■ 校园局部实景

■ 游泳馆实景

■ 地下一层平面图

1 训练室	16 消防水泵房
2 体育器材室	17 生活水泵房
3 体育教师办公室	18 展厅办公
4 更衣室	19 空调机房
5 卫生间	20 展厅
6 保管室	21 主席台
7 餐具洗消间	22 游泳馆门厅
8 备餐间	23 服务台
9 厨房	24 游泳馆
10 粗加工	25 工具间
11 主食库	26 排风机房
12 副食库	27 进风机房
13 隔油池	28 自行车库
14 消防水池	29 柴油发电机房
15 排烟机房	30 汽车库

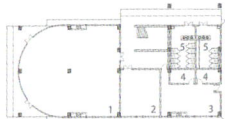

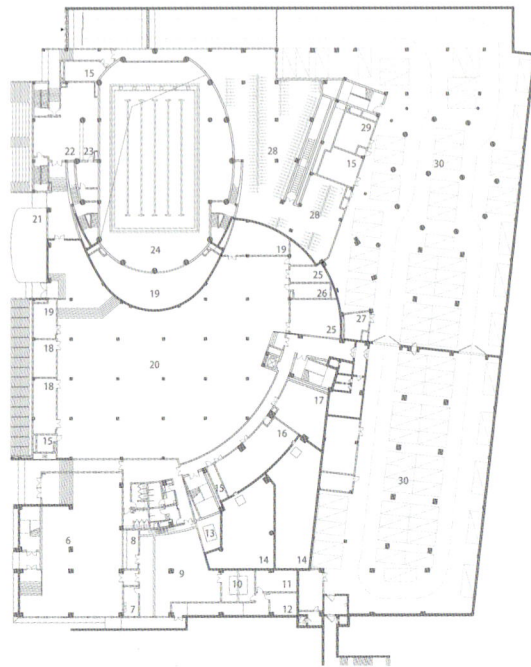

■ 一层平面图

1 教学教室	11 计算机教室
2 阅览室	12 辅助用房
3 教师休息室	13 少先队活动室
4 更衣室	14 合班教室
5 教师办公室	15 变电站
6 保管室	16 警卫室
7 卫生间	17 心理咨询室
8 前厅	18 卫生保健室
9 图书室	19 风雨操场
10 编修办公室	

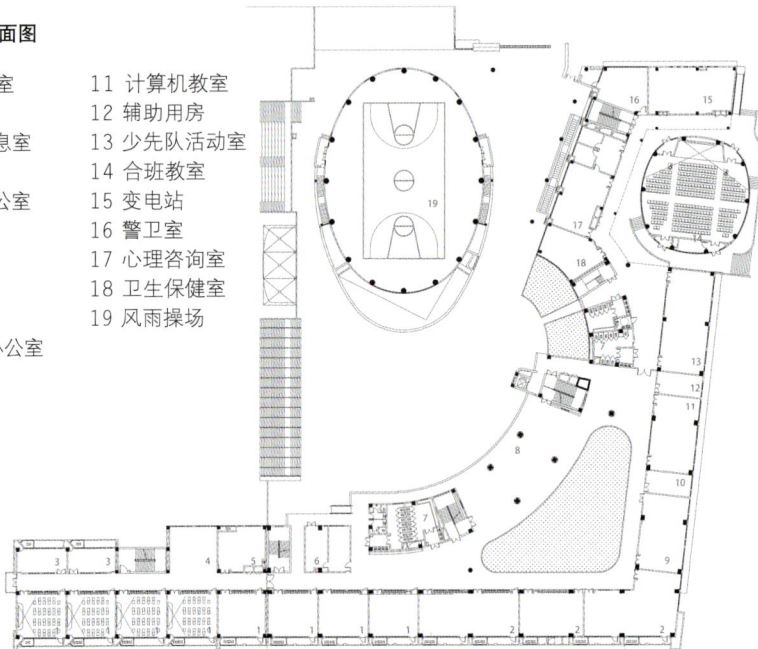

■ 三层平面图

1 教学教室
2 教师休息室
3 休息厅
4 教师办公室
5 卫生间
6 科技活动室
7 形体训练室
8 电钢教室
9 书法器具室
10 书法教室
11 美术教室
12 美术教具室

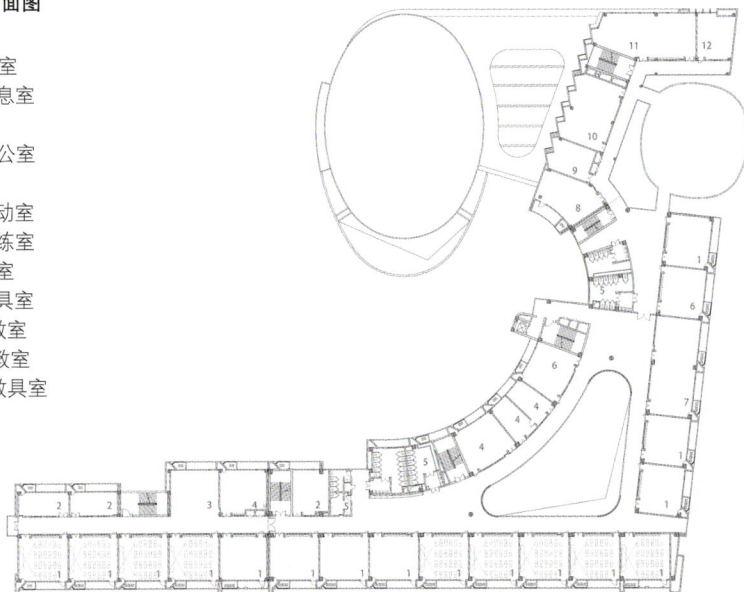

■ 校园整体实景

■ 西侧体育场角度实景

■ 校园局部实景

■ 立面图

■ 剖面图

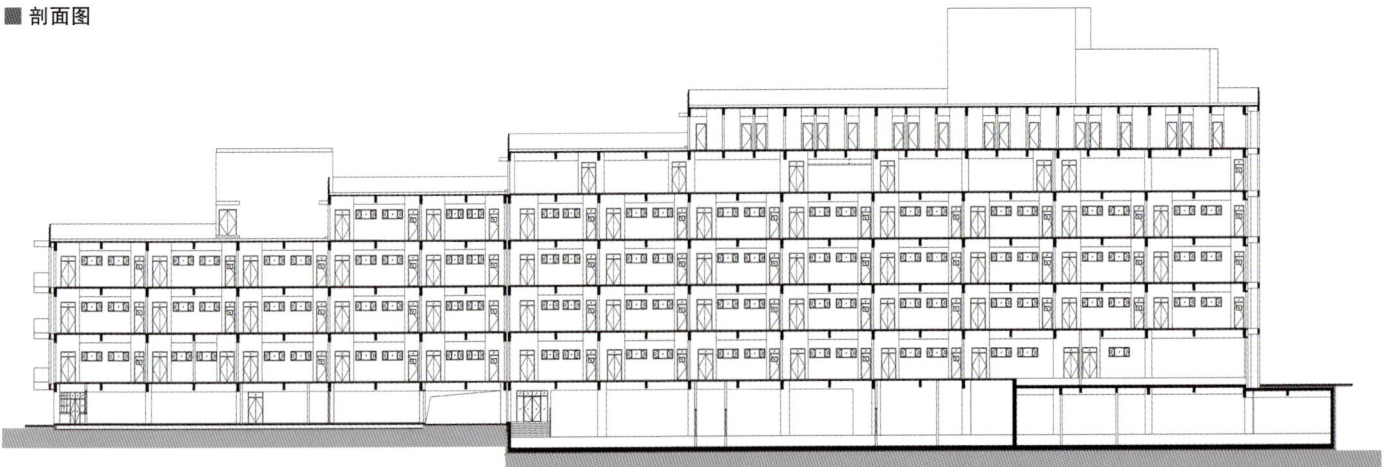

■ 建筑风格力求简洁、平和，充分体现小学教育建筑特点。建筑造型根据功能布局形成高低错落的体量，顺应地势变化、总体呈水平线条，结合退层，通过框型与水平遮阳线条的立面组织划分层次，同时加入色块活跃校园气氛，色彩鲜艳、活泼，层次丰富，形成丰满的小学校园的建筑性格。环抱的建筑空间形态也体现了学校前身开发区实验学校合和聚力的校园文化——"和"，形成"多元聚合、活力校园"，打开怀抱，欢迎来自五湖四海的朋友。

■ 夜景鸟瞰

■ 多功能厅实景

专家点评

■ 校园以规划、建筑、景观三位一体的整体化校园设计手法，从整个校园的环境到建筑内部庭院，营造了多层次的室外公共空间，从而起到"环境育人"的作用。基于严整的功能分析，有机结合现状场地、环境条件、并以此为切入点，运用空间组织、建筑细部、材料组织呈现出丰富的文化底蕴、清新简约的空间及景观质素。合理布局，充分利用土地资源，突破传统小学的行列式布局，结合地形特点，科学安排校区功能分区，并充分考虑了人行动线的便捷性、合理性。强调"以学生为本"的设计理念，满足教学、运动、休闲的需求，满足方便、安全的需求。建筑设计尺度宜人，色彩丰富，统一又富有韵律变化，体现了独特的个性和小学建筑的特点。

刘祖玲

渤龙湖科技园中小学校
DESIGN OF BOLONGHU SCIENCE AND TECHNOLOGY PARK SCHOOLS（TIAN JIN）

设计单位：天津市天友建筑设计股份有限公司
设计人员：任 军 杨晓珍 刘 冰 韩 帅 郭润博 蒙乐撒
　　　　　高韶鹏 翟晨君 刘晓萌 于学增 周振娟 巨 春
　　　　　陈伟冰 章云鹏
项目地点：天津市滨海新区
设计时间：2015年3月
竣工时间：2017年1月
用地面积：58024平方米
建筑面积：44608平方米 / 地上38402.57平方米 / 地下6205.43平方米
班级规模：小学24班，初中18班，高中12班
设计类别：新建

■ 总平面图

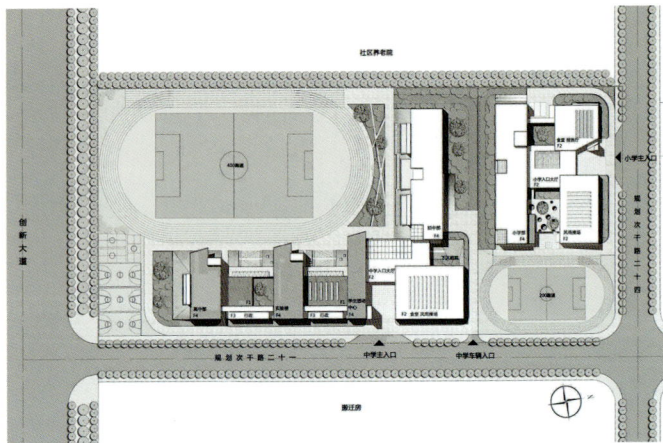

开放教学·创造思维·绿色生活

■ **高品质的艺术公共空间：**高新区第一学校以解决现有学校问题为导向提出节能、生态、艺术、体验的校园空间，创造精细化的绿色校园模式。学校是住房和城乡建设部绿色校园示范项目并获得了绿建三星标识。

■ **节能型的绿色健康校园：**根据学校有寒暑假的使用特点，选择了最节能的分体空调形式，并结合建筑造型在普通教室设置了热压风塔自然通风。所有普通教室都设置了具有空气净化及热回收功能的新风系统以及直饮水系统，为学生提供节能健康的室内环境。

■ **体验化的生态绿色教育：**作为绿色校园，希望在学生成长过程中将绿色理念潜移默化地传递给他们，因此，以绿色技术设计为体验化的绿色教育平台，如光伏走廊、屋顶农业、雨水花园。中学的顶层科技长廊设计为彩色薄膜光伏走廊，彩色的光影空间中可以学习可再生能源的知识。小学的屋顶种植了屋顶农业，作为劳技课及生物课的一部分，可以让学生参与到蔬菜生长的过程中去，真实体验丰收的乐趣。

■ **建筑特点：对接规划的共享型校园：**在设计之初就将校园作为社区的有机组成部分，通过设计将体育场在学校放学后向社区开放。地下停车场、风雨操场也将在节假日与社区共享。适应高新园区的现代造型：学校周边是天津高新区的航天城园区，学校也是中国第一批航天特色学校。建筑造型以铜板的金属质感呼应建筑的体量感，以悬挑的韵律呼应建筑的动感。

■ 中学入口门厅光影

■ 小学风雨操场

■ 中学主入口

■ 中学教学楼铜板立面

■ 夜景下的小学图书馆

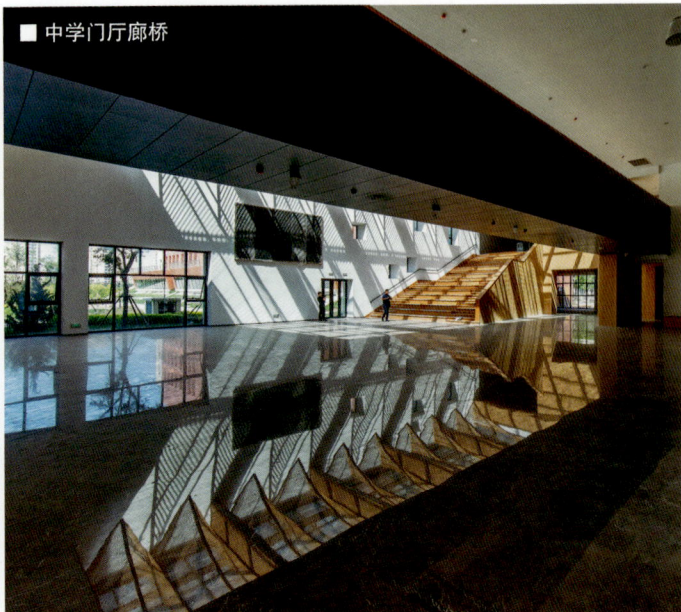
■ 中学门厅廊桥

■ 完全中学剖面图

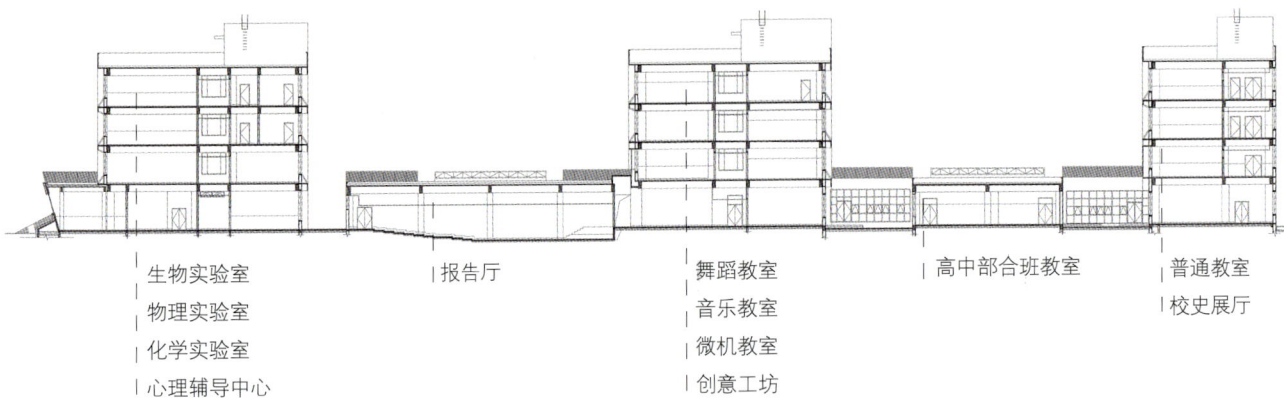

生物实验室	报告厅	舞蹈教室	高中部合班教室	普通教室
物理实验室		音乐教室		校史展厅
化学实验室		微机教室		
心理辅导中心		创意工坊		

■ 校园整体功能分析图

1 小学部入口门厅　　2 小学部风雨操场　　3 小学部图书馆
4 小学部教学楼　　　5 中学部入口门厅　　6 中学部风雨操场
7 中学部图书馆　　　8 初中部教学楼　　　9 高中部教学楼
10 中学部文体楼　　　11 中学部实验楼　　　12 中学部办公
13 中学部光伏走廊

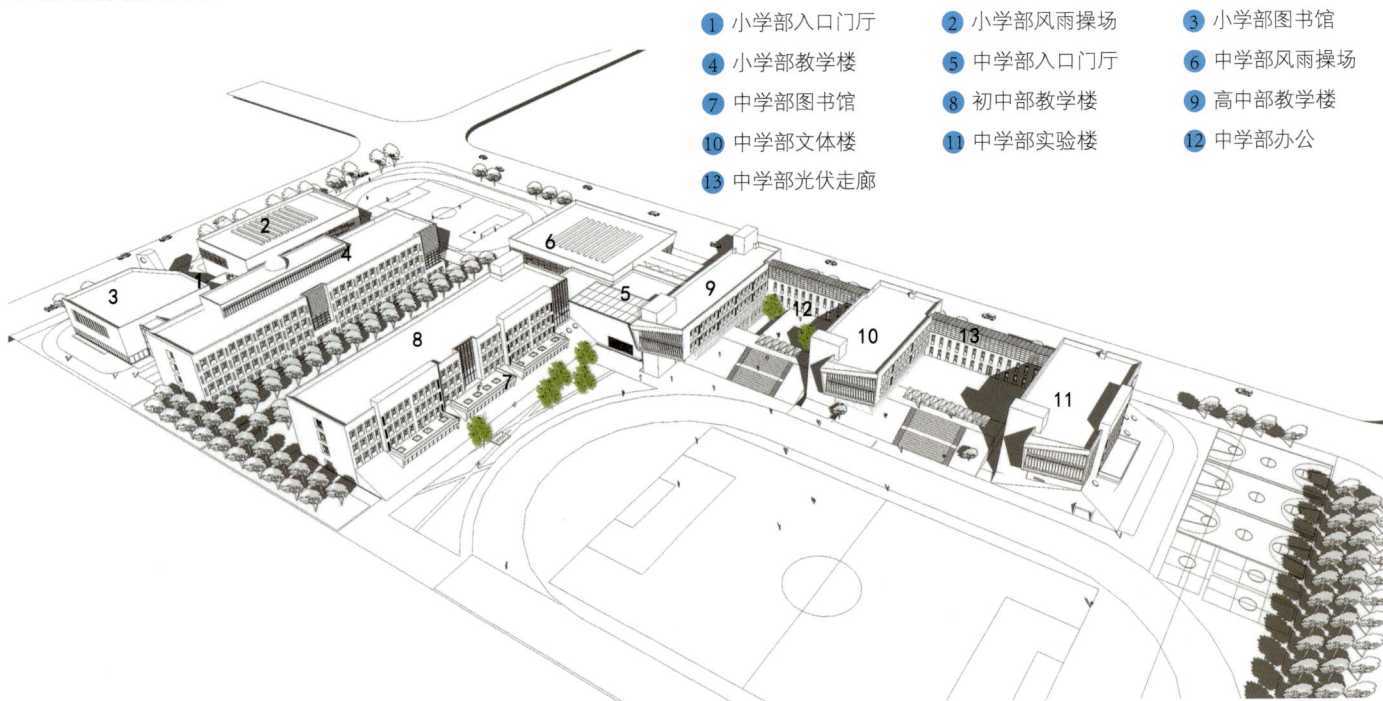

■ 小学图书馆

■ 廊下树洞庭院

■ 二层组合平面图

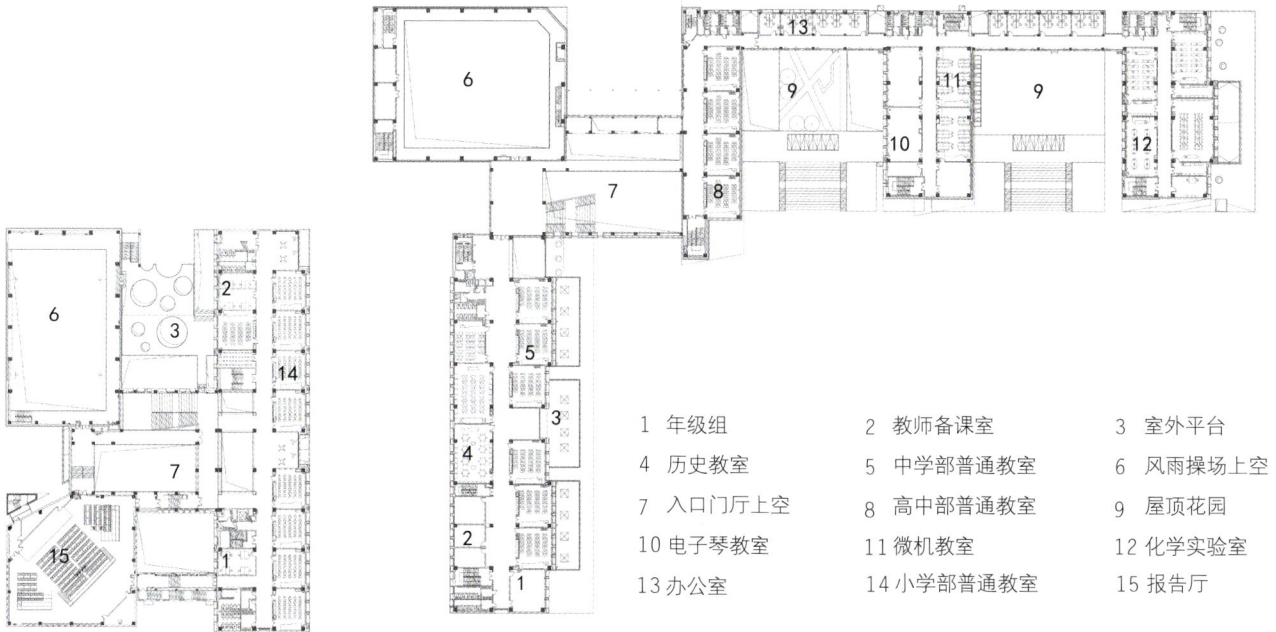

1 年级组	2 教师备课室	3 室外平台
4 历史教室	5 中学部普通教室	6 风雨操场上空
7 入口门厅上空	8 高中部普通教室	9 屋顶花园
10 电子琴教室	11 微机教室	12 化学实验室
13 办公室	14 小学部普通教室	15 报告厅

■ 完全中学沿街立面图

完全小学教学楼 ｜ 完全中学初中部 ｜ 完全中学高中部 ｜ 文体楼 ｜ 实验楼

专家点评

■ 高新区第一学校以绿色校园为特色，创意性地将绿色技术和绿色教育有机结合起来。

■ 绿色校园体现在面向学校特点有针对性地选择技术。无论是建筑布局的生态场地、建筑空间的自然采光、建筑构造的通风构造，还是建筑设备的新风系统、新兴技术的彩色光伏，都与校园的需求很好的结合起来，并在此过程中将技术尽可能以艺术的方式展示出来。

■ 学校在室内空间中注重公共空间的塑造，有光的公共空间贯穿整个校园。

■ 学校设计从学生的使用特点出发，从学生在校园生活中面临的问题出发，将其转化为精细化的空间、构造、色彩、材料的解决方案。

■ 学校简洁现代的造型符合高新区的城市特点，并借助铜板这种具有表现力的材料，传达出独特的质感和气质。

朱铁麟

北京师范大学天津生态城附属学校

BEIJING NORMAL UNIVERSITY ECOCITY
AFFILIATED SCHOOL

设计单位：天津市天友建筑设计股份有限公司
设计人员：秦 亮 魏 源 朱学亮 巨 春 陈伟兵 李博文
　　　　　李晓峰 鲍 炳 付 俊
项目地点：天津滨海生态城旅游区
设计时间：2015年
竣工时间：2017年9月
用地面积：57434.2平方米
建筑面积：53700平方米
班级规模：小学36班，初中18班，高中18班
设计类别：新建

■ 总平面图

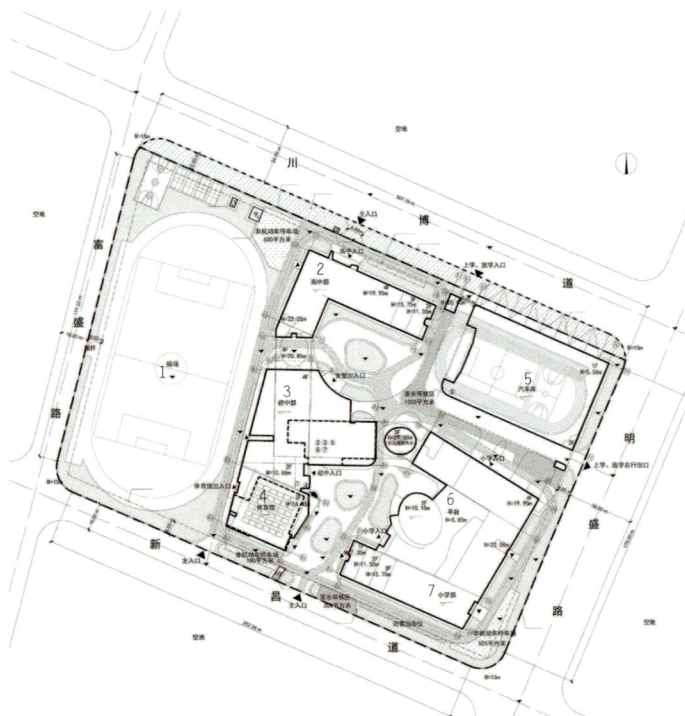

1 操场　2 高中部　3 初中部　4 体育馆　5 汽车库　6 平台　7 小学部

■ 项目位于天津滨海旅游区，与天津滨海海博馆遥相呼应，学校包括小学到高中12个年级，小学36个班，初中18个班，高中18个班。这是一所开放、创新、自由、绿色生态的12年全日制学校。

■ 建筑形体：建筑主体设计充分体现了学者如登山焉动而益高、海纳百川、兼容并包的校园文化，学海行舟、不懈努力的校园精神和流动起伏、丰富多样的校园空间。设计以开阔、舒展绵延的山脉为原型，打造一个整体连续的筑形体，整体建筑形态犹如一座连绵起伏的山峰，寓意着学习犹如登山一样，需要不断地攀岩，达到顶峰。项目采用多处底层架空的形式，形成连续的平台空间，底层留出车库和家长接送通道，二层活动平台由多个连廊和建筑主体连通，学校的每个功能空间都能通过平台进入，形成了一个多层次、立体的趣味性校园活动空间。

■ 高中部入口

■ 接送交通通道：交通问题是每个学校最关注的同时也是最难解决的问题，设计中我们尝试了一个全新的学校交通组织体系，设计借鉴车站和机场的接站、送站模式，在架空操场下面设置送站式汽车接送通道，对接送学生的车辆和校车按照学校规定的时间进行有序管理，将接送车辆引入学校内，在校园内形成线性的停车港湾，同时为学生家长设置专门的停车库，解决了目前上学时间段的交通拥堵问题，也为缓解这一区域内的城市交通压力作出了贡献。

■ 室外平台及屋顶农场：二层的空中平台的设计，打造了丰富的空间感受，同时空中连廊将学校中的每一个功能都串联在一起，也达到了教育综合体的设计目的。学校内的任意一个空间都能通过连廊连接，连廊的设置既解决了交通的连接问题，同时给学校带来了一个双层的立体的空间层次，使学校的空间更加丰富灵动。在屋顶的运用上，项目设置了专门的上人屋面和屋顶农场，结合项目的屋顶女儿墙较高的特点，为学生们设置屋顶农场，丰富学生们的课余生活，让他们能通过劳动实践来分享学习的快乐。

■ 螺旋图书馆：由于建筑体量较大较长，我们在整体建筑体形的关节部位分别设置了图书馆和合班教室，其中图书馆是项目的一大设计特色。我们设计了一个由一层螺旋上升至顶层的图书馆，打破了以往学校图书馆比较独立的格局，将图书馆做成竖向的交通形态体系，使每个年级和每层的师生都能够以最短的时间进入图书馆。图书馆空间充满趣味性，螺旋形的设计可以让学生们在空间利用上获得不同的感受，也寓意着孩子们通过螺旋的楼梯去攀登知识的山峰。

■ 一层平面图

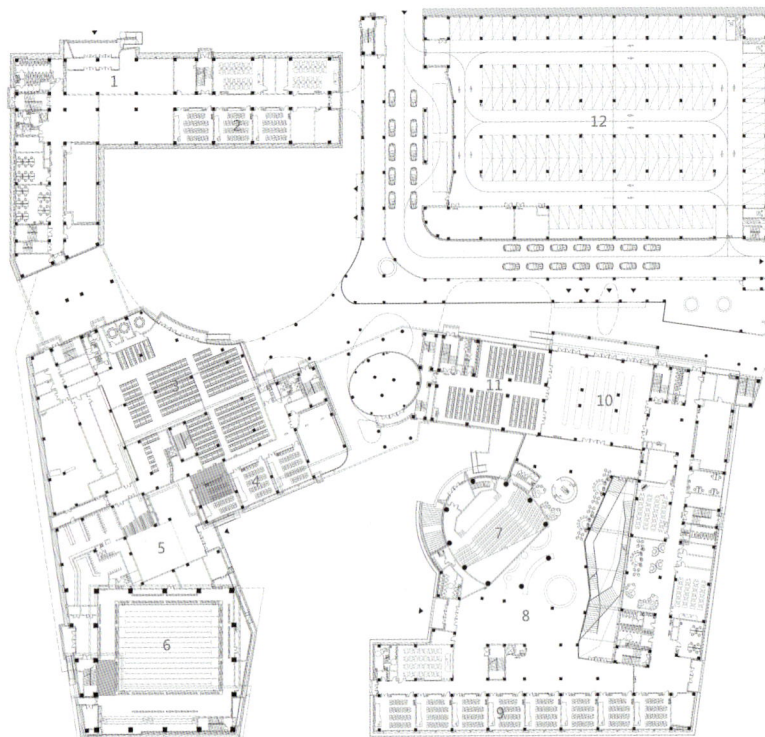

1 高中大厅
2 高中教室
3 食堂餐厅
4 初中教室
5 初中大厅
6 游泳馆
7 报告厅
8 小学活动大厅
9 小学教室
10 小学多功能厅
11 小学餐厅
12 停车场

■ 小学部入口与报告厅

■ 校园主体立图

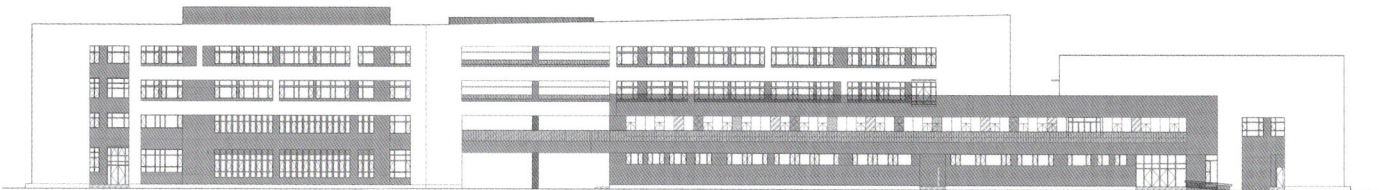

■ 二层平面图

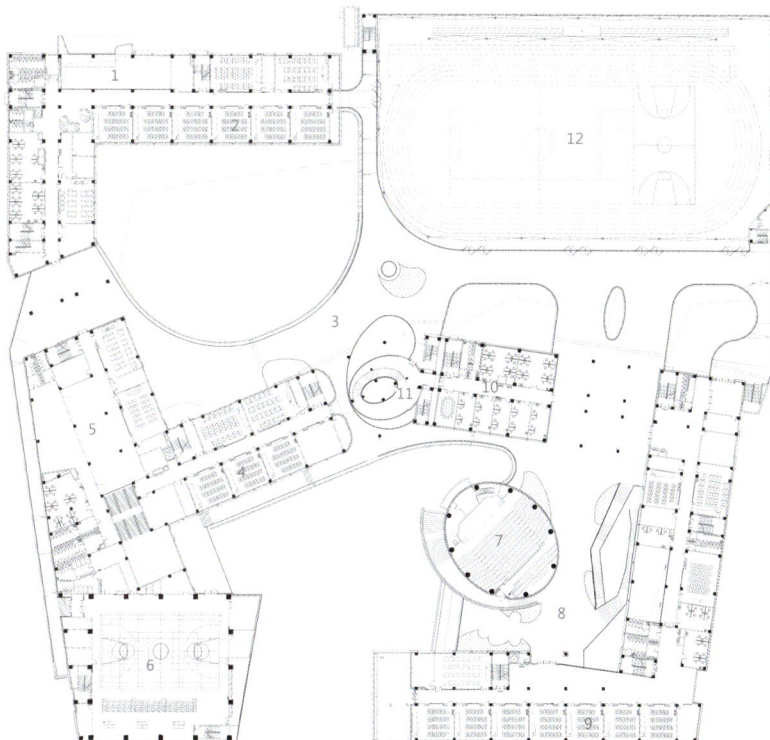

1 高中门厅上空
2 高中教室
3 二层活动平台
4 初中教室
5 初中活动大厅
6 风雨操场
7 报告厅
8 小学二层活动平台
9 小学教室
10 办公
11 图书馆
12 二层操场

■ 高中部庭院

■ 平台院落

■ **建筑技术创新：**建筑结构采用基础隔震技术，这是目前世界地震工程界推广应用的高新技术，基础隔震技术的使用可以实现建筑在地震中不倒塌，成为减轻地震灾害最有效的手段之一，也是目前运用在学校建筑中为数不多的抗震基础形式，抗震强度较传统建筑大大提高，有效保证了学校师生的安全。

■ **绿色建筑技术：**学校充分考虑本地气候特点，运用主动式和被动式结合的绿色建筑技术，建筑绿建星级达到绿建三星标准。学校能源形式采用地源热泵、新风系统的能源形式，充分考虑学校师生的舒适感受，地板采暖、屋顶绿化、建筑遮阳、合理的建筑架空、气候中庭都是项目在绿色学校理念方面的典范。除了必要的新风系统以外，学校还为学生们设置了去除PM2.5的新风除尘装置。在室外空气质量不好的情况下，也能为学生们创造空气清新的室内环境。

■ **室内空间：**因为北京师范大学天津生态城附属学校是一个12个年级的学校，除了在建筑的空间上我们要把握孩子在各年龄段的不同特征以外，室内设计也至关重要，我们希望根据不同年龄段孩子的心理特点和空间尺度，设计符合他们年龄段的室内空间。室内空间的颜色采用大面积的灰、白、木色系，沉稳大气、不张扬，通过体块的塑造呈现出空间的理性，彩色块的设计在灰白基调中跳跃出来，呈现空间的感性。在感性与理性的结合中适应小学、初中、高中不同年龄层的儿童心理。

小学部大厅

初中部大厅

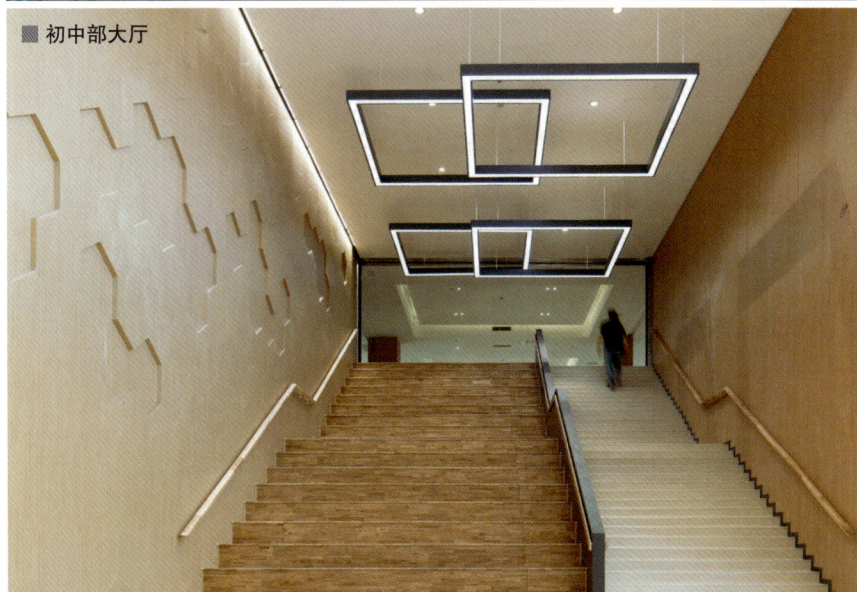
图书馆旋转楼梯

图书馆中庭

专家点评

■在有限的基地内，设计以紧凑的高密度布局，巧妙地把12年全日制学校的小学部、初中部和高中部的各个功能空间合理地布置在一个校园内，各自相对独立，共享和共用空间的效用发挥显著，在国内中小学校园整体规划中是一个不多见的突出案例。

■设计以灵动的首层内庭院、连续的二层活动平台和错层的屋顶为特征，通过两个"U"字形体量的反转和扭动连接，一气呵成地展现了连绵起伏、舒展开阔的整体建筑风貌，既尝试了天津生态城建筑的地域特色，又体现了时代建筑风尚。

■设计尝试通过运用架空平台上部布置运动场，下部结合停车位布置家长接送通道和停车港湾，意欲体现和提升空间和场地的多功能利用价值，减缓交通拥塞，促进实现校园实质安全。

■通过环境景观、建筑和室内的一体化设计，准确把握和展现材质和色彩，调度肌理和质感的变化，展示新时代中小学校的设计追求。

■结合绿建三星的高标准建设要求，设计采用了多项适宜的成熟技术，如隔振基础、地源热泵、全空气系统，把主动式和被动式节能设计相结合，以综合创新引领绿色生态校园的设计方向。

吕大力

天津生态城外国语小学
FOREIGN LANGUAGE PRIMARY SCHOOL IN TIANJIN ECO-CITY

设计单位：天津市天友建筑设计股份有限公司
设计人员：任　军　杜　娟　李茂盛　夏多瑜　孟建伟　魏　然
　　　　　范建伟　刘　冬　杨　辉　吴笑凡　刘　卫　翟晨君
　　　　　苏成江　董喜超　于珍珍　于会敏　田　进
项目地点：天津中新生态城
设计时间：2011年4月
竣工时间：2012年9月
用地面积：14040平方米
建筑面积：17314平方米 / 地上14500平方米 / 地下2814平方米
班级规模：小学36班
设计类别：新建

■ 校园总平面图

■ **教育城堡**：生态城外国语小学是隶属于天津外国语大学体系下的中小学系列，大学母校位于天津五大道，是英租界的历史风貌建筑群，因此建筑造型采用英伦风格，与外国语大学的内涵相契合。而在设计之初，校长就描述了他心中对这个学校的畅想："我想要一个霍格沃兹那样的建筑。"于是，红砖风貌的英伦城堡的定位就这样确定下来了——红砖灰瓦的材料质感风格亲切，符合儿童认知，并以高耸的钟塔为旁边的邻里中心提供标志。

■ **紧凑的布局+简洁的流线**：学校用地非常紧张，在学生平均用地10平方米左右的情况下，建筑布局采用了紧凑的"口"字形，并以合院的东翼作为公共空间联系教学区和体育、生活辅助区，形成了最简洁的交通流线，而交通流线的核心，就是大厅、生态展厅以及室内的拱廊。

■ **天光的公共空间+采光的活动空间**：阳光对小学生来说是最有价值的生态要素之一，因此体育馆和大厅中庭设置了天窗，阳光从屋顶洒到大台阶和展厅的拱廊。设在地下的食堂以一个下沉广场和钟塔联系起来，并成为自然采光的餐厅。普通教室区虽然用地紧张也依然采用了单廊布局，并以略微加宽的走廊提供给学生课间明亮的游戏空间。

■ 校园街景图

■ 学校主立面

■ 下沉庭院

■ 庭院空间

■ 首层平面图

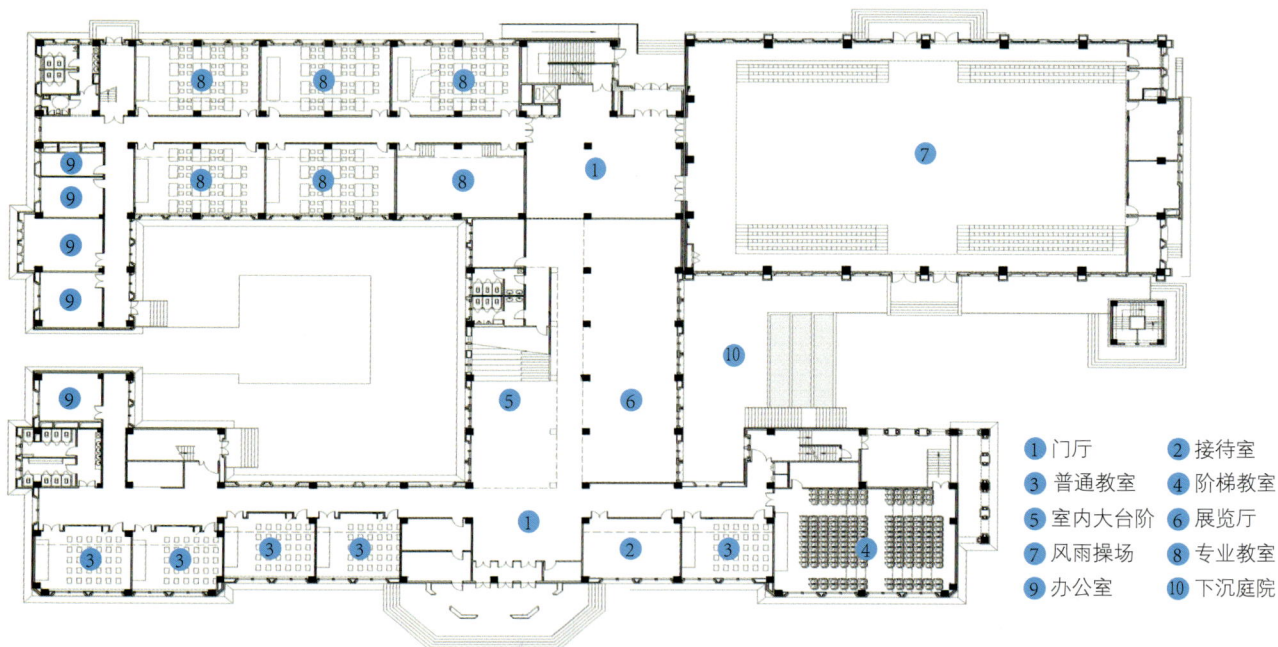

① 门厅　② 接待室
③ 普通教室　④ 阶梯教室
⑤ 室内大台阶　⑥ 展览厅
⑦ 风雨操场　⑧ 专业教室
⑨ 办公室　⑩ 下沉庭院

■ 绿色城堡：学校采用了多种绿色技术创造生态校园，达到了国家绿色建筑三星级标准。校园用地周边有完善的公共交通和社区配套共享，并利用操场地下停车场，停车场也可作为社会停车场，人行出入口直接面向生态城的慢行系统；通过单廊和中庭的布局进行风压与热压自然通风；空调系统采用地源热泵，利用地热可再生能源提供冬夏季的采暖与空调；在体育馆屋顶设置太阳能光热系统，提供60％的热水需求；校园设计为以本地植物为主的景观生态系统，爬墙虎几年就爬满了红砖庭院的墙面；通过垃圾分类、绿色技术展示、生态课堂等，对小学生进行绿色教育。

■ 红砖城堡：建筑体量上通过突出墙面的凸窗、角塔等凸显英伦风格独特鲜明的立体效果，根据气候在保温与采光间寻求平衡，令建筑立面平整大气。建筑中段造型简洁朴素。屋面以上变化丰富。建筑材质以红砖为特色，以砖红色和浅米黄线条相对比。通过浪漫色彩的丰富细部体现英伦城堡风格，如墙垛式线脚、女儿墙和窗套，椭圆拱门洞、壁柱、踏步型山花等。45度的屋面坡度结合老虎窗、烟囱等构件，在室内成为顶层图书馆的特色空间。

234

■ 展览厅

■ 庭院空间

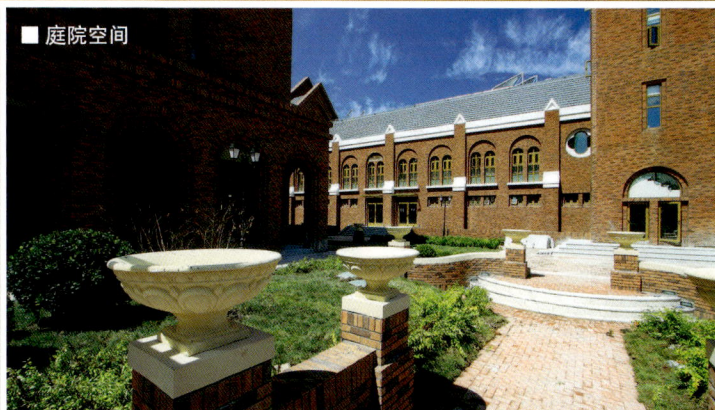

■ 庭院空间

■ 校园东立面图

■ 校园南立面图

专家点评

■ 天津生态城外国语小学建筑风格采用红砖风貌的英伦城堡造型，契合了其大学母校的内涵。

■ 在紧张的用地条件下采用紧凑布局、集约利用空间，同时也很适合英式城堡造型。以有天光的公共空间作为空间组织的核心，为学生们提供了健康舒适的室内环境；充分利用地源热泵和太阳能热水等可再生能源，体现了绿色校园的设计理念。

祝捷

卧龙镇中心小学
WOLONG TOWN CENTRAL ELEMENTARY SCHOOL

设计单位：天津大学建筑设计研究院
设计人员：张 颀 张 健 吴 放 苏 夏 安海玉 侯 钧
　　　　　王丽文 王 勇
项目地点：四川省卧龙林业局辖特别行政区卧龙镇
设计时间：2009年8月～2010年3月
竣工时间：2011年8月
用地面积：16271平方米
建筑面积：4671平方米
班级规模：小学12个班
设计类别：新建

■ 卧龙镇中心小学为"5·12"震后重建项目，由香港特区政府援建。适应卧龙特有地形、地貌、地质、气候等自然条件，总体规划将运动场地设于北部近山的平地上，南部结合地势分为高差1.5~3米不等的坡地，每个坡地上安排教室和学生宿舍，保证人员密集建筑远离山体。

■ 尊重当地历史、人文、传统生活方式等文化背景，"小而分散、错落有致"的建筑布局和"石墙木筋、木栅栏杆"的建筑形式均来源于当地羌汉文化结合的坂屋民居，建筑入口、外廊、巷道、碉楼等形成丰富的室外空间，体现羌族建筑特色。

■ 石材饰面外墙源于看到震区堆积大量山体垮塌残留的断石碎石，与其填河处理，不如学习当地传统民居的选材和做法来搭建教室。建筑外檐选用200厚不同大小片石间搭砌筑，在结构柱处每400植筋与片石拉结，填充墙体处每400高片石与200厚加气空心混凝土砌块拉结砌筑，满足抗震要求。

■ 采用隔振技术，通过延长结构的自振周期并提供附加阻尼，大大减少结构的水平地震作用，从而减轻结构和非结构构件的地震损坏，使其抗震设防水准高于普通抗震结构。

■ 总平面图

■ 教学楼

■ 教学楼平面图

1 普通教室
2 办公室
3 保育室
4 配餐室
5 幼儿教室
6 幼儿休息室
7 专业教室
8 科技活动室
9 图书阅览室

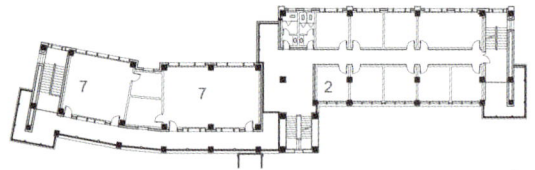

教学楼三层平面图

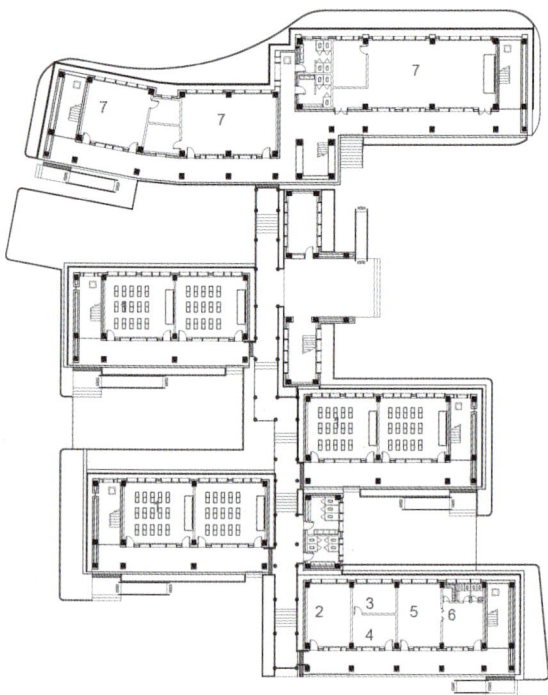

教学楼首层平面图

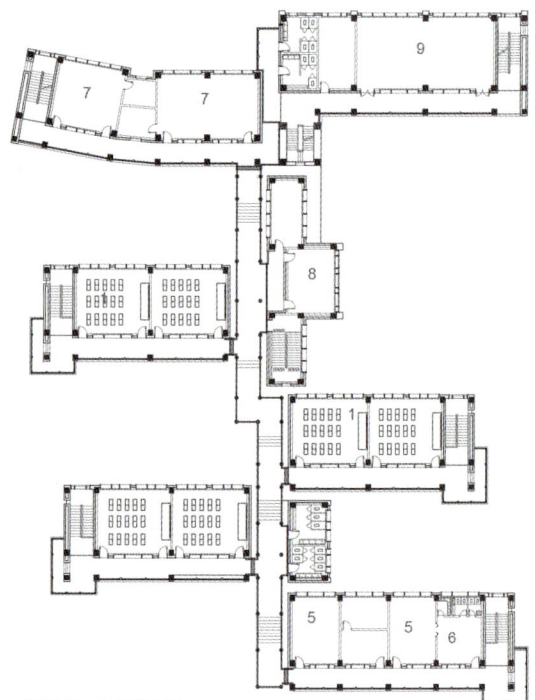

教学楼二层平面图

■ 学校主入口

■ 教学楼外檐细部

■ 剖面图

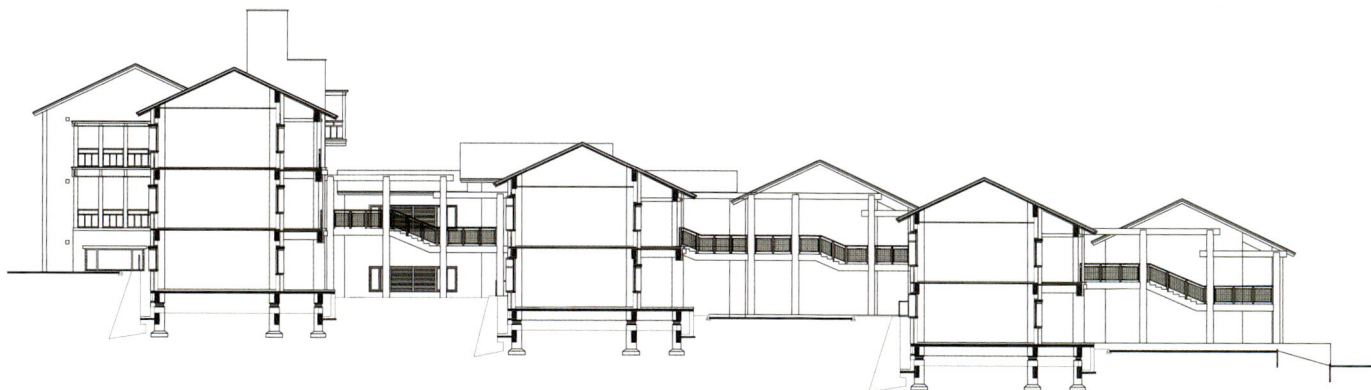
■ 室外活动场地

■ 隔震支座

专家点评

■ 设计强调"因时制宜、因地制宜、经济适用、注重生态",选用当地建筑材料,尊重当地建造技艺,以一种"原生态"的建筑范式作为民族文化和地方意象的载体,实现了形式与功能的完美契合、技术先进性与经济实用性的综合考量、地方化与人情化的双重展现。

刘景樑

校园整体鸟瞰图

淄博市桓台县城南学校
CHENGNAN SCHOOI OF HUANTAI, ZIBO

■ 校园总平面图

设计单位：天津大学建筑设计研究院、天津大学建筑学院
设计人员：卞洪滨　吴放　迟向正　郑涛　李梦君　陈擎
　　　　　姜子林　张阳　刘珊　李明　王勇　于占文
　　　　　严冰　王特立　何文涛　赵盾　许莉莉
项目地点：山东省淄博市桓台县
设计时间：2012~2015年
竣工时间：小学部2013年，中学部2018年
用地面积：小学部32000平方米、中学部63600平方米
建筑面积：小学部地上19500平方米、地下13000平方米，中学部
　　　　　地上36500平方米、地下13000平方米
班级规模：小学部40班（并预留5班），中学部32班（并预留8班）
设计类型：新建

■ 项目概况：城南学校包括小学部和中学部两部分，位于淄博市桓台县城区南部，周边均为新建的居住区。小学部五个年级，共40个班，每班45人；中学部四个年级，共32个班，每班50人。两校独立设置，共用风雨操场、游泳馆以及小学部操场地下的停车场，并向社会开放。
■ 设计理念：校园不仅是学生上课的教室的功能集合，更是学生生活、交往、陶冶性情的场所。因此，在校园规划设计中，除满足学生基本的课堂和活动要求之外，着力设计营造普通教学空间之外的公共活动空间。
■ 小学位于用地的西部，建筑主体最高四层，呈院落式布局，曲线型连廊将建筑群分成教学、行政和实验、文体左右两个部分；架空的主楼顶部将两部分连接成一个整体，并界定出前后两个互相贯通的广场。七米宽的两层连廊作为空间组织和学生活动的核心，营造出一种轻松、开放、多元的空间氛围。
■ 中学位于用地的东部，建筑主体最高五层。弧形的综合楼围合出的半椭圆广场配以高耸的塔楼，形成独具特色的校前广场和建筑形象；游泳馆、风雨操场的水平体量和弧形屋顶与之相互配合，共同构筑出完整而独特的城市空间界面，其位置相对独立，便于向市民开放，在条状的普通教室和弧形的综合楼之间构建一个联系便捷、内部空间丰富、可以容纳多种活动的公共区域；位于中间的教学楼底层架空，将两个"U"形的半围合院落连成一个整体。

■ 中学鸟瞰图

■ 中学入口广场

■ 小学操场

■ 小学教学楼

■ 小学部一层平面图　　　　　　　　　　　■ 中学部一层平面图

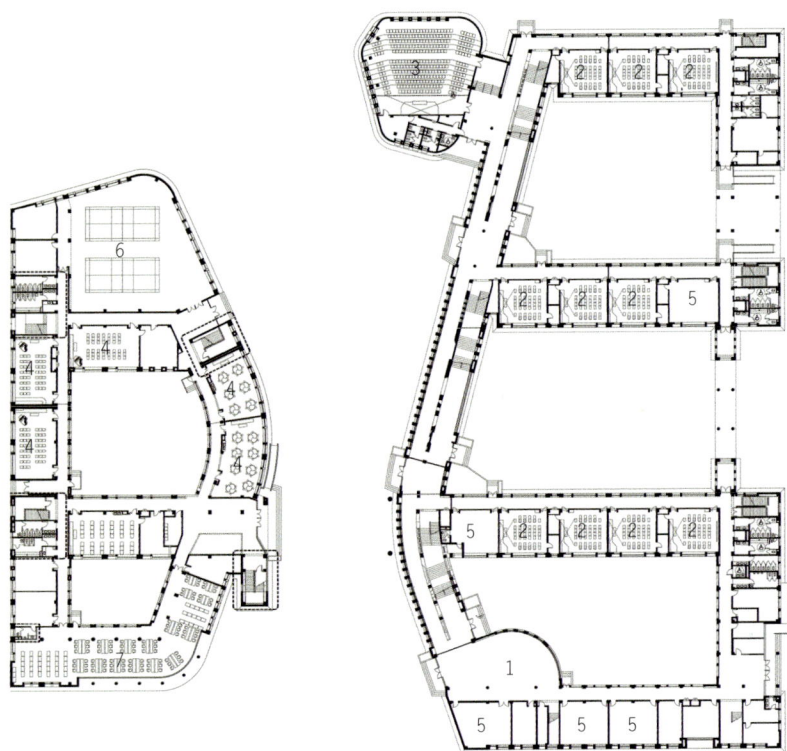

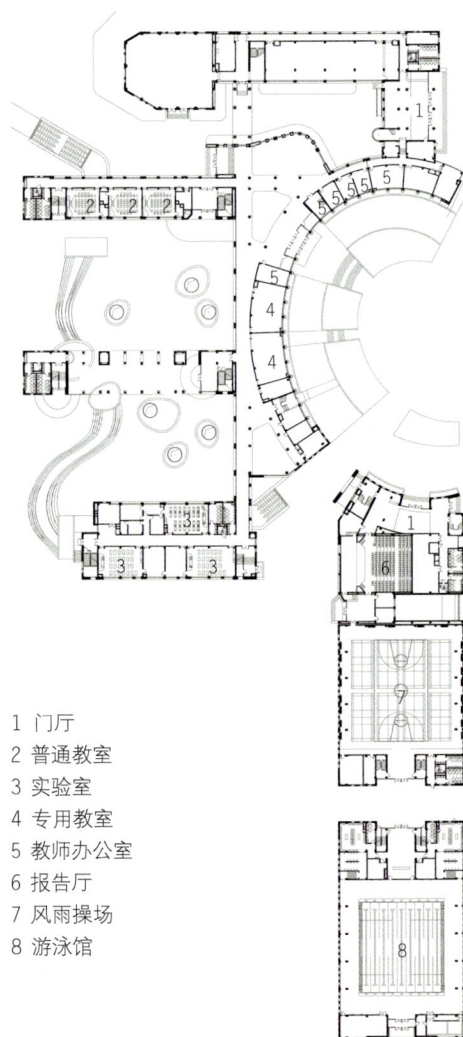

1 门厅
2 普通教室
3 合班教室
4 专用教室
5 办公室
6 风雨操场
7 图书室

1 门厅
2 普通教室
3 实验室
4 专用教室
5 教师办公室
6 报告厅
7 风雨操场
8 游泳馆

■ 从北侧看主入口

■ 小学内庭院

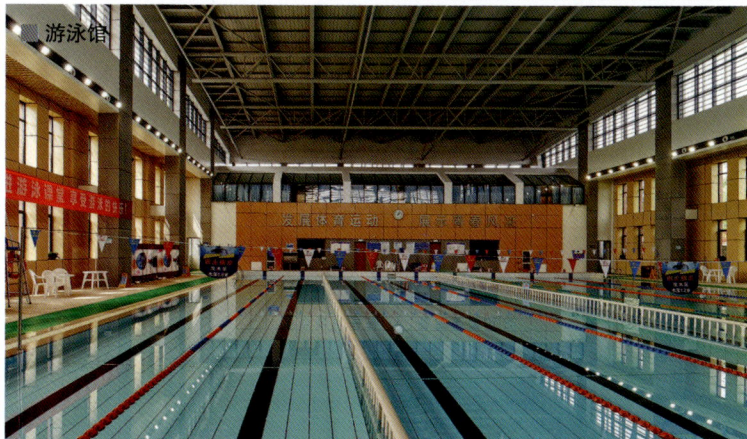
■ 游泳馆

■ 报告厅

■ 中学交流大厅

专家点评

■ 桓台县城南学校以庭院和广场为空间特色，以统一的红砖灰瓦，呼应了城市和教育建筑的特点。

■ 作为72班的大型学校，建筑布局针对中小学的交通流线和功能进行了简洁而紧凑的总图布局。中学和小学分别设计了形态各异的广场空间，成为校园的空间核心。

■ 校园注重室外公共空间的塑造，小学的庭院空间和中学的广场空间打破了鱼骨式的教学楼布局，并借助底层架空为学生的活动提供丰富的室外灰空间。中学部半地下自行车库升起的屋顶作为院落的地面，使院落成为独立的空间层次。

通过布局及分区组织，可将风雨操场、游泳馆及地下车库与城市及社区共享。中学和小学的造型及材质色彩，在红砖质感的统一中又有各自的主题和特点。

任军

■ 校园鸟瞰图

天津市海河中学
TIANJIN HAIHE MIDDLE SCHOOL

■ 改造前的校园

设计人员：田 军 祝 捷 张长旭 孙 喆 杨晓婷 王 亨
　　　　　孟范辉 刘莉娜 王湘安 沈优越 刘 冬 田 宇
　　　　　彭 鹏 李 力 李 研

项目地点：天津市河西区

设计时间：2012年10月~2014年1月

竣工时间：2016年4月

用地面积：27072.7平方米

建筑面积：39600平方米（其中新建面积36000平方米，改造面积
　　　　　3600平方米）

班级规模：36班

设计类别：改建、扩建

■ **项目概况：**天津市海河中学成立于1895年，是一所具有百年历史的传统学校。由于地处城市商务核心区，原有校园用地极为紧张，硬件条件已经达不到高中示范校的基本标准。为解决这一难题，教育部门协调周边单位进行异地搬迁，增加校园可用地面积，本项目就是对于原校园的改扩建。

■ **功能组成：**整个项目由新建教学楼、实验楼、风雨操场、保留教学楼以及地下车库组成。为更好地整合功能，项目对于原本散落在学校各处的、面积较小的单体进行拆除，增加了土地的使用效率，特别是对于原有的一座"L"形教学楼，进行了部分拆除，并对剩余部分进行了有效地结构加固。不仅保留了原有校园的沿街立面，同时将校园内各建筑连接在一起，形成有机整体。

■ **总图布局：**改建后的校园将校园主要建筑布置在沿街一侧，在校园内部形成了相对安静的内庭院，一方面有效地扩充了校园内部的活动空间和集中景观绿化，另一方面也改变了以往校园各部分功能相互割裂的状况，改善了使用体验。

■ **建筑外观：**项目地处天津德式风情区，因此方案考虑之初就将立面定位于具有德式风貌的外观。各单体均采用简化的欧式立面，保证基本风格与周边建筑统一的前提下，又对部分重点部位，如街巷转角处、校园入口、主要的视觉焦点处等进行了重点处理，提升了校园的整体形象。

■ **校园景观：**校园进行改扩建后，校园内部的绿化景观得到重新梳理的机会，由原本分散的、单一的小型绿化，调整为既有大型集中绿地，又有宜人的景观小品，甚至还增加了小型的校园文化水景，使得校园的内部环境得到了有效地充实。

■ 艺体楼南侧透视

■ 教学楼艺体楼入口透视

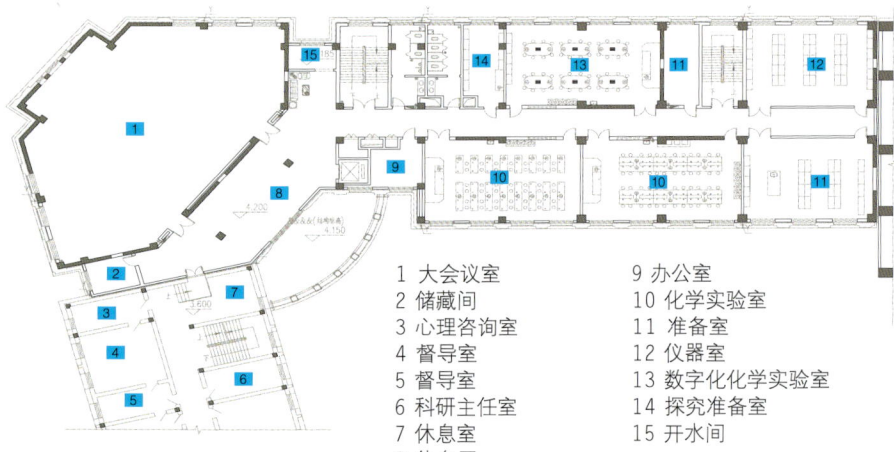

■ 实验楼平面图

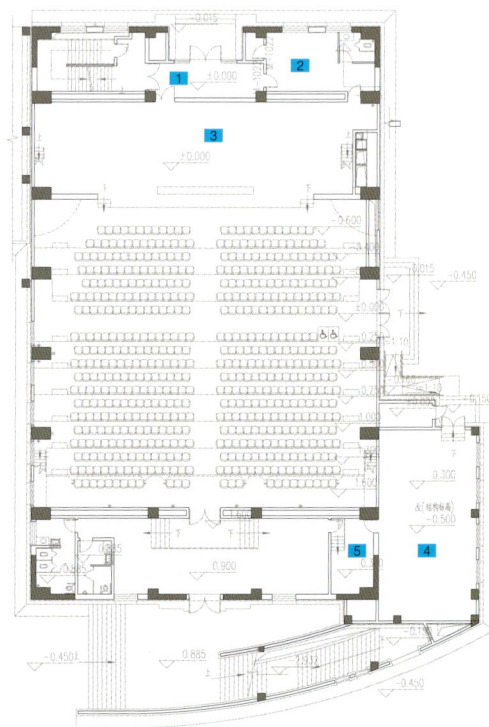

1 大会议室　　　　9 办公室
2 储藏间　　　　　10 化学实验室
3 心理咨询室　　　11 准备室
4 督导室　　　　　12 仪器室
5 督导室　　　　　13 数字化化学实验室
6 科研主任室　　　14 探究准备室
7 休息室　　　　　15 开水间
8 休息厅

■ 艺体楼平面图

1 门厅
2 贵宾间化妆间
3 舞台
4 配电间
5 值班室

■ 艺体楼立面图

■ 校园整体景观

246

■ 教学楼

■ 教学楼

■ 校园景观

■ 沿街校园景观

■ 校园景观

专家点评

■ 天津市海河中学改扩建工程是一项结合旧街区改造的项目，项目用地紧张，对于设计提出了较高的要求。

■ 设计人对于紧张的校园用地进行了充分分析组织，明晰了校园功能分区。有效地利用了部分校园既有建筑，保留了沿街界面，将新建筑有机地插入既有建筑之间，形成完整的建筑序列，同时又与城市空间关系得当。设计着重考虑了校园内部的趣味空间，增加了空间特色，为师生创造了宜人活泼的校园环境。

刘祖玲

诸暨海亮高级中学
ZHUJI HAILIANG HIGH SCHOOL

设计单位：天津大学建筑设计规划研究总院
设计人员：顾志宏　穆　毅　聂　莉　宦　新　殷　亮　于　泳　镡　新
　　　　　冯卫星　邢　程
项目地点：浙江省诸暨市
设计时间：2012年4月
竣工时间：2015年3月
用地面积：48200平方米
建筑面积：69271平方米
班级规模：64班
设计类别：新建

■ **项目概况**：诸暨海亮教育园位于浙江省诸暨市三环路北侧，包含6所寄宿制学校和相关的配套设施。诸暨海亮高级中学是其中一所，本项目规划为64班高级中学，学生人数2500人。项目用地内最大高差达24米，我们充分考虑地形地貌特点，秉承精品化、特色化、国际化的高端定位，力求打造一处因地制宜、生态绿色、独具魅力、特色鲜明的"山水名校、百年经典"。

■ **总体布局**：校园规划布局紧密结合地形地貌特点，我们一方面主动适应山地环境，保护地形地貌；另一方面集约用地，充分合理利用地形高差和山形，形成富有山地特色的空间感受。项目总体布局分为三个组团：西南侧临近主入口的位置依山布置教学组团，高低错落的建筑围合出各具特色的庭院，形成趣味、多彩的教学空间；场地北侧依山抱式布置布置生活组团，中间自然围合出公共生活广场。场地东南侧布置风雨操场、运动场等体育设施，同时，结合地势巧妙设计看台。考虑到南方多雨炎热的气候特点，三个组团均通过连廊相互连接，为师生提供了舒适便捷的交通流线。

■ **立面造型**：诸暨海亮高中整体风格简洁大气，朴素典雅。建筑形态依山傍势、层层跌落，形成开放舒适的空间感受，创造出富有节奏感、层次感的特色空间，让师生充分与自然沟通，做到场所育人，空间育人。同时，建筑设计中运用架空、镂空、柱廊、连廊等现代手法及元素，既丰富了建筑造型，又为学生学习、生活提供了舒适的空间感受，体现了建筑设计的人性化。建筑屋顶采用平顶坡顶相结合的设计方式，呼应山地特点，形成丰富的第五立面。

■ **景观设计**：我们结合原有基地环境，遵循以人为本、尊重自然的设计原则。通过点、线、面等绿色环境的有机结合，形成四季有绿，丰富多彩的环状校园绿化景观。打造楼在林中、路在树中、校在绿中，集休闲、锻炼为一体景观链和生态环，创造最宜人、舒适的校园景观环境。

■ **总平面图**

■ 校园东南侧实景

■ 中心庭院景观

■ 教学楼、食堂间风雨连廊

■ 教学楼庭院

■ 教学楼南侧庭院

■ "书院气质"的院落布局：我们借鉴了古代书院建筑中大小院落相互连接的布局方式，组成了具有中国传统建筑特征的院落空间，体现了现代高级中学强调的以公共性和开放性为主的书院文化精神场所。不同层次的庭院空间创造出丰富多样的交往空间，内聚型的院落空间也为师生读书游憩、交流研究、陶冶情操创造了雅致的环境氛围。

■ 东立面图

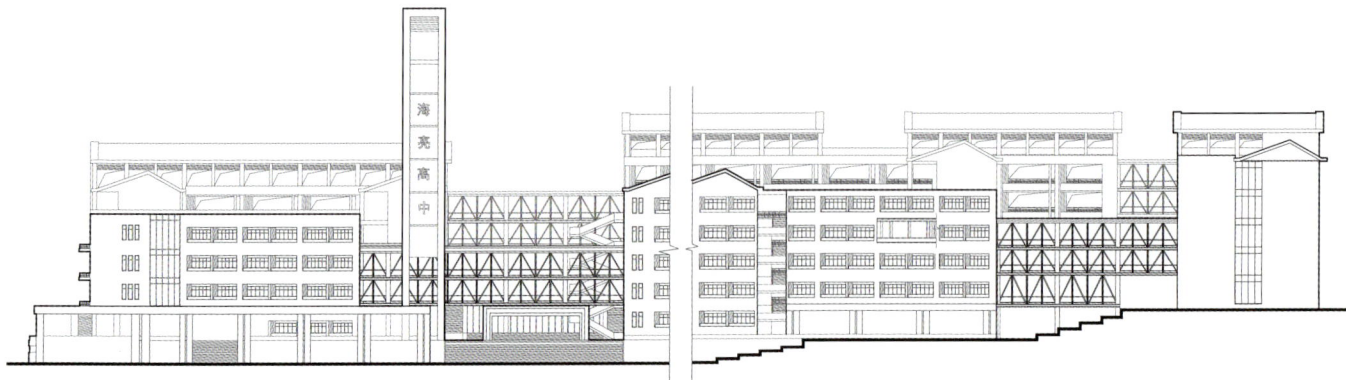

■ 校园剖面图

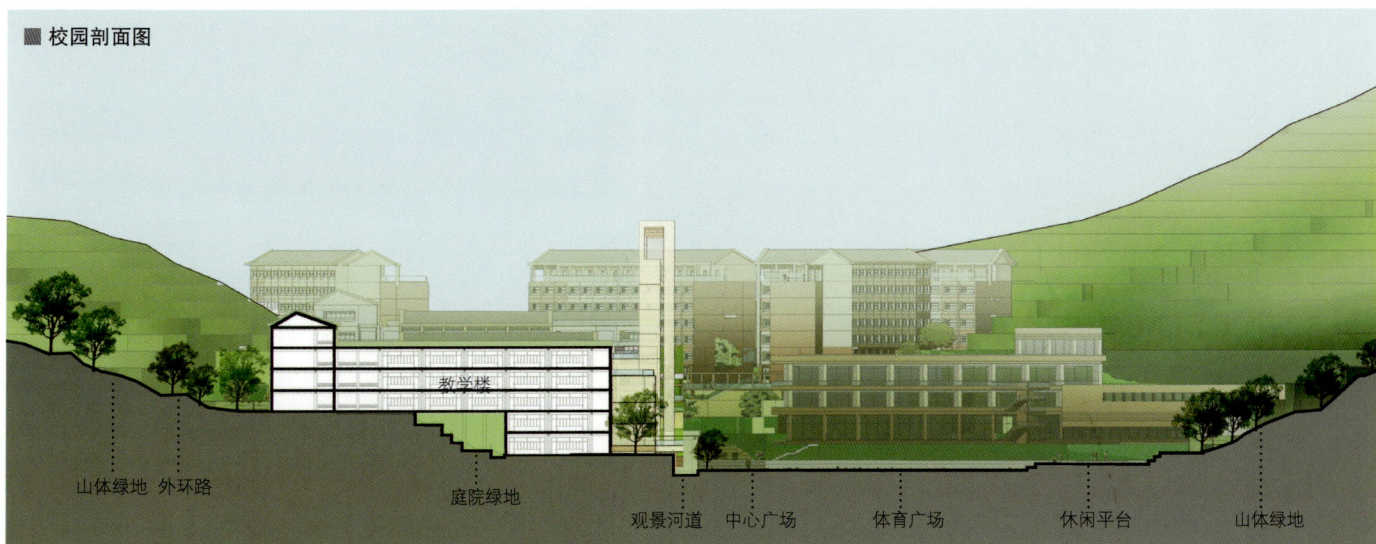

山体绿地 外环路　　　　庭院绿地　　　观景河道 中心广场　　体育广场　　　休闲平台　　　山体绿地

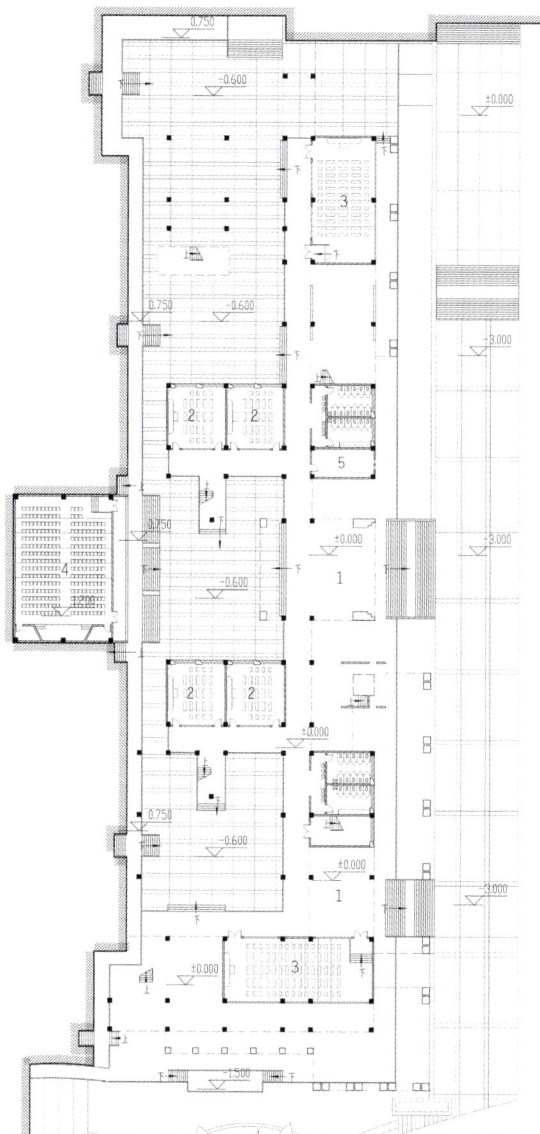
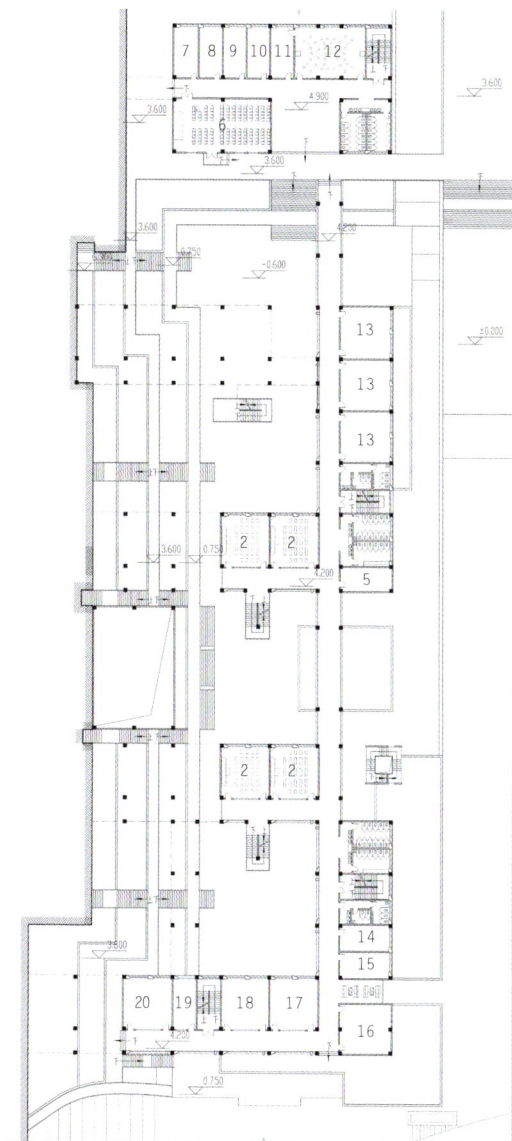

1 门厅　2 普通教室　3 合班教室　4 阶梯教室　5 教师办公室　6 多功能办公室　7 考具保管室　8 考卷保密室　9 视频监控室　10 美术办公室　11 教具室　12 美术教室　13 图书室　14 党校　15 党员活动室　16 会议室　17 书记室　18 校长室　19 接待室　20 团委室

■ 生活区休闲平台

专家点评

■ 诸暨海亮高级中学布局合理，功能完善，流线组织清晰紧凑，建筑造型简约大气，空间处理结合地形地貌，营造了丰富多样、舒适宜人的室内外空间，展现出人与自然亲和的关系。

■ 建筑设计结合诸暨当地气候特征，通过室外连廊、观景楼梯、风雨柱廊、休闲平台的设计，使校园景观与建筑形成良好的对话呼应关系。

■ 漫步于诸暨海亮高级中学，既可以沐浴山清水秀的自然风光，又可以感受现代经典的人文气息。让我们的莘莘学子在这里相聚，在这里成长，让我们共同融入这所美丽具有新式"书院气质"的校园。

张铮

天津国际学校
TIANJIN INTERNATIONAL SCHOOL

设计单位：天津天怡建筑规划设计有限公司　AJ+C
设计人员：高宏韬　巩长江　廖　正　张立宁　王建强
项目地点：天津市
设计时间：2011年6月
竣工时间：2013年7月
用地面积：35850.2平方米
建筑面积：21676.81平方米 / 地上21042.93平方米 / 地下633.88平方米
班级规模：小学28班，中学35班，婴幼儿8班
设计类别：新建

■ 本工程位于天津市河西区泗水道与泽山路交口处，与天津财经大学相邻。它拥有75个现代化教室、3个设备齐全的实验室、校内无线上网、两所图书馆、完善的表演艺术中心、大礼堂、室内体育馆、网球场以及在学校主楼外分别设置的游乐场地和风雨操场等。作为国际学校，充分考虑现代国际中小学教育对建筑空间的要求，设置复合多变的空间形式，在公共区域设置共享空间，展示空间，以促进学生间、师生间的交流，并满足情景教学的需求。

■ 本设计形体塑造手法具现代感，主要以完整的体块进行组织，并在既定的平面构成基础上，在富于秩序感的建筑形体中穿插异形体量，以连续、穿插、切割等造型手段，塑造出既统一又多变的建筑形体和建筑空间。建筑强调虚实对比，大面积的玻璃和砖墙以及钛锌板金属幕墙凸显现代的风格。建筑色彩以赭石色为主基调，配以白色墙面辅助，并赋予纯色色彩的点缀，使整个建筑显得亲切活泼，使建筑富有趣味性，适合中小学教育建筑的气质。

■ 学校主楼主要特征是具有明确的控制轴线。它能够引导人们自觉地沿轴向运动和观赏，空间的连续性和时间的有序性在行进中也易于被人们体验，在轴线布局中各功能建筑沿以学校入口为起点的主要轴线依次排列。

■ 学校操场，活动场地及园林以学校为单位，形成围合的私密性较强的空间布局形式。在这种布局形式中，庭院被建筑围合或半围合，庭院内部可设置满足学部需求的体育运动区。结合绿化设计，庭院在原有院落的基础上可使学生和老师产生归属感，庭院内部的小品设置结合学生需求，形成自由活泼的室外课堂。

■ 校园总平面图

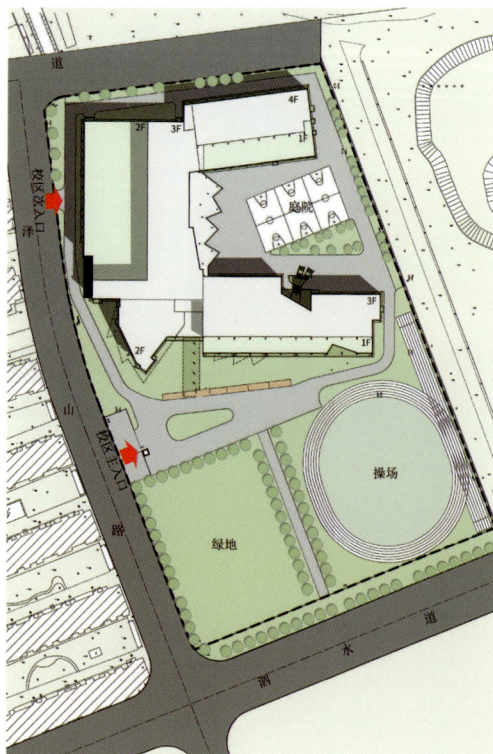

■ 正面一点透视

■ 图书馆下部

校园整体剖面图1

小学教室
走廊
厕所
走廊
小学教师工作室
小学图书馆
走廊
厕所
走廊
小学教室
婴幼儿教室
储藏室
走廊
厕所
走廊
办公室
中学教室
走廊
中学教室
中学教室
走廊
中学教室
中学教室
走廊
中学教室
餐厅

校园整体立面图1

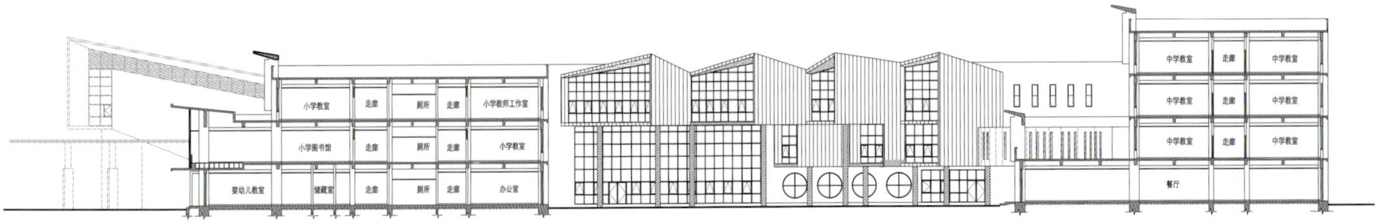

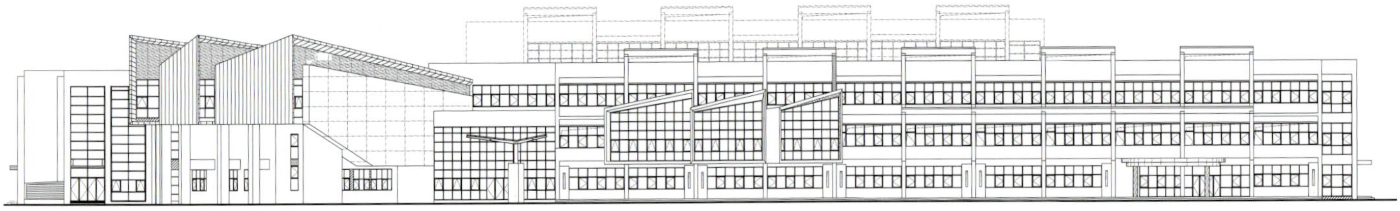

校园首层平面图

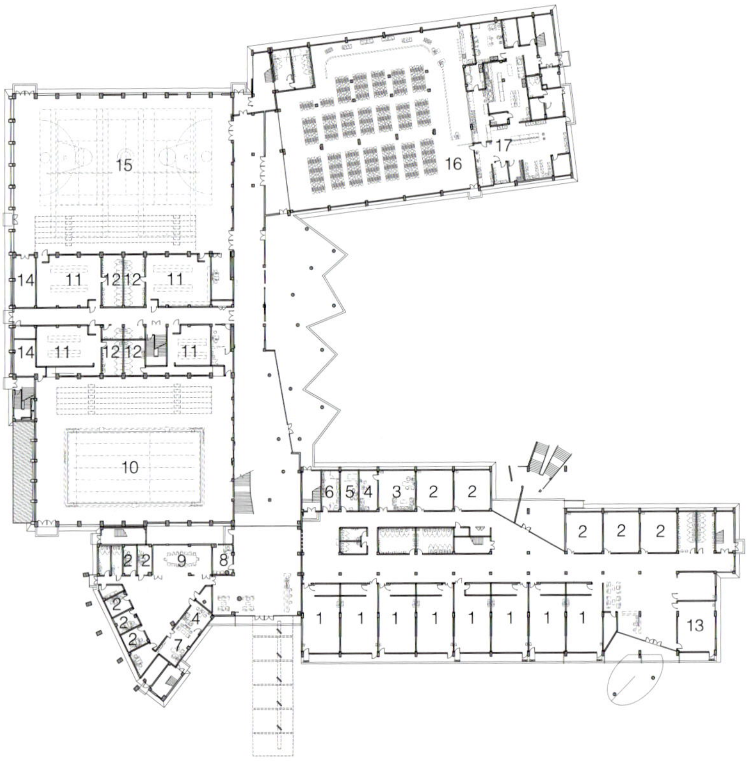

15
16
17
14
11
12
12
11
14
11
12
12
11
10
6
5
4
3
2
2
2
2
2
2
2
9
8
2
2
2
4
7
1
1
1
1
1
1
1
1
13

1 婴幼儿教室
2 办公室
3 小学校长室
4 秘书办公室
5 医务室
6 校服室
7 中学校长办公室
8 招生办
9 会议室
10 游泳池
11 男更衣室
12 男淋浴室
13 小学音乐教室
14 器材室
15 室内体育馆
16 餐厅
17 厨房后勤

共享空间

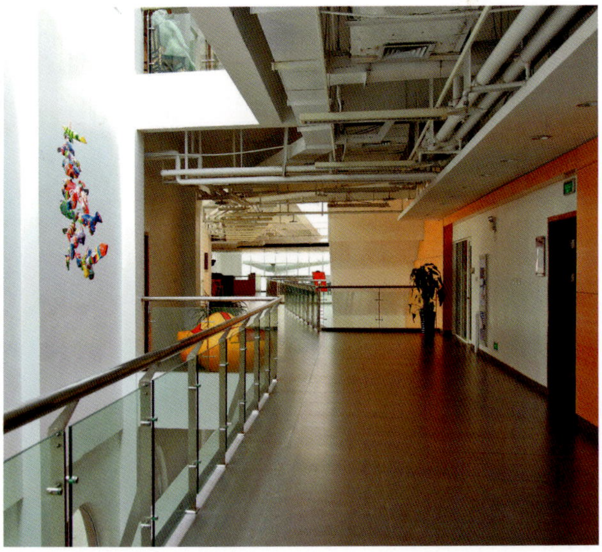

■ 正面入口

■ 礼堂主入口

专家点评

■ 天津国际学校，是一个涵盖了从幼儿园到高中跨度的全日制国际学校，因此这个学校的设计针对学生的年龄上差异，建筑在满足功能的同时还要考虑中、小学生心理年龄对教学、生活上的需求。教学区与生活服务区的规划及单体设计也体现出这一特点，例如小学教区的营造一种活泼、愉悦的氛围，而中学教区设计了开放、自由的空间环境，突出人的主动性、创造性、脱离了幼龄心理的设计元素。建筑立面及造型的设计也适度迎合了青少年及儿童的心理，并利用形体的变化及异形体量的穿插，表达了建筑功能的内在逻辑。

■ 在空间模式上，天津国际学校不同于国内传统模式的以教室为中心的中小学校设计，而采用了教学综合体的设计概念。中学部与小学部的教学静区作为建筑两翼，中心连接位置设置了小剧场、风雨操场、图书馆及音乐美术教室，并与主入口相连。教学区空间组织富于秩序，而活动区空间灵活多变，提供了大量的共享空间，交流空间以及艺术展示空间，学生每天到教室都要经过这些灵动的空间场所，设计师利用建筑环境对学生施加了充分的引导，使建筑成为素质教育的一部分，充分体现了设计师对教育的思考，对场地环境的思考。

宋静

天津师范大学滨海附属学校
BINHAI TIANJIN NORMAL UNIVERSITY AFFILIATED SCHOOL

设计单位：天津市建筑设计院

设计人员：陈天泽　李倩枚　王　刚　李维航　林　琳　丁云霞　万福章
　　　　　张桂茹　梁　爽　赵晨杰　韩冬杰　翟加君　曹天祥　田伟平
　　　　　吴　喆　柳宏梅　邓　祺　张　强　陈　平　冯　佳　孙　竹
　　　　　陈乃凡　赵亚姿　张国瑞　张　磊　金雅璐　王　瑄　蒋　涛
　　　　　石　磊　祝津津

项目地点：天津市滨海新区

设计时间：2013年

竣工时间：2018年

用地面积：367640平方米

建筑面积：32525平方米 / 地上26455平方米 / 地下6070平方米

班级规模：小学24班，中学24班

设计类别：新建

■ 整体布局因地制宜，力求做到合理有序、高效经济地利用土地。学校平面布局将小学部和初中部分开设置。出入口处前场空间较大，且设有临时停车位，以满足家长接送的交通需求。场地内部交通主要由外围车行环路与院落内部人行路组成，交通组织清晰、明确。

■ 学校将普通教室、实验教室、综合区和生活区分开，又通过风雨连廊串联起来，使学生能够方便、快捷地到达各个位置，并形成了独立的院落空间。设备用房、汽车库及自行车库位于地下，交通流线顺畅，有效利用地下空间。

■ 建筑立面以红褐色页岩砖墙砌筑为主，部分线脚利用暖黄色石材和涂料。建筑形式为简欧式建筑风格，体现了作为天津师范大学附属学校的学院风格以及严谨的学习作风和科学的教学理念。

■ 普通教室为单廊设计，实验楼和综合教学区为走廊两侧房间设置，报告厅等大空间向内院方向突出，丰富内院空间层次。行政办公部分在综合教学区四层集中设置，尽量避免对教学区干扰。风雨操场、食堂放置在沿体育场一侧，一层为食堂，二层为风雨操场，集约布局有利于节省用地。设备用房、汽车库及自行车库位于地下，交通流线顺畅，有效利用地下空间。

■ 学校主入口

■ 内部庭院

■ 初中部主入口

■ 一层平面图

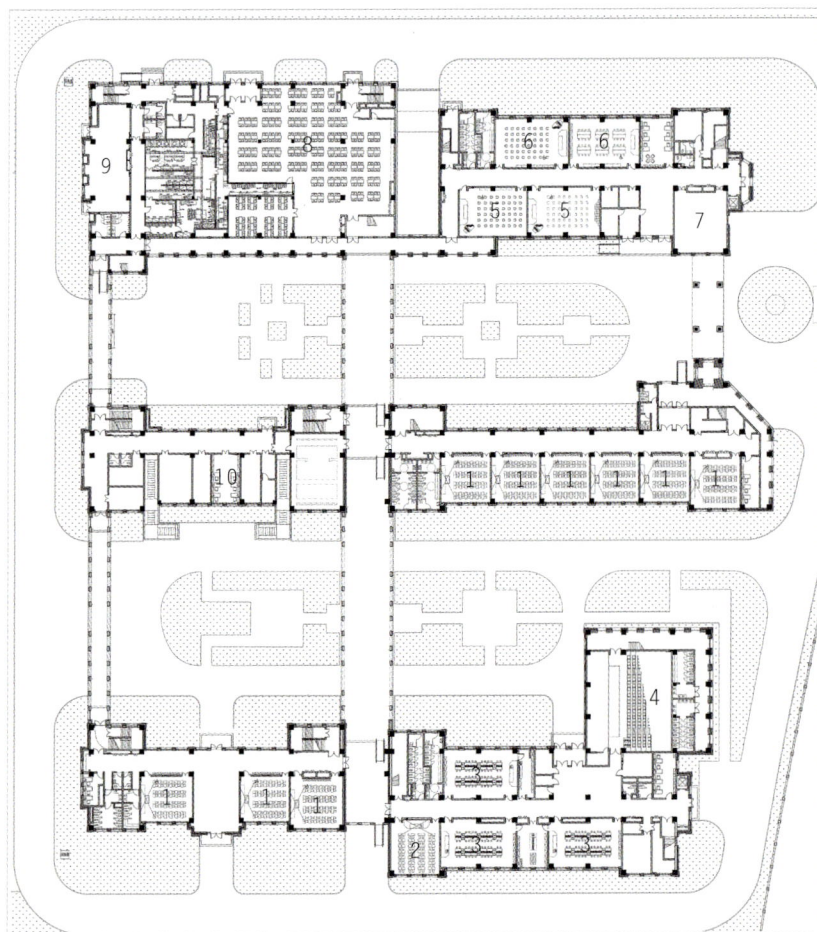

1 普通教室

2 多功能教室

3 化学实验室

4 300人报告厅

5 音乐教室

6 劳动教室

7 排练厅

8 食堂

9 体育器材室

10 附属办公用房

■ 内部庭院

■ 校园功能分析图

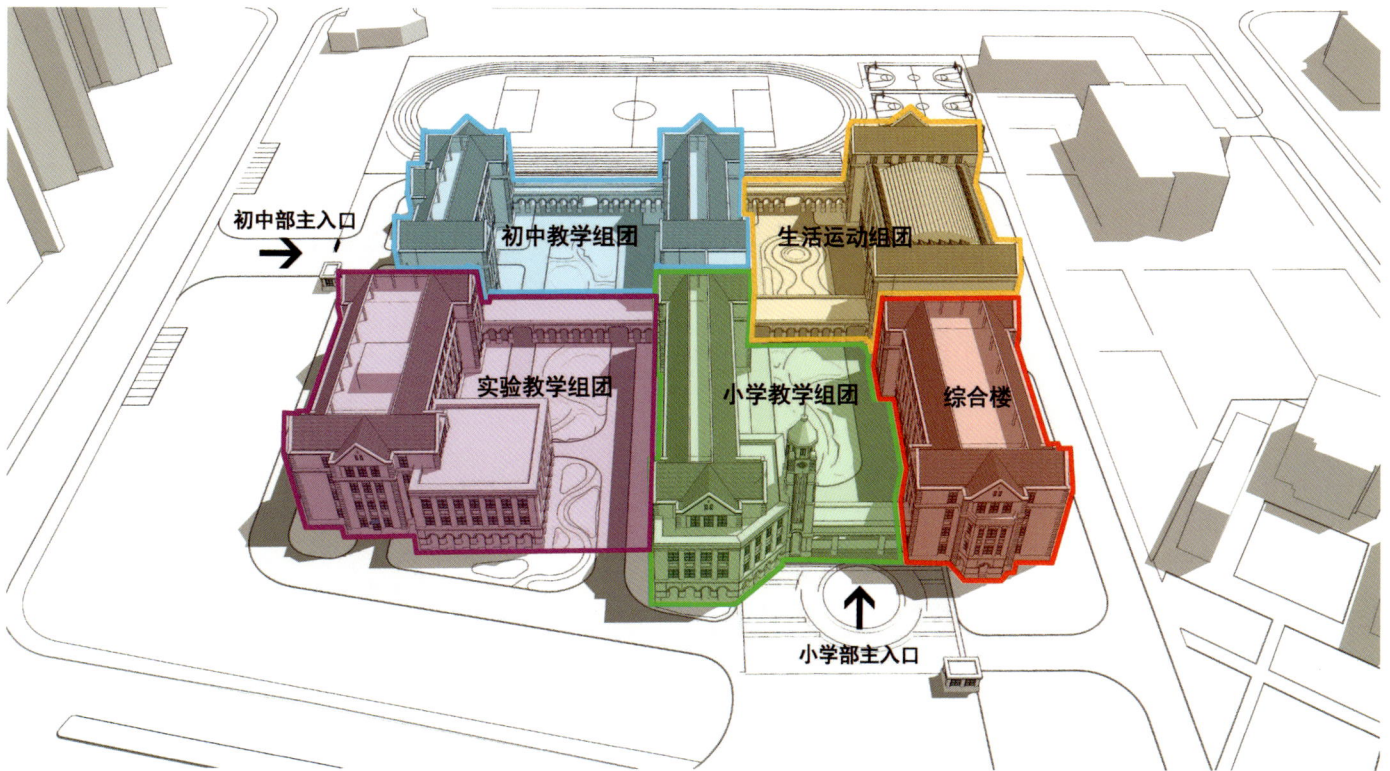

初中部主入口

初中教学组团

生活运动组团

实验教学组团

小学教学组团

综合楼

小学部主入口

专家点评

■ 通过对校园的日照、视线、噪声隔绝等相关问题的分析，将小学、中学及不同功能用房进行了合理分区，创造出良好的教学环境，避免了相互间及外界的干扰。

■ 建筑风格采用了天津教育建筑传统的红砖砌筑形式，展现了天津市中小学校的建筑风貌。

■ 校园各个功能区建筑均用风雨连廊进行串联，构成立体化的校园交通路径，让师生能够方便、快捷地到达各个区域。

蔡节

■ 校园中心图书馆（刘东摄）

天津市南开中学滨海生态城学校
TIANJIN NANKAI HIGH SCHOOL BINHAI ECO-CITY SCHOOL

设计单位：天津市建筑设计院

设计人员：陈天泽　李倩枚　刘子吟　高　颖　丁云霞　李维航　王　健　杨　波
　　　　　王　刚　周　权　曹　宇　刘　颖　胡巨茗　陈　悦　梁　爽　徐　余
　　　　　张晓雷　赵　扬　赵炳君　梁　迪　张　鹏　肖厚蓬　曹天祥　康　方
　　　　　常　邈　赖光怡　田伟平　贾佳妮　徐　磊　马子瑞　沈渭洁　刘　伟
　　　　　林　娜　柳宏梅　张　强　陈　平　王　琦　陈乃凡　穆启明　赵亚姿
　　　　　李建波　孟凡宇

项目地点：天津市中新天津生态城

设计时间：2012年

竣工时间：2017年

用地面积：134000平方米

建筑面积：144300平方米／地上120000平方米／地下24300平方米

班级规模：高中38班，初中22班

设计类别：新建

■ 校园下沉广场（刘东摄）

■ 厚重的历史文脉：作为百年老校的延续，校园应体现厚重的文化底蕴。老校区静谧的院落、古朴的长廊、醇厚的建筑、质朴的砖墙、南开校训、容止格言，紫藤萝、总理像，无不记录着南开的点点滴滴。

■ 合理的规划布局：校园功能分区明确，方便实用。教学区、公共区、活动区、生活区各自集中，相互独立，同时各区之间又通过连廊、院落等联系方式有机组织起来，形成动静分离、互不干扰而又联系方便的校园格局

■ 宜人的校园环境：建筑采用宜人的高度与密度，主要建筑控制在4层左右，确保校园的人性尺度；校园内部采取步行空间体系，有利于师生的融合交流。同时引入园林式的树木绿化和山水景观，开放景观系统和院落景观系统相结合，形成宁静与优雅兼具的校园环境。

■ 先进的绿色理念：滨海生态城校区突出生态理念，打造可持续发展的绿色校园，设计考量气候、水文及土壤特点，因地制宜，合理采用节能减排、绿色生态的技术措施。

校园体育馆（魏刚摄）

■ 总平面图

1 校史馆　2 行政楼、实验楼　3 教学楼、办公楼　4 礼堂　5 科技艺术中心、图书馆
6 体育馆、网球馆　7 学生食堂、服务中心　8 学生宿舍、教工宿舍　9 地下车库

■ 校园教学楼立面（魏刚摄）

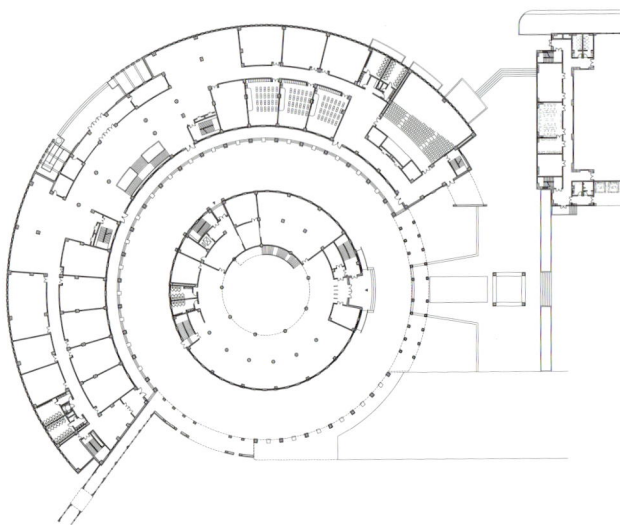
■ 科技艺术中心图书馆首层平面图

■ 科技艺术中心（魏刚摄）

■ 图书馆（魏刚摄）

■ 教学楼为4层建筑，按60班设（高中38班，初中22班），教学楼内设有各种类型的教学用房，包括普通教室、合班教室、阶梯教室及圆桌教室等，普通教室为单廊设计。

■ 科技艺术中心的主要功能包括艺术展览区域、美术及音乐教室，科技活动室以及可容纳300人的小型报告厅。科技艺术中心及图书馆结合中间休闲广场设计，在三条主轴线交汇点设圆形图书馆，方便到达，并体现知识在教育中的重要性。

■ 实验楼设物理、化学、生物、微机、语言、史地、劳技、科技等活动室。行政楼设办公会议等功能，满足学校行政功能需求。

■ 教学楼首层平面图

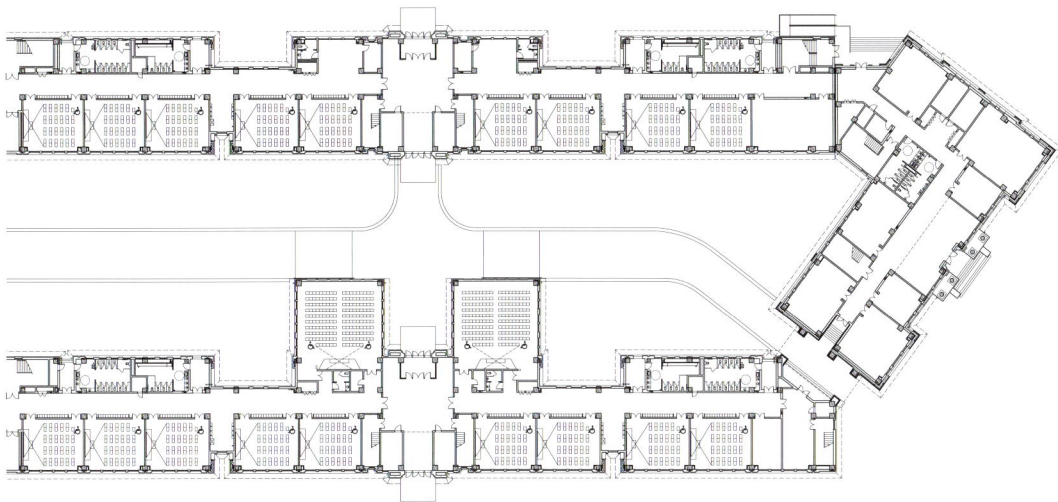

■ 内部庭院（魏刚摄）

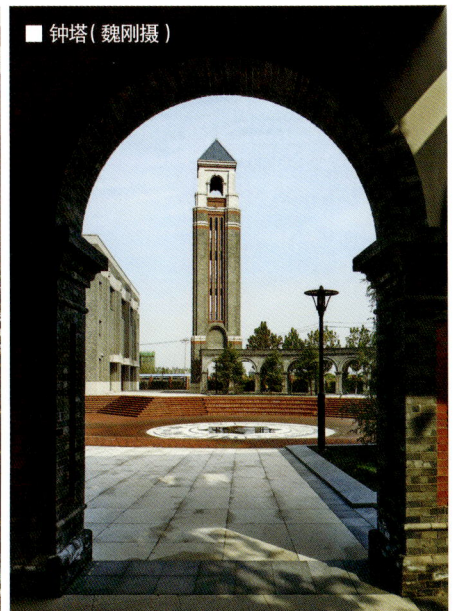

■ 钟塔（魏刚摄）

专家点评

■ 该项目对学校规划设计进行了积极的探索与创新，摒弃了主轴对称、规矩严整的手法，利用亲和宜人的建筑尺度、散点布局的院落空间、舒适灵动的景观格局，塑造了与众不同的学校规划格局，体现了以人为本的设计理念。

■ 复原南开历史建筑群落，增强了新建校园的文化底蕴，追求与南开传统的文脉传承。同时，教学楼、图书馆、科技楼、体育馆等建筑在平面布局、立面形式、外饰面材质与色彩等方面采取经典加现代的手法，合理满足建筑功能需求，塑造积极的场所空间。

■ 通过风雨连廊将建筑整体串联，避免了天气对可达性的不利影响，同时，通过连廊与院落的结合处理，在兼顾功能性的同时，也丰富了校园空间。

吴放

天津市实验中学滨海学校
TIANJIN EXPERIMENTAL HIGH SCHOOL OF BINHAI

设计单位：天津市建筑设计院
设计人员：张嘉宇　李文彬　李忠成　孙　彤　刘渊海　张智晴　庄和锋　高　琪
　　　　　张绍蓓　李　颖　杨　超　路　德　宋　彻　董继军　金　诺　潘　栩
　　　　　李应霞　刘　方　庹　明　孙绍波　刘文彬　朱振骅　向蔚然　金　玲
　　　　　曹　兰　李　想　孙　寅
摄　　影：刘　东　张嘉宇
项目地点：天津市滨海新区
设计时间：2013年10月
竣工时间：2016年9月
用地面积：110000平方米
建筑面积：55000平方米
班级规模：初中36班，高中24班
设计类别：新建

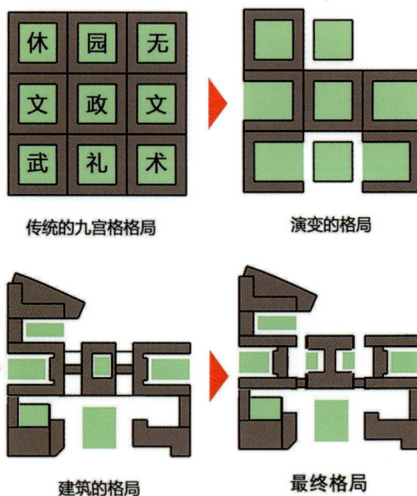

传统的九宫格格局

演变的格局

建筑的格局

最终格局

■ 滨海直属中学位于滨海新区黄港休闲区内，于2016年竣工投入使用，现已成为该区域的地标建筑。建筑以中国传统的"院落"为理念进行设计，设计多个广场空间来满足不同的功能需求。考虑周围环境多为洋房、党校等欧式建筑，故建筑整体风格为简欧的风格，既融合了周围环境，也达到了文化的一种融合。整体采用中轴对称的布局。教学楼分列于综合教学楼两侧，由南向北开始由低至高排布。
■ 周围的环境对建筑风格的限制：周边多为洋房、党校等欧式建筑，为了最大程度对周边环境进行呼应，建筑整体风格为简欧风格。其次为了营造出"院落"的感觉以及学校本身对动静分区、日照的限制，对整体进行规划。
■ 方案设计多个广场空间来满足不同的功能需求，结合周边环境，对建筑、室内、景观进行一体化设计，组织交通流线，做到动、静分区明确，人、车分流，实现优质的教学、运动、生活空间。学校将普通教室、实验教室、综合区和生活区分开，又通过风雨连廊串联起来，使学生能够方便、快捷地到达各个位置，形成独立的院落空间。

■ 校园整体示意图

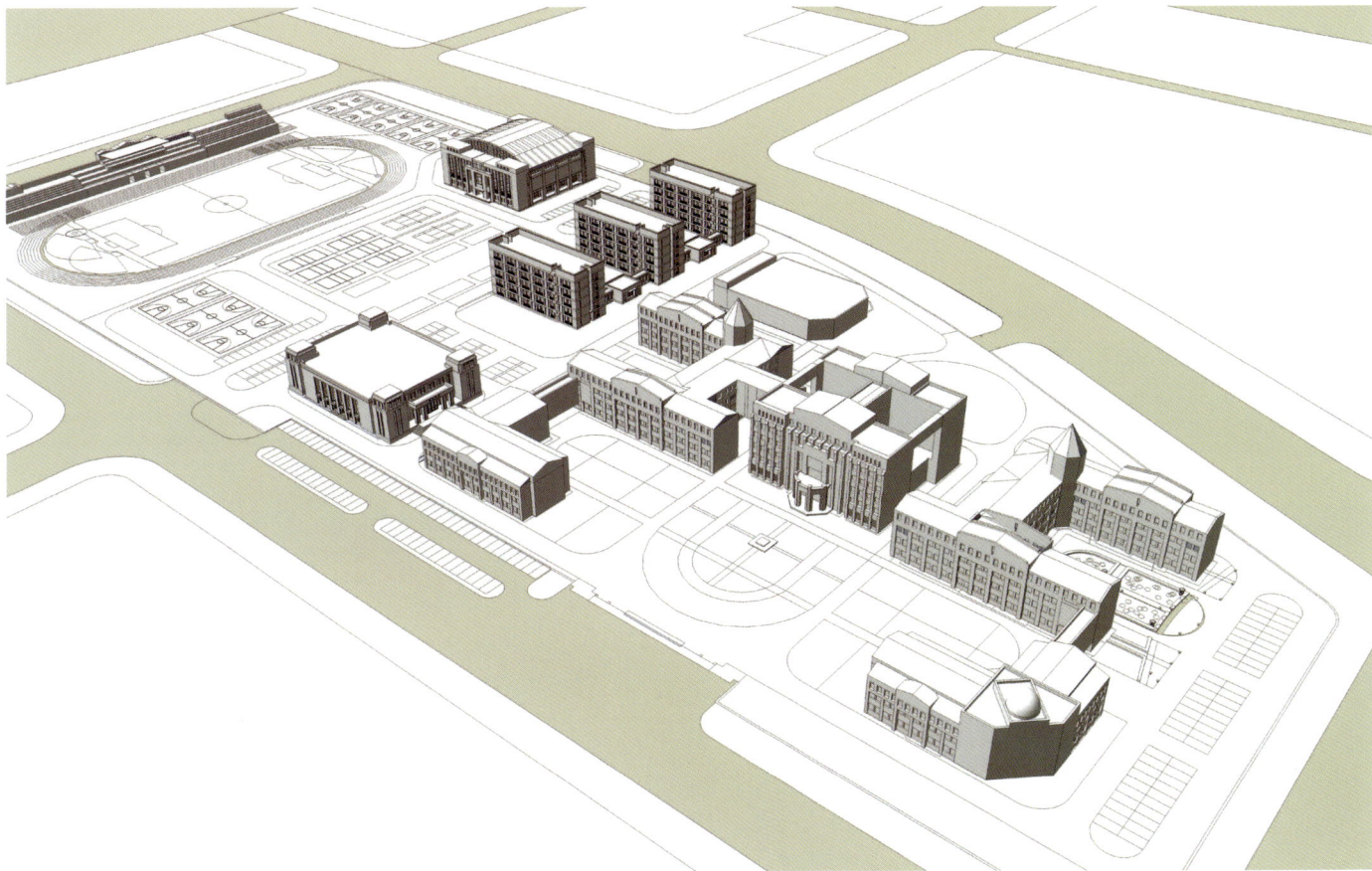

■ 方案注重建筑的段落层次的设计，形象庄重大气。教学区采用轴对称的布局，教学建筑分列于综合教学楼两侧，从道路开始由低至高排布，中央综合教学楼为最高的建筑，营造出整体的建筑格局。教学部分建筑采用坡屋顶，其他建筑部分采用平顶。礼堂沿路界面处理为虚的柱廊空间，以减少大体量建筑的体积感。生活区建筑以院落式的布局，相对独立于外界。建筑沿路形成一定的节奏感。运动区的体育馆采用拱顶的设计，建筑首层处理为柱廊，营造出丰富的空间。

■ 教学区庭院

■ 校园干路

■ 校园整体剖面图

■ 教学楼为两栋，对称于综合教学楼的两翼，是学校普通教室的集中区域。建筑高4层，呈"U"字形布局，围合独立的庭院，教学楼可通过连廊与综合教学楼、实验楼、艺术楼之间进行方便的联系。

■ 实验楼与北侧的教学楼围合成庭院空间，可通过室内连廊与教学楼进行联系。楼高3层，程"L"形布局，在街角处的顶层设置了天文馆空间，天文馆的金属球顶在街角形成了标志形象。

■ 一层组合平面图

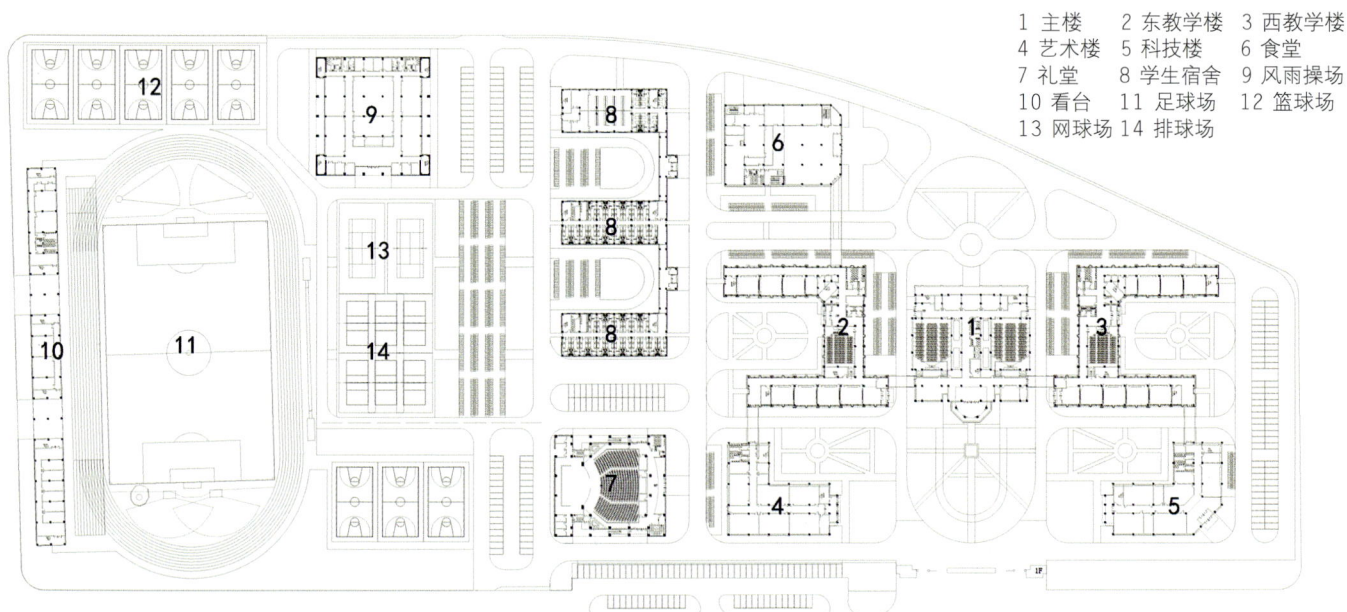

1 主楼　　2 东教学楼　3 西教学楼
4 艺术楼　5 科技楼　　6 食堂
7 礼堂　　8 学生宿舍　9 风雨操场
10 看台　 11 足球场　 12 篮球场
13 网球场　14 排球场

■ 教学区采用轴对称的布局形式，通过演变自九宫格的形制，组织起6栋单体建筑：综合教学楼、2栋教学楼、艺术楼、实验楼、报告厅。

■ 生活区位于用地的中央位置，相对独立设置，未来出于对安全和管理的考虑可结合围墙设置。生活区主要建筑为3栋宿舍楼及1栋食堂。三栋宿舍南北向布置，围合成自己独立的生活庭院。食堂位于教学区的后部，临近宿舍与教学区，方便两区学生就近到达。

■ 运动区位于用地西侧，主要包括室外活动场地：1个标准400米环形跑道，1个室外足球场，8个室外篮球场地，6个室外排球场地，2个室外网球场地。建筑物包括：1个可容纳2000人的室外看台，1个体育馆。

■ 林荫大道

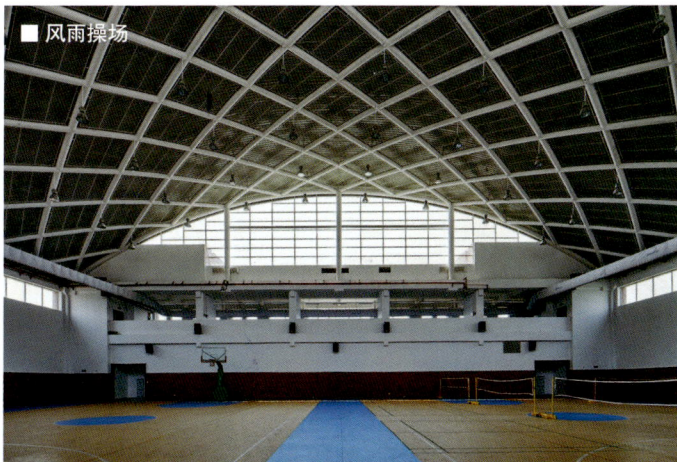
□ 风雨操场

■ 海棠园

■ 桃李园

■ 通过道路及建筑的格局，形成不同主题的景观。主要的花园有海棠园、实践园、桃李园。海棠园为学校主要的景观花园，以沉积开花植物为主。桃李园位于东南角，寓意桃李满天下。实践园位于食堂南侧，以学生种植为主。景观结合建筑，院中有园，园中有院。

■ 花园分布示意图

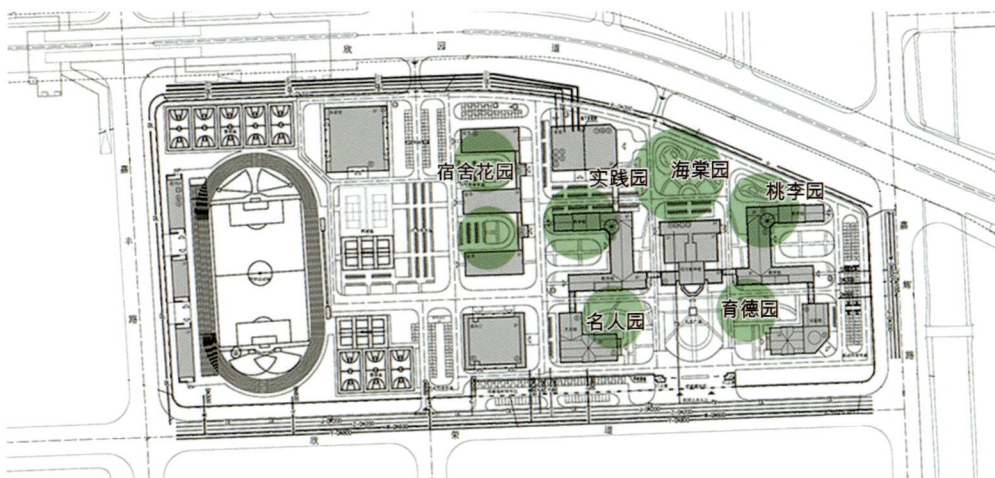

专家点评

■ 方案立意新颖，视角独特。方案设计借鉴了传统"书院"的布局形式，形成大小不一、风格迥异的院落。通过院落的围合以及建筑、室内、景观的有机结合，形成了系列的空间韵律。

■ 建筑布局清晰明了、分区合理。通过对周边环境及交通流线的分析，设计做到了动静分区清晰、人车分流明确，实现了优质的教学、运动、生活区域相互并行，互不干扰。风雨操场采用单层网壳钢结构屋顶，分别采取两种不同的结构计算方式进行优化设计，同时将承台顶标高提高，从而节省造价，也避免了因首层层高过大造成竖向刚度不均匀，避免薄弱层的出现。

■ 在校园历史建设方面，做到了风格的传承和统一，秉承了实验中学老校区的设计风格，将欧式风格与现在元素有机结合。造型大气、清新亮丽，体现出学校特色及文化的同时，也充分展现出滨海新区现代城市的高水平建设。

袁大昌

■ 校园整体鸟瞰图

天津市机电工艺学校
TIANJIN MECHINERY & ELECTRIC INDUSTRY SCHOOL

设计单位：天津大地天方建筑设计有限公司
设计人员：赵　晴　夏国祥　刘鸿淼　张　蕾　杨亚军　史宝刚
　　　　　杨　波　纪向峰　逄晓曼　王　瑞　刘睿超　王　玉
　　　　　梁　珺　阚佟强　代小艳　何胡根　赵运生　董淑兰
　　　　　张金栋　李浩飞
项目地点：天津市津南区
设计时间：2009年9月
竣工时间：2011年3月
用地面积：350800平方米
建筑面积：178000平方米
设计类别：新建

■ 总平面图

■ 本地块内现状南北贯穿一条河道，并且河道两侧拥有较好的现状树木，结合该得天独厚的现状条件依据总体规划要求，规划中保留部分河道作为校区的景观中轴线，形成独特的校园景观特色和空间特点。该中轴线底景为规划的图书馆，以其独特的建筑风格成为统领整个校前区空间的核心。中轴线东侧为教学区、中轴线西侧为办公及研发区。该轴线延伸至校园后区以运动场为核心组织学生食堂、宿舍、外培中心以及部分实训基地。

■ 因本地块地处整个"海河教育园"道路系统的转折点处，使得本校区成为整个园区内的重要节点，格外醒目，同时也造成了本校园门区独有的景观特点。在规划中，我们利用两个方向的转折在校园门区形成扩大的广场，以化解不同方向感在校园门前的矛盾，同时以校园西侧主要干道及城市干道方向为统领确定校园主要入口方向，以便与城市空间相协调，并以独具特色的塔楼与稳重端庄的行政楼围合成尺度适宜的校园入口广场，形成可驻足、观景、感受校园文化的标志性门区空间。

■ 本方案建筑风格确定为以天津近代建筑风格为基调，充分体现天津特色及机电行业的历史，同时融入具有时代感和工业化的元素。力求形成以考究的欧式建筑比例、尺度为基础，以体现天津近代特色的砖石材料为主要外檐材料，以精致、洗练的建筑细部体现时代感。

■ 图书馆

■ 校园整体立面

■ 综合办公楼

■ 教学楼

■ 校园实景

■ 校园入口

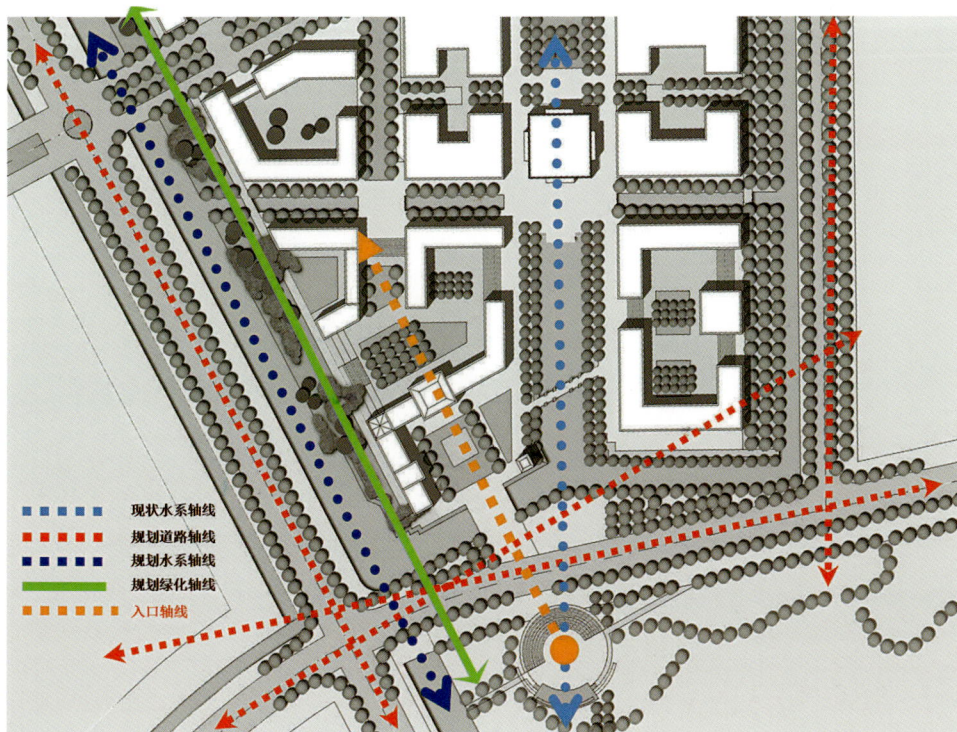

■ 学校的主入口在南侧面向中央生态绿廊设置，该位置地处整个园区道路系统的转折点处，使得校区成为整个园区内的重要节点，格外醒目，同时也造成了校园门区独有的景观特点。在规划中我们利用两个方向的转折在校园门区形成扩大的广场，以化解不同方向感在校园门前的矛盾，同时以校园西侧主要河道及城市干道方向为统领确定校园主要入口方向，以便与城市空间相协调，并以独具特色的塔楼与稳重端庄的行政楼围合成尺度适宜的校园入口广场，形成可驻足、观景、感受校园文化的标志性门区空间。

现状水系轴线
规划道路轴线
规划水系轴线
规划绿化轴线
入口轴线

270

■ 学生宿舍

■ 研究院

专家点评

■ 天津机电职业学校是一所历史悠久的中等专业学校，隶属于代表了天津百年民族工业的天津百利机电集团。这个项目是海河教育园区一期的部分，学校的选址服从教育园区的总体规划，一条改道后废弃的河道自基地内南北贯穿。

■ 该设计较好地解决了不规则的用地及废弃河道的处理，创造性地规划了一个分区明确、空间结构清晰的现代化校园。保留了一段原貌河流及两岸树木作为教学区的中心景观，同时，除图书馆外，避免了其他建筑涉足回填的河道范围，显著地节约了工程造价。

■ 该学校的设计风格汲取了天津近代工业建筑的风格和元素，较好地体现了现代职业学校的形象，获得校方和园区的一致好评。

刘景樑

■ 昆明路侧立面图

天津市和平区昆明路小学
TIANJIN HEPING DISTRICT KUNMINGLU PRIMARY SCHOOL

设计单位：天津大地天方建筑设计有限公司
设计人员：赵　晴　夏国祥　刘鸿淼　杨亚军　史宝刚　逄晓曼
　　　　　王克兴　代小艳　祝韩韩　何胡根　赵运生　董淑兰
　　　　　张金栋
项目地点：天津市和平区
设计时间：2011年4月
竣工时间：2012年8月
用地面积：5181.91平方米
建筑面积：9996平方米（地上6486平方米、地下3474平方米）
班级规模：42班
设计类别：新建

■ 天津市昆明路小学是一所知名的重点学校，坐落在天津"五大道"历史风貌保护区内，三面临路，分别是成都道、昆明路和重庆道，位置重要。在方案中，我们提出了三个设计理念：谦虚的房子；天津的房子；孩子们的房子。

■ 谦虚的房子：首先，建筑应当融于环境，对于历史街区则更是如此。这里面有具象的高度、尺度、材质、色彩等的协调统一，也有抽象的氛围、格调、意向等的协调融合。其次，建筑是要表现个性的，众多个性的集合构成了一个城市的基调。对于建筑的标新立异我们司空见惯，当然也无可厚非，但是在历史风貌保护区内，个性的发挥必须受到限制和规范。再次，天津的五大道，历史上是英租界的住宅区，代表了天津的历史，更与中国的近代史息息相关，这里集中了一大批近现代的名流巨贾的私人宅邸，他们绝大多数学贯中西、家风谨素。五大道地区处处透出深厚的文化底蕴。

■ 天津的房子：天津因为紧邻北京和租界而成为中国近代史上举足轻重的城市，也是洋务运动和北洋时期的大本营，历史造就了天津这个城市的独特的风格。建筑首先属于城市，然后才是她自己，建筑的地域性越来越得到人们的重视。

■ 孩子们的房子：小学建筑在功能上有严格的技术要求，例如日照、空间尺度以及采暖通风等设备系统。对于历史街区的建筑，在整体体量、尺度、风格、功能以及规范要求上多处存在矛盾，这给我们带来巨大的挑战。恰恰是面对这些挑战的过程让我们兴奋不已，也乐在其中。

■ 总平面图

总平面图

■ 历史原貌

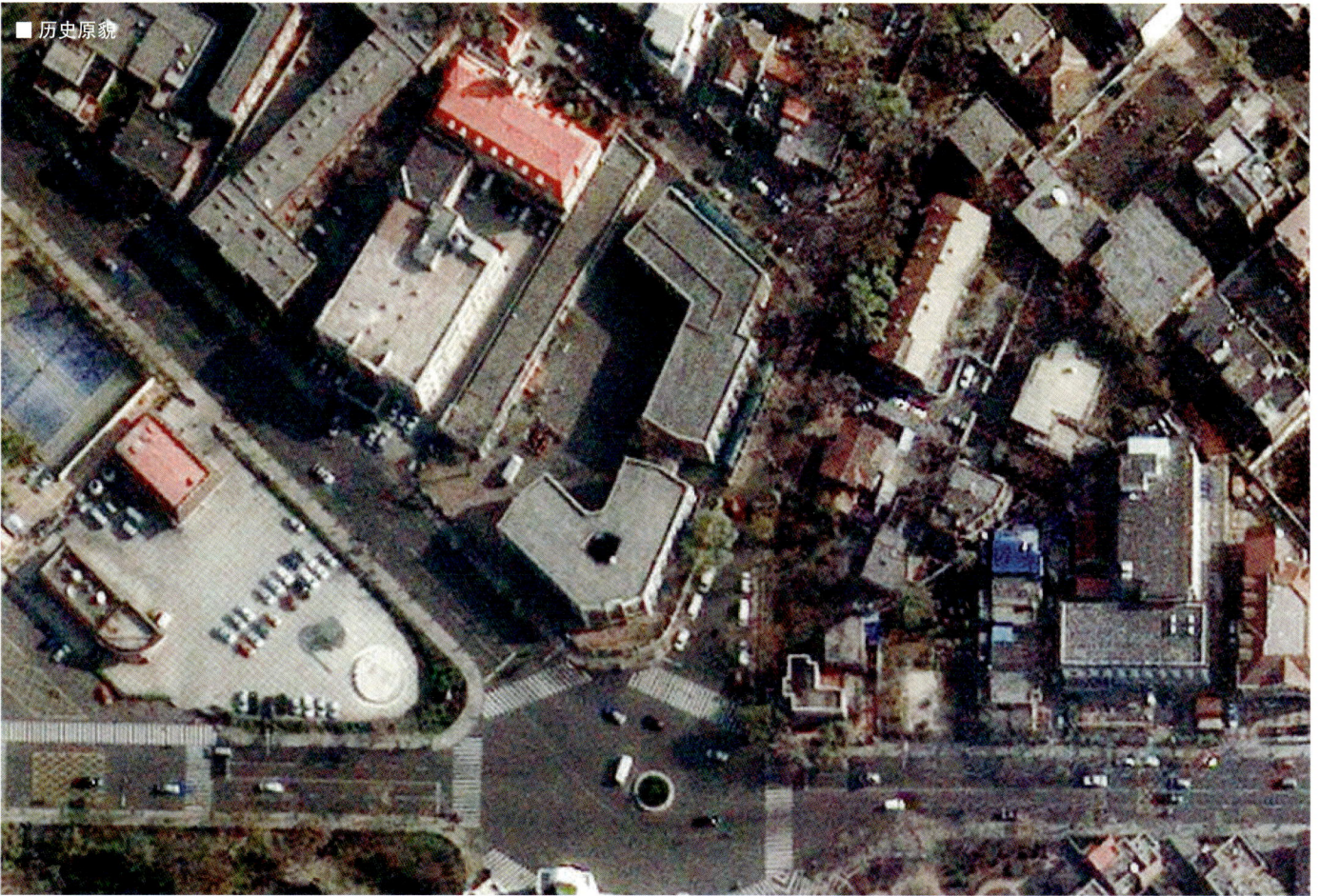
▨ 校园整体鸟瞰图

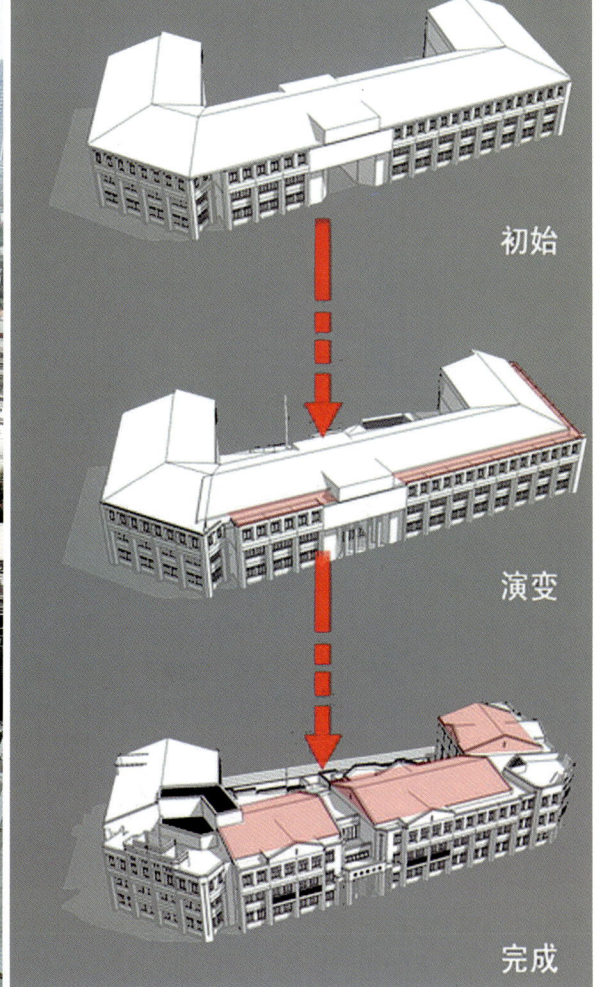
▨ 方案演进过程

初始

演变

完成

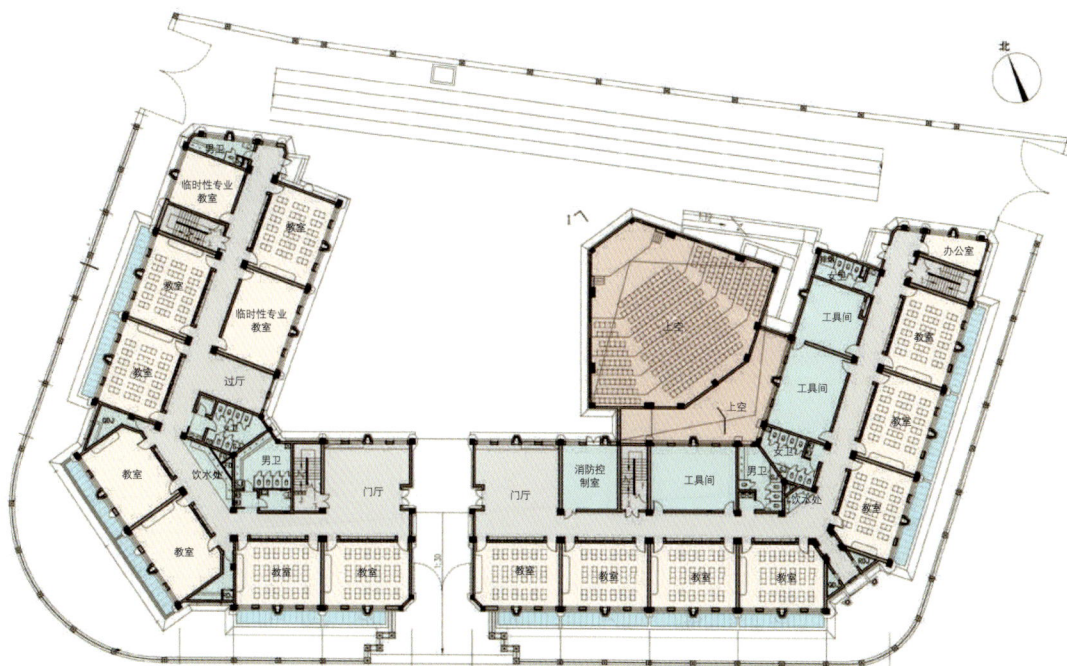

首层平面图

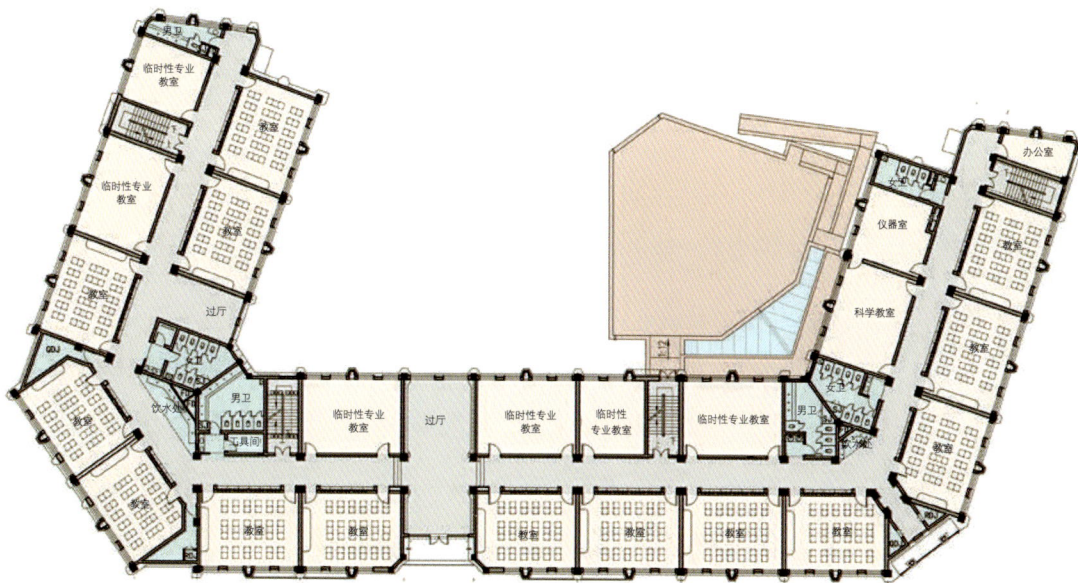

二层平面图

专家点评

■ 这是一项国际竞赛中标的原创设计，设计中提出了"谦虚的房子"、"天津的房子"、"孩子们的房子"这样鲜明的创作理念，是个实现度较高的作品。

■ 昆明路小学坐落在天津国家级著名的历史文化风貌保护区五大道街区内，同时处在城市主干道的一侧，有很宽畅的观赏空间。在遵循五大道保护规划导则的前提下，满足各类设计规范以及建设方功能需求是对设计较大的挑战。

■ 昆明路小学的设计巧妙地解决了功能要求与体量控制的矛盾，采用体量分解的手法使本来庞大的建筑体量适应周边街道的空间尺度；大体量艺术、文体教室设在引入自然光的地下一层。

■ 设计师强调并尊重街道记忆的概念，对基地周边原有的出入口、树木绿植不作任何改动。

■ 外墙精炼地采用具有天津传统风格的砖砌工艺并创新地采用抹角空心壁柱，在彰显建筑厚重感的同时，避免深凹的窗户出现日照的遮挡，更巧妙将采暖立管和雨水管暗装在空心壁柱中。

刘景樑

■ 综合教学楼实景

天津市电子信息高级技术学校
TIANJIN ADVANCED SCHOOL OF ELECTRONIC
INFORMATION TECHNOLOGY

设计单位：天津市建筑设计院
设计人员：朱铁麟 马岳涛 李晓培 姚 琳 李 昕 乐 慈 王 蕾 梁发强
　　　　　梁胜利 张雅雯 翟加君 田瑞斌 王 倩 刘 伟 梁 迪 贾佳妮
项目地点：天津市海河教育园区内南侧
设计时间：2009年
竣工时间：2011年
用地面积：校园建设用地204000平方米，教育用地174000平方米
建筑面积：75764平方米
班级规模：60班
设计类别：新建

■ 景观及一期建筑

■ 新建天津市电子信息高级技术学校是天津海河教育园区一期示范园区中的一所中等职业教育院校，核心建筑采用中轴对称布局，电工电子实训楼、数控加工实训楼分布两侧，中轴底景为综合教学楼，由此展开布局，借助入口的广场形成开敞的室外空间，犹如伸开的双臂，拥抱整个海河教育园区。
■ 场地南侧设置学生宿舍及食堂等生活用房，均沿校际联络线展开布局，既丰富了校际联络线两侧的建筑界面及景观，又便于学生使用。

■ 数控加工实训楼

■ 数控加工实训楼立面图

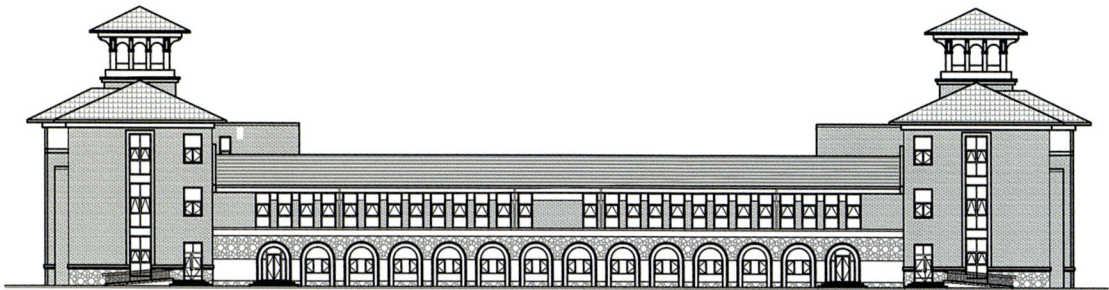

■ 数控加工实训楼平面图

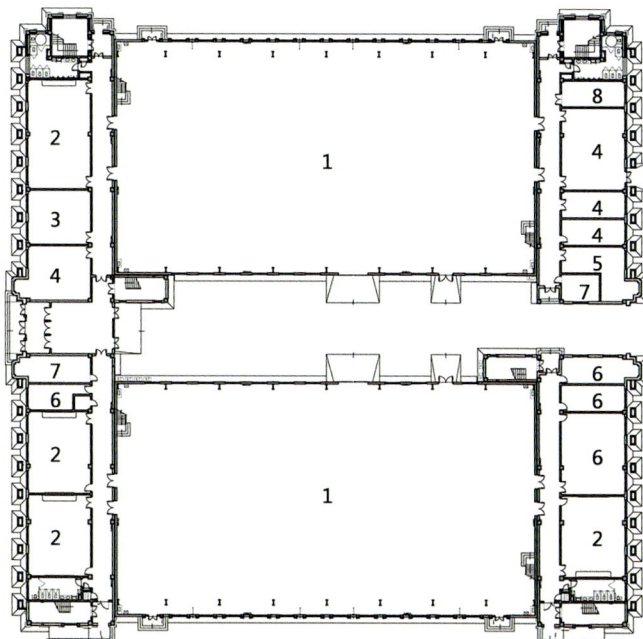

1 基本技能实训中心

2 实训教室

3 测量室

4 工具间

5 检验、中转库

6 办公室

7 配电间

8 空气压缩站

■ 综合教学楼立面

■ 综合教学楼平面图

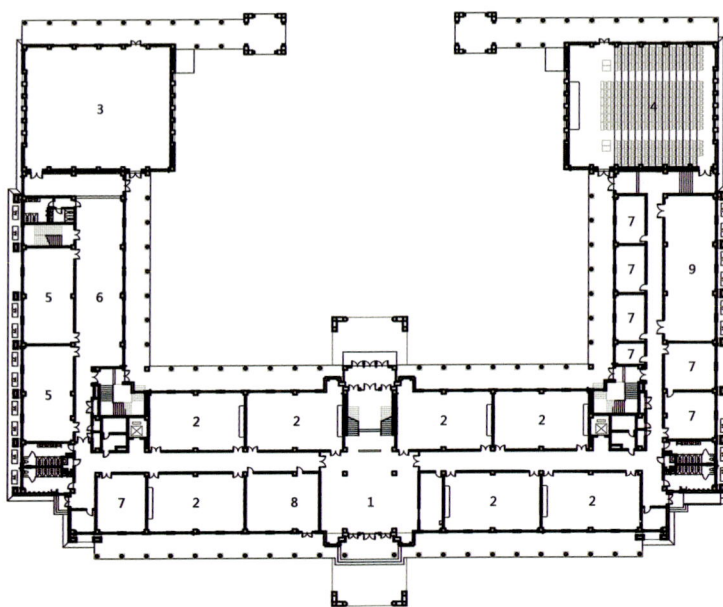

1 门厅
2 专业技术实训教室
3 合班教室
4 阶梯教室
5 接待室
6 展厅
7 办公室
8 消防控制室及监控中心
9 变电站

■ 综合教学楼剖立面图

■ 电工电子实训楼立面

■ 电工电子实训楼平面图

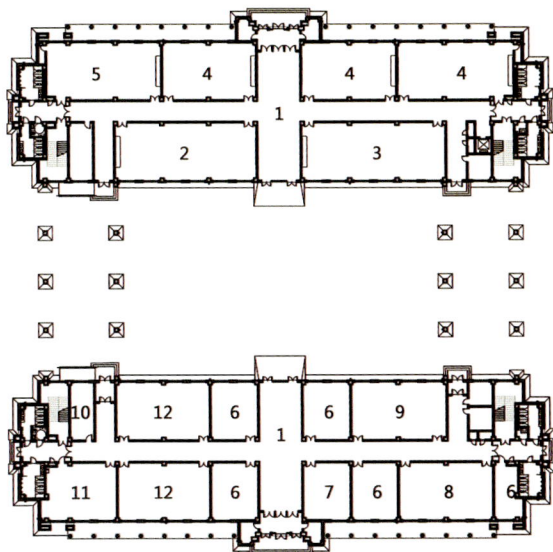

1 大厅
2 机房维修实训教室
3 数控维修实训教室
4 钳工实训教室
5 电加工实训教室
6 办公室
7 文印室
8 图书馆
9 教工阅览室
10 广播处
11 医务室
12 校学生会(活动室)

专家点评

■ 本项目的规划与建筑设计充分体现了中等职业教育院校的意蕴，遵从了海河教育园区总体规划的空间连贯要求，体现了园区高密度窄路网的特点；校园总体布局紧凑，分区明确合理，交通顺畅，规划留有发展余地；校园规划组织的广场与院落尺度宜人，层次分明，空间界面连贯有序；综合教学楼、电工电子实训楼、数控加工实训楼作为核心建筑群，以中轴对称的格局突显标志性建筑的特色；对内与对外均有良好的展示面；建筑造型和立面处理，较为熟练地表现黄墙红瓦，拱廊相连的西班牙传道堂式的建筑风格，在古典与现代的交映中营造文雅厚重的学院氛围，对同类型的校园建筑具有一定的借鉴意义。

吕大力

■ 电工电子实训楼立面图

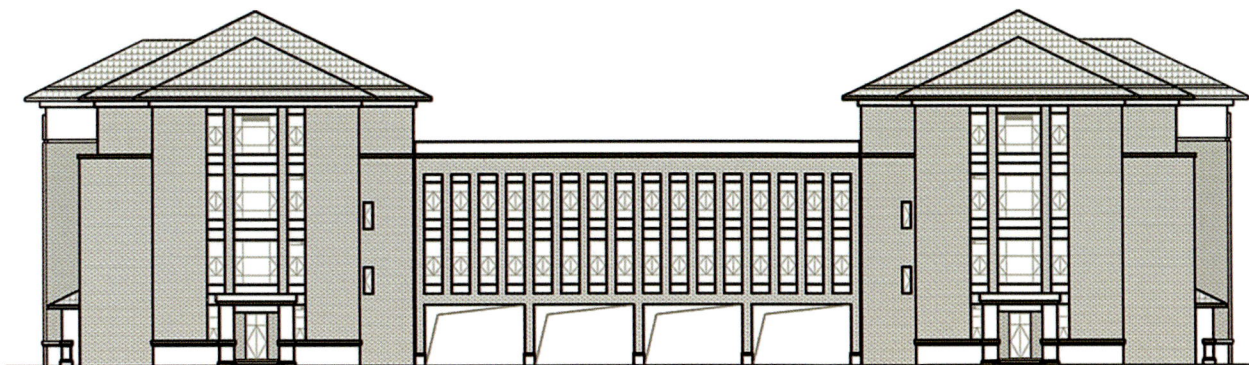

■ 一期鸟瞰图

新疆维吾尔自治区和田地区天津高级中学

TIANJIN SENIOR MIDDLE SCHOOL IN XINJIANG UYGUR AUTONOMOUS REGION

设计单位：天津市建筑设计院
设计人员：刘 军 刘幸坤 李书鹏 吴 达 王春林 韩 亘 谢 天 张 静
　　　　　韩小飞 韩 夜 孙福萍 朱 强 武法聘 廖红伟 王 菊 师 元
　　　　　韩金花 苏牧秋 杨 红 尹伯庆
项目地点：新疆维吾尔自治区和田地区
设计时间：2012年12月
竣工时间：2014年12月
用地面积：139962平方米
建筑面积：45000平方米
班级规模：60班
设计类别：新建

■ 总平面图

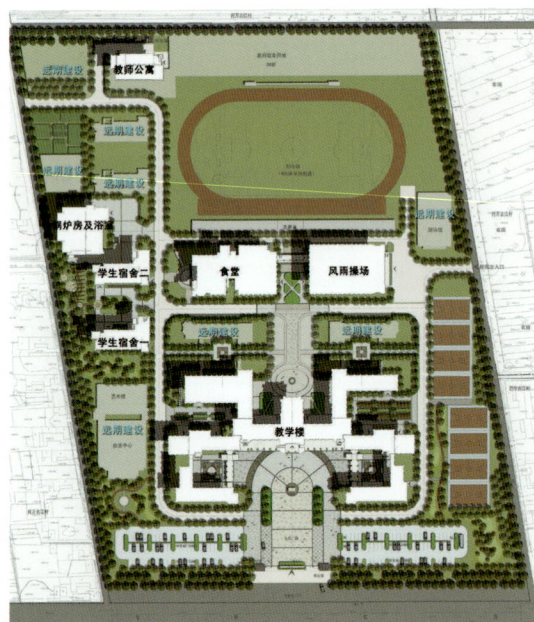

■ **总体规划设计**：新疆维吾尔自治区和田地区天津高级中学（和田地区第二中学）的设计强调学校建筑的沉稳、大气，总体布局上结合地形条件，采用有明确轴线关系，不完全对称的规划设计。从设计之初，我们就为学校未来发展提供了充分的预留空间，每一步的发展都在规划的总体框架内。校园主要出入口设计在屯垦东路上，结合主要出入口，以一条明确的校园空间轴线贯穿学校的礼仪广场、学习广场及田径运动场，在轴线的两侧和中间布置教学综合楼（学校主楼）、风雨操场及食堂，形成完整、恢宏的校园主要教学建筑群。师生宿舍及附属设施结合地形，布置在基地的北侧，通过建筑的围合设计，形成富有人情味的生活空间。

■ **综合教学楼设计**：综合教学楼在功能上采用集约化设计，将普通教室、合班教室、办公、各种实验室、艺术类教室、图书馆、报告厅等功能集中于一栋楼中，在相对有限的空间中使功能和效率最大化，合理的流线和功能分布也极大地为在校师生提供了更加便捷和人性化的使用体验。

■ **食堂、风雨操场设计**：结合和田当地饮食情况，在食堂的设计上将维吾尔族和汉族食堂分别布置，而两部分的建筑又宛如一体，紧密结合。风雨操场则布置看台、小型舞台以及室内篮球场，争取在有限的空间内获得最大使用效率。

■ 教学楼前广场

■ 综合教学楼功能示意图

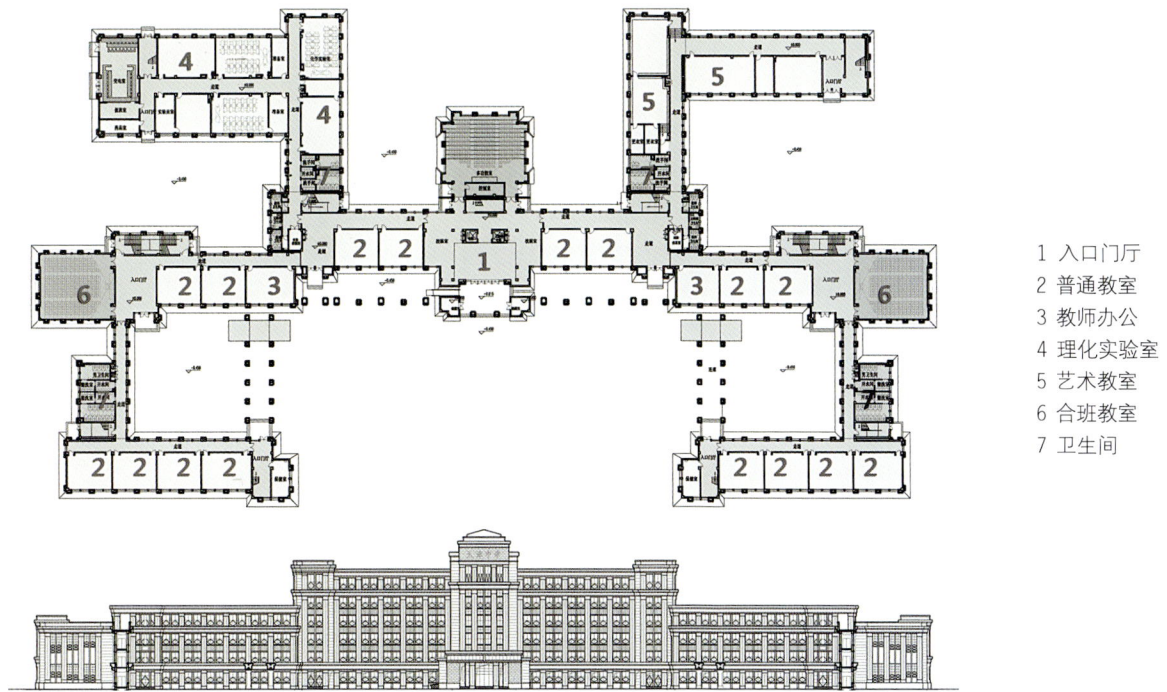

1 入口门厅
2 普通教室
3 教师办公
4 理化实验室
5 艺术教室
6 合班教室
7 卫生间

南剖立面

■ 教学楼广场

■ 学生宿舍

■ 风雨操场

■ 食堂

■ 食堂&体育馆功能示意图

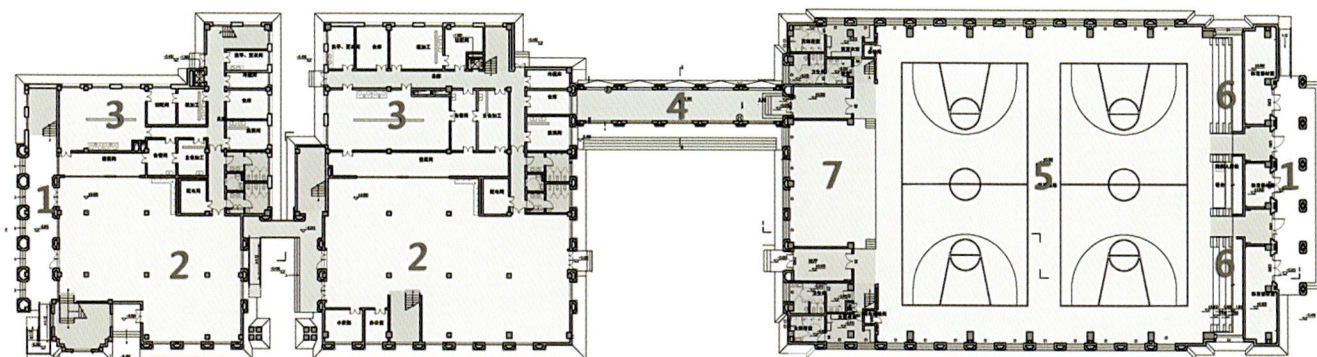

首层平面图

1 入口门廊　2 餐厅　3 后厨　4 柱廊　5 室内篮球场　6 看台　7 多功能舞台

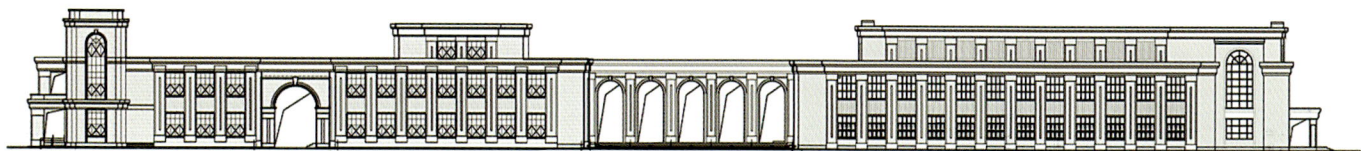

南立面

专家点评

■ 天津高级中学是天津援疆项目，充分借鉴了天津地域建筑的风貌，彰显了天津市与和田地区历久弥新的传统友谊。校园总体规划充分考虑了校园形体与城市空间的互动关系，呈现出舒展的多层次群体建筑布局。

■ 建筑师在充分调研的基础上，根据当地的具体情况与学校功能需求，合理规划近、远期建设布局，注重教学、生活、体育等各种功能区的分布和联系。对于主要功能区域，适当扩大了校园的空间尺度，满足学生活动和交往的需要。同时注重建筑空间的细部处理，如设计了连廊等室外空间，创造出一个朴素而不失精致、尺度适宜的教学与生活环境。

■ 立面主体以红色清水砖墙为主，配以近代欧式线条及柱、廊等典型符号，色彩对比鲜明，层次丰富，体现出文化教育建筑简洁大气的特质和历史感的建筑风格。

祝捷

河北

平山县大陈庄小学
PINGSHAN COUNTY DACHENZHUANG PRIMARY SCHOOL

■ 总平面图

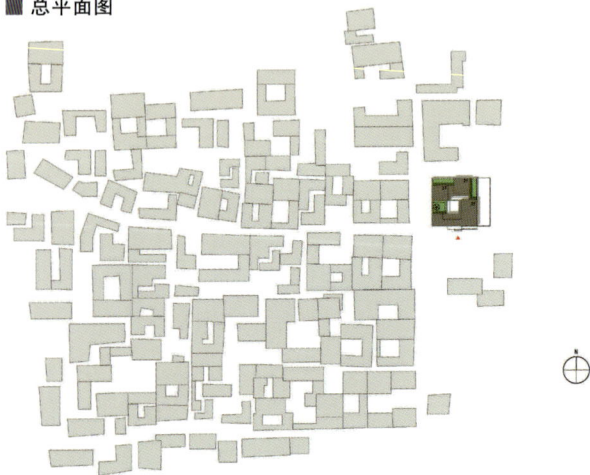

设计单位：河北建筑设计研究院有限责任公司
设计人员：郭卫兵　王新焱　牛凯　张峥　王清波
　　　　　刘涛　陈晓鹏　刘金旭　任聚廷
项目地点：河北省平山县
设计时间：2013年
竣工时间：2014年
用地面积：441平方米
建筑面积：495平方米
班级规模：4个班
设计类别：新建

■ 这是一所建在山村里的四班希望小学，由我院无偿设计。由于20世纪末21世纪初我国实施的一场针对全国农村小学重新布局的"撤点并校"教育改革，农村小学大量减少，即使有的村子有幸保留了小学校，但其办学规模小、校舍质量差的问题十分突出。平山县大陈庄虽保留了小学，但办学条件很差，学生们在一处破旧的戏台的几间屋子里上课，这几间屋子还兼做村民委员会等功能，看到孩子们天真的笑脸和简陋的学习条件，心里隐隐作痛。

■ 这是一个平淡无奇的浅山区农村，土地贫瘠，村子里也找不到建筑师想要的乡愁符号。高大的院墙和平齐的屋顶使每家每户围合地像个堡垒，转型期的农村建筑抛弃了原有的匠心，集体无意识地追求着简单的实用主义。

■ 所建学校选址在村口原"戏台"学校的对面，是一块21米×21米、比一户农村宅基地略大的用地，西侧临街道，北侧贴邻农舍，东侧为田野，学校包括四间教室、办公、卫生间、锅炉房等用房。

■ 设计以3米为模数，形成由三个位于边缘的小院子和中部的枢纽空间构成的虚空间与建筑实体穿插融合的格局，避免了其与街道及民宅之间的相互干扰，同时也因此塑造了建筑的独特个性。设计之初，我们就想为孩子们提供具有现代审美取向的建筑形式，并在乡土与现代之间建立微妙的对比和关联。这里应是孩子们树立梦想的场所。

■ 小学建完后，朋友在一侧又给孩子们建了个球场，球场下设了一个煤仓，孩子们已经度过了一个温暖的冬天。

■ 二层活动平台照片

■ 二层活动平台照片

■ 大陈庄小学实景

■ 一层平面图　建筑面积：283.2平方米

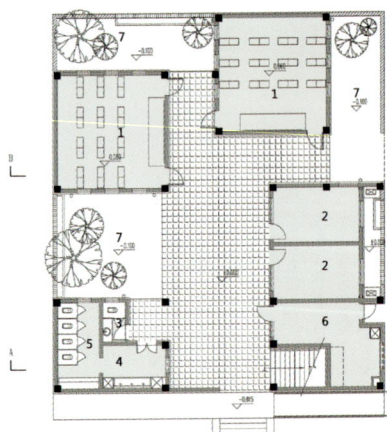

1　学生教室
2　办公室
3　教职工卫生间
4　盥洗室
5　卫生间
6　锅炉房
7　内庭院
8　操场

■ 南、北立面

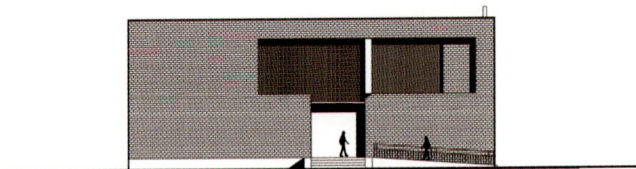

■ 南立面图

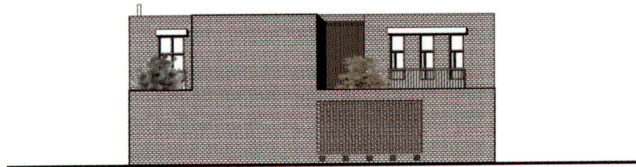

■ 北立面图

■ 二层平面图　建筑面积：211.88平方米

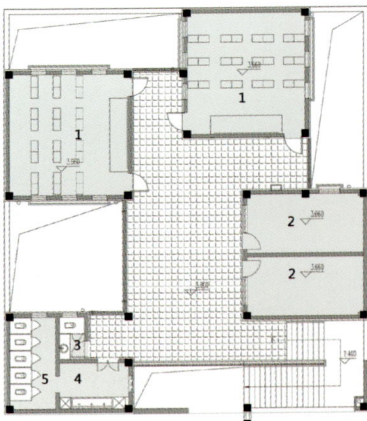

1　学生教室
2　办公室
3　教职工卫生间
4　盥洗室
5　卫生间

■ 西、东立面

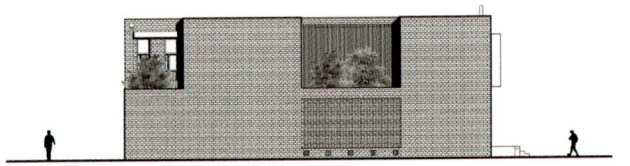

■ 西立面图

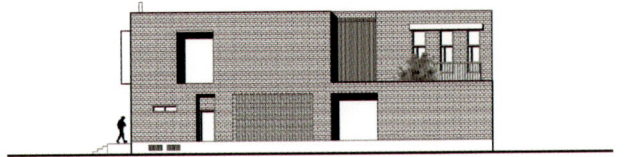

■ 东立面图

■ 剖面图

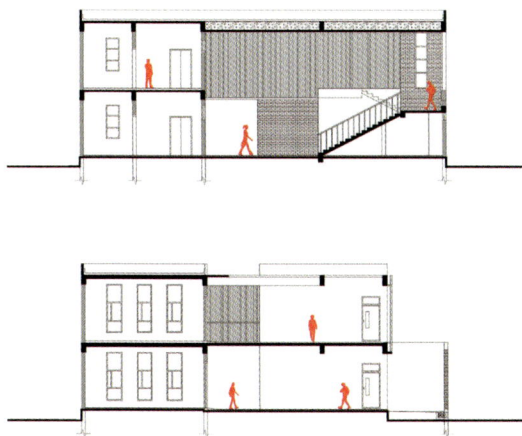

■ 小学庭院

■ 篮球场

专家点评

■ 平山县大陈庄小学，是本土化希望小学设计的佳作。设计有很多亮点之处：

1. 小学的建成为孩子们点亮了希望的灯火，为他们提供了可以遮风避雨的场所，帮他们迈上了知识殿堂的第一个台阶。

2. 建筑师用现代的建筑语言重新演绎了当地民居院落的概念，在有限的用地范围内创造出了庭院空间，使原本单调的空间变得丰富起来，同时完成了现代空间造型手法的本土转译。

3. 在低技术低造价的限制中建筑师使用灰砖、花隔墙、木格栅、局部跳跃的彩色涂料，增加了建筑层次感与活泼感。在村中现有建筑条件恶劣的环境中，开创了其与村落共生的新方式。

孙兆杰

■ 鸟瞰图

唐山市路北区扶轮小学
FULUN PRIMARY SCHOOL, LUBEI DISTRICT, TANGSHAN

设计单位：河北省唐山市规划建筑设计研究院
设计人员：白晓航　刘海泉　陈合文　任颖莉　赵　彬　田跃宇
　　　　　王振兴　祁丽茗　王　鹏　王鹏（女）刘新亮　班　钊
　　　　　刘兴奎　田雅丽　韩佳佳　刘红艳
项目地点：唐山市路北区
设计时间：2012年5月
竣工时间：2015年3月
用地面积：9950.11平方米
建筑面积：11009.6平方米
班级规模：小学24班
设计类别：新建

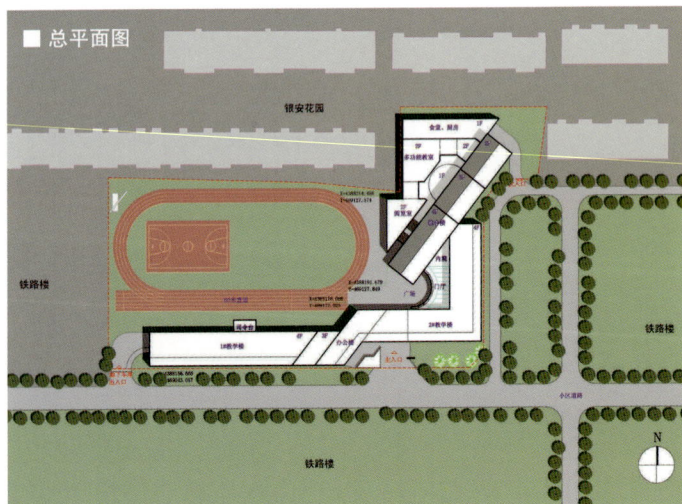
■ 总平面图

■ 这所学校始建于1919年，最初校名为"交通部立唐山扶轮公学第九小学"。

■ 避免将学校建造成"集体性、监狱式的教育空间"的设计底线是对学校建筑的"习惯性传统"的抵抗。从空间切入——营造出收放开合的虚实序列，将秩序化的体制与趣味化的童真融合在校园中的理念成为设计唯一的出发点。

■ 通过对用地形状及周边环境的精密分析，演化出独特的建筑布局。内敛素雅、自然温馨的材质塑造出东方书院的书卷气息；开放与丰富的空间营造出西方学院的自由与理性。

■ 由于基地周边环境的限制，为保证孩子们有足够的运动场地，校园建筑被布置在场地外围，就像一个容器一样包裹着内部的"生活"。通过引入斜向的科技楼，在打破体量均等的同时，创造了一系列富有趣味的室内外空间，其深层的理念来源于传统城市肌理的记忆——通过自身的建筑组合出与城市类似的场所，包括街巷、广场、庭园、台阶等等（甚至包括一座城市舞台）。

■ 扶轮小学校园被看作"微型城市"，微缩了老师与学生这样的小社会。无论东方还是西方，智者与学生间知识的传授与交流行为产生了文明；这种行为发生的场所不论室内还是室外，一棵树下或是一所屋内，都是学校的原型。文化的差异或许会影响场所的气质，但教育的核心精神却不会改变——提供交流的场所。

■ 运动场东望综合楼

■ 首层平面图

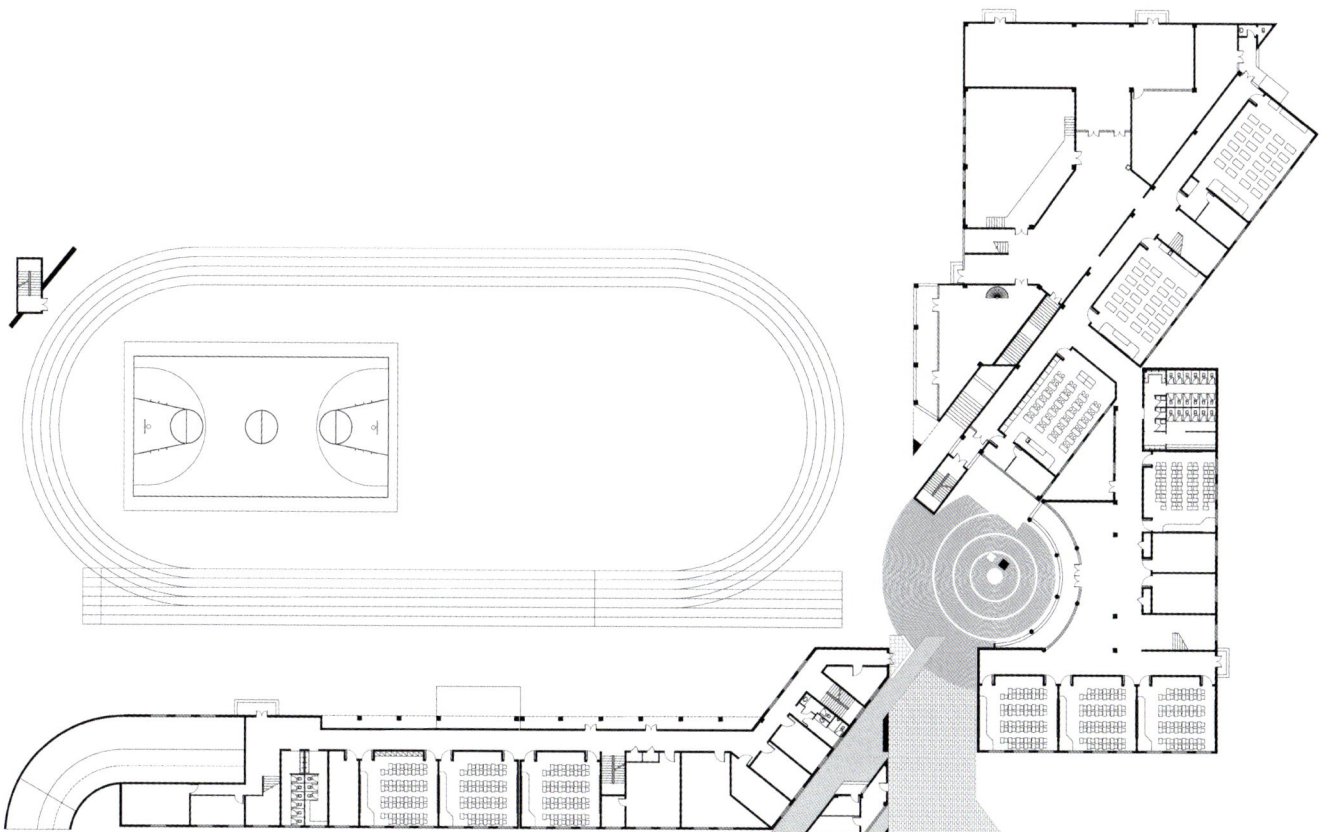

■ 学校主入口看综合楼

■ 剖面图

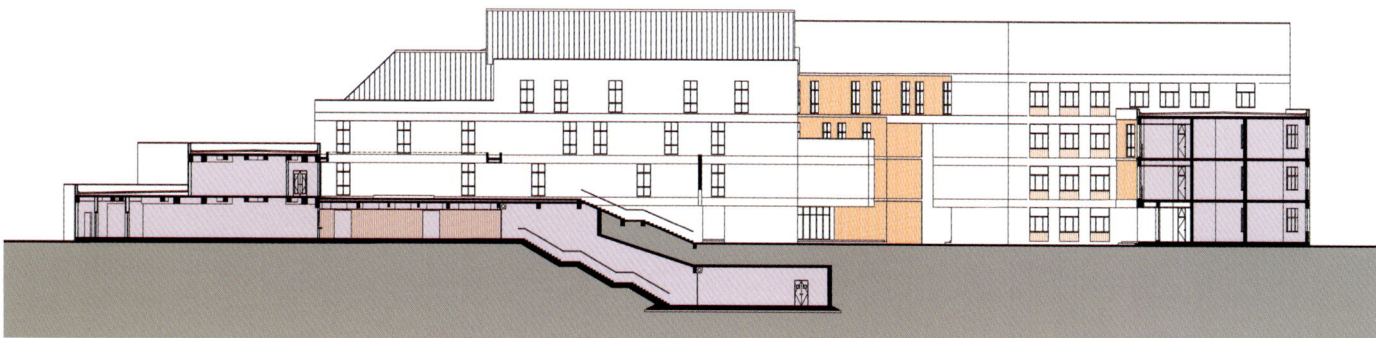

专家点评

■ 城市、社区、学校交替呈现出不同的面孔：嘈杂与宁静，浮躁与淡泊，其实并没有一条明显的界限。城市喧闹又复杂，但学校也不应该宁静到单调。正因为看多了各类学校刻板严肃的相似面孔，看到这样一个有点"另类"的小学，引起了我探究的兴趣。

■ 现场周边高楼林立，的确颇为局促。建筑师并没有将建筑置于场地中间，而是沿场地边缘用建筑包裹住用地，却出人意料地暗合了江南园林的布局；从内部空间的曲折丰富与外部立面的简约克制的对比来看，建筑师真可能是刻意为之：他不甘心把孩子们圈养在枯燥的走廊里，故平面布置得颇像迷宫，并为他们设计了各种室外、半室外空间，建筑师说希望孩子们下课后能离开教室和走廊，进入到那些有趣的地方探索、嬉戏。只可惜现在校方出于安全管理的考虑封闭了这些区域，不得不说是个遗憾，难道我们的孩子就真的要被养成温室里的花朵吗？

■ 建筑采用了多种不同的材料：从灰色的金属板到暖色的生态木板和仿砂岩板，最终统一于白色粉刷，有一点江南风格。但处于周围简欧风格的住宅在环境中显得有些突兀，然而，这种江南风格似乎给北方学校的习惯性面孔带入了一丝清新的感觉，不过多个体量和不同材料之间的结合过渡似乎仍可商榷。

许智梅

■ 校内广场

白塔岭小学
BAITALING PRIMARY SCHOOL

设计单位：秦皇岛市建筑设计院
设计人员：倪 明 崔晓慧 郑 天 张 洋
　　　　　李雅杰 胡晓明 潘焕亮 张泽波
　　　　　孙军杰
项目地点：河北省秦皇岛市
设计时间：2012年2月
竣工时间：2013年8月
用地面积：19999平方米
建筑面积：15855平方米
班级规模：24班
设计类别：新建

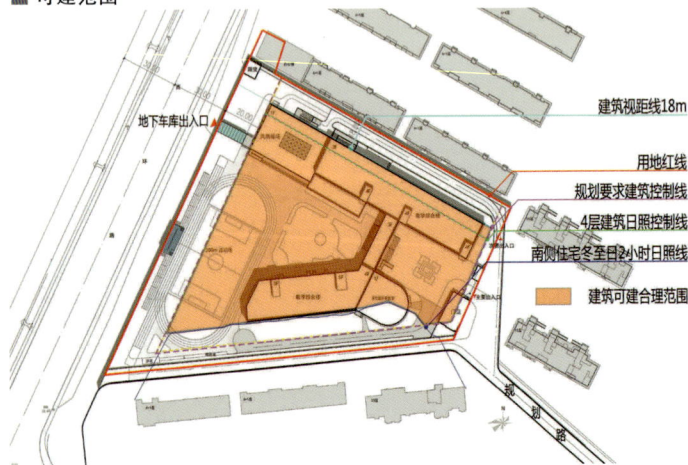

■ 可建范围

建筑视距线18m
用地红线
规划要求建筑控制线
4层建筑日照控制线
南侧住宅冬至日2小时日照线
建筑可建合理范围

■ 白塔岭小学选址于拥挤的居住小区之间，其东、南、北侧均为已建成的住宅小区，西临城市的快速路，整个用地平均高于周边道路2.5米，用地南北最长175米，东西最长187米。场地受周边住宅日照、视距、城市噪音、不规整地形等诸多影响，因此在解决周边环境问题的同时，又要充分满足校园基本功能，释放校园特有的活力是本项目的设计重点。

■ 因场地有限，为了校内不产生拥挤感，在满足各功能教室空间舒适的同时，通过设计屋顶、连廊等空间来衔接室内公共交流的平台和室外的活动场地，使师生们的室外观景视野最大化，激发孩子们对户外活动的向往和兴趣。校区采用了体随地形的自由布局，将校园分为五大功能区：休闲广场、多功能阶梯教室、教学综合楼、室内风雨操场、运动区，并从东向西连续布置，五个区域相对独立又彼此紧密相连，动静结合、虚实对应。

■ 建筑通过不同功能体块之间的穿插和积木式衔接营造了简洁丰富的立面效果，建筑材料采用白色面砖、橙黄色铝板、绿色百叶窗等结合呼应了周边建筑和绿化，保留现代气息的同时丰富了具有童趣的颜色效果。

■ 从操场看校园

■ 设计重点解决了场地的安全交通问题。为了缓解上下课时间段家长、老师、学生的疏散对周边小区和道路产地堵塞的影响，一是利用地形高差在西侧快速路设置老师专用地下车库车行出入口，二是在东侧设置了单向300米斜坡道路作为专供家长接送场地，衔接于城市次干道路，通过竖向设计处理，无形中把不利的高台地形转化为有利的安全管理措施条件。

■ 入口设置和公共空间延续

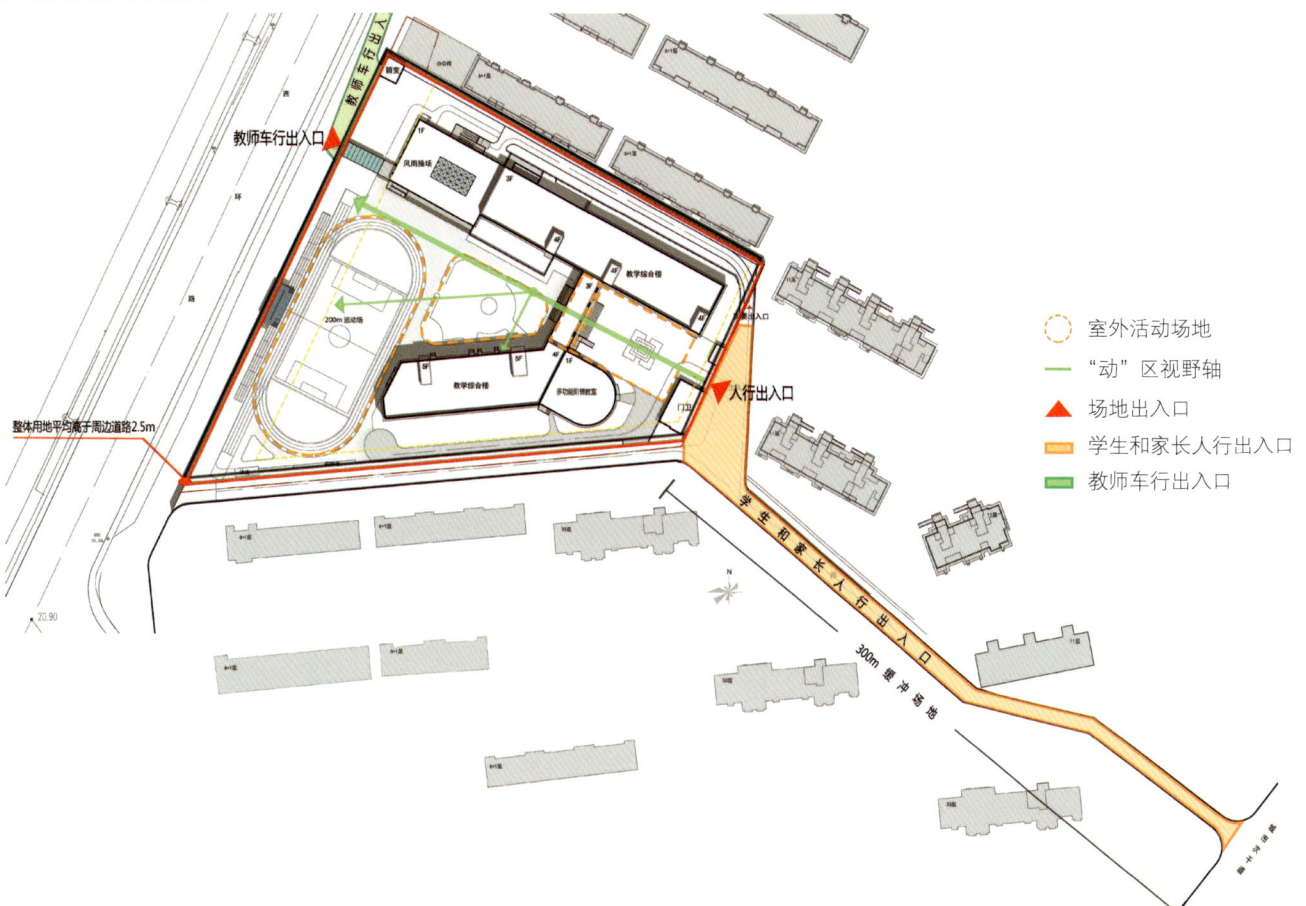

室外活动场地
"动"区视野轴
场地出入口
学生和家长人行出入口
教师车行出入口

■ 校园局部

■ 教学综合楼东立面

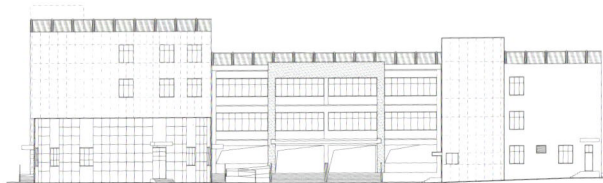

■ 风雨操场南立面

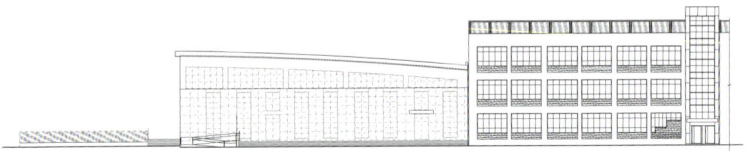

■ 一层平面图

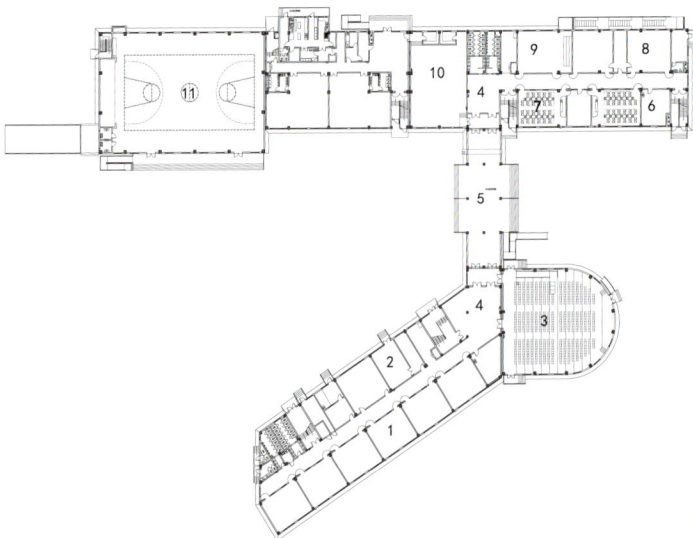

■ 二层平面图

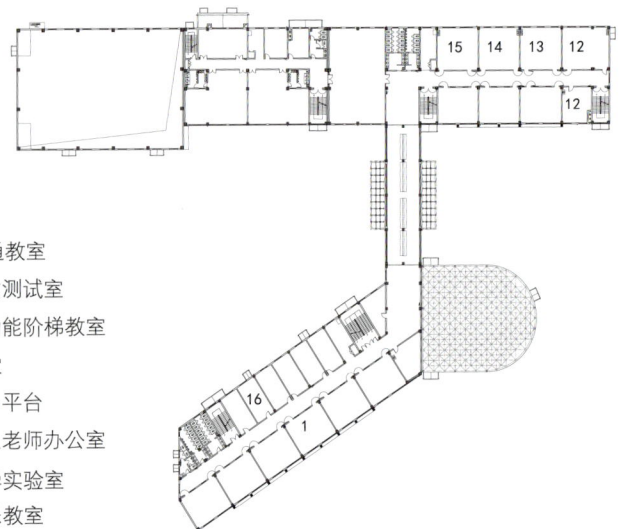

1 普通教室

2 体质测试室

3 多功能阶梯教室

4 大堂

5 入口平台

6 专业老师办公室

7 科学实验室

8 音乐教室

9 合唱室

10 舞蹈教室兼音体活动室

■ 教学综合楼局部

专家点评

■ 项目的选址受到了很多条件限制，设计以此为出发点：

1. 设计利用地形高差，在高低两处各设不同人群的出入口，很好地解决了交通问题和竖向问题，减少土方量造价的同时，利用场地本身形成了"高台地"校园安全区。

2. 校园选用了典型的"工"字形布局，通过校园广场—室内连廊—运动场的空间逻辑关系，较好地满足了学生们的空间感受。整体功能分布较为合理，使用率较高。

3. 建筑风格现代简约，整体通过形体变化、不同颜色材料选择、树木的搭配等设计手法打造了简洁的立面效果。

郭卫兵

■ 教学综合楼南立面

■ 教学综合楼北立面

■ 三层平面图

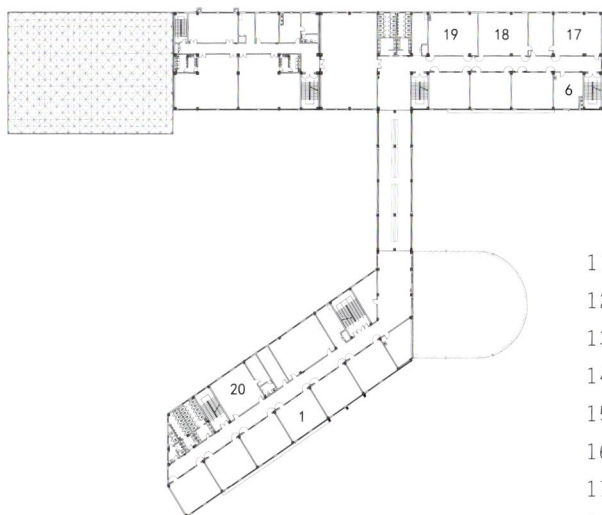

■ 四层平面图

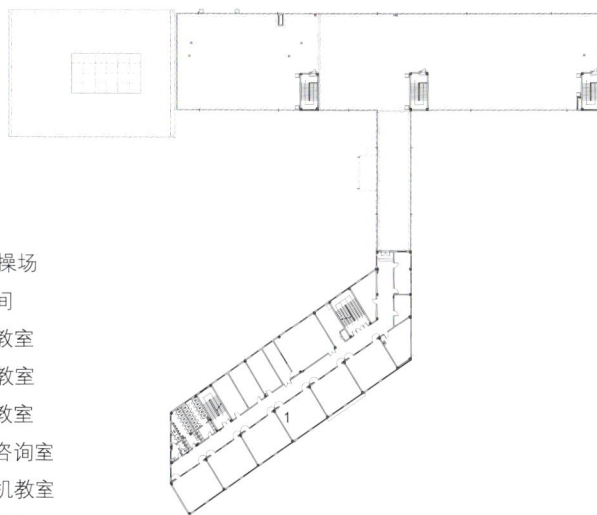

11 风雨操场
12 标本间
13 美术教室
14 书法教室
15 劳动教室
16 心理咨询室
17 计算机教室
18 语言教室
19 科技活动室
20 校长办公室

■ 校园鸟瞰

石家庄石门实验学校
SHIJIAZHUANG SHIMEN EXPERIMENTAL SCHOOL

设计单位：北方工程设计研究院有限公司

设计人员：卓景龙　丁立芹　钮旭渊　韩　毅　靳晓召　王清书　张卫全　刘成祥
　　　　　安冬月　齐长顺　闫晓丽　刘　亮　彭　郢　郜　鹏　张　丁　周会科
　　　　　金华玲　史锦月　吴朝伟　张永杰　李　雪　孙会昭　王亚鹏　刘鹏程
　　　　　许沸然　李　栋　韩　宇　姜　宏　吴占昊　冯　玉　张艳霞　曲红娟
　　　　　吴　浩　贾小峰　王亚翠　张晓萌

项目地点：河北省石家庄市
设计时间：2012~2014年
竣工时间：2015年
用地面积：93400平方米
建筑面积：74176平方米
班级规模：90班
设计规模：新建

■ 石家庄石门实验学校，前身为石家庄二中初中部，与石家庄二中栾城校区（高中）相邻。校区包含行政办公楼、艺术楼、主教学楼（含图书馆）、实验楼、风雨操场、食堂和学生宿舍。

■ 整体布置依场地条件按南北纵轴依次排列，采用对称式的整体布局，由南至北依次为中轴校前区、教学区、体育活动区、生活住宿区。依照中国传统建筑群的组织形制，以多进院落的划分串联各功能区块，形成校园的中轴空间序列。

■ 石门实验学校的立面设计延续了二中校本部的设计风格，突显了她厚重的历史和文化底蕴，对称式的整体布局、质朴的造型和充满韵律感的立面处理，都暗合了"志存高远，德业并进"的校训，创造了较好的学术氛围，使学生在潜移默化中得到良好的教育。

■ 教学区、体育活动区、生活住宿区用不同的空间组合方式营造了不同的学习和生活环境，使严肃紧张的学习氛围和轻松愉快地生活环境自由切换。大面积的红色砖，使校园整体呈现出极强的整体性，建筑细部也展现出丰富的肌理感，与局部落地玻璃的对比体现了传统与创新并重，呼应了"严谨、启智、崇实、求新"的校风。

■ 总平面图

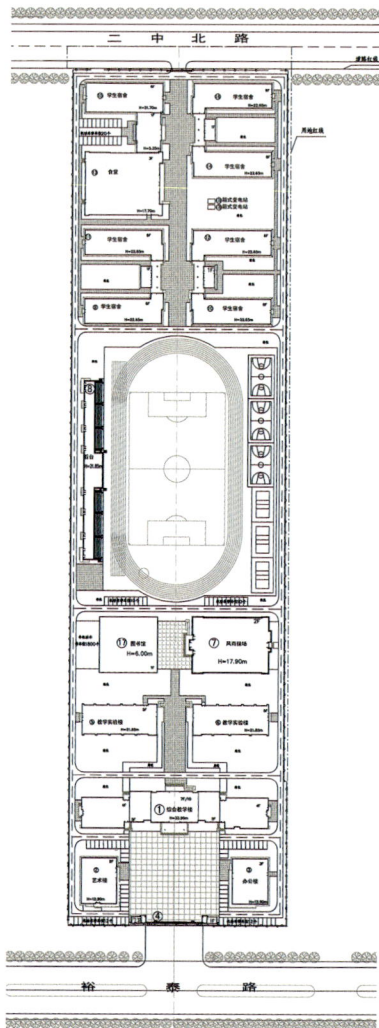

■ 校园主广场

■ 艺术楼

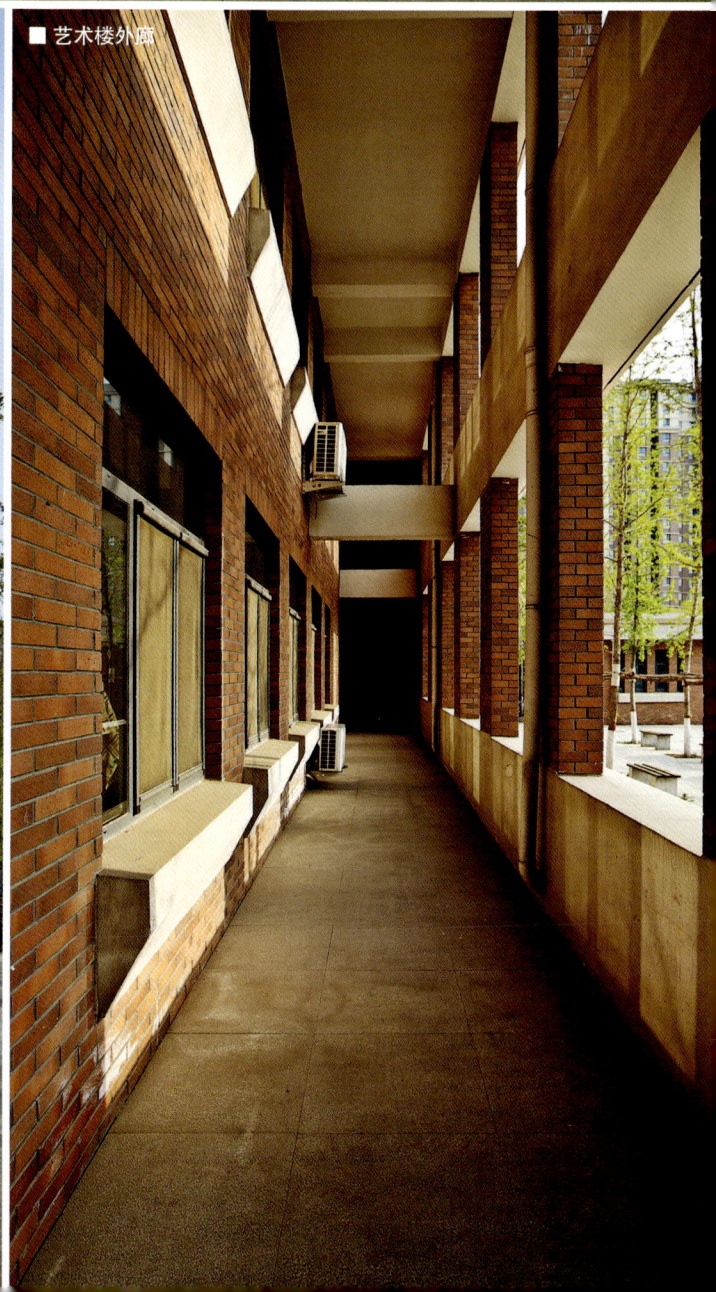

■ 艺术楼外廊

■ 主教学楼

室内空间充分考虑了学校教学和学生学习过程中的空间需求，主教学楼南北贯通入口门厅的设置满足对外宣传展示及师生集散的需要，主教学楼教室适合多种教学空间组合，宽大的走廊，交通明确简洁，学习生活严肃紧张，为师生之间创造"零距离交流空间"。

■ 主教学楼二层平面图

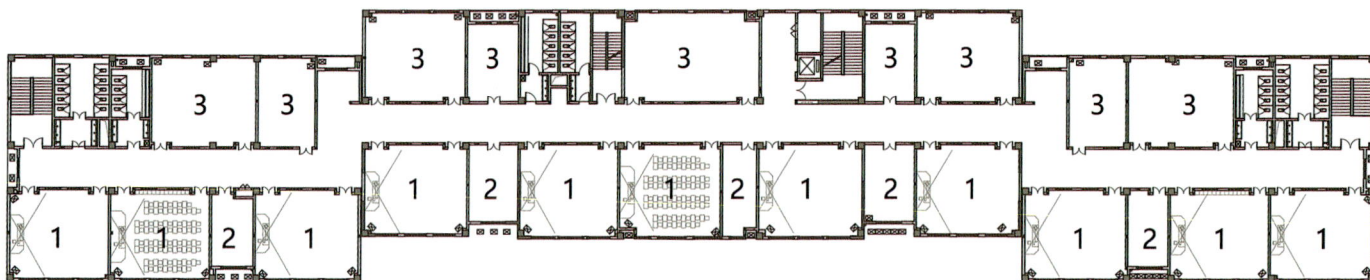

■ 主教学楼一层平面图

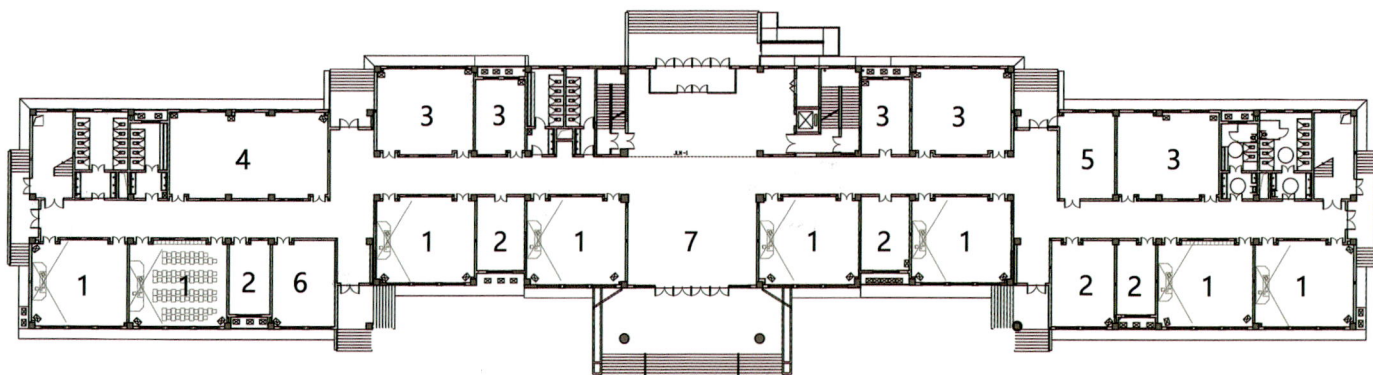

1 普通教室　2 教师休息室　3 办公室　4 书库　5 广播室　6 辅导室　7 门厅

■ 室内空间充分考虑了学校教学和学生学习过程中的空间需求，主教学楼南北贯通入口门厅的设置满足对外宣传展示及师生集散的需要，主教学楼教室适合多种教学空间组合，宽大的走廊，交通明确简洁，学习生活严肃紧张，为师生之间创造"零距离交流空间"。

■ 风雨操场

■ 二层运动场

■ 武术馆

■ 风雨操场一层平面图

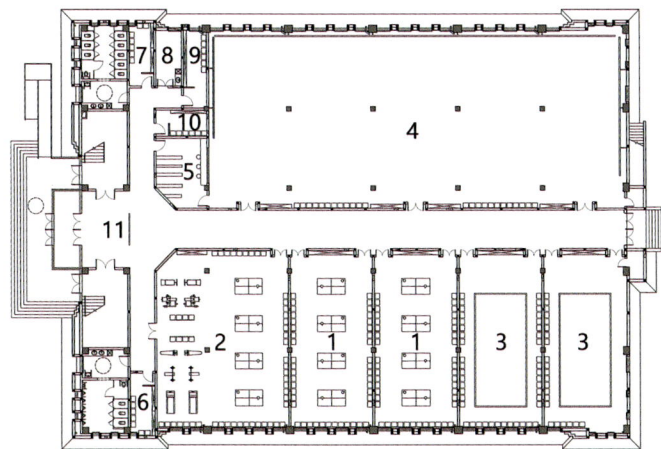

■ 风雨操场二层平面图

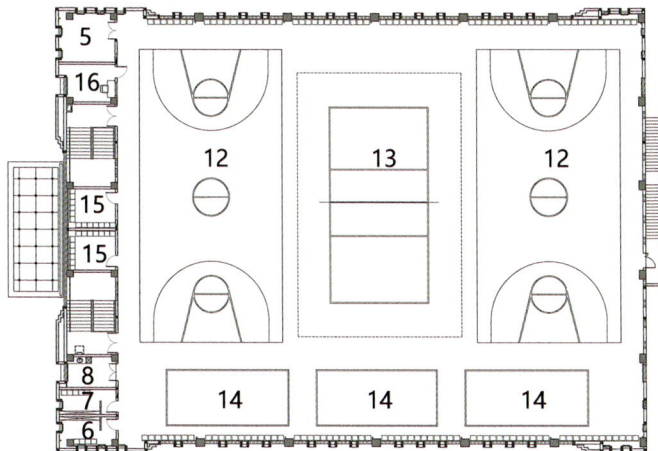

1 乒乓球室	5 器材室	9 女教职工更衣室	13 排球场
2 教职工活动室	6 男更衣室	10 男教职工更衣室	14 形体、健美场地
3 活动室	7 女更衣室	11 门厅	15 休息室
4 武术室	8 洁具室	12 篮球场	16 控制室

专家点评

■ 本项目用地狭长，规划设计将教学区、运动区和生活区由南到北依次对称布置，设计师充分理解学校的办学理念，建筑体现严谨丰富的教学风格和文化的传承。运用对称的建筑布局和具有韵律感的细部符号，创造出极具层次感的不同空间，包括校前区广场空间、开阔的运动空间和细致入微的生活空间。室内空间的营造上，充分考虑了教师教学和学生学习过程中的空间需求，为师生之间创造"零距离交流空间"。风雨操场也为学生紧张的学习之余进行丰富多彩的文体生活创造良好的条件。漫步在室外游园，可听到朗朗的晨读声和悦耳的虫鸣，莘莘学子可在此尽情地畅想自己美好的未来，完成自我的释放。

吴晓坤

■ 校园整体鸟瞰图（摄影：王伟涛）

保定市复兴小学
BAODING CITY FUXING PRIMARY SCHOOL

设计单位：保定市城乡建筑设计研究院
设计人员：赵　迪　付琛明　王雪利　侯永胜　孟　彪　张子民
　　　　　王玉莲　马剑慧　闫　旭　包菊花　蔡春梅　刘琳琳
　　　　　王玮瑛　刘会涛　杨　希　郭会亮　赵海隆　包朝乐门
　　　　　张　哲　闫文华　王　朝　张　浩　王雪莲　耿疆棉
　　　　　苑鹏猛　王伟涛　李　寒　丁福峰　蔡　岩　王春凯
项目地点：保定市竞秀区
设计时间：2014年10月～2015年1月
竣工时间：2018年3月
用地面积：20000平方米
建筑面积：16689平方米 / 地上16224平方米 / 地下465平方米
班级规模：小学48班
设计类别：新建

"序"、"场"、"廊"、"园"

■ 在详细解读基地的环境特征并深入了解保定地区的历史篇章之后，我们深深感受到这两种影响力在设计中的交织以及其所带来的复杂而深邃的作用力。一方面尝试将自身完美地结合于规划大背景中，与环境达成和谐，另一方面也要主动成为环境中积极的一环。

■ 以嵩阳书院为引子，希望给学生一个亲切、熟悉的环境。围合、半围合的院落空间中引入中国传统的书院文化和中国传统建筑群的"院落"情感，并以此为骨架构建校园的规划结构，依此形成"尺度与密度"相和谐的结构关系，试图在有限的用地内营造无限的空间意韵，并依此形成"序、场、廊、园"的总体规划思想。

■ 设计希望不悖于传统，对该地区的风格有所体现，并且达到建筑与环境之间物质与非物质层面的双重和谐。在建成之后，校园成为该地区城市建设中一个重要的篇章，"序"、"场"、"廊"、"园"的意味在这里都得到了体现。

■ 总平面图

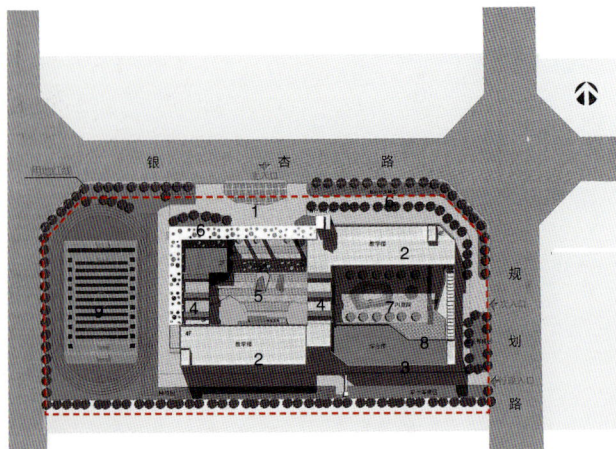

1 大门　2 教学楼　3 综合楼　4 行政办公楼　5 书院雕塑
6 临时公共停车　7 内庭院　8 活动平台　9 200m操场

总体布局

■ "序"——序列、秩序，通过一系列序列感的空间感受。为刚踏入学习生活的学子拉开一天学习的序幕。

■ "场"——北侧的入口广场及围合广场，既作为整个空间序列的起点，又承担了从喧嚣的城市过渡到安静的学习环境的作用。由体育场地构成的场地，则是开放、活跃的场所。

■ "廊"——交通连廊、文化长廊。各建筑单体之间，通过连廊连成一个整体，保证了功能的延续性与完整性，并且为学生提供观景、交流共享空间。

■ "园"——融合人文与自然景观。校园的主要园林由建筑围合，展现学校的文化气息。设置学者雕像以及"桃园春晓"的主题建筑园林。建筑和环境相得益彰。

■ 校园整体功能分析图

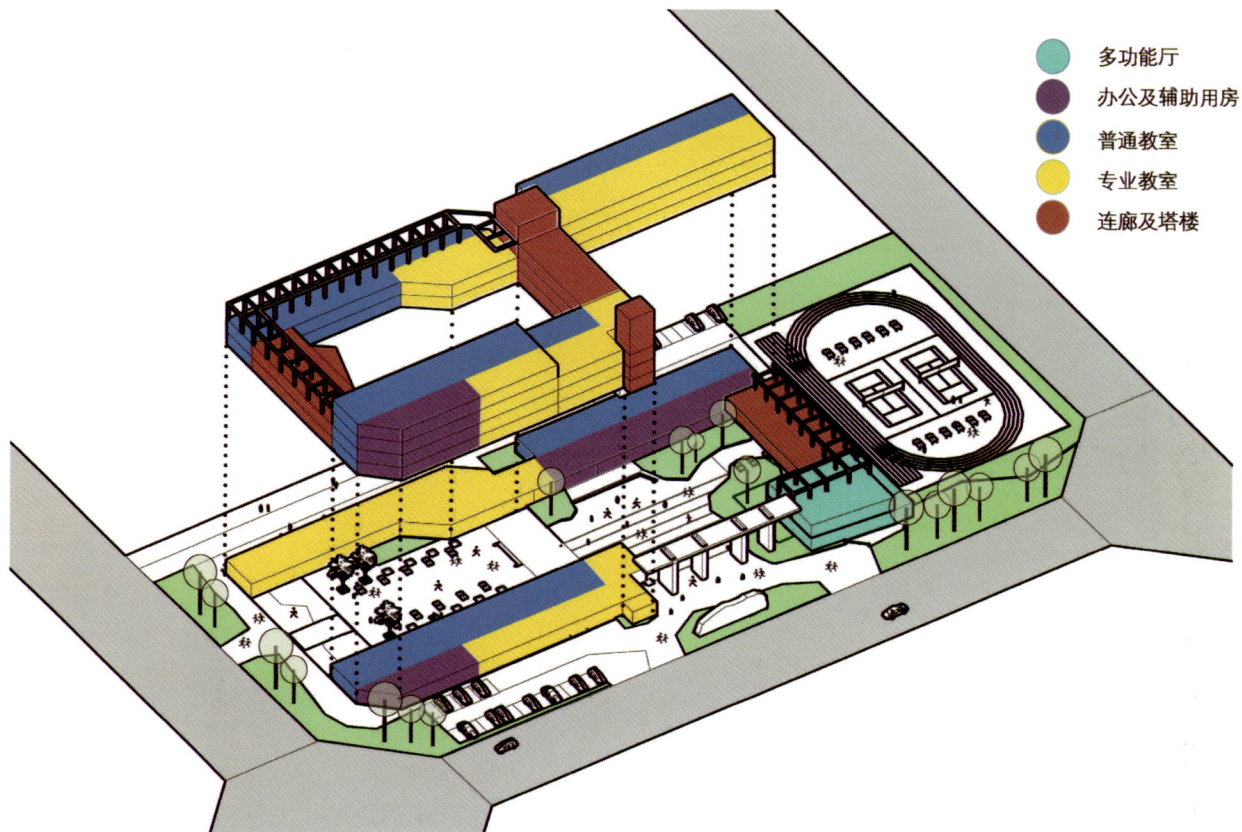

多功能厅

办公及辅助用房

普通教室

专业教室

连廊及塔楼

■ 校园看台及操场（摄影：王伟涛）

■ 校园整体剖面图

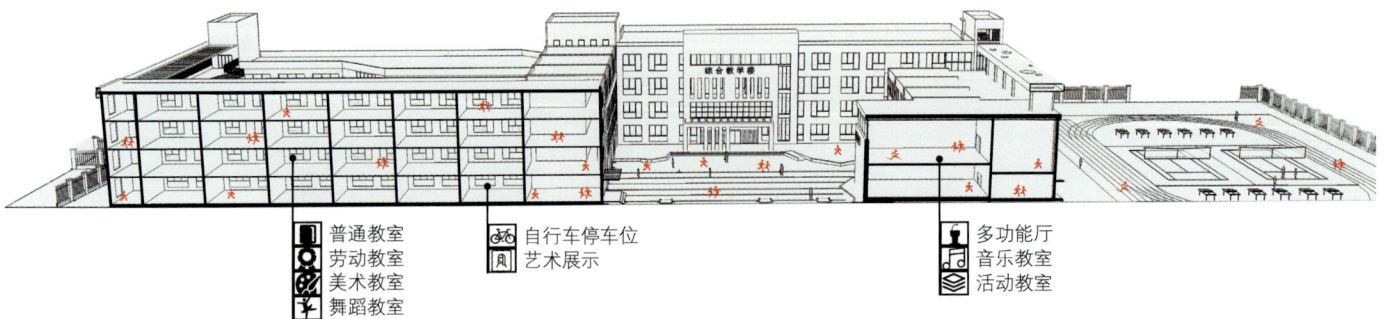

- 普通教室
- 劳动教室
- 美术教室
- 舞蹈教室
- 自行车停车位
- 艺术展示
- 多功能厅
- 音乐教室
- 活动教室

■ 南立面图

■ 校园东北侧鸟瞰图（摄影：王伟涛）

■ 校园首层平面图

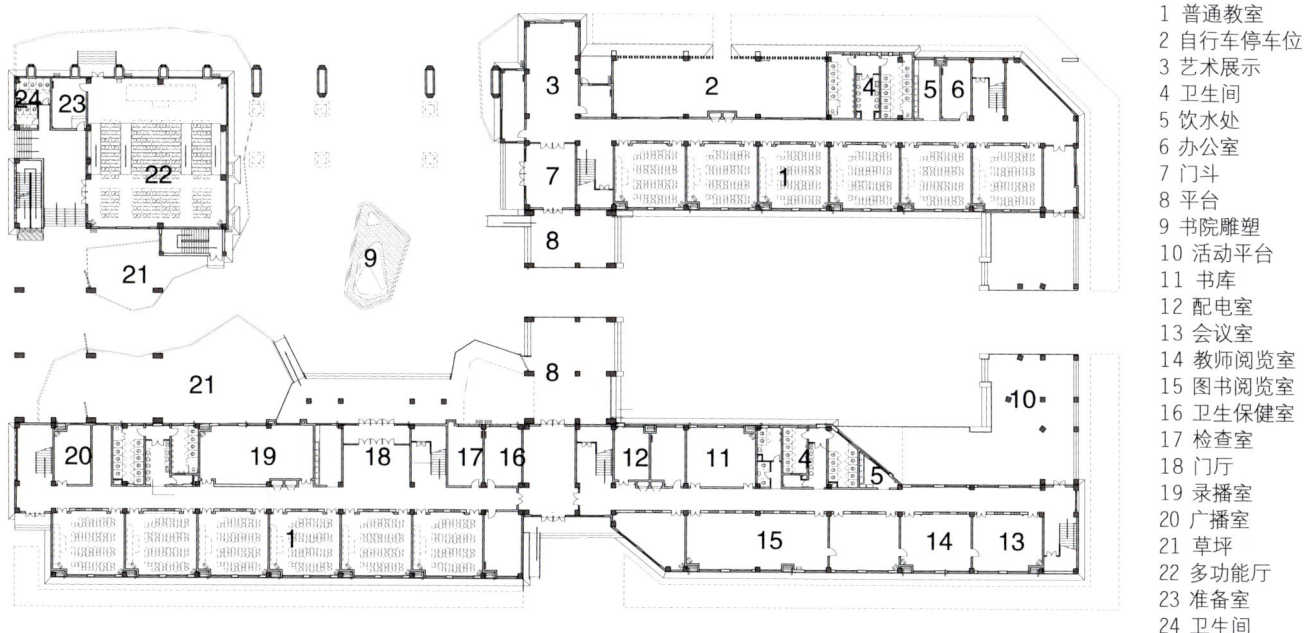

1　普通教室
2　自行车停车位
3　艺术展示
4　卫生间
5　饮水处
6　办公室
7　门斗
8　平台
9　书院雕塑
10　活动平台
11　书库
12　配电室
13　会议室
14　教师阅览室
15　图书阅览室
16　卫生保健室
17　检查室
18　门厅
19　录播室
20　广播室
21　草坪
22　多功能厅
23　准备室
24　卫生间

专家点评

■ 该项目在极端局促的场地下创造了丰富的空间体验，通过建筑形体的围合塑造了多处积极空间及灰空间，适合人的停留。

■ 通过平台的处理打造了多层次的适合儿童活动的场所，并且塑造了孩子间看与被看的关系。

■ 适合儿童心理的小空间、小尺度的打造体现了建筑师对儿童心理需求的关怀。

■ 内部空间紧凑合理、收放自如，动线合理流畅，充分利用自然的通风采光，体现了低技术生态的设计理念。

■ 立面采用了现代简约的现代建筑语汇，竖向窗的设计将不同功能房间（教室、实验室、办公等）的差异性统一在完整的表皮肌理下，同时入口处顶部的大小不一的圆洞元素，表达小学生活跃的一面。

郭卫兵

■ 校园鸟瞰图。

石家庄市第十五中学新校区

SHIJIAZHUANG NO. 15 HIGH SCHOOL NEW CAMPUS

设计单位：河北建筑设计研究院有限责任公司
设计人员：郭卫兵　周　波　耿书臣　张　鹏　杨　飞　周　博　张鹏飞
　　　　　赵　雪　赵帅杰　袁春晓　张朝晖　李晓玲　范　宏　付会欣
　　　　　崔向军　任聚廷
项目地点：河北省石家庄市
设计时间：2014年
竣工时间：2018年
用地面积：170976平方米
建筑面积：120640平方米
班级规模：84个班
设计类别：新建

■ 石家庄市第十五中学是石家庄市的历史名校。设计从百年名校的历史感
出发，以教学楼、实验楼等建筑围合形成校园入口的中心广场，并以此构
成贯穿校区的主要轴线。
■ 坡檐黛瓦体现了对百年名校文脉的尊重和追溯。古韵新风的典雅立面
与柱廊使广场庄重而亲切，并赋予广场端庄、恒久、丰富、坚实的求知氛
围，展现出深邃的文化内涵和强烈时代气息的空间形象。

■ 初中部入口（摄影：赵强）

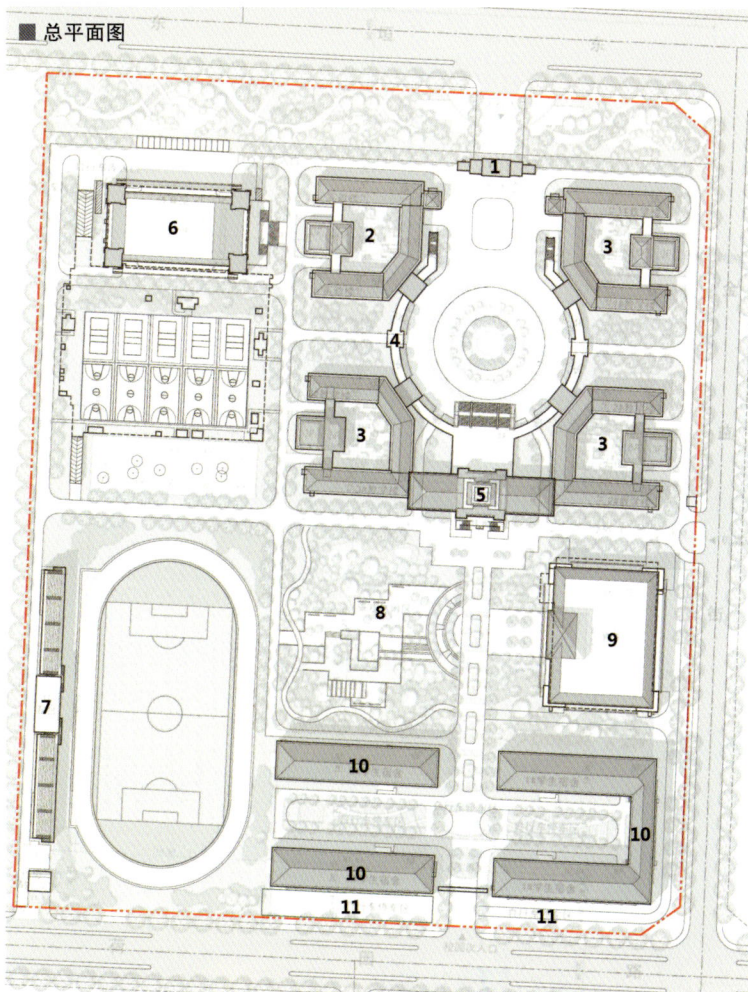
■ 总平面图

1 大门
2 实验楼
3 教学楼
4 文化长廊
5 主楼
6 体育馆
7 看台
8 景观休闲区
9 食堂
10 学生宿舍
11 自行车停车区

■ 实验楼、教学楼、主楼二层平面图

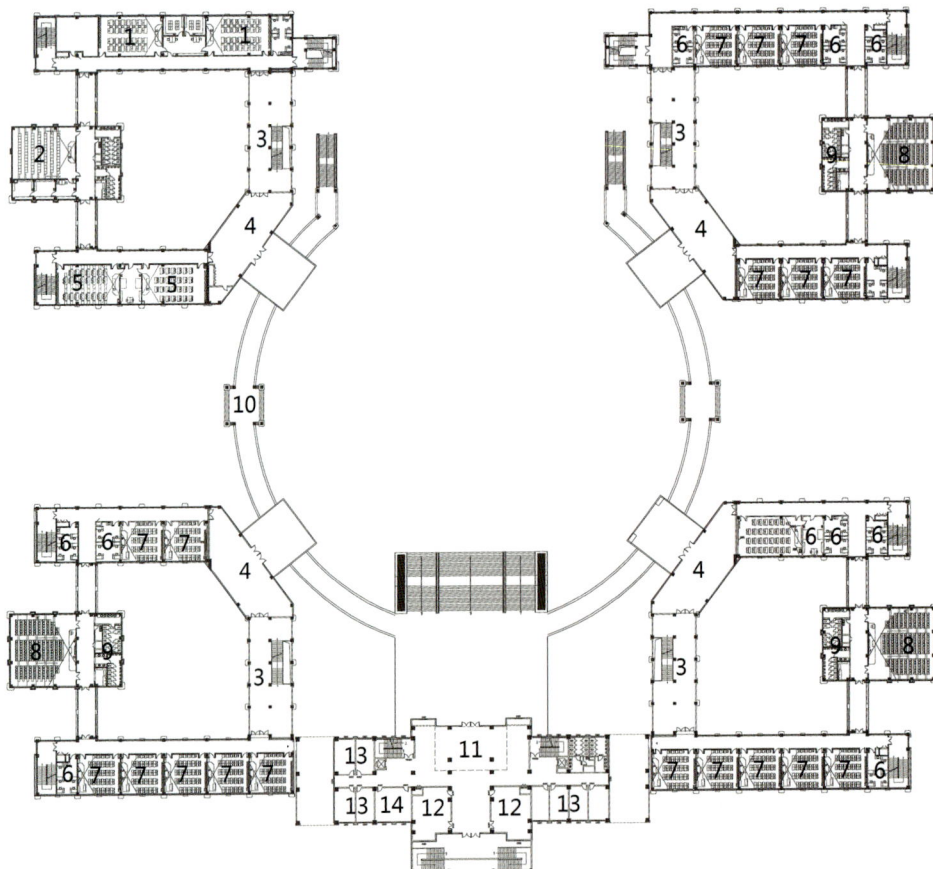

1 化学实验室　　2 物理演示实验室　　3 活动长廊　　4 休息区　　5 物理实验室　　6 教室办公室　　7 普通教室

8 合班教室　　9 卫生间　　10 文化长廊　　11 门厅　　12 教务处　　13 办公室　　14 安全处

■ 学生餐厅

■ 校园一景

■ 教学楼

■ 校园整体剖面图1

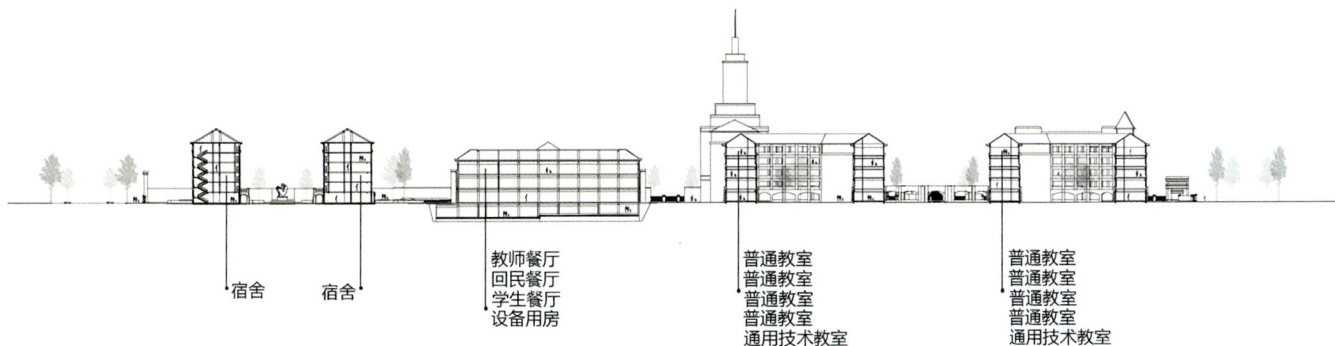

宿舍　　宿舍　　教师餐厅　　　普通教室　　　普通教室
　　　　　　　回民餐厅　　　普通教室　　　普通教室
　　　　　　　学生餐厅　　　普通教室　　　普通教室
　　　　　　　设备用房　　　普通教室　　　普通教室
　　　　　　　　　　　通用技术教室　通用技术教室

专家点评

■ 石家庄市第十五中学新校区方正的组团式结构，布局清晰合理，风格简洁明快，是现代新典雅主义学校的佳作。设计有很多亮点：

1.校园入口处，以教学楼、实验楼等围合出中心广场，营造向心凝聚之感，加之拱券连廊，塑造出历史名校的历史感，是整个学校的精神核心。

2.教学组团、生活组团、运动组团，分区布局清晰合理，符合现代化教学的要求。

3.整体建筑风格庄重典雅，运用红砖、坡檐、灰瓦、拱券、柱廊等元素，体现出对历史名校文脉的尊重和延续，营造出厚重严谨的学术氛围。

孙兆杰

鸟瞰校园

石家庄二中天悦校区
TIANYUE CAMPUS OF SHIJIAZHUANG NO.2 MIDDLE SCHOOL

设计单位：河北拓朴建筑设计有限公司
设计人员：姜 杰 李玉军 沈子刚 杨跃民 张卫成 李 夺
　　　　　高 攀 尹利科 王爱民 张玉普 李 欣 钟向帅
　　　　　张思远 张翼飞 王大伟 王 哲 赵婉君 赵海朋
　　　　　李凤刚 白金彪 张占江
项目地点：河北省石家庄市
设计时间：2014年5月～2015年6月
竣工时间：2018年3月
用地面积：110643平方米
建筑面积：118756平方米 / 地上116920平方米 / 地下1836平方米
班级规模：95班
设计类别：新建

■ 石家庄二中天悦校区是一所包括初中、高中在内的综合学校，凭借着二中深厚的文化底蕴、雄厚的师资力量和先进的教育模式，全力打造成为功能齐全、配套完善、环境优美的知名品牌学校。石家庄二中天悦校区作为一个完成度极高的项目，较好地诠释了设计师的工匠精神。

■ 校园整体规划分为入口行政区、教学区、生活区、运动场馆区、国际接待中心、会议剧场区、科技艺术中心、中心枢纽区，通过一条整体连廊将各个分区串联，形成一个完整的教学生活综合体化校园。

■ 建筑采用红砖学院派风格，设计现代化，布局合理，功能明确，既体现了学校的文化内涵和时代特色，又适应素质教育的需要。以主入口为主轴线，东侧为学生生活区，西侧为教学区，动静分区明确，避免了生活与学习上的相互干扰，为学生营造更加浓郁的学习氛围。操场看台又如一只展翅飞翔的雄鹰，横跨在操场西侧，南北向长约100米，可满足2000人同时观看大型运动会。图书科技中心一、二层设有常规书库、安静阅览室、小组讨论区及师生交流书吧，满足不同人群的阅读需求。教室均配备84寸屏一体化多媒体设备，落地条窗设计采光充足不刺眼，还设有平面艺术教室、信息技术教室、烹饪教室、服装设计室、琴房等，满足学生的全面特色发展。

■ 校园总平面图

■ 入口广场及钟塔（摄影：刘意）

■ 教学楼（摄影：刘意）

■ 体育场看台（摄影：刘意）

■ 楼梯内景（摄影：刘意）

■ 小型剧场（摄影：刘意）

■ 校园建筑一层平面图

■ 庭院下沉广场（摄影：刘意）

■ 共享中庭（摄影：刘意）

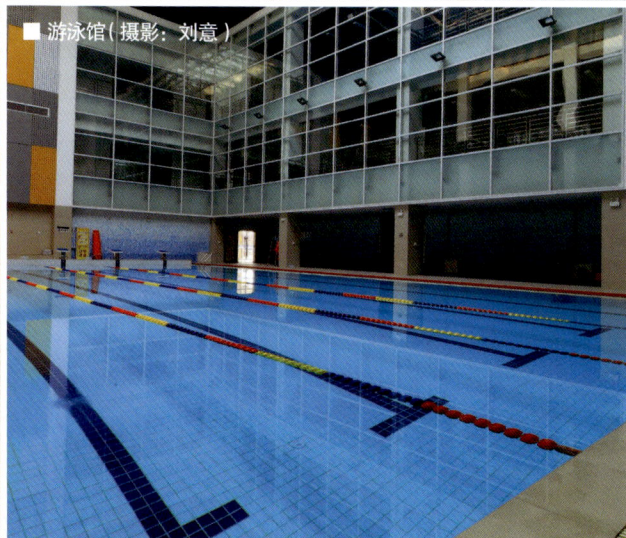
■ 游泳馆（摄影：刘意）

■ 校园内设有681座报告厅（兼顾小型剧场功能）、可容纳1304人就餐食堂、1296座固定看台+630座运动看台的篮球馆、游泳馆、宿舍楼共计766间，可同时容纳4596人住宿。教学楼、宿舍楼、综合楼、食堂、风雨操场等各功能区通过一整条连廊相互串联，使得各个功能区的交通都变得便利，形成一个完整的校园综合体。每个学部内均设置了普通教室、专用（实验）教室、图书室、运动馆、教师办公等功能，使各个学部自身为一个教学综合体。

专家点评

■ 石家庄二中是一所含初级中学和高级中学的全寄宿制完全中学，用地较为紧张，对实际制约很大。天悦校区项目设计亮点在于：

1. 建筑师采用校园综合体的概念，较好地解决了多功能布局与用地紧张的矛盾，整体使用高效合理；

2. HUB中枢枢纽是整个校园的核心，引入先进的特色教学的教育理念，给师生创造更多交流的空间，满足学生的全面特色发展。对不同的使用功能进行适当的融合，为可能共享的公共功能使用创造了条件。

3. 校园内部空间丰富，配置标准高，游泳馆、篮球馆、图书馆、剧场、宿舍、食堂一应俱全。

4. 校园规划和建筑造型为英伦学院派建筑风格，校园入口的钟塔，校园内部的拱廊，红色砖墙彰显建筑的层次感和厚重感，透着浓浓的书香气息。

■ 不足之处在于：屋顶的利用尚不充分。

舒平

石家庄市智汇小学
SHIJIAZHUANG ZHI HUI PRIMARY SCHOOL

设计单位：河北九易庄宸科技股份有限公司
设计人员：范进金　花旭东　崔宇平　宋雪雅　褚雪峰　崔一新
　　　　　张宏艳　李保华　谷娟娟　任　永　王冠明　马　烨
　　　　　李勇利　路　谦　王平建　刘利红　王任戍　白素平
　　　　　王　勇
项目地点：石家庄市东南智汇城
设计时间：2014年
竣工时间：2018年7月
用地面积：12061平方米
建筑面积：7550平方米
班级规模：18班
设计类别：新建

■ 设计出发点：以常见问题为出发点，突出"环境育人"的重点，体现人本原则，对师生产生正面的影响。小学首先是要为人服务，让人在繁杂的学习间隙享受到宜人的学习环境。校园建筑形象不同于其他文化性、商业性建筑，重点在于给人们一个工作、学习的空间，而校园则承载着人文历史的传承，是学生接受知识的场所，典雅、庄重、朴素、自然应该是其本质特征。不同功能区域环境可以通过不同的设计手法来处理，诠释对校园精神的理解，从而反映校园的多元性，自由性，兼容并蓄。

■ 空间组合形式：在设计中建筑师着眼于"教"与"学"这种生活方式对于空间的需求，尝试提供学生和老师，学生和学生之间充分而富有层次的交流机会和场所。建筑单元的模糊与淡化，构成了围而不合的空间姿态。

■ 景观设计：从整体设计出发，在设计中注重营造校园文化氛围，以逻辑和理性作为基本设计原则，塑造独具特色的校园场所。在满足合理功能的基础上，本案的建筑布局紧密结合建筑的精神特质，采用活泼的构成形式，缓和教学环境的严肃感和强烈的秩序感，赋予建筑更多活泼的性格，找回传统学校类建筑遗失的美好。

■ 总平面图

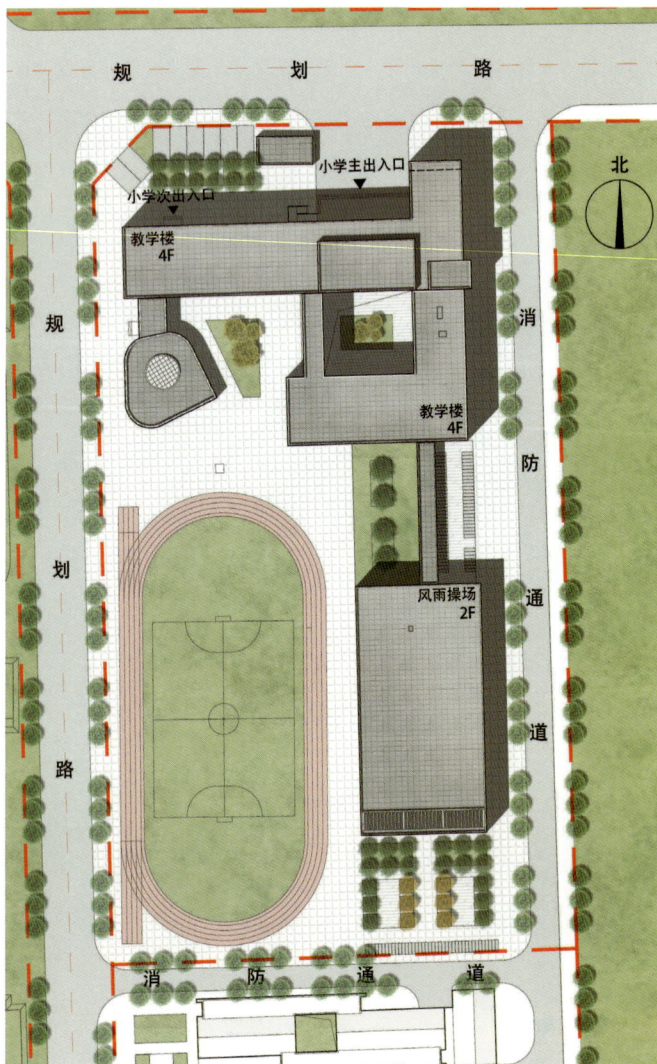

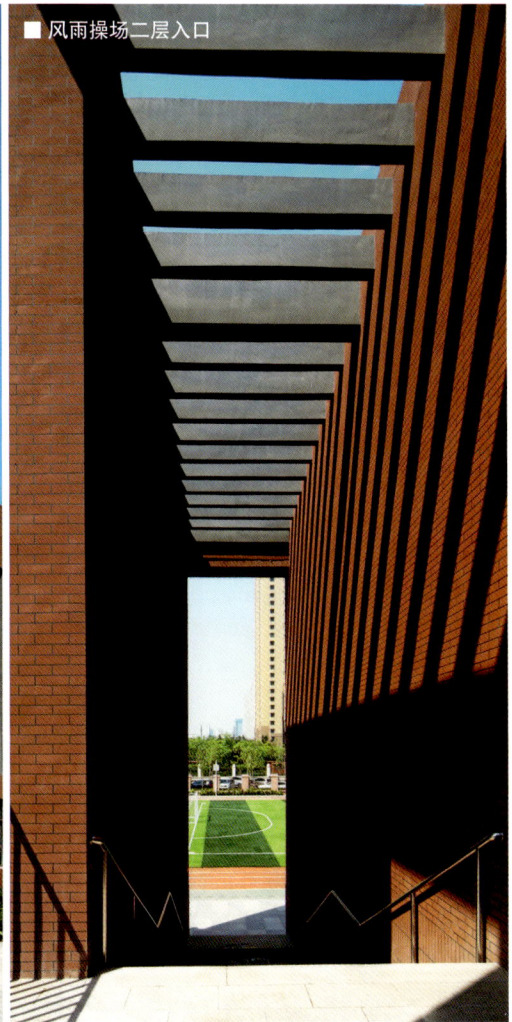

■风雨操场

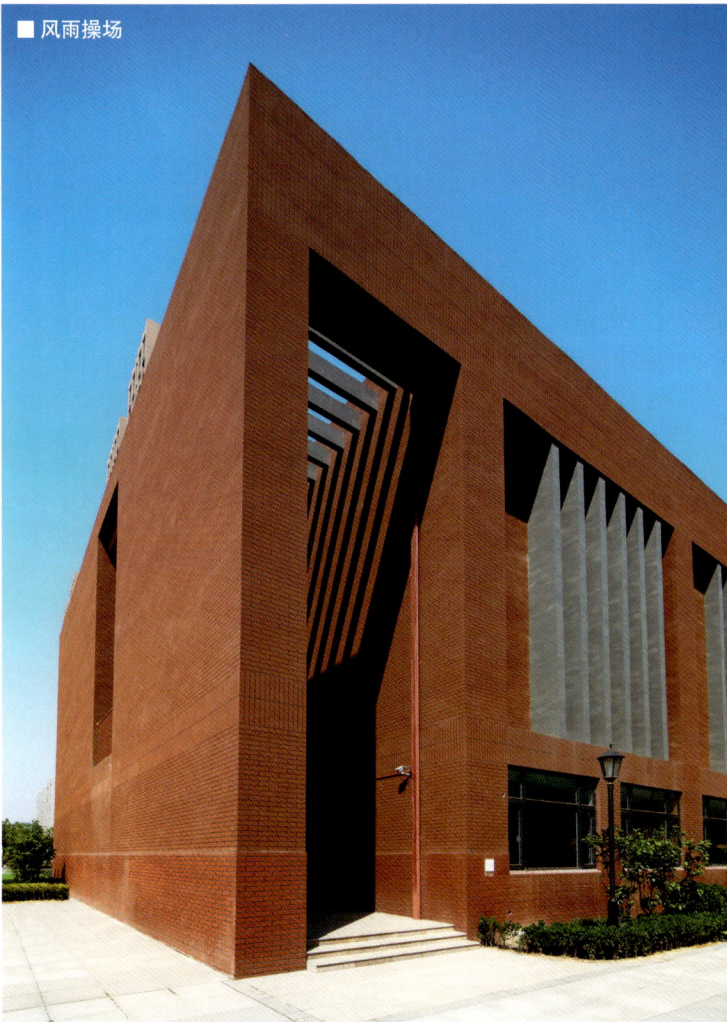

■风雨操场二层入口

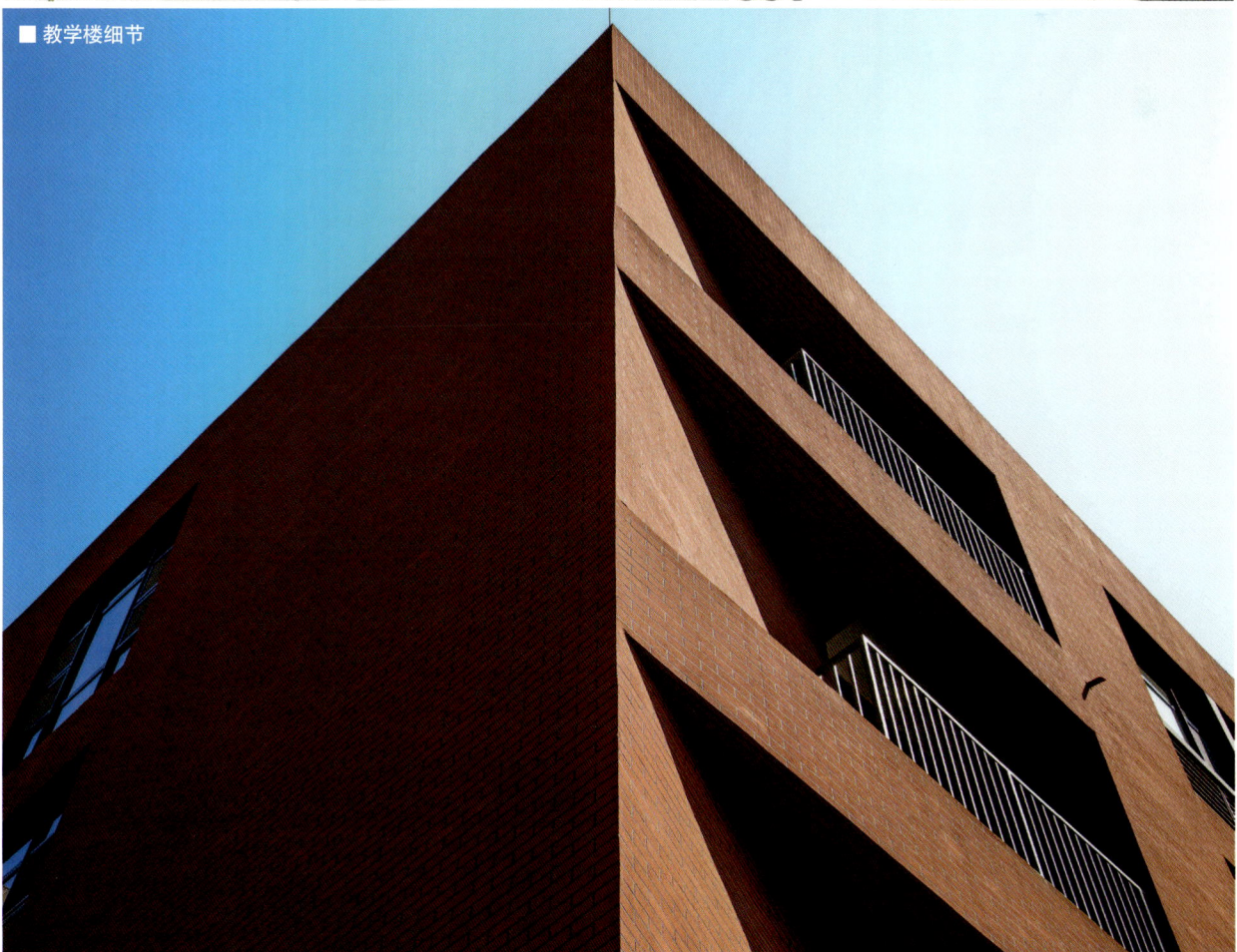

■教学楼细节

■ 教学楼

■ 教学楼平面图

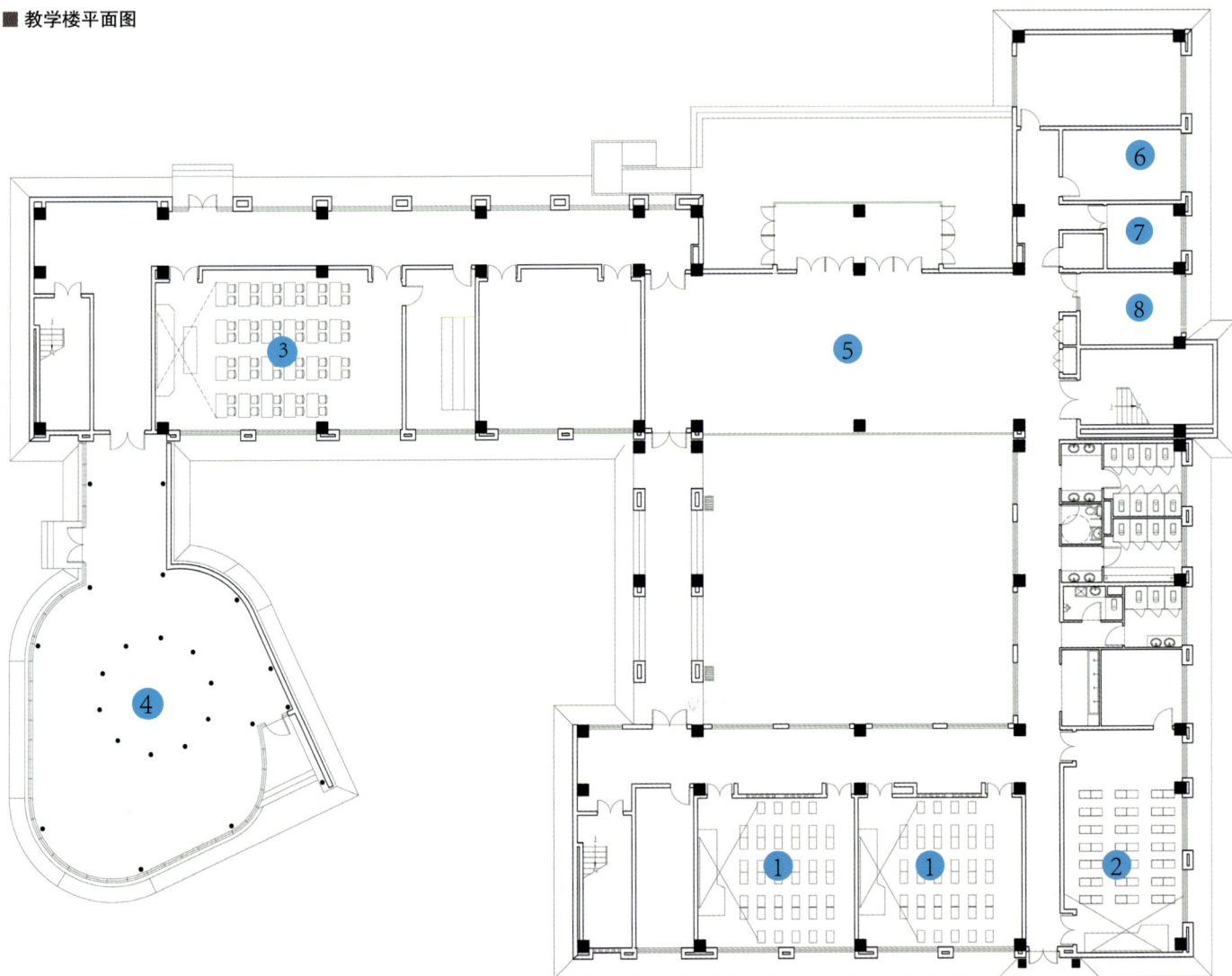

① 普通教室　② 音乐教室　③ 科学教室

④ 图书阅览室　⑤ 门厅兼德育展览室

⑥ 档案室　⑦ 文印室　⑧ 传达室

■ 操场

■ 门厅

■ 公共教学用房以及校园公共空间尽量铺开布置在首层，以使校园公共活动更多在首层发生，而主要的教学空间布置在二层及以上，这样也可以使得主要的教育单元尽可能集中布置，减少教室和其他公共空间交叉干扰，保证孩子们拥有一个更加安静良好的学习氛围。另外这样的布置策略也可以保证孩子在学校最主要的活动空间拥有最好的日照、采光、通风条件。

■ 教学楼剖面图

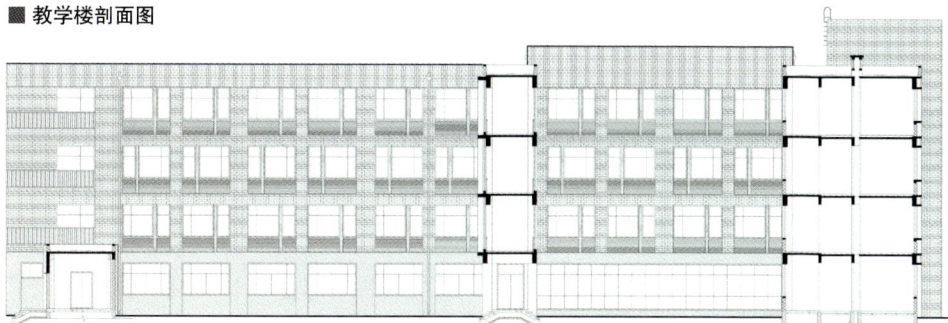

■ 教学楼立面图

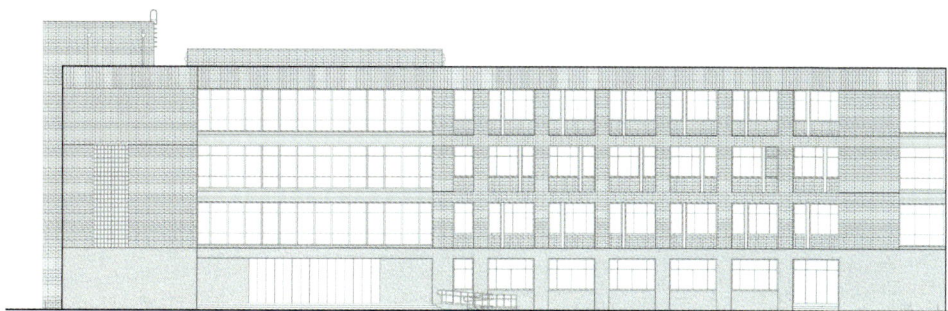

■ 风雨操场平面图

1 广播室

2 学生活动室

3 劳动教室

4 体质检测室

5 心理咨询室

6 沙盘测试

7 计算机教室兼视听阅览室

专家点评

■ 石家庄智汇小学，以自由无约束，互动多共享的理念为出发点，引入庭院概念，增加空间的围合感，强化院落的积极性，形式上相互协调，为学生与学生、学生与老师的交流提供有趣味的场所。学校的功能空间有动、静的不同需求，设计的重点是在空间关系上体现出变化和不同的可能性。设计团队充分考虑了师生的心理感受，空间设计注重收放，通过连廊将教学楼、图书室和风雨操场有机组合，使空间富有连贯性、层次感和趣味性。立面上运用红砖的基本元素，用不同的拼接方式和花墙丰富整个底层的立面肌理，再用深灰色的竖向线条突出立面的纵向分割感，使得整个学校看起来简单大方却又耐人寻味。

郝卫东

山东

■ 校园入口鸟瞰

金家岭学校
JINJIA LING SCHOOL

设计单位：同济大学建筑设计研究院（集团）有限公司
设计人员：江立敏　刘灵　蒋佐伦　杨智　陈俊毅　杨付权
　　　　　周彬　董佩伟　徐钟骏　唐玉艳　秦卓欢　吴虎彪
　　　　　张萍　代鹏　安世超　李厚哲　汤亦庄
项目地点：山东省青岛市崂山区
设计时间：2016年3月
竣工时间：2018年8月
用地面积：43916平方米
建筑面积：119333平方米／地上61333平方米／地下58010平方米
班级规模：学前4班，小学20班，初中30班
设计类别：新建

■ 校园整体俯视

意象的生成——城市尺度下的教育建筑标杆

■ 青岛市崂山区金融区具有明晰的城市意象体系，其中边界的弧线和标志性建筑的环形母题很是醒目。作为青岛市基础教育改革的标杆性项目，以及整合了公交车首末站、大型公共机动车库和地铁连通口的复合功能建筑，金融区教育基地需要呼应环形母题，以进一步完善本区域的城市意象体系。

■ 超常规的内部空间及外部体育设施的需求，使得项目容积率达到1.15，也使得田径跑道上屋面成为必然。两个高低错落的环形体量分别容纳主要教学区和体育区，再加上月牙形的行政办公区，多环组合的建筑成形。教学区的圆形内院直径3.29米，充分保证南向房间的采光需求。

交流的空间——基础教育建筑原型溯源

■ "学校起源于一个没有意识到自己是教师的人坐在树下，与一群没有意识到自己是学生的人交流自己的认知。"——路易斯·康。教育模式发展进程是螺旋上升的过程，工业化时代的灌输式教学在此被摒弃，师生在平等的状态下进行双向交流。

■ 为此，教学单元被设置为超出常规尺度的扇形平面，并划分为若干个区域，集体授课区之外还设有沙发（或地毯）讨论区、网络学习区、学科资源区和教师办公区。同一教学单元里功能区域的并置对应的是教学模式的可变性，小班额的学生群体在同一课堂上有可能被分组学习，自主讨论和自习是课堂的重要组成内容。在教室外，环形的"无尽长廊"串联着东西侧的非正式学习空间，作为正式学习空间的必要补充。这些侧厅和小中庭中设置了不同尺度、色彩和质感的口袋空间，让学生能停驻、自习、交谈。

素养的展示——基础教育建筑核心空间挖掘

■ 在基础教育改革领域，国家提出了打造"核心素养体系"的概念，学生核心素养的养成过程中，展示是必要的总结，同时也是养成过程的重要组成部分。本项目设计了完整的展示空间体系。体系的核心是共享学习区中央的剧场，它容纳着最频繁、规模最大、影响力最强的各类展示活动。环绕剧场的是一系列的公共展示空间，包括一层的主门厅、展厅和体育区长廊，以及楼上的大大小小的休息厅和中庭。支撑着展示活动饱满度的，是学校教学成果的丰盛。

■ 校园主广场形象

■ 东侧建筑形象

■ 校园主楼入口

■ 屋面运动场看主楼夜景

■ 东南角建筑形象

■ 交流空间类型与分布

体育区长廊　主门厅　　　中庭　　　阳台
　　　　　　休息厅

■ 校园建筑剖轴测图

下沉庭院　中央剧场　展厅

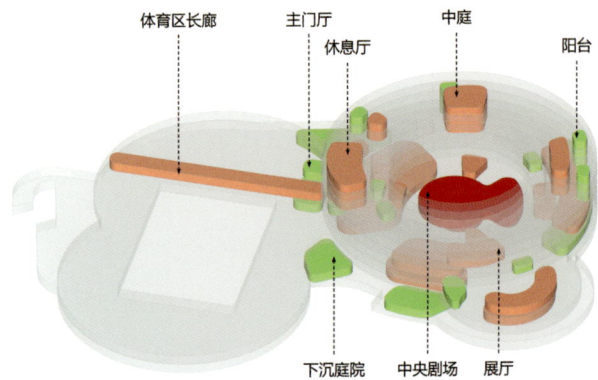
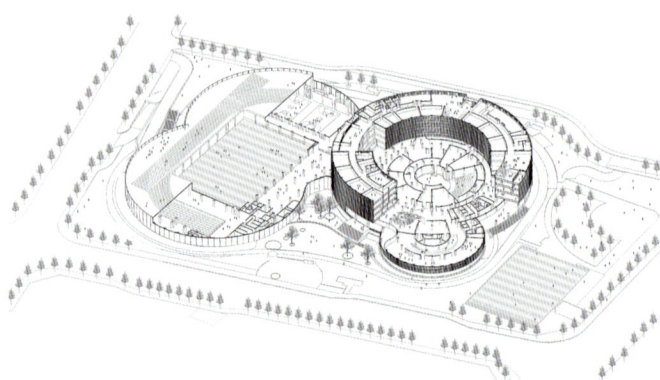

■ 屋面运动场地1

■ 运动内院1

■ 屋面运动场地2

■ 屋面活动平台

■ 建筑局部1

■ 建筑局部2

■ 运动内院2

■ 带滑梯的门厅大楼梯

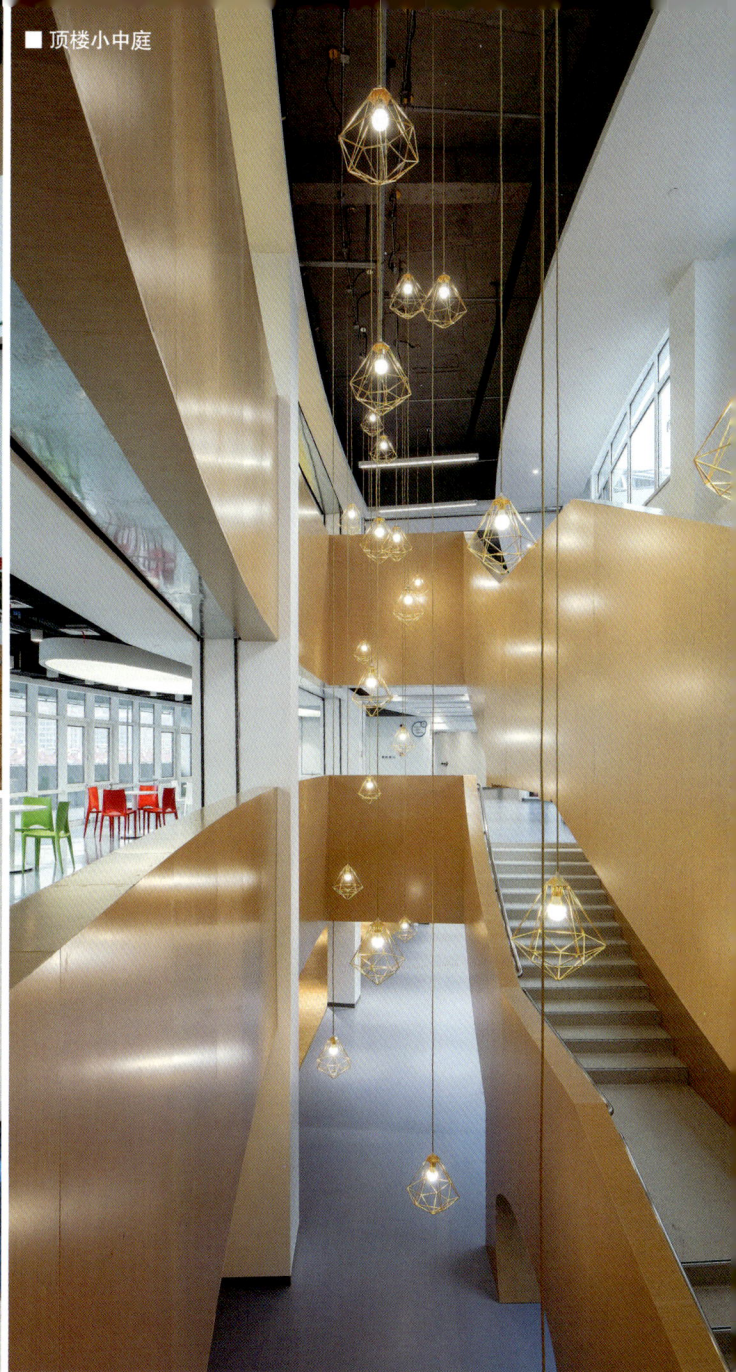
■ 顶楼小中庭

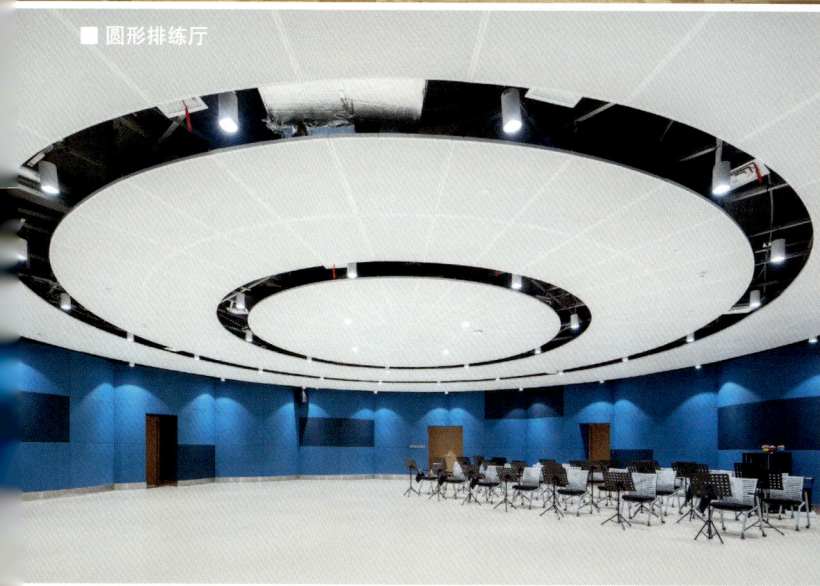
■ 圆形排练厅

■ 门厅一侧休息空间

■ 体育馆

■ 交流厅

■ 扇形排练厅

■ 模拟联合国活动室

▨ 建筑剖面图

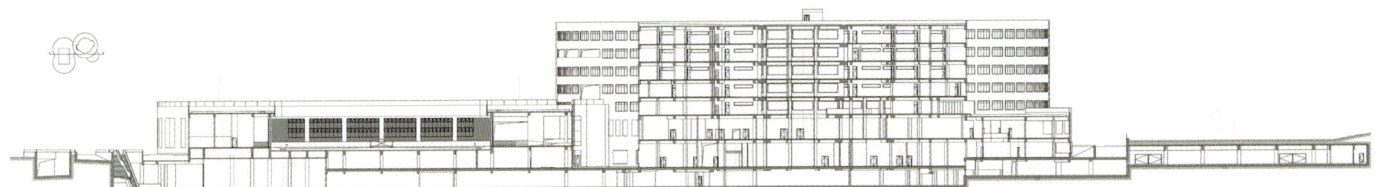

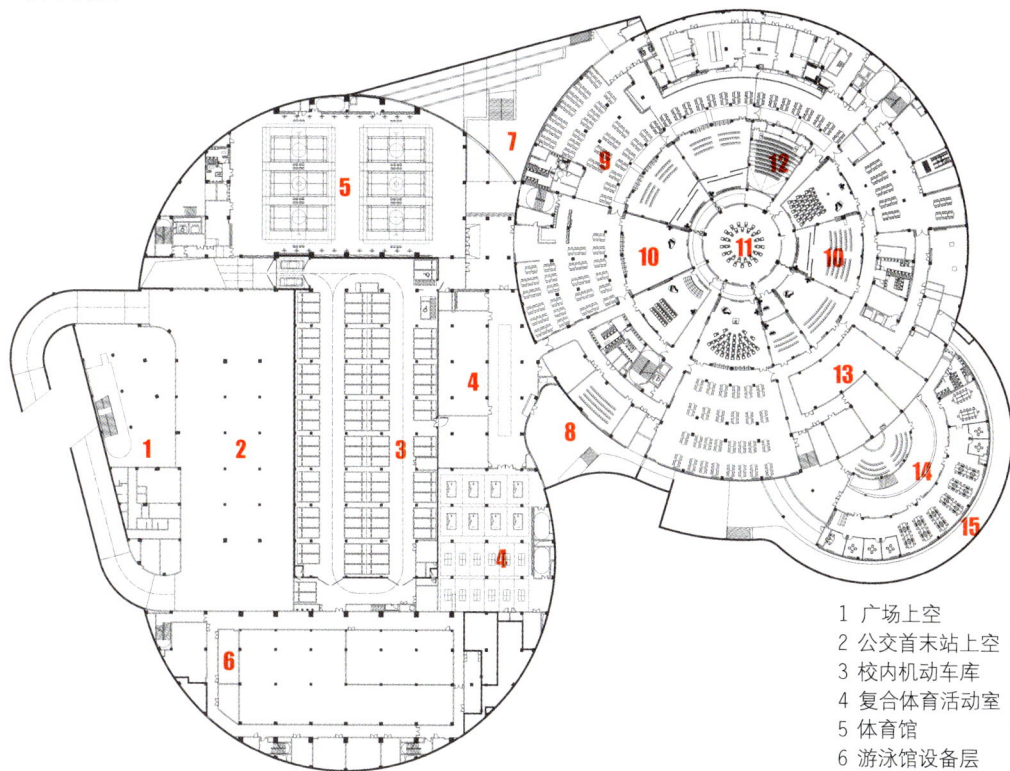

■ 地下一层平面图

1 广场上空	9 食堂与学习中心
2 公交首末站上空	10 活动室
3 校内机动车库	11 戏剧排练室
4 复合体育活动室	12 电影小厅
5 体育馆	13 设备用房
6 游泳馆设备层	14 办公区
7 北下沉庭院	15 环形采光侧院
8 南下沉庭院	

■ 一层平面图

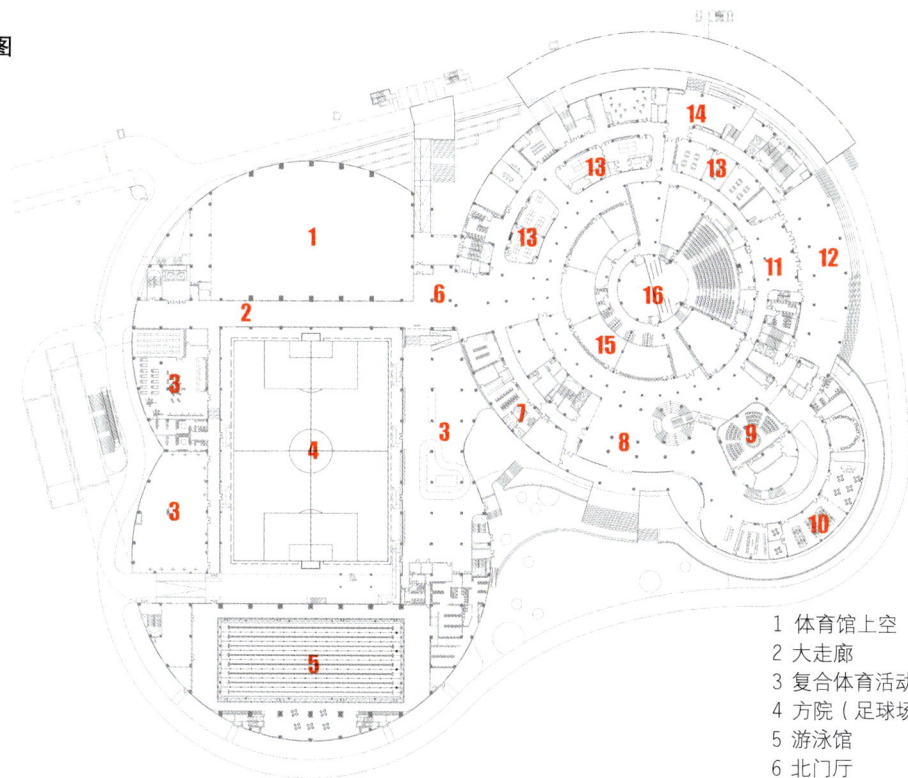

1 体育馆上空	9 模拟联合国厅
2 大走廊	10 办公区
3 复合体育活动室	11 东门厅
4 方院（足球场）	12 半室外平台
5 游泳馆	13 学习室
6 北门厅	14 非机动车库
7 医务室	15 开放式活动室
8 主门厅	16 圆心小剧场

专家点评

■ 本设计是在充分了解学校教学需求的基础上进行的，方案设计过程中与校方做了长时间的沟通交流，在后期实施设计过程中落实到位，最终建成的学校满足校方的使用要求。在设计过程中，设计团队为解决超常规建设规模与较小用地之间的矛盾，创造性地采用了城市教育综合体的形式，并充分挖掘地下空间的潜力，尽量留出足够多的户外活动空间给学生。在建筑内部，满足了校方对学科教室、自主学习空间和交流空间的超常规需求，并做到了各功能区之间真正的便捷联系。

■ 金融区教育基地作为崂山区重点教育建设项目，同时配套建设了大型公共机动车库和三线公交车首末站，具有重要的社会效益。

袁野

■ 校园鸟瞰（邵峰摄）

济宁海达行知学校
JINING HAIDA XINGZHI SCHOOL

设计单位：山东建筑大学建筑城规学院象外营造工作室
设计人员：刘伟波　张增武　焦尔桐　张洪川　于文原　王洪强　安　琪
　　　　　田　雪　武瑜葳　张天宇　吕一玲　赵　亮
项目地点：山东省济宁市高新区
设计时间：2016年5月~2016年10月
竣工时间：2017年9月
用地面积：307992平方米
建筑面积：235000平方米
班级规模：幼儿园9班，小学54班，初中90班，高中60班
设计类别：新建

扫码看视频

■ 总平面图

■ 项目位于济宁市东部高新区核心，为216班民办全寄宿十二年一贯制学校。设计将孩子们的各类空间行为按照必要性活动、自发性活动以及社会性活动三种类型进行分类处理，并将设计的着墨点更多地集中于后两类行为之上。"礼"、"诗"、"野"三个不同主题的体验序列，构成了容纳必要性行为的教学单元之外最核心的空间线索。

■ 中学部主入口不严格对称但相对均衡的建筑体量，围合出仪式空间的基本框架，经纬纵横的银杏林则相对柔和地传达了对"礼"诠释。将层层退台的过渡性空间内含于建筑体量之中，以一种平和姿态引导学生自发地代入体验。

■ 初中部、高中部之间的空间主题被定义为"诗"。对应城市尺度的完整体量被适当消解，几个点状的盒子自由地散落于水畔林间，通过架空的廊道、平台与建筑主体保持功能上的必要关联。由自然元素构成的"空"与不绝对清晰的"实"在物质与意识层面，共同刺激着孩子们对于生活的想象。

■ 最后一个空间的主题是野趣，是生活和环境最初交织在一起的样子。在孩子们上学放学的路径，一草一木、一花一叶、一虫一鱼都扮演了讲述者的角色，将生活区和教学区不动声色的整合起来。"规矩"的形制被隐匿，取而代之的是能够切实感知的童年记忆。

■ 校园主入口（邵峰摄）

■ 入口光庭（邵峰摄）

■ 学生宿舍

■ 学生餐厅

■ "诗"意空间

■ "诗"意空间

■ "诗"意空间

■ 教学楼一隅

■ 高中部一层平面图

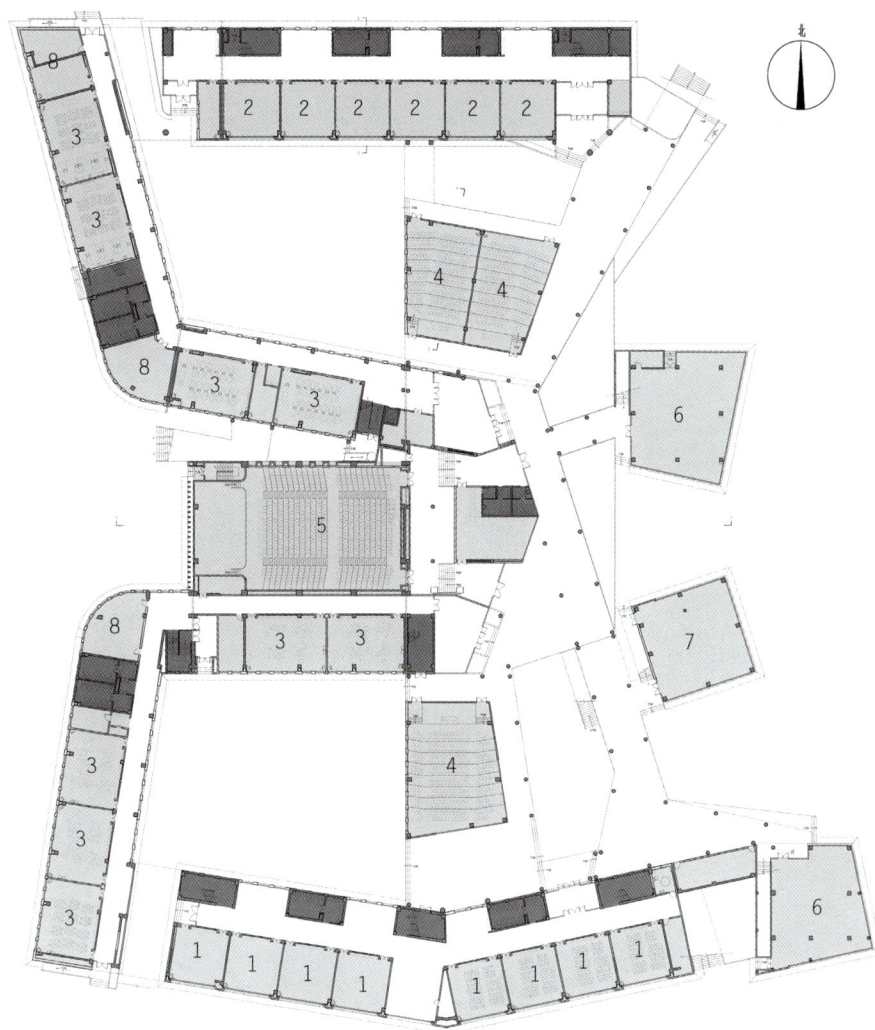

1 普通教室　　5 700人报告厅
2 备用教室　　6 艺术活动
3 专业教室　　7 咖啡厅
4 合堂教室　　8 办公室

■ 小学部一层平面图

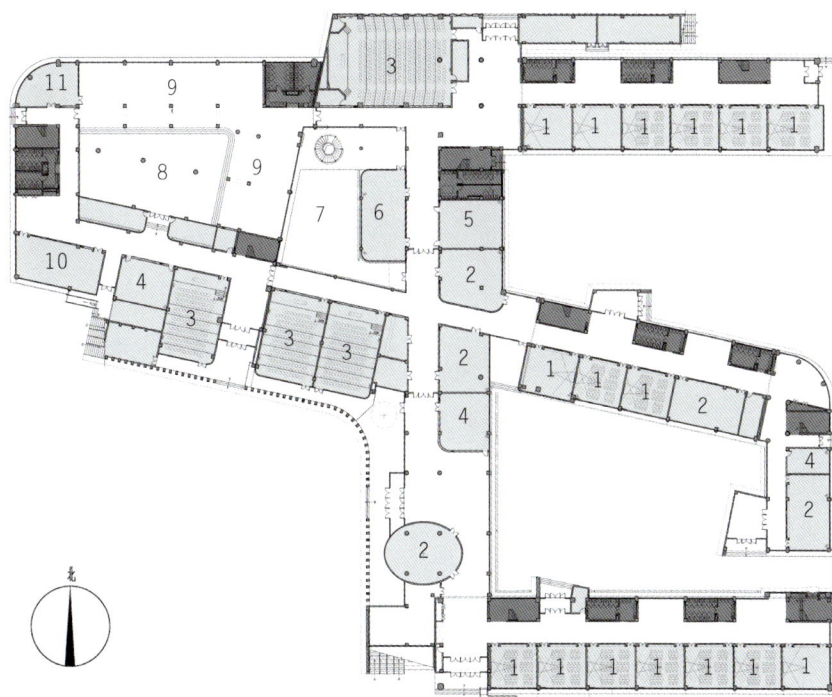

■ 幼儿园一角

1 普通教室　　7 庭院
2 创新活动室　8 图书馆
3 合班教室　　9 阅览区
4 教师办公室　10 电子阅览
5 贵宾室　　　11 图书管理室
6 咖啡厅

329

■ 文体中心鸟瞰图

■ 体育馆入口

■ 幼儿园主入口

■ 游泳馆

■ 彩虹桥

■ 图书馆

■ 图书馆

专家点评

■该学校作为一个可以容纳从幼儿园到高中全学段9000名学生的超大规模寄宿制学校，在满足合理高效的校园空间布局的基本需求之外，较好地回应了在城市与使用者两个层面的校园空间诉求：城市层面，校园建筑从形体、尺度等不同面，与周边的城市建成环境形成对话，并充分考虑与周边社区之间对于部分校园公共设施的共享；使用者层面，孩子们日常生活中诸如读书、思考、奔跑、打闹、争吵、幻想等各类行为，都能够诉诸开放、复合、多义化的空间体验。

刘卫东

■ 校园整体鸟瞰图

淄博新区学校（柳泉中学）
ZIBO NEW AREA SCHOOL（LIUQUAN MIDDLE SCHOOL）

设计单位：山东大卫国际建筑设计有限公司
设计人员：申作伟　张　冰　肖艳萍　陈　杰　聂永健　曹绪娇　马尚勇
　　　　　肖永涛　韩丽丽　徐吉军　赵传凯　孙鸿昌　黄广国　吕春燕
　　　　　庞永泉　王奎之　王　堃
项目地点：山东省淄博市张店区
设计时间：2013年
竣工时间：2016年
用地面积：69000平方米
建筑面积：39560平方米
班级规模：中学48班
设计类别：新建

■ 总平面图

▲ 主入口　　　● 教师宿舍　　　● 实验楼
▲ 次入口　　　● 食堂　　　　　● 行政楼
▲ 地下车库入口　● 教学楼　　　● 艺体楼
　 文化长廊

■ 该校是由市教育局主办的一所实验性、示范性、引领性的公办初级中学。注重校园人文历史特质的发掘与塑造，创造"寓教于乐、寄情于景"的校园氛围，提高和丰富学校建筑的文化内涵，体现环境育人的理念。校园规划结合地形，合理组织教学、运动、生活和行政等功能，建立安全、便捷的交通系统，创造优雅、宁静、富有文化气息的生态校园。

■ 设计目标：建筑要适应互动式教学环境，满足现代化素质教育体系，创造富有个性、多功能、多元化发展的学习环境。

■ 总体布局：根据地形及道路情况，将主教学区布置在场地西侧，运动场布置在场地东侧，动静分离，流线合理。设计南侧主入口与西侧次入口，主入口主导校园的主要交通，是一系列秩序的开始，次入口则起到分流、生活后勤的作用。停车场独立布置在地下，并设计树阵停车，可以与学生人流明确分开，打造安全、宁静的校园环境。

■ 校园分为办公区、教学区、生活区，各功能空间采用庭院围合的组合方式，形成相互渗透，有层次、有节奏的空间效果。设计了一条主轴线——文化长廊，将主入口、前广场、教学综合楼等有机串联，就像生长的大树与分枝，各部分串联成为一个有机整体，各功能区间既紧密联系又相对独立。阅览室和综合活动室设置在教学用房顶层，模糊了教学用房和公共区域独立设置的传统布局，有利于空间利用和资源共享。

■ 功能结构图

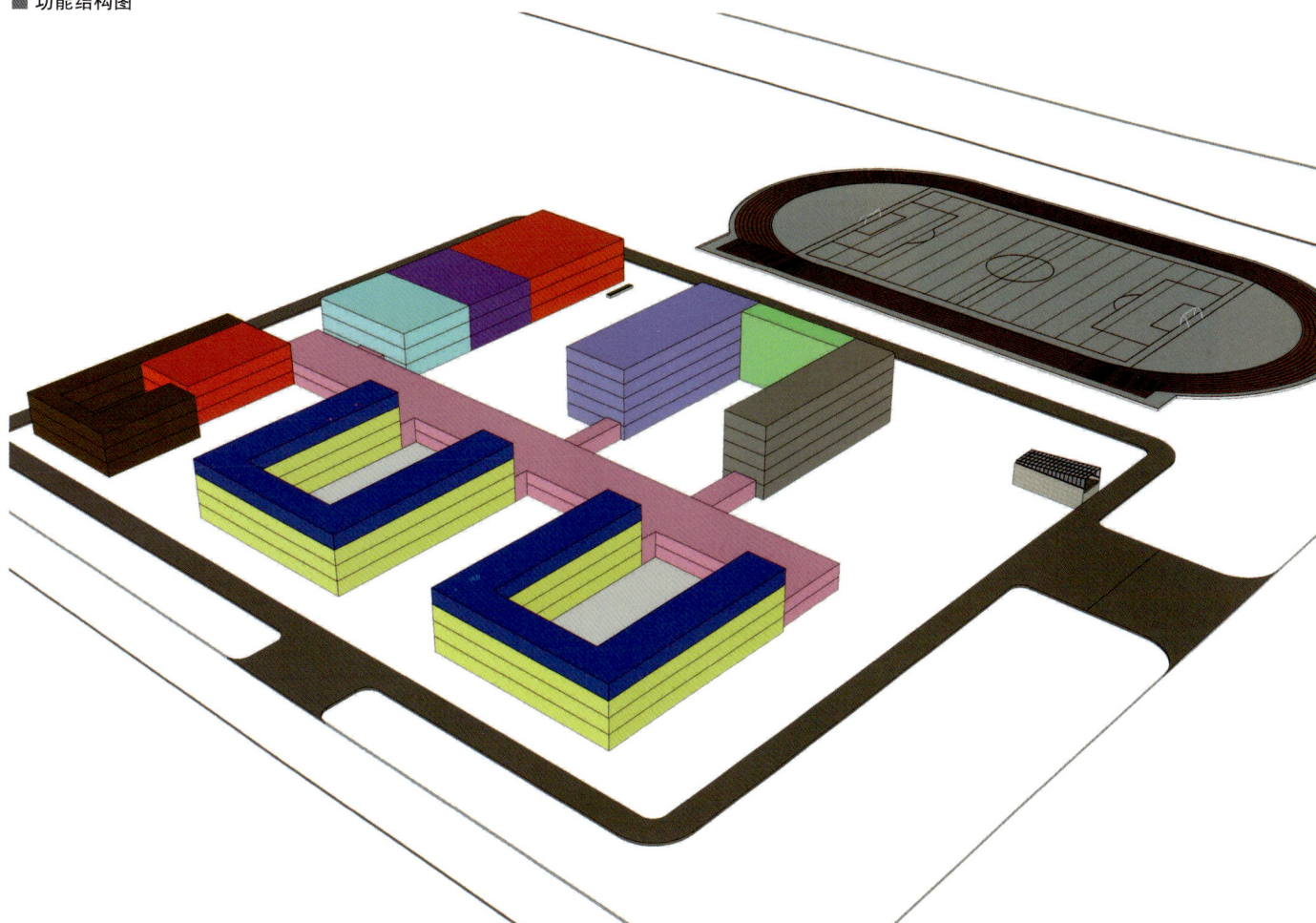

| 教师宿舍 | 报告厅 | 实验楼 | 教室 | 体育馆 | 行政楼 |
| 食堂 | 多功能教室 | 连廊 | 图书阅览室 | 文化长廊 |

■ 餐厅效果

■ 校园整体平面图

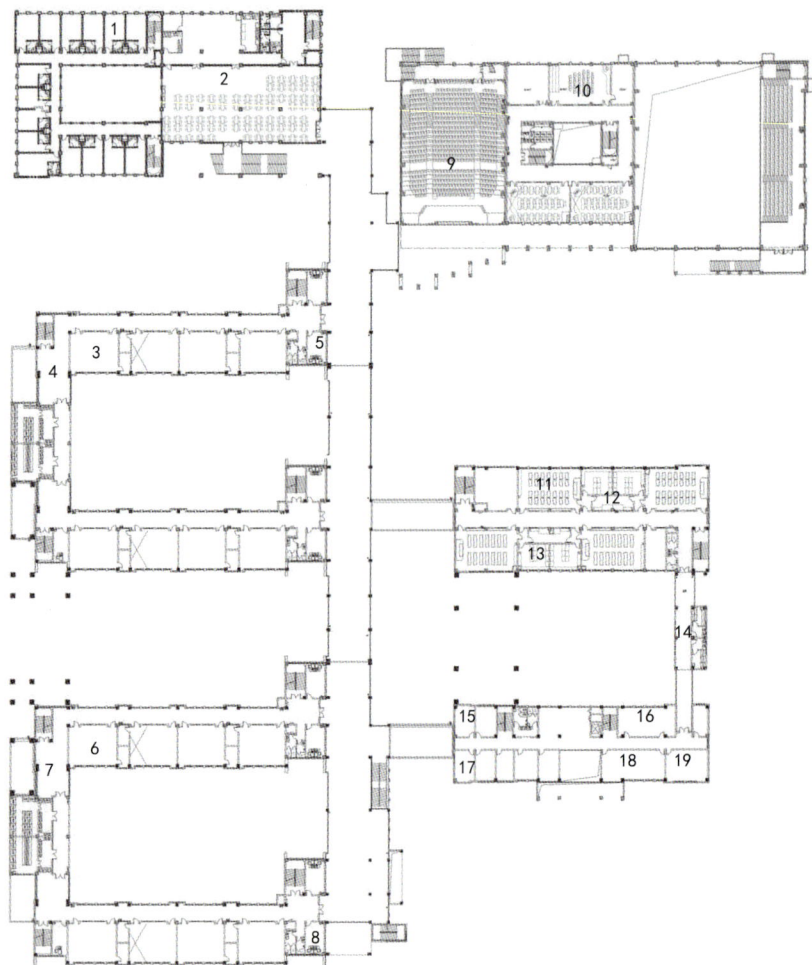

1 教师宿舍	11 实验室
2 学生餐厅	12 实验准备室
3 教室	13 仪器室
4 共享活动区	14 连廊
5 教师办公室	15 家长接待室
6 教室	16 档案室
7 共享活动室	17 心理咨询室
8 教师办公室	18 德育展示厅
9 报告厅	19 广播社团办公室
10 音乐教室	

■ 庭院效果

■ 西立面图

■ 南立面图

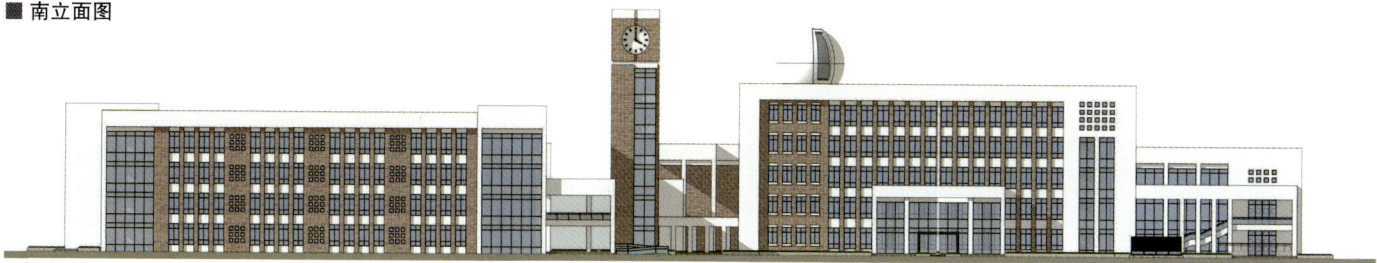

专家点评

■ 形体设计强调内外逻辑的统一，参考现代建筑柱廊的秩序，框架、玻璃与建筑体块虚实结合，形成韵律感；重视建筑细节，建筑空间贴近学生尺度。通过入口广场处钟楼的设置，打破连贯的水平线条，强烈的对比使广场成为建筑的主导中心。大量引入灰空间的手法，配以柱廊，使空间更加丰富、动人。建筑色彩采用活泼的白、红等亮色，不仅提亮建筑，也更加符合校园建筑的格调。

刘甦

肥城市慈明学校
CIMING SCHOOL（FEI CHENG）

设计单位：山东大卫国际建筑设计有限公司
设计人员：申作伟　张　冰　肖艳萍　李传运　马尚勇　韩丽丽　刘　青
　　　　　赵传凯　肖永涛　刘鸿斌　刘　晓　曲晨阳　李家栋　刘　苏
　　　　　巩善亮　孙鸿昌　黄广国　朱海青　李茂杰　侯恪恪　王奎之
项目地点：山东省肥城市春秋古城风貌区内
设计时间：2015年
竣工时间：2018年
用地面积：76800平方米
建筑面积：50916.5平方米
设计内容：小学24班，中学18教、幼儿园9班
设计类别：新建

■ 功能结构图

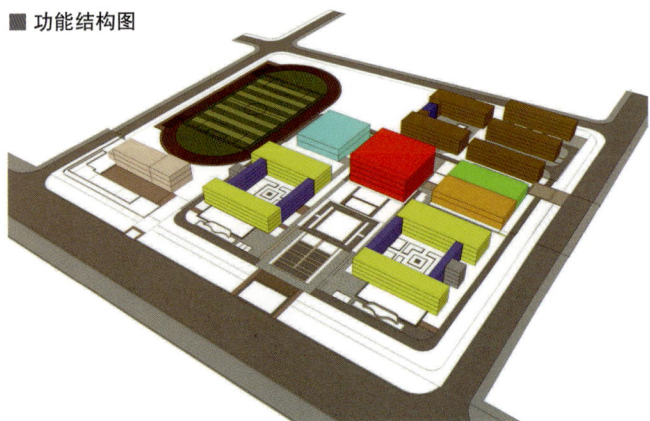

■ 学生宿舍　　■ 卫生间　　■ 教学用房　　■ 体育馆　　■ 报告厅
■ 餐厅　　■ 艺术中心　　■ 连廊　　■ 幼儿园　　■ 活动室

■ 该学校是以弘扬传统国学教育为主的全日制私立学校；校园规划布局以"缁帷之林，休坐乎杏坛之上"为整体规划依据，规划以综合楼为中心，各个建筑群围合向心，塑造出围合潜心受学的场所精神。
■ 建筑整体风格和周围春秋古城文化旅游产业基地风格相协调，建筑屋顶采用中式传统建筑的坡屋顶形式，檐下采用简化的斗栱构件，建筑群体立面以青砖为主，同时加入一些木色元素，形成比较静谧、朴实的学校氛围；同时建筑单体以文化长廊相连接，建筑整体有序而充满生命力。
■ 校园教学区和生活区独立分区，教学区各单体间都以连廊联系，综合楼至中、小学教学楼、食堂、报告厅、体育馆之间交通便利。
■ 学校的教育目的是要做好本性教育，唤醒孩子的善良、智慧和爱，让孩子在爱和自然的氛围内学习成长，教学不局限于教室内，在中小学教学楼以及综合楼内均设置特色开放的教学用房、展示空间，使校园各类空间交流共享，营造宽松愉快的校园氛围。

■ 庭院景观

■ 小学部教学楼

■ 校园整体鸟瞰图

■ 校园整体二层平面图

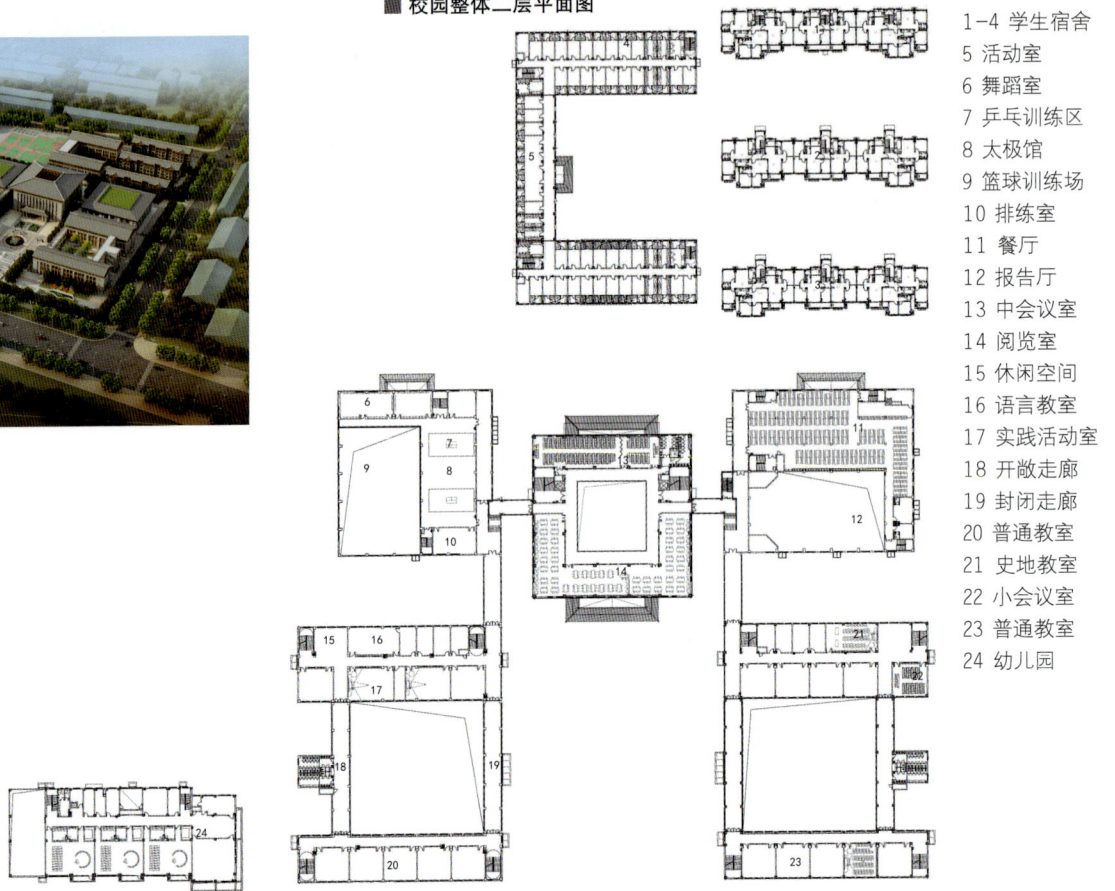

1-4 学生宿舍
5 活动室
6 舞蹈室
7 乒乓训练区
8 太极馆
9 篮球训练场
10 排练室
11 餐厅
12 报告厅
13 中会议室
14 阅览室
15 休闲空间
16 语言教室
17 实践活动室
18 开敞走廊
19 封闭走廊
20 普通教室
21 史地教室
22 小会议室
23 普通教室
24 幼儿园

■ 校园整体剖面图1

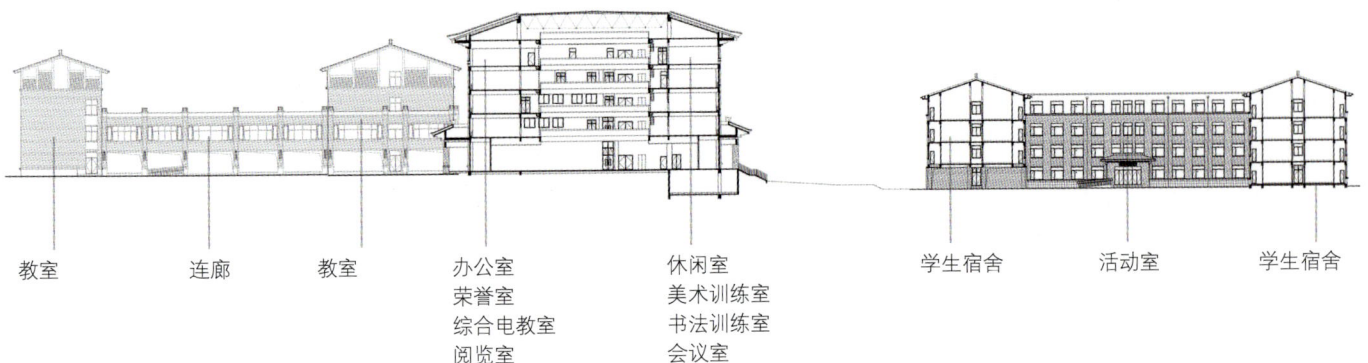

教室　　连廊　　教室　　办公室　　休闲室　　　学生宿舍　　活动室　　学生宿舍
　　　　　　　　　　　荣誉室　　美术训练室
　　　　　　　　　　　综合电教室　书法训练室
　　　　　　　　　　　阅览室　　会议室

■ 尚善楼、孔子雕像

仝晖

■ 书法教室

■ 茶艺教室

■ 校园整体剖面图2

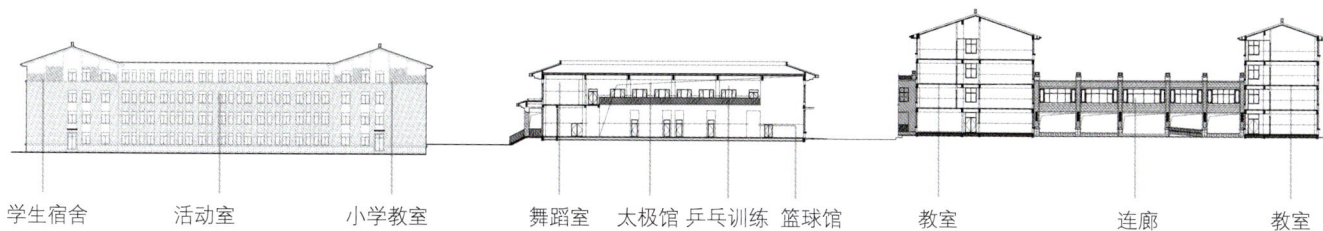

学生宿舍　　活动室　　小学教室　　舞蹈室　太极馆 乒乓训练 篮球馆　　　教室　　　　连廊　　　　教室

专家点评

■ 肥城市慈明学校为一所大型私立寄宿制学校，包含幼儿园、小学、初中，用地较为紧张。

■ 项目的设计亮点在于：

1. 建筑师采用北方合院的布局形式，建筑采用传统坡屋顶，符合传统教学建筑性质，同时加入木质元素与周围环境相协调。

2. 校区功能分区明确，动静独成一区，各功能间联系密切，又相对独立。

3. 共享空间的植入丰富了校园的空间，使整个校区更加生动。

■ 校园鸟瞰

宁阳第三实验小学
NING YANG THIRD EXPERIMENTAL PRIMARY SCHOOL

设计单位：山东省建筑设计研究院有限公司
设计人员：侯朝晖　公晓丽　王韬　闫佳　李先俭　吴孟辰
项目地点：山东省泰安市宁阳县
设计时间：2015年6月
竣工时间：2017年8月
用地面积：30800平方米
建筑面积：23000平方米
班级规模：36班
设计类别：新建

■ 项目主入口设置在南侧城市次干道上，次入口设置在西侧道路上，紧邻学校地下车库入口，使机动车对校园产生的影响最小。在南侧入口处，建筑向北进行退让，形成入口集散广场。
■ 建筑形体是通过连续的折板形式，将学校的各种功能有机串联在一起，形成一个完整的建筑综合体。校园用地也被建筑分成多个庭院空间，再通过建筑首层架空，把各个庭院的联系起来，形成视线的通达性，把建筑的首层还给自然，成为儿童释放天性的地方。在建筑二层位置设置室外活动平台，加强了建筑各功能块的联系，也形成了儿童交流场所。同时也创造出儿童的立体交往空间，增加整个建筑的活力与生气。

■ 小学一层平面图

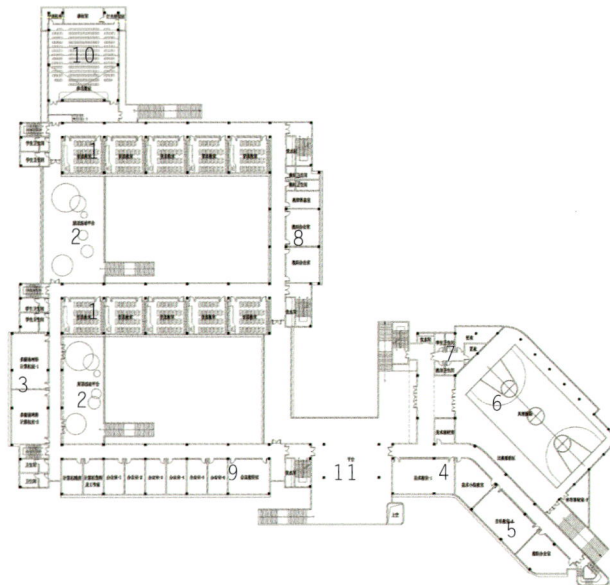

1 普通教师　　　　　7 操场配套服务室
2 屋顶活动平台　　　8 教室办公室
3 多媒体网络计算机室　9 办公会议室
4 美术教室　　　　　10 多功能室
5 音乐教室　　　　　11 入口平台
6 风雨操场

■ 教学楼庭院

■ 宁阳小学总平面图

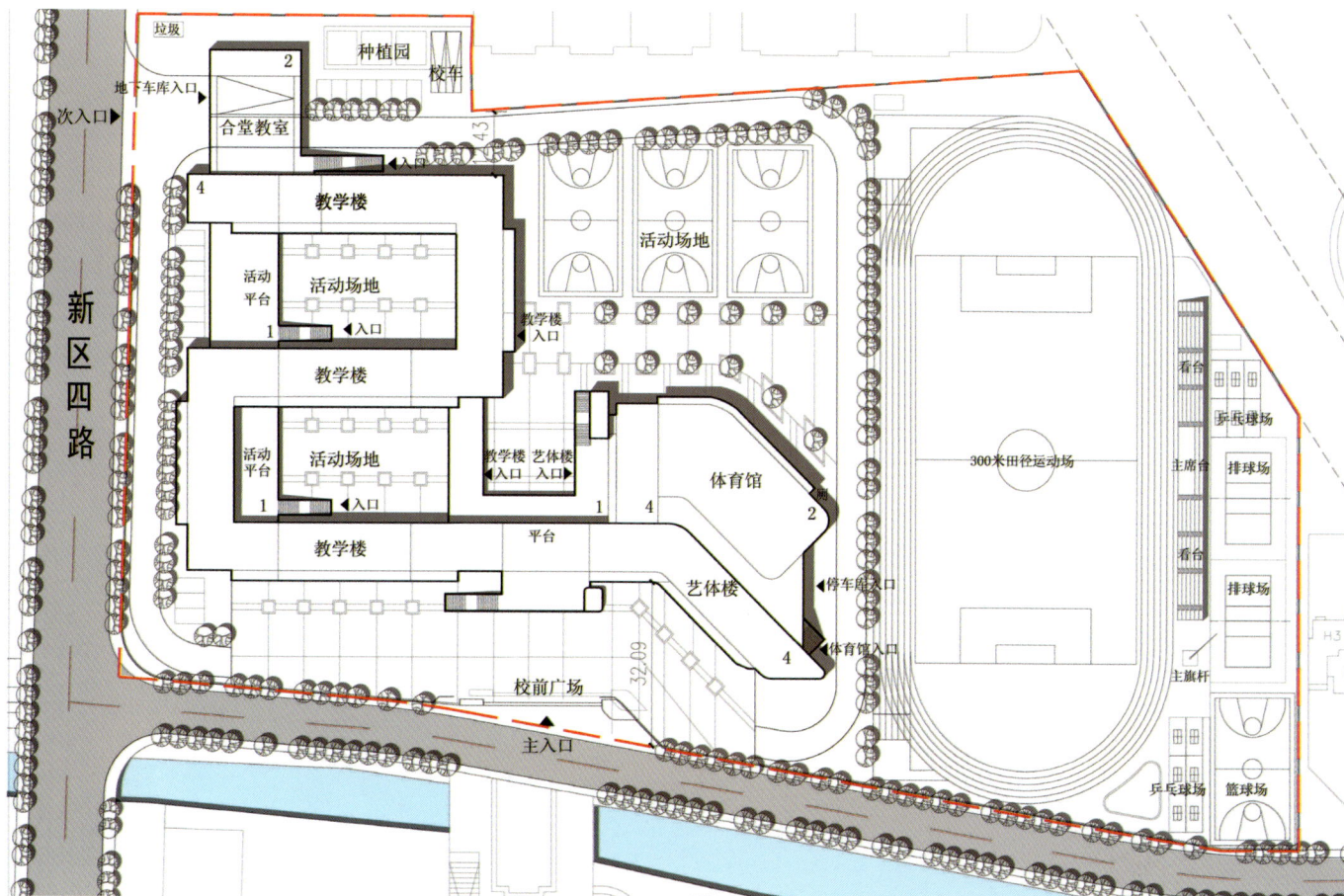

新区四路

垃圾
种植园
校车
地下车库入口
次入口
合堂教室
2
入口
4
教学楼
活动场地
活动平台
活动场地
1
入口
教学楼入口
教学楼
教学楼入口
艺体楼入口
活动平台
活动场地
教学楼
平台
体育馆
艺体楼
停车库入口
体育馆入口
校前广场
主入口

300米田径运动场

看台
乒乓球场
主席台
排球场
看台
排球场
主旗杆
乒乓球场
篮球场

■ 学生餐厅

■ 校园主入口

■ 南侧形象校门

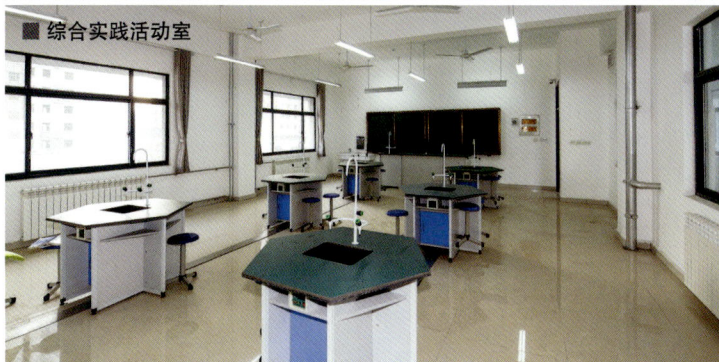

■ 教学楼屋顶活动平台

■ 综合实践活动室

■ 书法教室

■ 宁阳小学南立面展开图

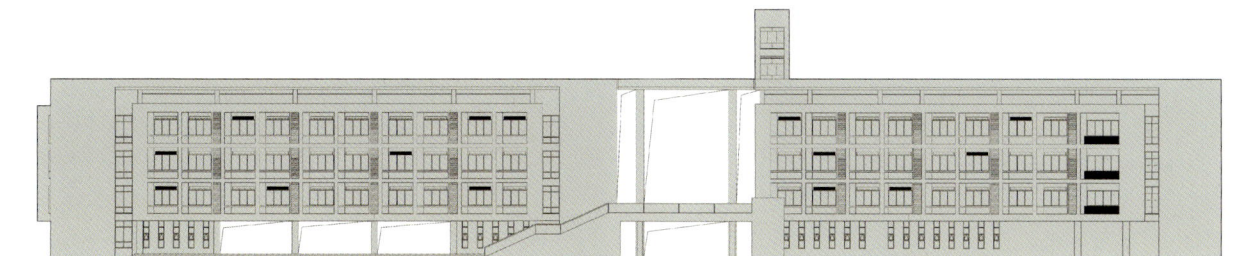

专家点评

■ 校园整体设计从微观角度和宏观角度两方面切入，教学楼庭院空间的引入不仅能在各个空间功能、形态和氛围上满足使用者的需求，同时也能生成和谐的肌理，并融入城市之中。校园主要使用单元被交通空间所围绕，使之具有更好的通达性，促使每个学生都能有效地参与到多种活动中。同时，方案中注入的大量交往空间，满足了多种课外教学功能，学生对校园空间的利用率和空间的人气之间形成了积极影响，多样化的活动则形成了校园独特的人文景观。

赵学义

■ 整体鸟瞰图

潍坊峡山双语小学
WEIFANG XIASHAN BILINGUAL ELEMENTARY SCHOOL

设计单位：山东建筑大学建筑城规学院象外营造工作室
设计人员：刘伟波 张增武 焦尔桐 张洪川 于文原
　　　　　王洪强 安 琪 田 雪 武瑜葳 张天宇
　　　　　吕一玲 赵 亮

项目地点：山东省潍坊市
设计时间：2014年
竣工时间：2015年8月
用地面积：225600平方米
建筑面积：128308.64平方米
班级规模：120班
设计类别：新建

扫码看视频

■ 项目位于潍坊峡山生态经济发展区，为120班民办寄宿制完全小学，包含普通教学、实验教学、文体活动、生活居住及管理办公等基本功能。设计对校方推行的独特教育理念、特色化的教育模式中异于传统应试教育思想的内在特征进行了深入分析，提出"相常变，思无邪，行随性，矩以德"的设计构思。

■ 设计抓住寄宿制学校学生每日行为流线的变化特征，着重营造了一条层次丰富、尺度适宜的"探索之路"。具体的设计策略中以"变"为核心，基于儿童的身体尺度及心理特征，营造丰富的活动场所，弱化单一的流线引导与功能限制，留给儿童自发探索的可能性，希望孩子们每天在校园不同建筑之间来回穿行的单纯交通行为能够变得更有意义。另一方面，通过形体组织、立面处理以及固定教学单元的配置，将看似无序的变化统一于潜在的秩序之中，向嬉戏其中的儿童暗示均衡、和谐的自然法则与社会秩序。

■ 总平面图

峡寿街

兴峡路

康峡路

怡峡街

344

■ 综合楼（邵峰摄）

■ 教学楼（邵峰摄）

室外连廊（邵峰摄）

室外台阶（邵峰摄）

教学楼内部（邵峰摄）

室外连廊（邵峰摄）

■ 教学楼入口（邵峰摄）

■ 一层平面图

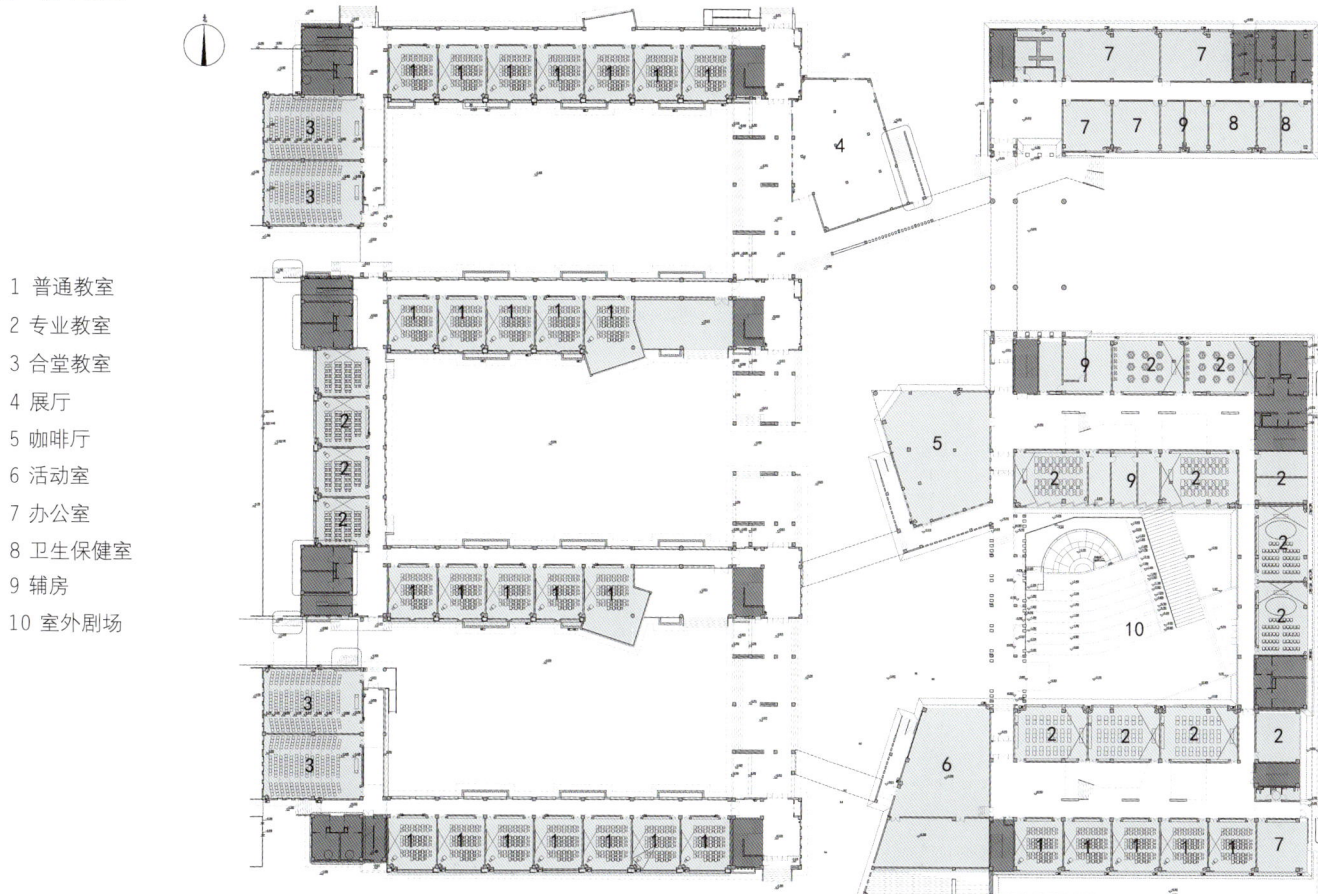

1 普通教室

2 专业教室

3 合堂教室

4 展厅

5 咖啡厅

6 活动室

7 办公室

8 卫生保健室

9 辅房

10 室外剧场

专家点评

■ 设计伊始便充分尊重现有环境，保留场地东侧的槐树林并将入口向后退让，将良好的景观尽可能回馈给城市，营造出生机勃勃的校园入口景象。看似规整的总体布局下，蕴藏了丰富多变的空间形态，连接了生活区与教学区的轴线序列，结合相互扭转的体量，营造了整个园区的灵魂，有效丰富了学生室外活动的趣味性与探索的可能。将可共享的公共空间置于这条轴线上，使得室内外公共空间的均衡性与共享性兼备，在不同层高的控制下，以立体化的空间体系、交通体系、景观体系，共同打造多维度的共享探索平台。

刘卫东

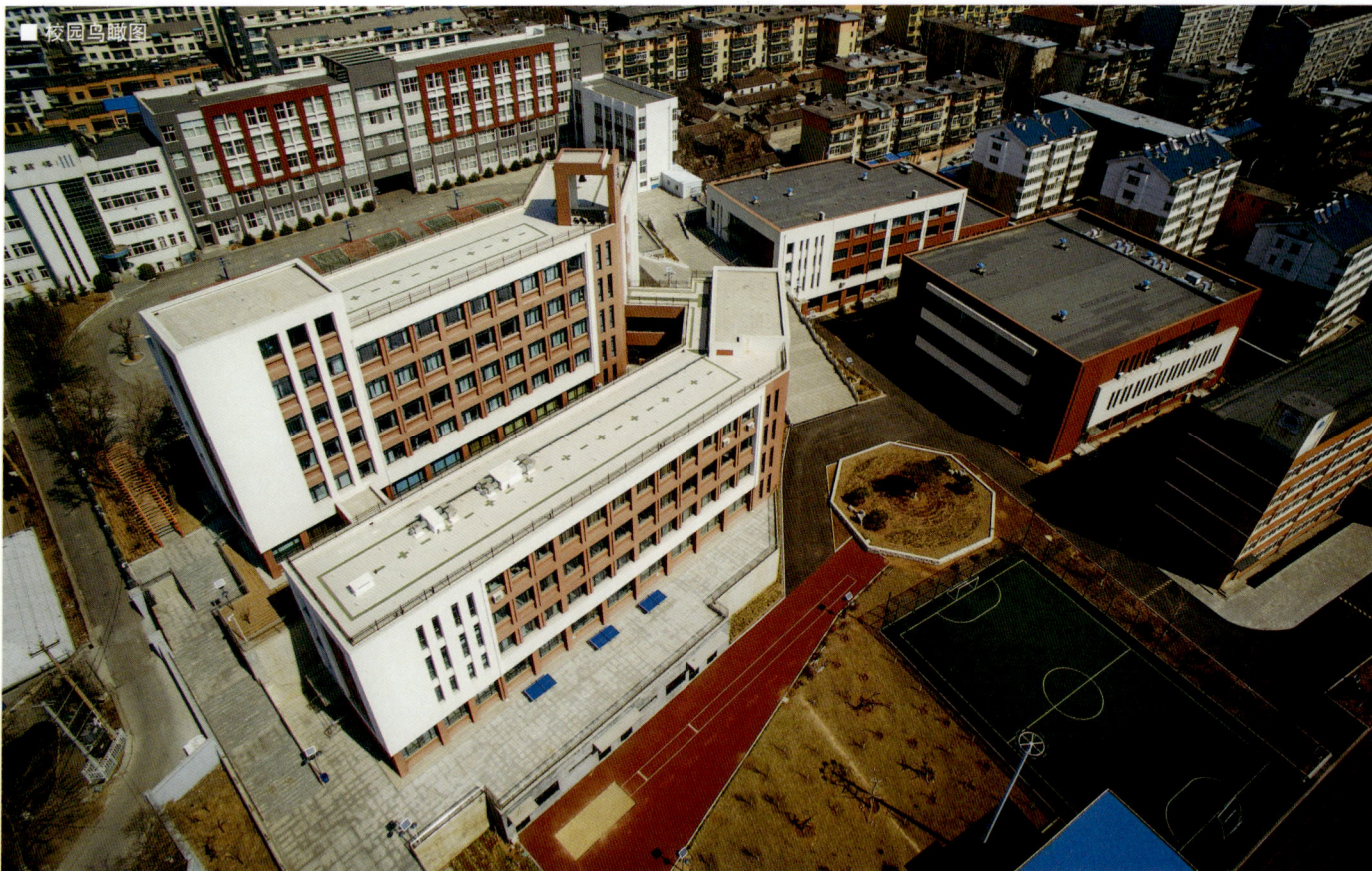

淄博市博山区第六中学
THE SIXTH MIDDLE SCHOOL IN BOSHAN
DISTRICT，ZIBO CITY

设计单位：山东建大建筑规划设计研究院
设计人员：赵学义　陈绪燕　刘杰民　张　琦　尹甜甜
项目地点：山东省淄博市博山区
设计时间：2015年12月
竣工时间：2018年4月
用地面积：44719.65平方米
建筑面积：13712.37平方米（新建部分）
班级规模：64班
设计类别：扩建

■ 博山区第六中学是一所公办的四年制初等中学。近年来，学校在区政府及教育局的大力支持下快速发展。学校采取完善制度建设、提倡思想引领、践行文化立校，从而提高教育教学质量的管理理念。

■ 博山区第六中学是区属初级中学，始建于1973年，占地65000平方米。校区实际占地面积约为44000平方米，包括6000平方米的教师公寓用地，实际校园占地面积约为38000平方米。分为南北两个台地，台地之间最大高差约为12米。现有校舍建筑面积约26638平方米，教职工245名，学生2440名。

■ 本项目拟拆除综合楼（南楼）1幢、公寓楼1幢，在原址新建教学实验综合楼1幢，图书楼1幢，风雨操场及学生餐厅1座，新建300m标准操场。总建筑面积13712.37平方米。北楼为5层，南楼为4层，分为南北两楼，两栋教学楼之间采用连廊连接，北楼主要设计为普通教室及教师办公用房、教师休息用房等教学及办公用房，南楼主要作为理化生实验、书法、美术等功能用房。

■ 图书楼：图书阅览综合楼建筑面积3591平方米，其中地下建筑面积384平方米（地下停车位10个）。整体设计为4层，局部2层，本楼主要用作书库、图书阅览室，在3~4楼，设计容纳600人合班教室一处，层高7.35米。

■ 风雨操场及学生餐厅：餐厅及风雨操场建筑面积2974.88平方米，设计为2层，一层为食堂，二层为风雨操场，风雨操场西边设计有活动看台280座，东边为活动室，中间为篮球场，层高9.6米。

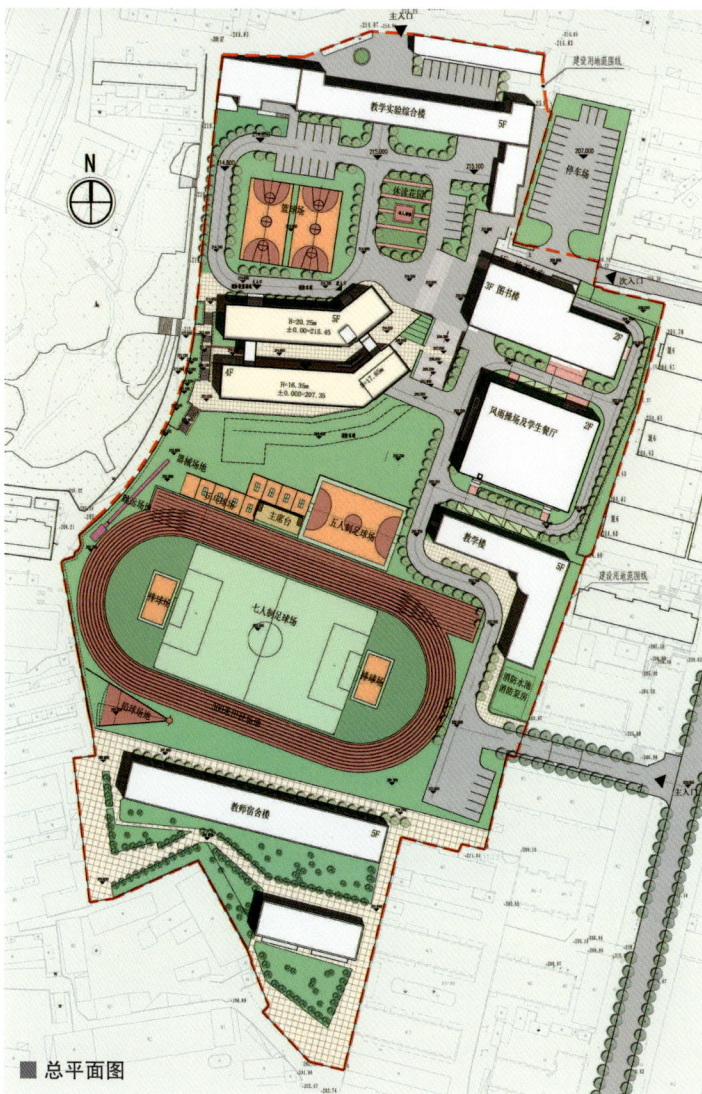

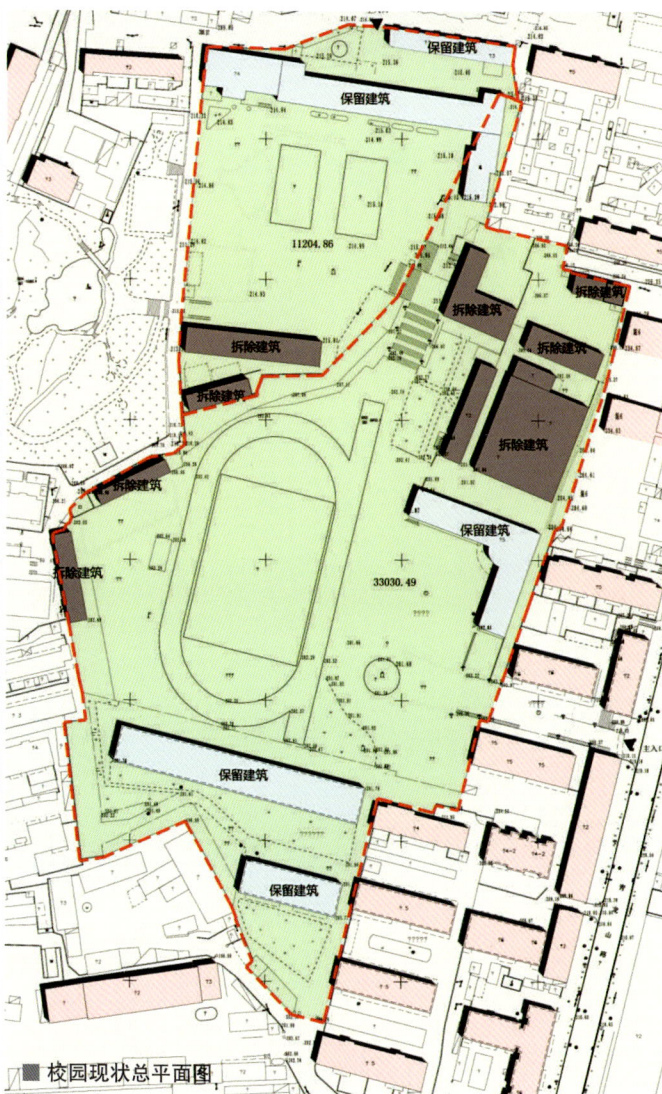

■ 总平面图

■ 校园现状总平面图

■ 校园空间局部

■ 现状照片

■ 教学实验综合楼一层平面图

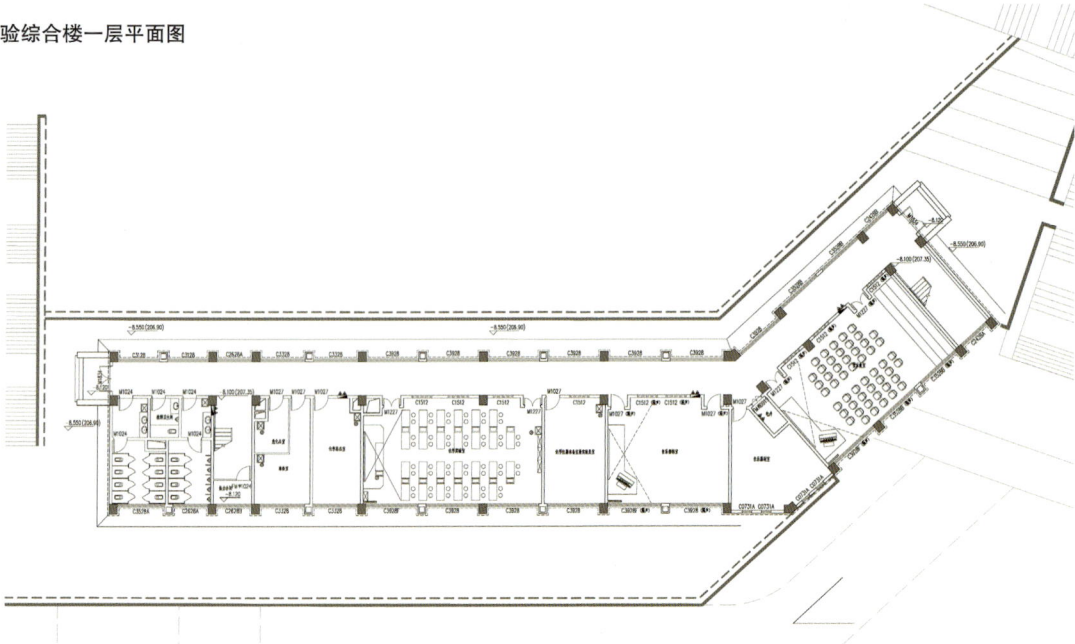

■ 教学实验综合楼标准层平面图

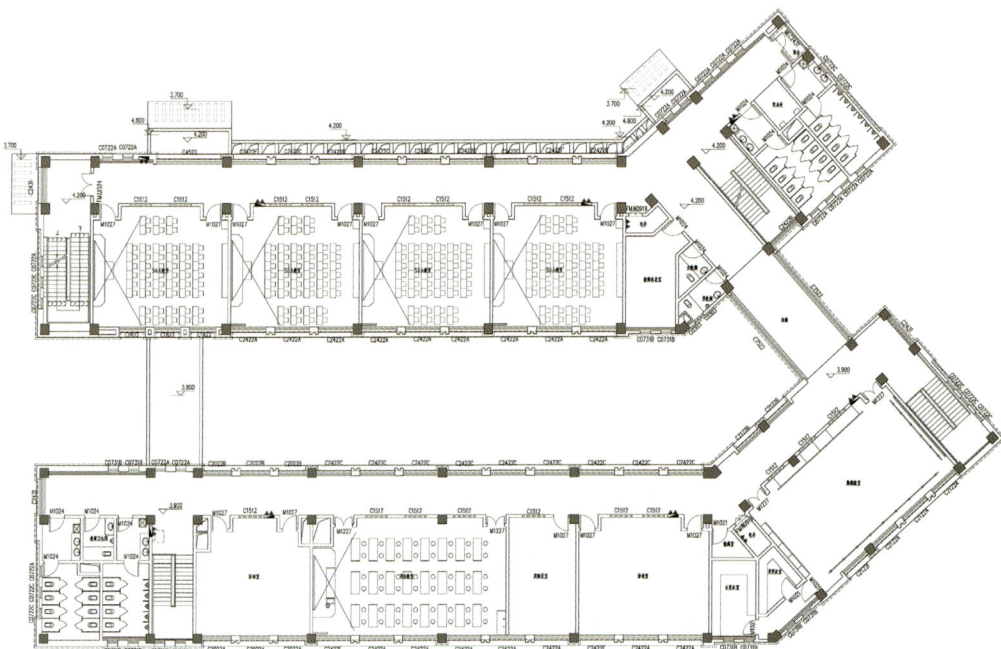

■ 拆除与保留：拆除建筑6278平方米，保留原有建筑20360平方米。

■ 改造方案：充分利用现状地形，降低爆破成本，通过层层退台的建筑，从感官上弱化了台地 的视觉影响。1.拆除学生公寓楼、单身公寓、艺术楼及体育楼，在此位置上建设图书楼及标准化餐厅和风雨操场。2.顺应地形，在台地高差处建设教学实验综合楼。3.设置标准化的300米操场。

■ 教学实验综合楼

■ 教学实验综合楼

专家点评

■ 博山区第六中学，是在原有校址基础上改扩建类项目，用地紧张，地形复杂，多为山地，且校园两个场地，高差在10米以上，对设计制约较大。项目设计在解决大班额基础之上，统筹考虑校园整体规划，拆除部分制约校园发展的老旧用房，释放可建设土地，充分利用现状地形，将实验楼与教学楼，分别设置在两个高差较大的台地上，加强了学校两个不同标高场地的紧密联系，解决了学校教学用房严重不足的问题，同时降低了工程建造成本。充分利用现有土地，合理规划运动场地，将原有200米运动场地，通过调整方向，扩展为250米运动场地，最大限度满足教学标准的要求。整体建筑以原有校园风格为基础，并进行提升设计，建筑顺地形展开，高低错落，形态灵活。建筑及空间细部处理略显不足。

郭立强

5 音乐广场　6 学生食堂　7 体育馆　8 体育场　9 厕所

济南市历城区稼轩中学

JIAXUAN MIDDLE SCHOOL, LICHENG DISTRICT, JINAN

设计单位：同圆设计集团有限公司
设计人员：郭立强　李　龙　赵　骏　秦　飞　李　智　羡巨智
　　　　　刘志燕　王燕茹　庞　博　姜婷婷
项目地点：山东省济南市历城区
设计时间：2015年
竣工时间：2017年
用地面积：25016平方米
建筑面积：16074平方米
班级规模：30班初中
设计类别：新建

■ 济南市历城区稼轩中学建设规模为30班普通初级中学。设计重点在于如何在用地条件紧张的现状下，合理解决学校各项功能配置，并为在校学生的日常学习、生活创造舒适宜人的校园空间。

■ 空间激活策略：在保证完整的外部城市展示界面的同时，激活内部活动空间，通过中央音乐广场、架空平台、教学组团庭院创造活力点，激活整个校区内部空间。

■ 复合化空间策略：通过架空平台以及围合出的院落，形成半开放性的空间，并组织各种功能及交流场所，将原有的学习、活动、交流等内容有效衔接，跳出单调的教学模式。底层从以往纯交通性的行走方式转变成交流互动的行走体验，通过院落与街的各种不同场景，鼓励和引导学生打破常规呆板的学习模式，促进学生身心的全面发展。多功能活动平台成为综合性空间场所，可驻留、可通行，提供多种活动的可能性。

■ 设计中，我们在空间营造以外，更多从实施建造的角度考虑，配合立面造型与空间需求，研究合理的建筑构造节点与结构解决方案。通过不同部位砖砌体砌筑方式的变化，或连续或凹凸，带来建筑立面的丰富效果。施工期间，为现场工人砖墙砌筑提供清晰合理的建造方法，解决实时的技术问题。

■ 总平面布局图

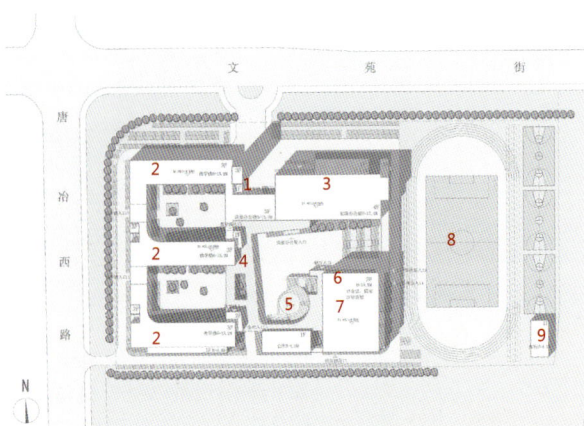

1 大门　　　2 教学楼　　　3 实验办公楼　4 风雨连廊
5 音乐广场　6 学生食堂　7 体育馆　　　8 体育场　　9 厕所

■ 内院空间

■ 庭院

■ 风雨连廊

■ 二层平台

■ 首层、二层平面图

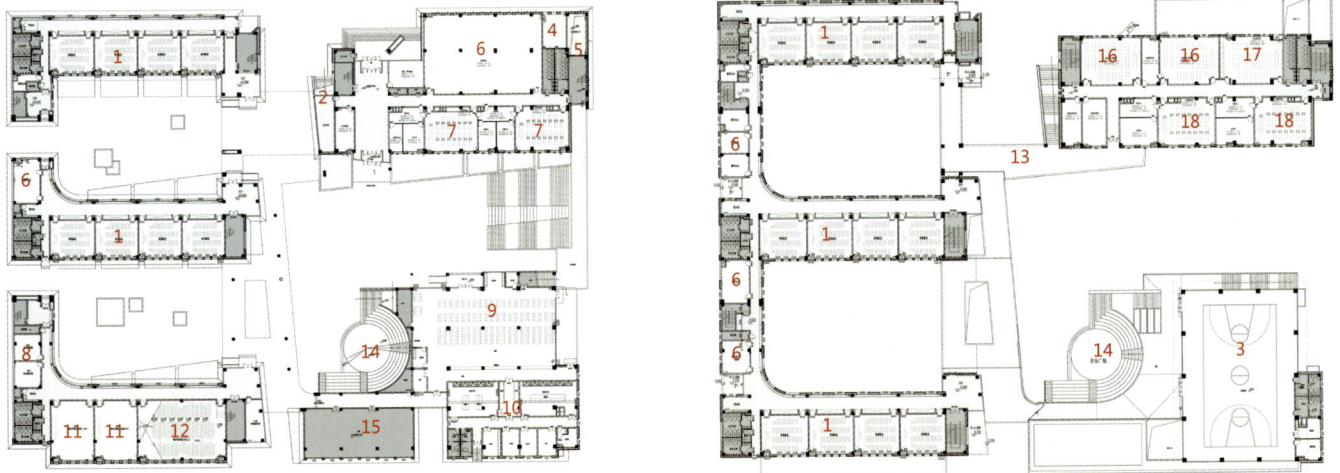

1 普通教室	4 花池	7 化学实验室	10 后厨区	13 架空平台	16 多媒体教室
2 大台阶	5 体育器械室	8 活动器材室	11 综合实践活动室	14 音乐广场	17 历史地理室
3 风雨操场	6 教学办公	9 餐厅	12 电教器材室	15 仓库	18 生物实验室

■教学楼连廊下

■二层连廊

■ 立面肌理示意图

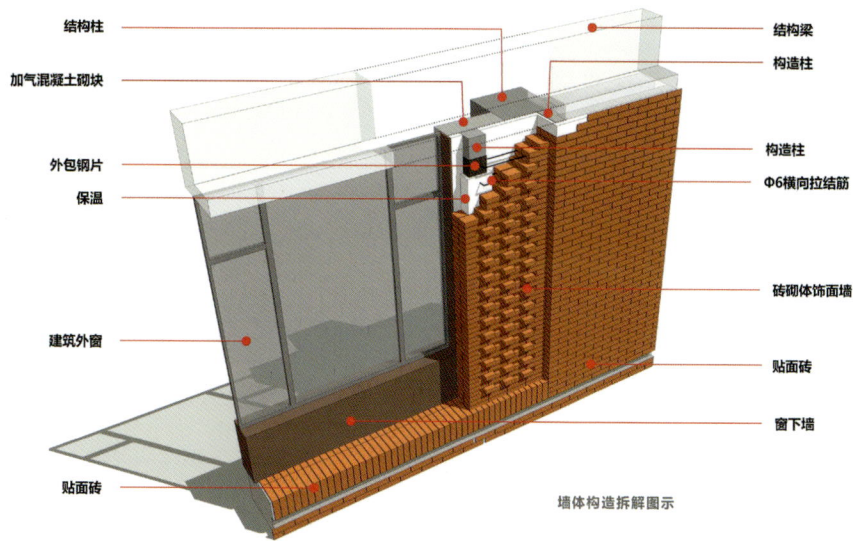

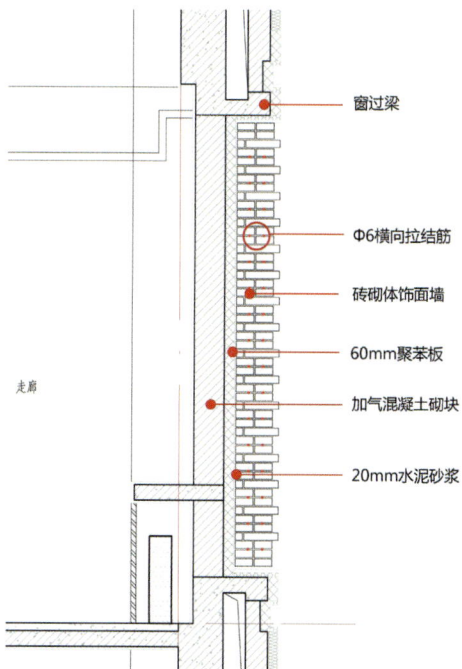

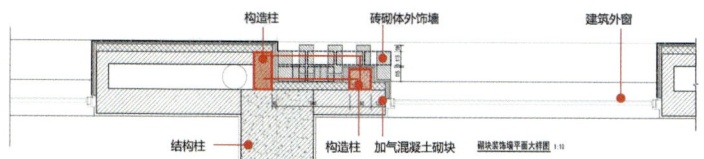

结构柱
加气混凝土砌块
外包钢片
保温
建筑外窗
贴面砖

结构梁
构造柱
构造柱
Φ6横向拉结筋
砖砌体饰面墙
贴面砖
窗下墙

墙体构造拆解图示

窗过梁
Φ6横向拉结筋
砖砌体饰面墙
60mm聚苯板
加气混凝土砌块
20mm水泥砂浆

走廊

构造柱
砖砌体外饰墙
建筑外窗
结构柱
构造柱
加气混凝土砌块
砌块装饰墙平面大样图 1:15

355

■ 风雨操场

■ 传统学校布局与本方案布局示意图

教学区　　　活动空间　　　教学区

教学区　　　活动空间　　　教学区

■ 剖面示意图

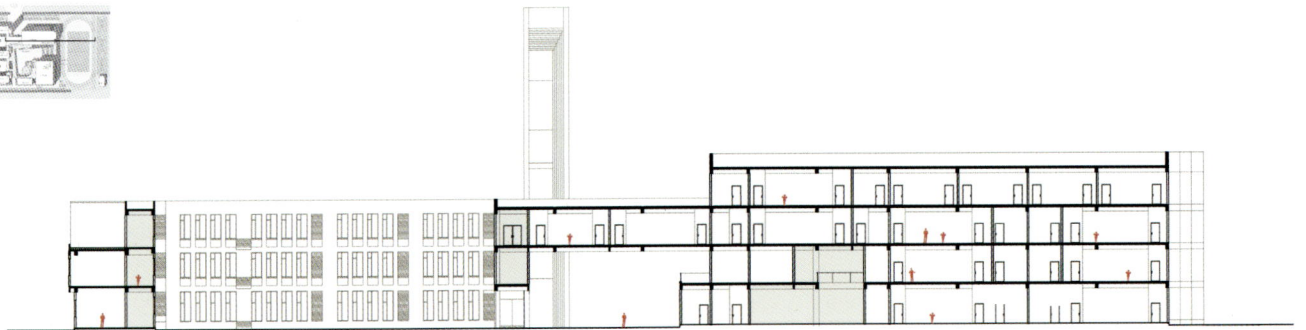

剖面图1

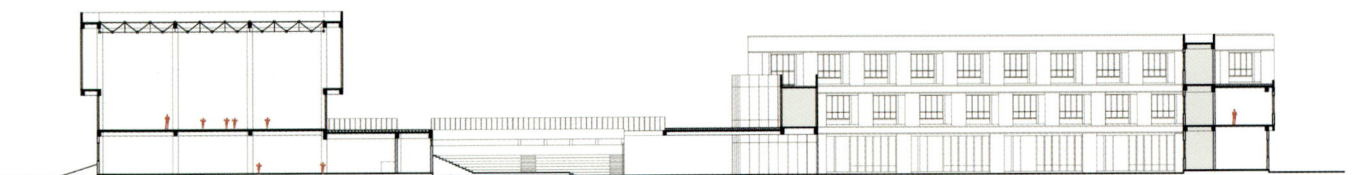

剖面图2

■ 阅览室室内

■ 平面图

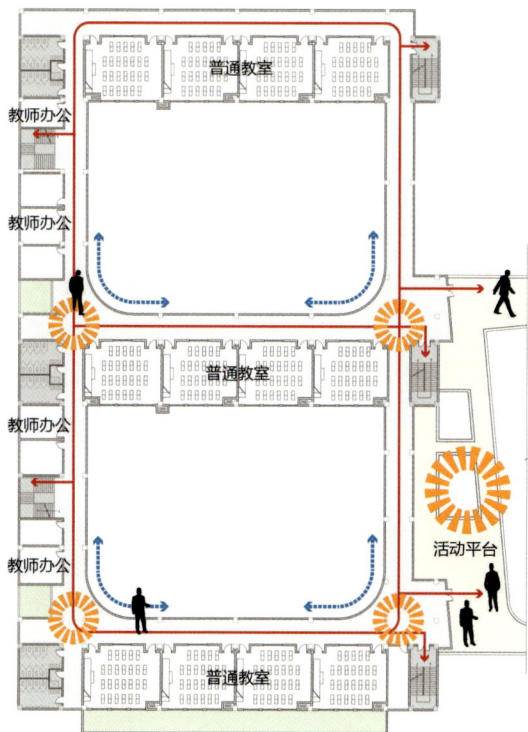

教师办公
普通教室
教师办公
教师办公
普通教室
教师办公
普通教室
活动平台

■ 示意图

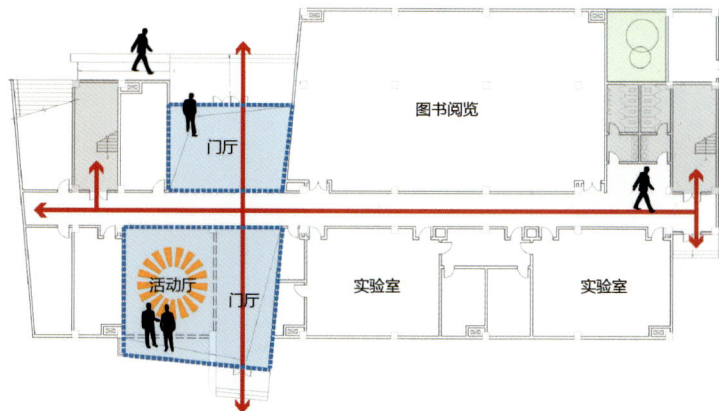

门厅
图书阅览
活动厅
门厅
实验室
实验室

■ 本案将教学与活动空间相互融合、叠加，大大丰富了校园的整体空间体验，并通过设置架空活动平台，在竖向空间中为学生增加活动空间，在极为局促的用地条件下解决了教学和活动空间的有效分配。

■ 教学楼在走廊转折部位摒弃了传统的直角转折形式，采用更为流畅放松的曲线进行过渡，同时放大了局部空间，为学生创造了愉悦的课余活动场所。每个教学单元与室外活动平台的连接处，同样进行空间放大处理，形成小厅，使得室内外活动空间形成过渡。

■ 实验办公楼一层入口部分设计双向门厅，便利了师生到达入口广场及校区内广场。并有效放大了入口空间，为学校创造了休息活动空间，使室内外的活动空间相互融合。

专家点评

■ 在某种限制下，任何场所必须具有吸收不同"内容"的"能力"。对于这样一个容纳30班的大规模校园规划设计，往往以宏大的叙事展开，然而，建筑师更多应关注师生的细微生活和体验。

■ 稼轩中学的校园设计是一次难得的、非常规的建筑实践，给人以丰富且舒适的建筑体验。在规整有序的空间格局之下，设计师植入了场所激活策略，利用复合化的交通网络，突破了传统的教学场景，让人与建筑在各个空间场景中交流和互联。在校园的日常生活中，师生们在校园轻松地漫步、冥想、运动、交流，多元的活动诠释并强化了建筑场所的意义。

■ 建筑外观的表达强调材料的真实性和本质性，摒弃虚假和浮夸的装饰。红色砖材的运用塑造出自然的质朴感和亲切感，通过设计达到高完成度的建筑效果。

赵学义

青岛美术学校
QINGDAO ART SCHOOL

设计单位：青岛北洋建筑设计有限公司
设计人员：何文青　张所任　李骥　朱倩　王博成　梁建
　　　　　王静　潘兴强　赵银杰　徐交爽　吕甲朋　姜学岩
　　　　　王娜　许友芹　孙宏斌　许红波　隋文君　刘超
　　　　　郭文静　孙飞飞　陈海燕　赵鹤飞　唐俊芳　丁锋
　　　　　张薇薇　徐飞　薛惊楠　张承风　游晓会　张俊

项目地点：山东省青岛市
设计时间：2014年3月
竣工时间：2016年12月
用地面积：174960平方米
建筑面积：135801平方米 / 地上131393平方米 / 地下4408平方米
班级规模：高中48班
设计类别：新建

■ 校园东南鸟瞰图

■ 青岛美术学校位于青岛市黄岛区国际生态智慧城，东临云台山路，南临淮河西路。校园用地呈梯形，南北长约600米，东西宽约300米；地形南高北低，东高西低，最大高差约15米，坡度较陡。

■ 规划设计摒弃了轴线对称、机械规矩的传统校园形象，以美术特色校园的建构为切入点，强调建筑形体与自然山体、水体的结合，缔造天然的交流、聚会及艺术创造空间，也使青岛传统的"山、海、城"城市格调在校园里得到崭新的演绎。

■ 从南至北，由东到西，校园被划分为展览、办公、教学、生活及运动五个功能明晰，既动静分离，又联系紧密的区域，之间以天桥、连廊、台阶、庭院及广场等元素贯通。教学、生活及运动区围绕着美术学校的核心艺术楼呈三角布局，避免交通流线的交叉干扰。国际部选址相对孤立，便于独立运营。

■ 建筑设计在尊重建筑平面功能的基础上，采用现代构成手法，通过对点、线、面、块等元素的穿插配置，形成多层次的建筑界面。屋顶的折板使屋脊线与附近连绵起伏的山脊线遥相呼应，让建筑与自然有机地融为一体。

■ 立面以经典的白、灰两色面砖为基调，局部点缀以真石漆、幕墙、木饰百叶及鲜明色块，塑造出雅致、和谐、纯净、永恒的视觉感受，也兼顾了传统与现代的审美情操，艺术气息浓厚。

■ 彩虹桥东北侧鸟瞰

波浪形线型造型的架空"彩虹桥"长达400米，连接各区建筑，有效解决了地形的南北高差，使校内交通便捷高效。师生们漫步于桥上感受多元的步行体验，居高临下，两侧风光如画，步移景异。命名"彩虹桥"也寓意师生们画出彩虹，前程似锦。

■ 校园整体功能分析图

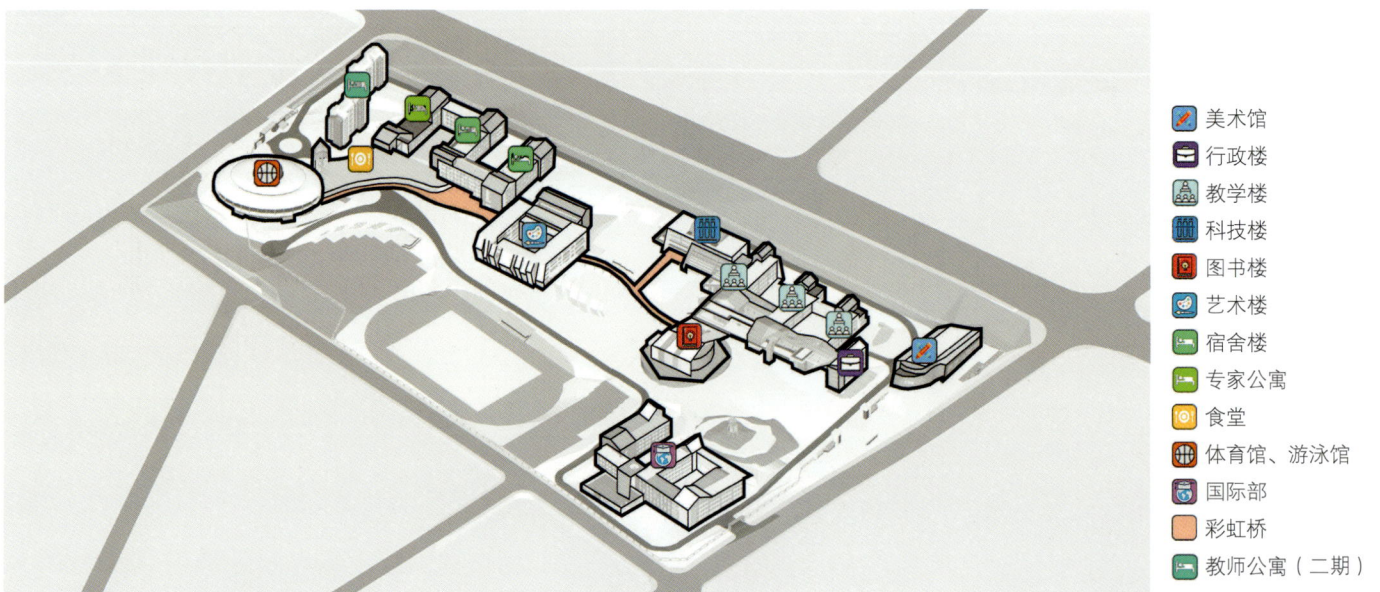

	美术馆
	行政楼
	教学楼
	科技楼
	图书楼
	艺术楼
	宿舍楼
	专家公寓
	食堂
	体育馆、游泳馆
	国际部
	彩虹桥
	教师公寓（二期）

■ 各组建筑单体被化零为整为"半综合体"的建筑群，形成的带状"一条龙"空间格局寓意"龙的传人"，也满足了全天候的使用需求。
■ 波浪形曲线造型的架空"彩虹桥"长达400米，连接各区建筑，有效解决了地形的南北高差，使校内交通便捷高效。师生们漫步于桥上感受多元的步行体验，居高临下，两侧风光如画，步移景异。命名"彩虹桥"也寓意师生们画出彩虹，前程似锦。

■ 艺术楼及大地彩画区

■ 图书楼及彩虹桥

■ 教学楼、行政楼及美术馆

■ 教学及行政楼平面图

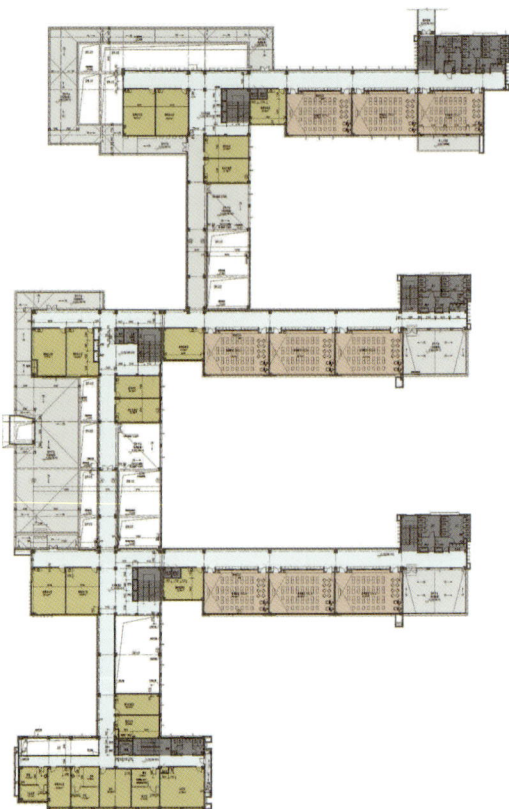

■ 教室　■ 办公室　■ 交通核

■ 国际部平面图

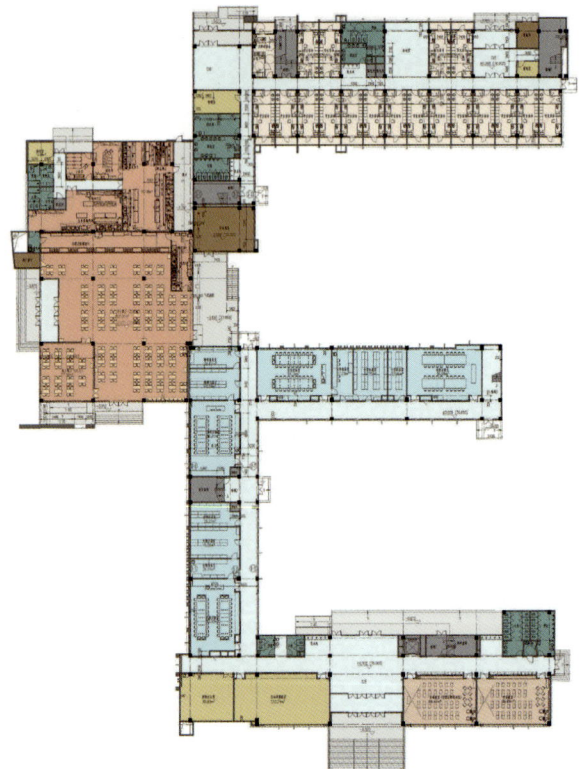

■ 教室　■ 实验室　■ 餐厅
■ 宿舍　■ 办公室　■ 交通核

■ 体育馆、食堂、宿舍楼及艺术楼

■ 行政楼门厅　　■ 行政楼装饰墙　　■ 体育馆

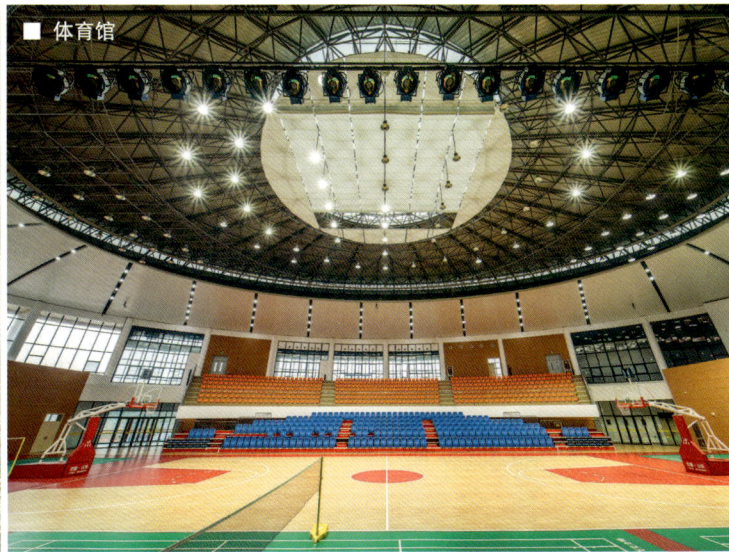

■ 宿舍楼平面图

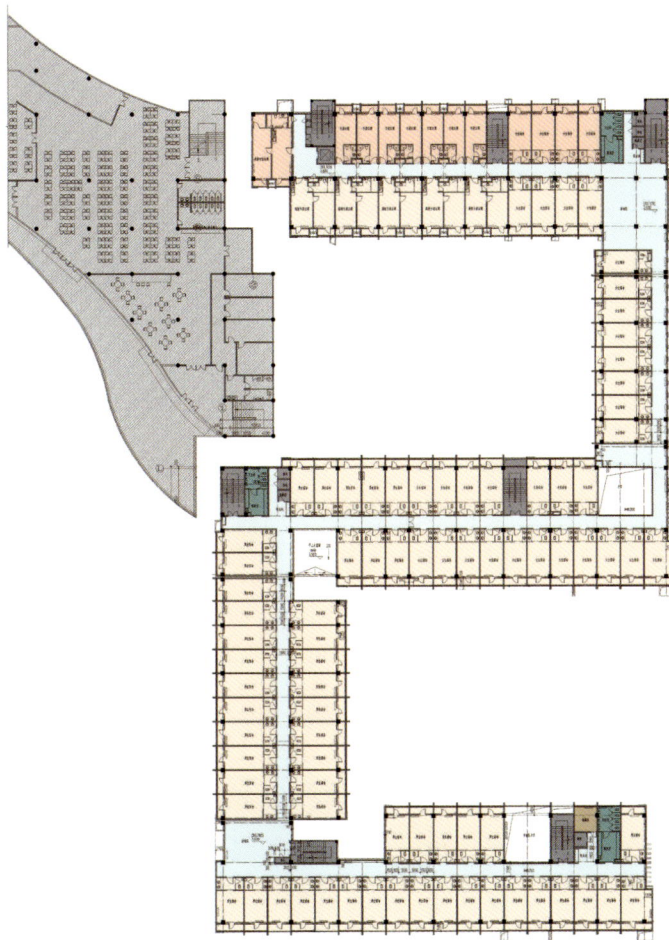

宿舍　　专家公寓　　盥洗室

交通核

专家点评

■ 青岛美术学校总体布局按功能需求分三个组团，以艺术楼为中心相宜而置，组团之间留有空隙，使周边起伏的山体映现其间，从而使建筑群与城市环境及自然环境相交融，为塑造有特色的校园空间环境带来契机。

■ 各个组团结合功能使用要求，利用地形产生的高度差，巧妙地布置平面与院落，在解决了采光问题的同时，使室内外空间功能与使用体验产生互动，以此塑造交融、多层次且轻松自然的活动空间。

■ 建筑师在各功能群之间设置开放式平台，为学生提供多元化的交流途径，并开阔了视野，连廊、平台等不仅为学生提供了学习和生活的便利，同时也带来了丰富的体验与深刻的记忆。

■ 整个建筑群体起伏的造型与立面的肌理，与城市环境相融合。在原生的概念下，建筑体型的起伏、平面扭转以及屋顶的错缝处理，都表现出建筑师对艺术性和地域性设计尝试的努力。建筑整体色调素雅，与自然山色一体形成了富有特色的教学环境。

张祺

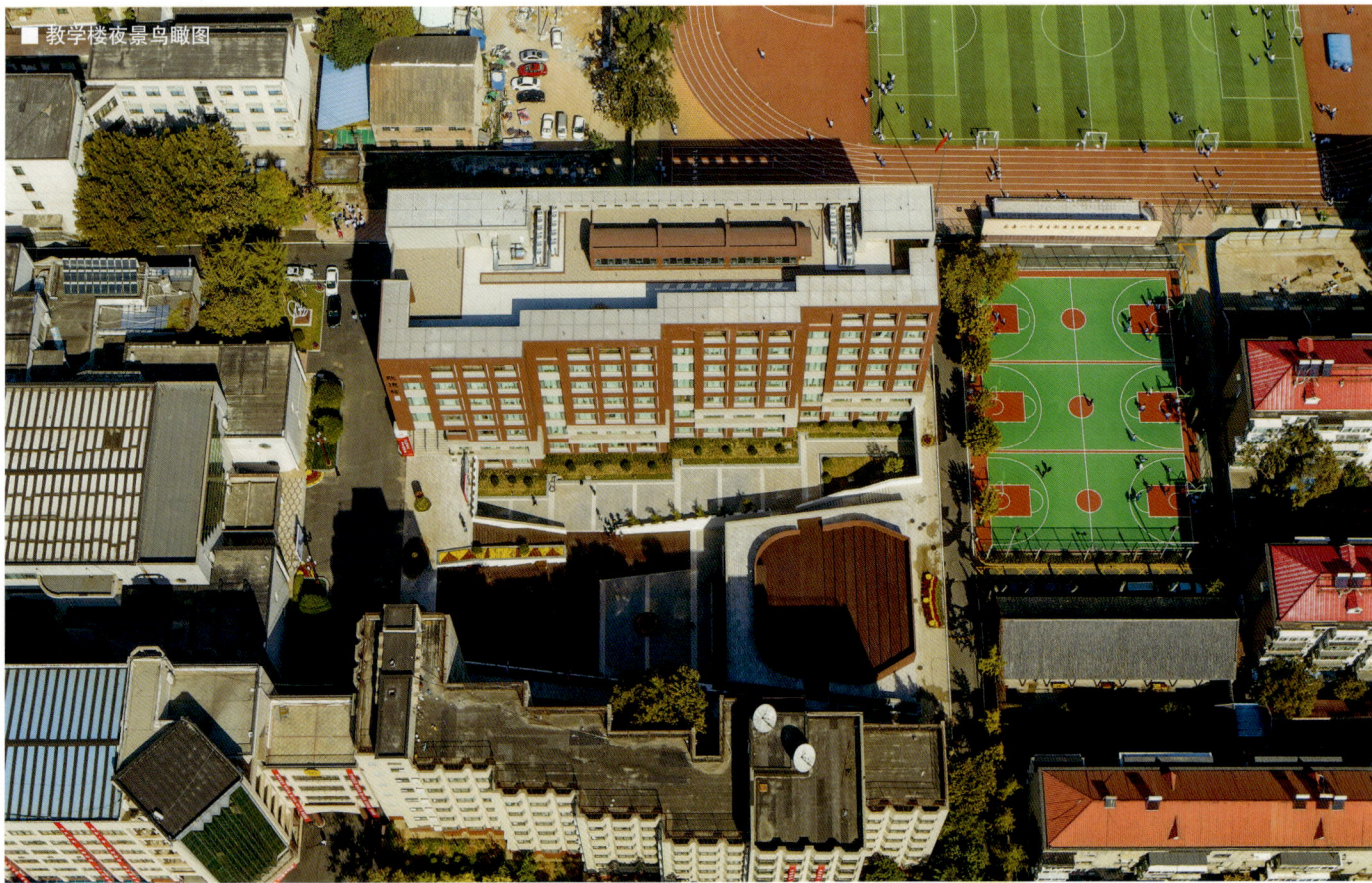

■教学楼夜景鸟瞰图

山东省实验中学综合教学楼
COMPREHENSIVE TEACHING BUILDING OF SHANDONG EXPERIMENTAL HIGH SCHOOL

设计单位：同圆设计集团有限公司
设计人员：郭立强　司鸿斌　赵　骏　杨文豪　李光明　刘庆开　孙付杰
项目地点：山东省济南市
设计时间：2016年
竣工时间：2018年
用地面积：5400平方米
建筑面积：9792平方米
班级规模：50班（综合教学楼）
设计类别：新建

■ **总平面图**

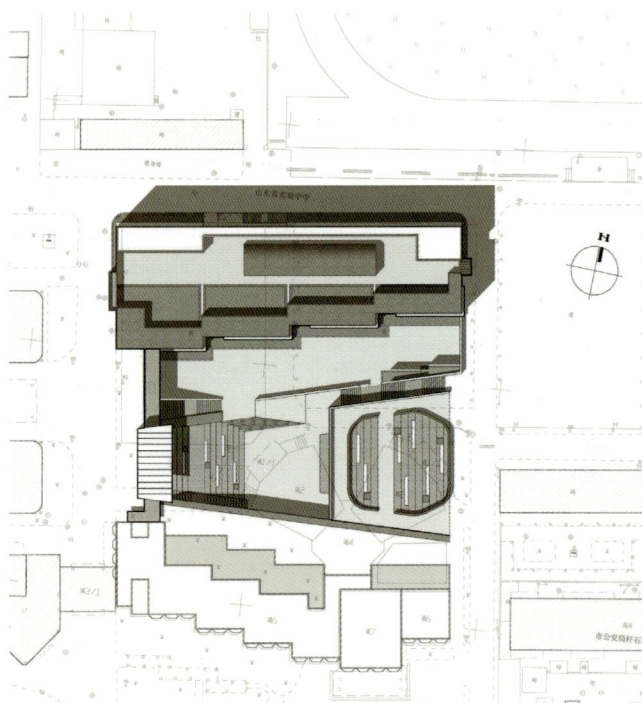

■山东省实验中学已经走过七十年的辉煌历史，虽几经风雨，但学校的优良传统和"务实求是、勇于探索、登攀不止、敢为人先"的实验精神却薪火相传。七十年来，学校以超前的教育理念、丰硕的教育成果赢得了社会的尊重，在实验光荣的历史面前，我们永葆敬仰之情。带着这样一种对教育崇敬的心情，开始我们的设计营造。

■新建综合教学楼位于校园中间，2号教学楼与操场之间的一块空地。要求在有限的校园空间内解决一栋容纳50个班的综合教学楼及一座400人的学术报告厅。

■为解决有限的场地容量与巨大需求之间的矛盾，将场地地坪下挖一层，所有教学班级布置于建筑南侧，并结合下沉庭院巧妙置入报告厅、小剧场等功能，形成"非正式的学习空间"，削弱了其地上体量对于院落空间的压迫及采光遮挡。

■为解决瞬时人流聚集和疏散问题，实现逐层分流，在北侧中厅空间植入"交通容器"——通往辅助教学用房的室内大台阶，在中厅内解决层间的步行交通联系，同时创造出读书角、英语角等有趣的交往空间。

■ 教学楼南立面

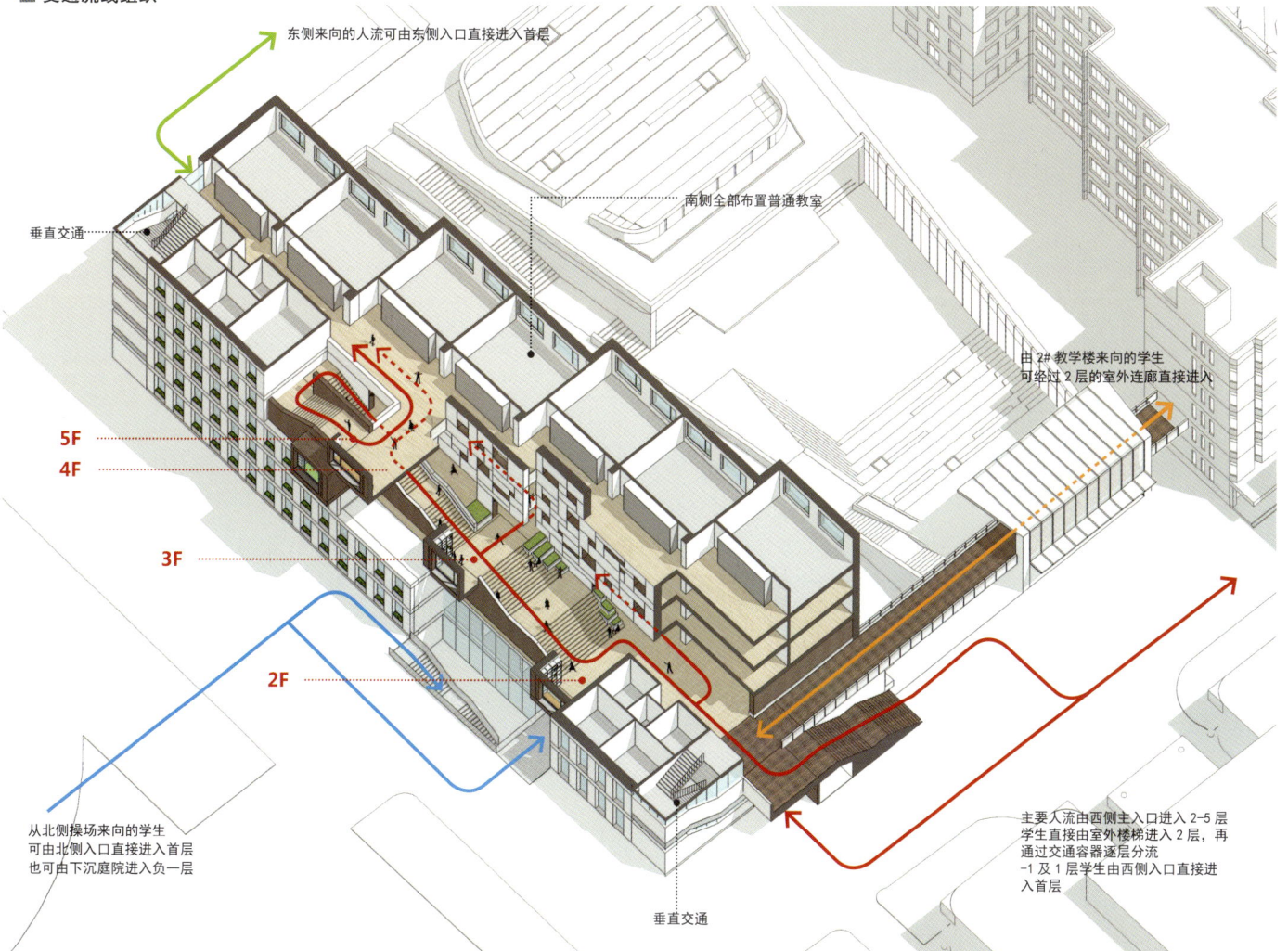

■ 交通流线组织

东侧来向的人流可由东侧入口直接进入首层

垂直交通

南侧全部布置普通教室

由 2# 教学楼来向的学生
可经过 2 层的室外连廊直接进入

5F

4F

3F

2F

从北侧操场来向的学生
可由北侧入口直接进入首层
也可由下沉庭院进入负一层

垂直交通

主要人流由西侧主入口进入 2-5 层
学生直接由室外楼梯进入 2 层，再
通过交通容器逐层分流
-1 及 1 层学生由西侧入口直接进
入首层

365

■ 教学楼北立面

■ 教学楼北立面局部

■ 教学楼中庭交通空间

■ 一层平面图

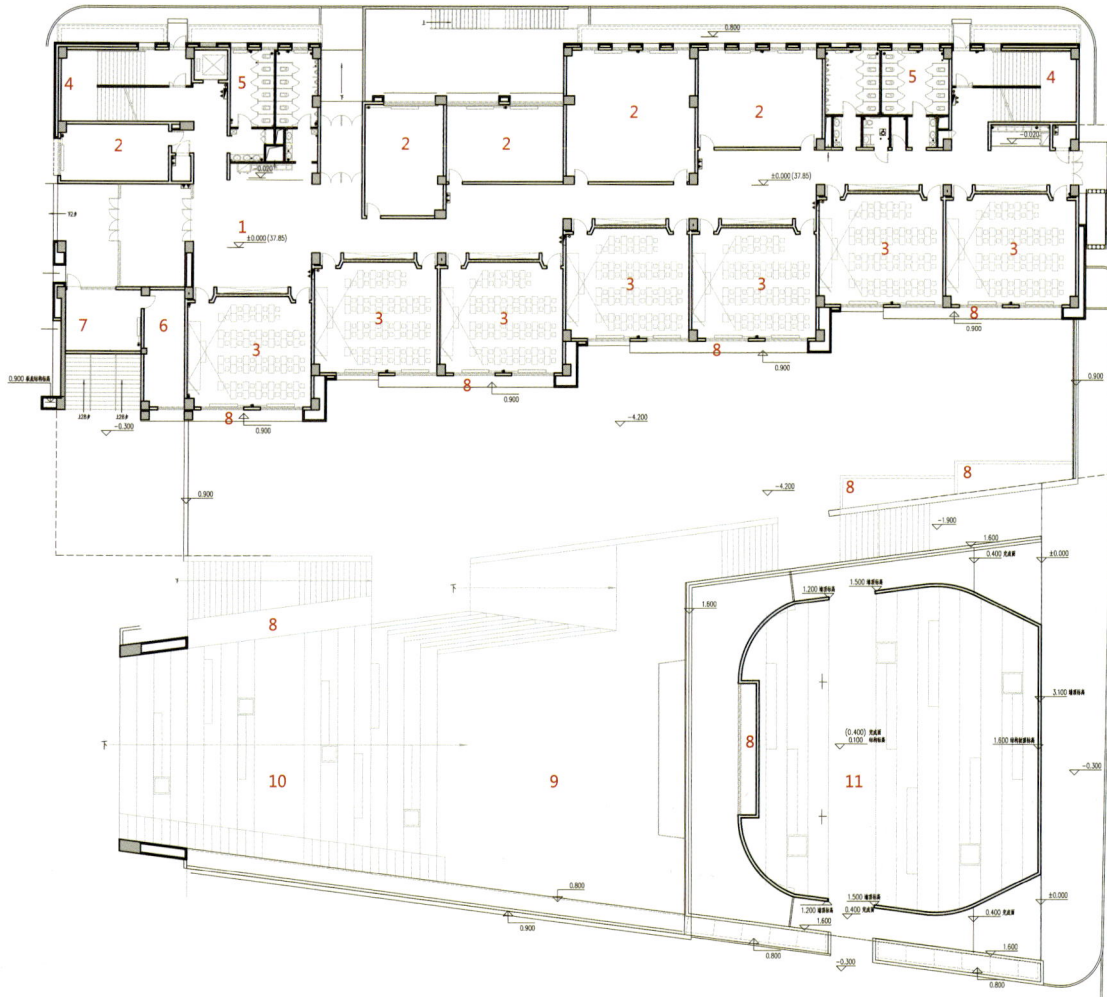

1 门厅
2 教研室
3 普通教室
4 楼梯
5 卫生间
6 储藏室
7 值班室
8 庭院花池
9 室外小剧场
10 小剧场看台
11 报告厅上人屋面

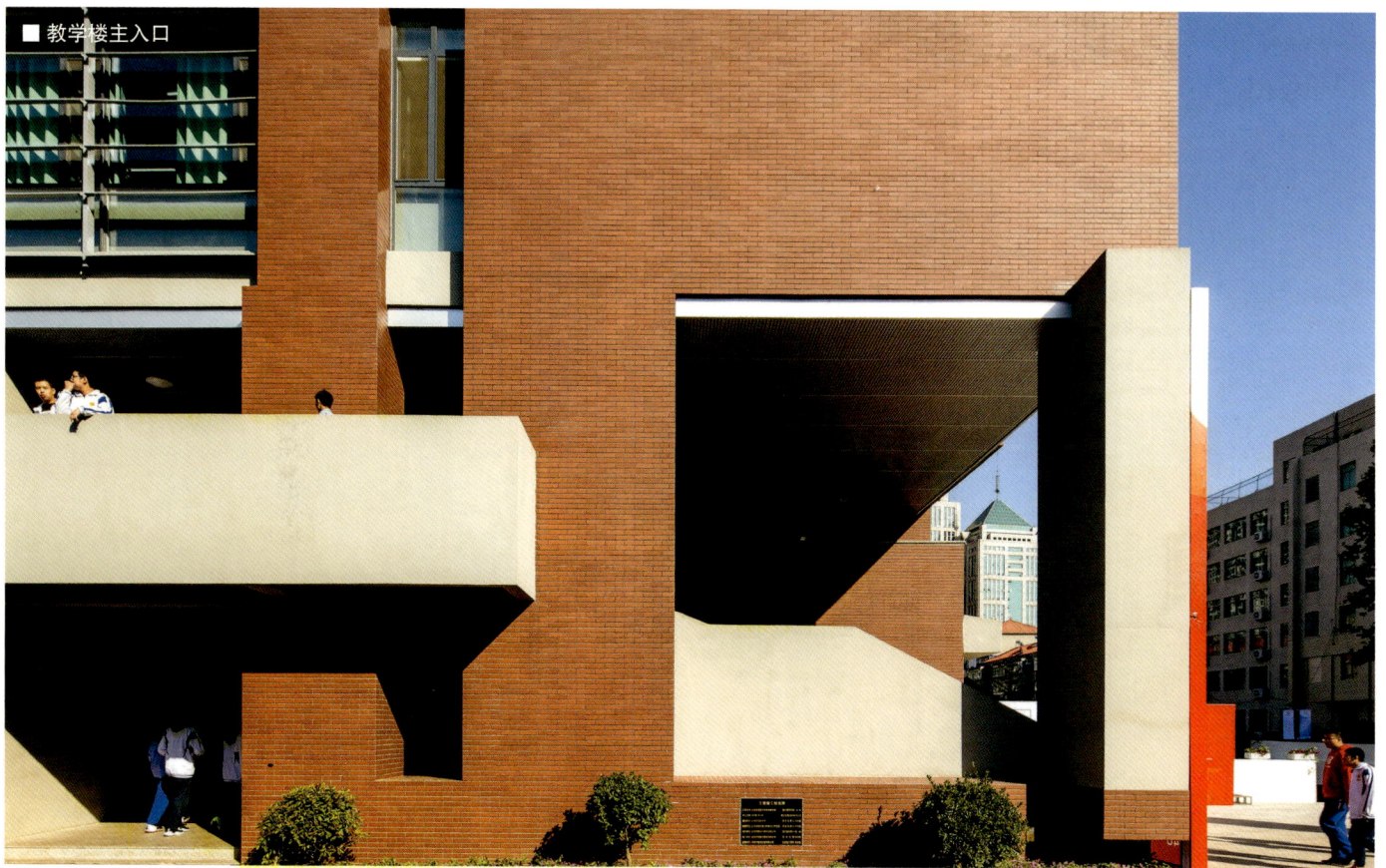

■ 二层平面图

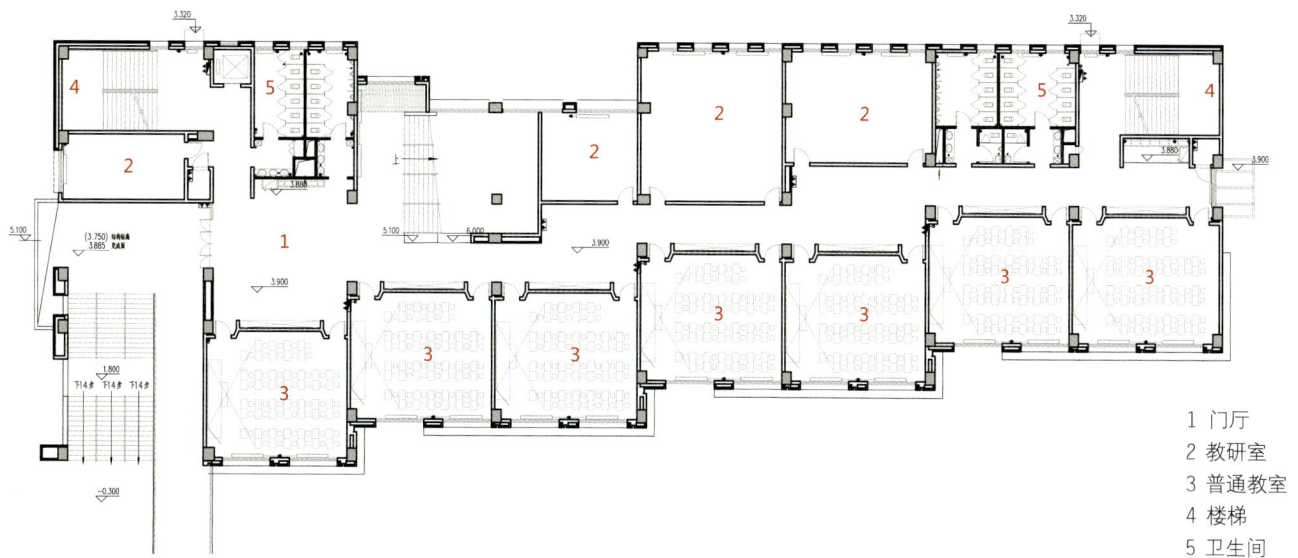

1 门厅
2 教研室
3 普通教室
4 楼梯
5 卫生间

专家点评

■ 山东省实验中学项目是在原有校区内加建教学设施，可以看到这个方案非常用心地从学生和老师日常教学生活本身去考虑如何构建和谐的校园关系，并通过恰当的方式表达出来，这是这个项目最大的亮点。

■ 设计中尊重原有的校园环境，摒弃了传统的填鸭式的教学场景，尝试植入新的教学空间模式，通过复合化、非正式功能场所的营造，形成了鲜明的个性与特色。"非正式学习空间"的设计理念，打破了校园建筑的固有"范式"。

■ 基于对环境的解读与设计功能的理解，建筑师在设计中精心营造了众多的场景，有趣的空间、构件、细部、材料与变换的光影等，构成一幅幅的框景与画面，漫步其间，一些出乎意料的场景不经意间呈现在眼前，增强了人们的建筑体验。

■ 外立面上，温暖的红褐色面砖与理性的灰色质感涂料形成了强烈的对比，建筑立面形体的塑造则是内部功能空间向外部的体现，构成了韵律与材料的质感，使建筑的功能、空间与形式有机统一。

孙栋

■ 教学楼东向立面实景图

山东省沂南第一中学
NO.1 MIDDLE SCHOOL OF YINAN SHANDONG

设计单位：山东大卫国际建筑设计有限公司

设计人员：申作伟　张　冰　邱英林　孙莉莉　庞兴然　韩　磊
　　　　　李玉平　刘　健　郭恒斌　吴　丹　费　苗　宋　磊
　　　　　陈国刚　马伟鑫　杨殿中　谷文杰　张　峰　张苗苗

项目地点：山东省沂南县

设计时间：2016年3月

竣工时间：2018年3月

用地面积：296400平方米

建筑面积：139991.8平方米

班级规模：240班

设计类别：新建

■ 项目概况：沂南第一中学规划总建筑面积139991.8平方米，容积率为0.47，绿地率41.3%。

■ 校园建筑设计采用庭院式布局，争取更多的室外场地，富有变化的建筑形态，创造出大小变化的室外平台和公共空间。变化的庭院和丰富的自然景观形成丰富的校园环境，使得校园富有变化的建筑外立面增加了建筑的内涵。整体规划以大尺度中心绿地为核心，环绕布局各片区，形成完整的建筑空间，使校园建筑空间整洁而富有特色。南北景观轴及东西向景观次轴统领整个布局，辅以景观节点，形成校园特色景观。

■ 营造山水园林式校园生态环境。布置在教学楼、宿舍、综合楼等建筑与道路围合的空间，结合硬地、花坛、坐凳等布置，形成交往与休息的场所。以南北向校园主轴及东西向校园次轴统领整个园区规划。规划布局强调入口礼仪与秩序，注重校园主入口空间层次的营造。使校园建筑空间整洁而富有特色。南北景观轴及东西向景观次轴统领整个布局，辅以景观节点，形成校园特色景观。

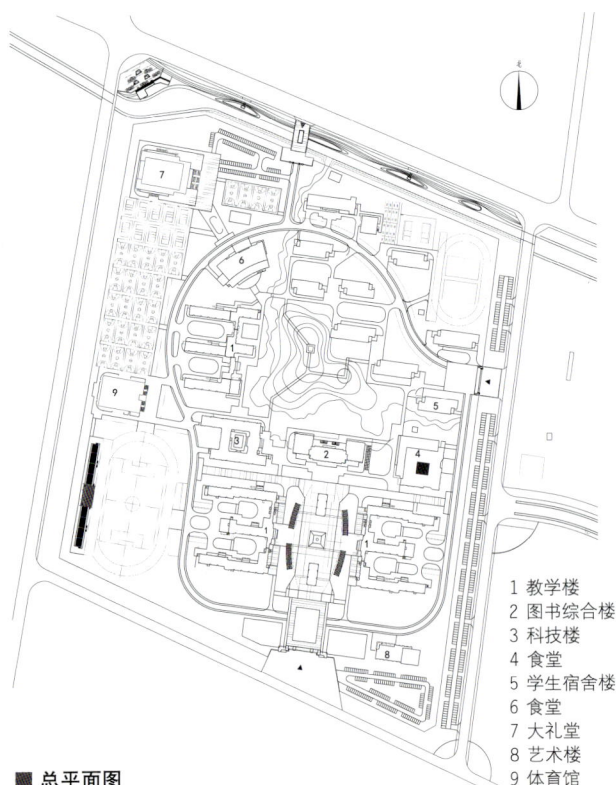

1 教学楼
2 图书综合楼
3 科技楼
4 食堂
5 学生宿舍楼
6 食堂
7 大礼堂
8 艺术楼
9 体育馆

■ 总平面图

■ 教学楼东侧实景图

▨ 教学楼立面图

■ 学校南大门实景图

■ 南向中轴实景透视

■ 学校南大门实景图

■ 图书综合楼东向实景图

■ 教学楼一层平面图

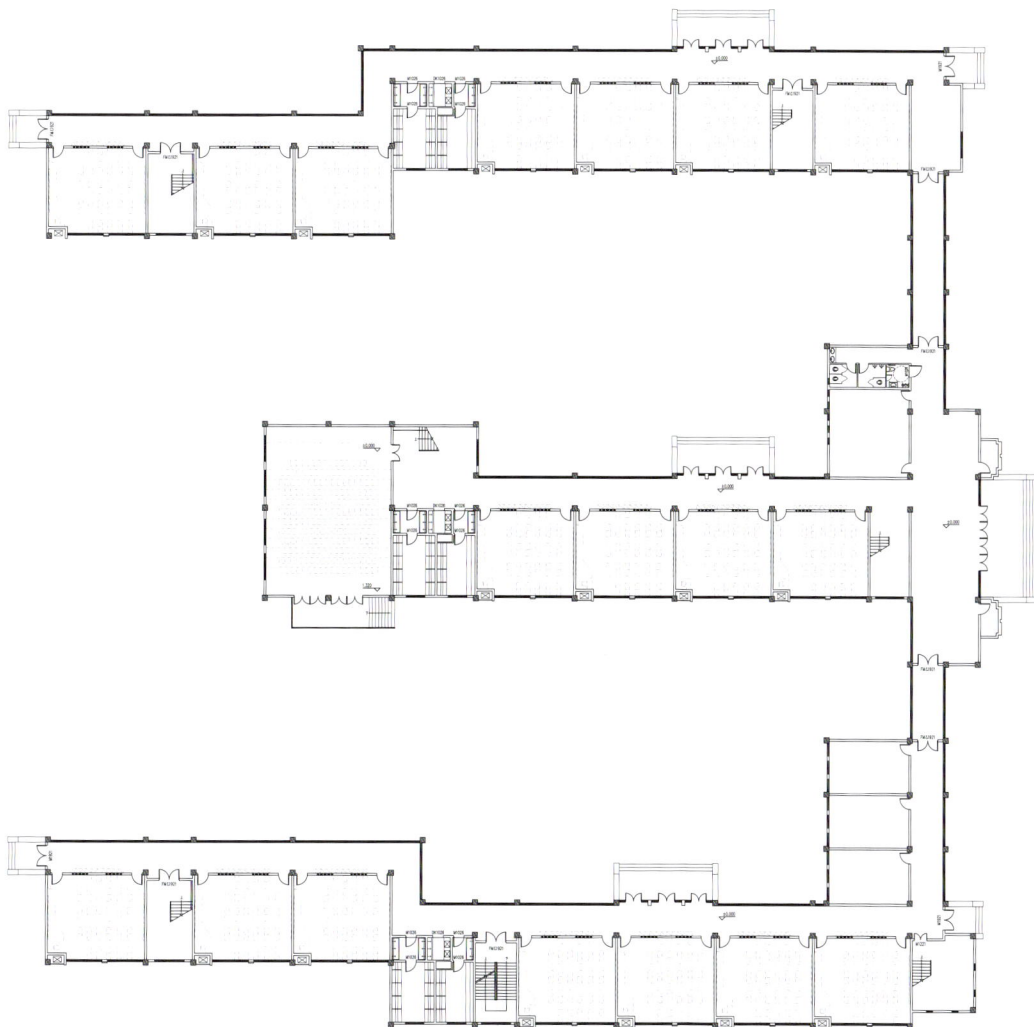

■ 校园南侧实景航拍

■ 学校体育馆平面图

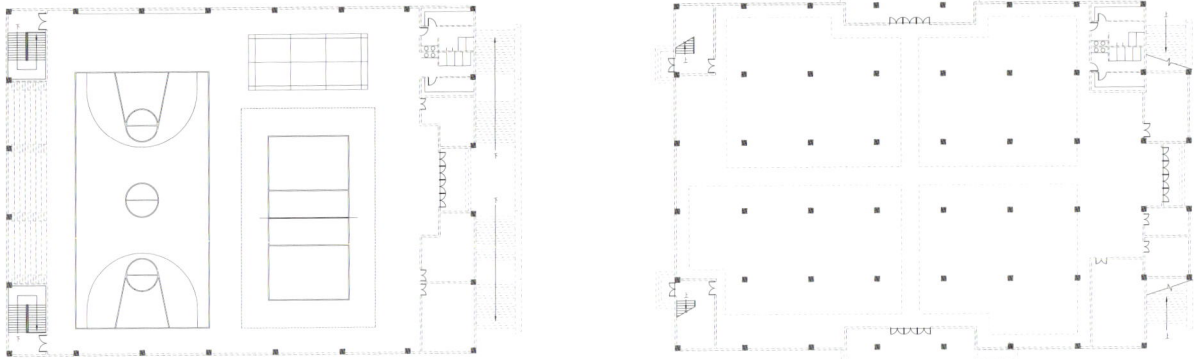

■ 体育馆内部实景图

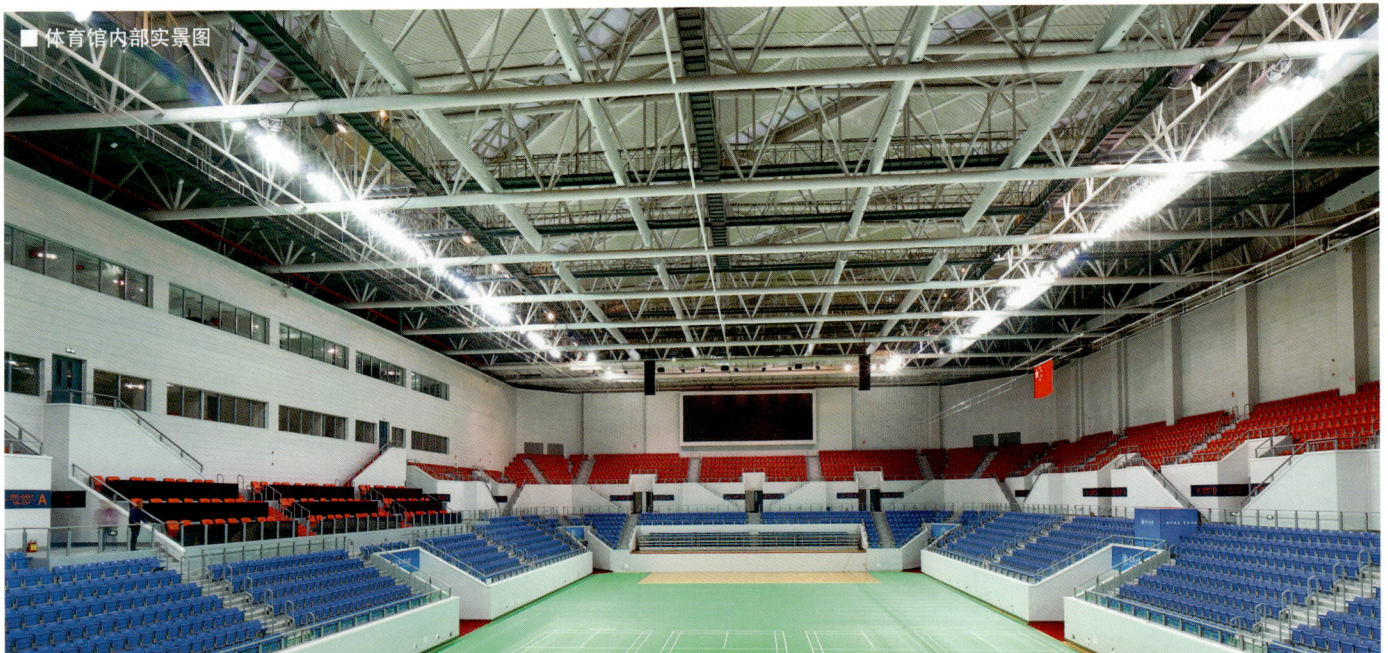

■ 学校礼堂实景图

■ 学校礼堂平面图

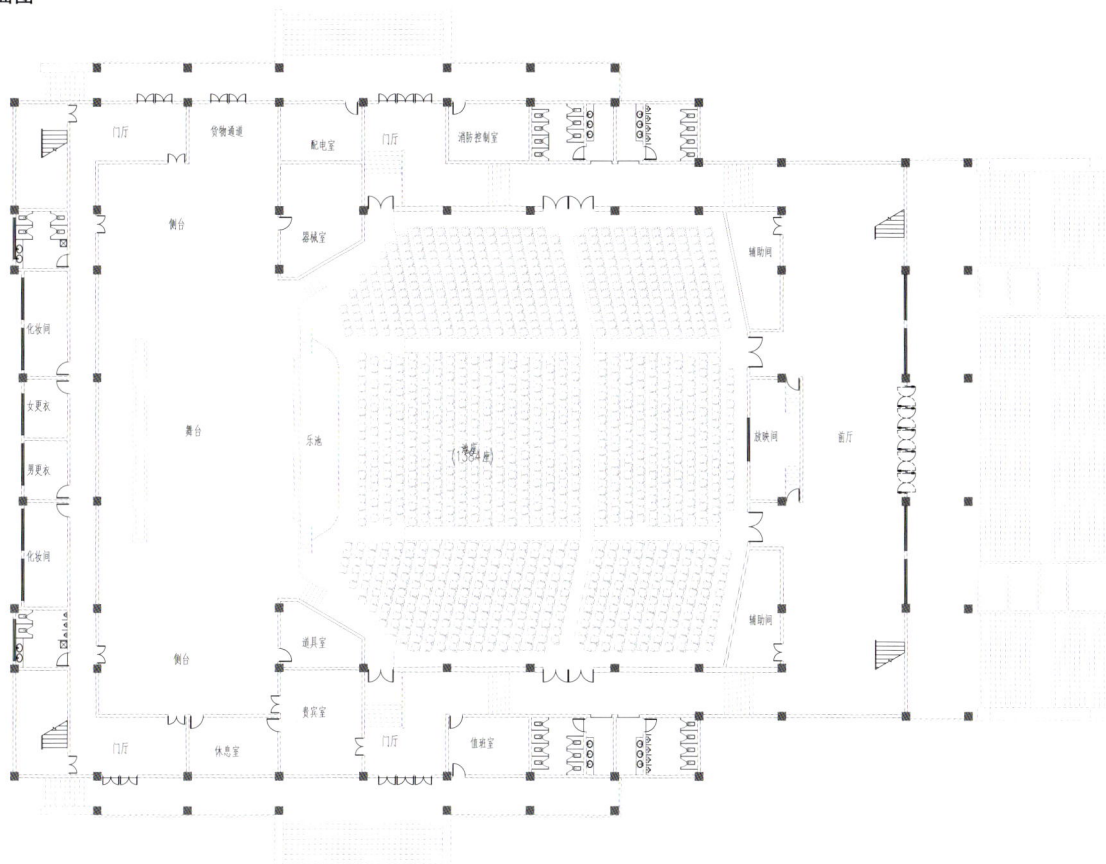

专家点评

■ 沂南一中项目是容纳 240 班的大规模的校园规划设计，校园场地比较规则，整体规划以大尺度中心绿地为核心环绕布局各片区，形成完整的建筑空间，使校园建筑空间整洁而富有特色。

■ 项目设计亮点在于：

1. 以南北向校园主轴及东西向校园次轴统领整个园区规划。规划布局强调入口礼仪与秩序，注重校园主入口空间层次的营造，校园整体规划规整有序，合理地解决了各功能空间的要求，并形成了通畅的交通联系，同时在规整的校园格局之下，植入了空间激活策略，在规整的秩序下营造了活跃的空间氛围。

2. 庭院式的空间格局是对传统单调的教学模式的突破，将校园纯教学、交通空间转变为可以交流、学习的互动体验场所。

3. 建筑在设计施工上对细节的控制和对材质体量的把控较为合理，建筑完成度高。

亓育岱

烟台高新区初级中学
YANTAI HIGH-TECH ZONE PRIMARY MIDDLE SCHOOL

设计单位：烟台市建筑设计研究股份有限公司
设计人员：刘金磊　王月欣　邱长华　邹　超
项目地点：山东省烟台市高新区
设计时间：2013年3月
竣工时间：2014年10月
用地面积：95600平方米
建筑面积：57163平方米 / 地上52363平方米 / 地下4800平方米
班级规模：50班
设计类别：新建

■ 合理组织学校教学、活动、生活、办公、图书信息等不同功能模块，形成紧凑、高效、有序的功能模式，做到教学部分与实验室统一、办公部分与图书信息系统统一，形成高效、便捷、低耗的校园布局，设计力求节约成本，发挥更大的社会效益。体现可持续发展的理念，为校园的今后发展、生源的扩大留有余地，在保证校园整体性的情况下，根据未来的变化和需求可以调整与增加相应的设施。
■ 技术创新：设计节能、环保、节地、节材。教学楼采用GBF管厚板，室内不设梁，达到了经济美观的效果；体育馆跨度较大，屋面采用钢结构，既满足使用要求又节约造价。对于宿舍厨房和多功能厅的热水采用屋顶太阳能，冬季考虑采用电辅助加热，将热水的蓄水箱和循环水泵设于宿舍一层水箱间内，热水器设于宿舍及餐厅屋顶。采用低烟无卤环保电线、电缆，环保节能。采用环保节能的采暖形式，尽量采用自然排风排烟。

■ 入口广场

■ 教学内庭院

■ 综合楼一层平面图

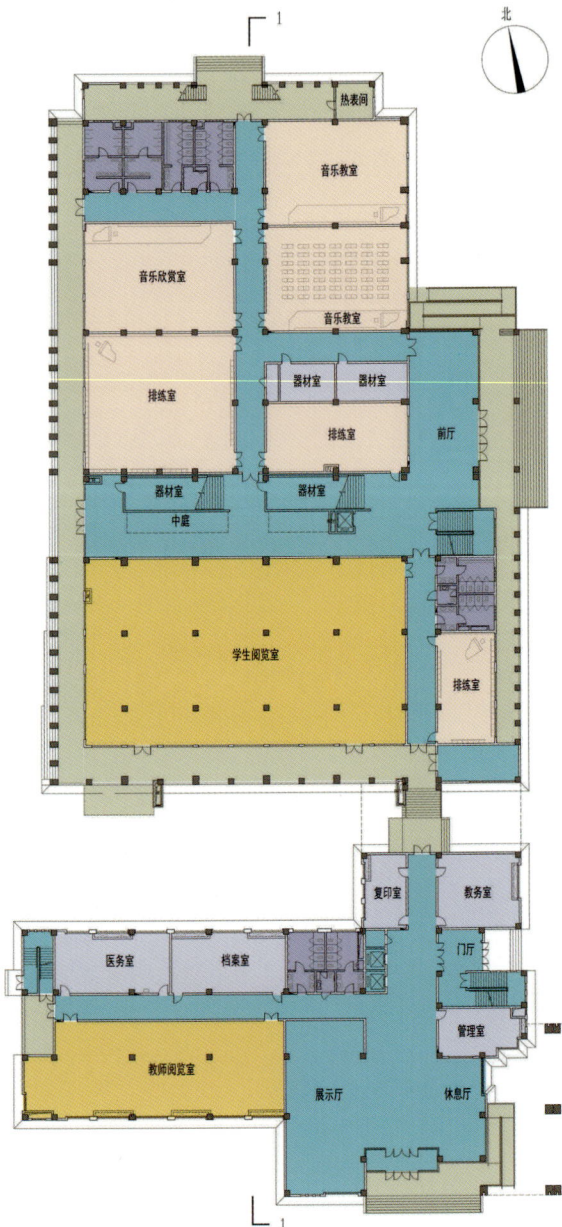

■ 综合楼二层平面图

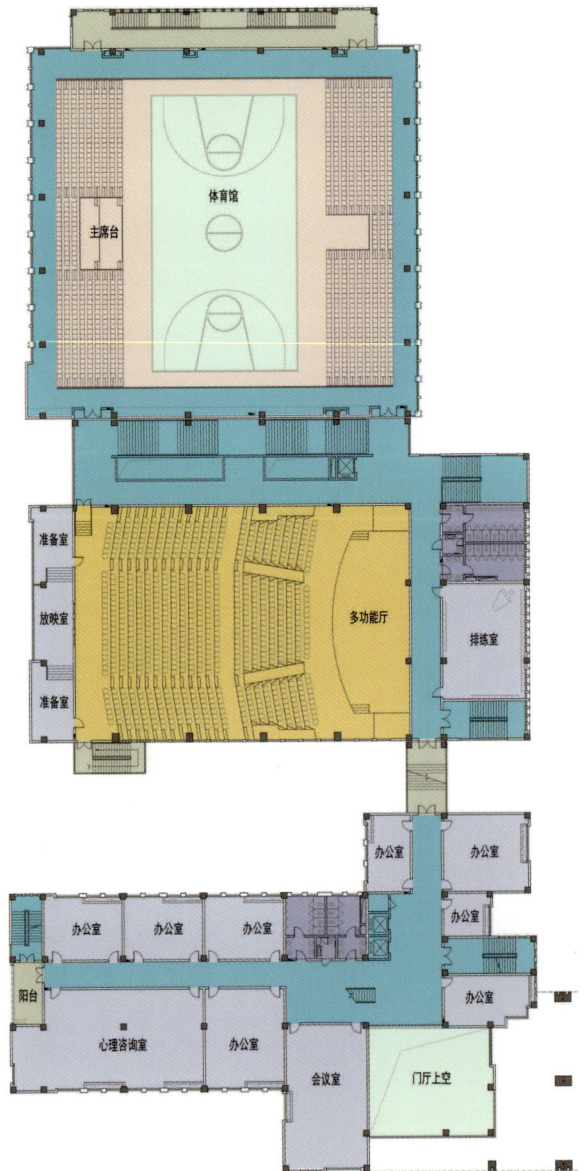

北

综合楼一层平面图：

热表间

音乐教室

音乐欣赏室

音乐教室

排练室 · 器材室 · 器材室 · 前厅

排练室

器材室 · 器材室

中庭

学生阅览室

排练室

复印室 · 教务室

门厅

医务室 · 档案室

管理室

教师阅览室 · 展示厅 · 休息厅

综合楼二层平面图：

体育馆

主席台

准备室 · 放映室 · 准备室

多功能厅

排练室

办公室 · 办公室

办公室 · 办公室 · 办公室 · 办公室

阳台

办公室

心理咨询室 · 办公室 · 会议室 · 门厅上空

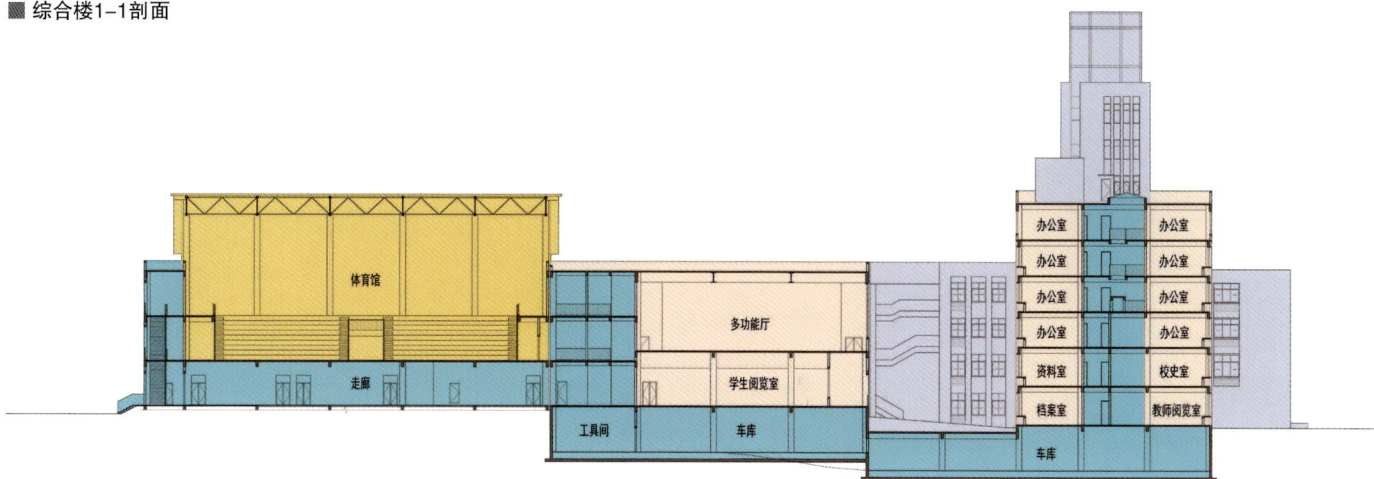

体育馆	办公室	办公室
办公室	办公室
办公室	办公室
办公室	办公室
多功能厅	办公室	办公室
走廊	学生阅览室	资料室	校史室
工具间	车库	档案室	教师阅览室
车库

专家点评

■ 烟台高新区初级中学设计布局合理、风格清新，场地内各单体功能布置流线顺畅、动静分离，两个出入口的设置满足使用功能及相关国家规范要求。主入口的广场空间设计适宜，满足学生室外各种活动及集散的需求。教学区的围合以及与主入口广场的视觉分隔设计，赋予教学区以相对安静的效果，此为设计亮点；综合楼包括室内体育场、多功能厅，与办公服务空间以连廊连接，有利于服务管理；综合楼毗邻体育场，形成学校的动区，动区与静区的间距满足要求，生活区与动区交通便捷。

■ 设计在节能、环保、节地、节材方面有一定的技术创新。学校的设计在满足使用功能基础上，满足防火规范及其他各种国家现行规范的要求。

隋杰礼

■ 教学楼

青岛外语学校

QINGDAO FOREIGN LANGUAGE HIGH-SCHOOL

设计单位：青岛市腾远设计事务所有限公司
设计人员：赵广俊　王震铭　魏　鹏　王　丛　李　旭　朱书含　董玉波
　　　　　朱建齐　邵　凯　李　强　王　娟　刘响林　耿方晓　王卫东
　　　　　高　明
项目地点：山东省青岛市经济技术开发区
设计时间：2013年
竣工时间：2016年
用地面积：174960平方米
建筑面积：110000平方米
班级规模：60班
设计类别：新建

■ **理念溯源：** 青岛外语学校（青岛九中）前身"礼贤书院"，于1900年为德国人所建，建校百年以来，培养了以众多院士为首的大批优秀人才，校园中形成了浓浓的历史文化氛围。对于新校区的设计，我们希望能在延续学校之前风貌的同时，塑造浓厚的学院气氛，使建筑在保持功能适用的前提下具备现代气质与古典风格，力求既能延续老校风貌，又能体现新的时代特征。

■ **规划布局：** 在规划格局上，设计强调了百年老校的主题，总图结构力求轴线明确空间大气，体现秩序和空间围合感。依照山体的走势和校园的功能分区，方案在基地中设置了三条主要的轴线，十字交叉的两条轴线组织教学区，生活区的轴线结合山体转折，使生活区和教学区有着很好的空间序列。

■ **场所与形式：** 学校设计依山就势，打造丰富的空间序列。方案在食堂前面借用山势高差设置了室外剧场，形成了立体、多层次的学生活动和景观观赏空间，提升了空间的趣味性及活跃度，创造出丰富的活动、交往场所。

■ 我们希望能在延续学校之前风貌的同时塑造浓厚的学院气氛，使校园环境更加契合外语学校的气质。立面使用了挺拔的竖向附壁立柱作为控制性元素，将古典建筑的典雅细部和敦厚有力的建筑语言很好地结合为一体。建筑立面材料选用红砖、白色线脚和石材搭配使用，配合精致典雅的细部处理，塑造百年老校的气质和神韵，同时传承和延续了青岛的建筑特色。

■ 模型

■ 主入口人视图

■ 国际部教学楼

■ 主广场教学楼

■ 科技与行政楼平面

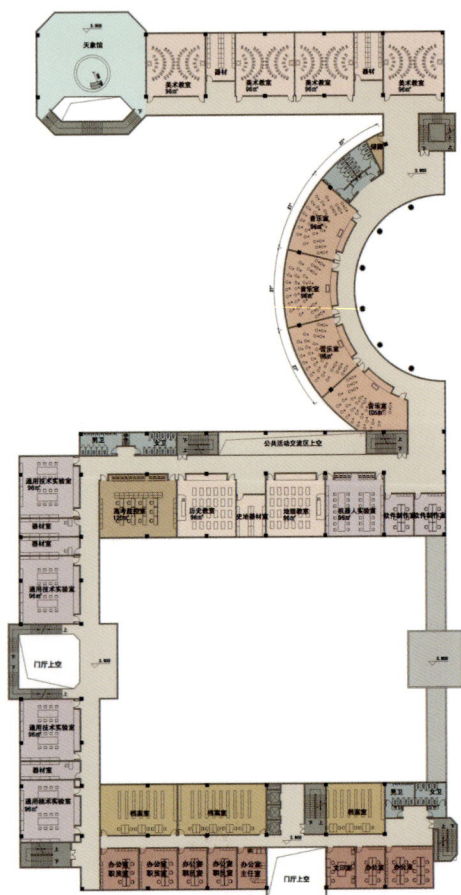

■ 体育馆平面图

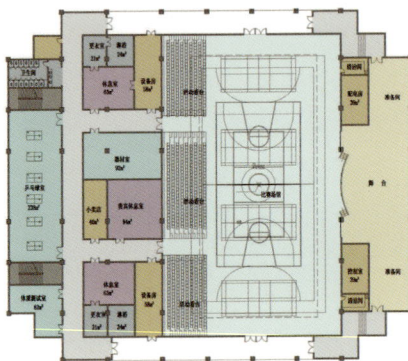

■ 教学楼平面图

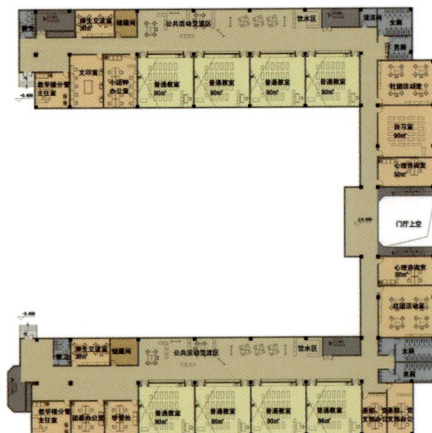

专家点评

■ 本项目依照山体走势和校园的功能分区，顺应地势，通过教学区轴线、生活区轴线和活动区空间的起承转合，塑造出随山而转、富有仪式感的空间序列。同时利用不同功能建筑群所形成的开放或收和空间，形成场所的围合感。在很好地满足学校使用的同时，又能传承和发扬学校的建筑文化，与周边环境形成有机的对话关系。

■ 在建筑形式上对欧式古典造型进行了一定的提炼，使建筑在保持功能适用的前提下，同时兼具现代气质与古典风格，在延续老校风貌的同时，又能体现新的时代特征。

绳兵

潍坊瀚声国际学校
WEIFANG HANSHENG INTERNATIONAL SCHOOL

设计单位：山东建筑大学建筑城规学院象外营造工作室
设计人员：刘伟波　张增武　焦尔桐　张洪川　于文原　王洪强
　　　　　安　琪　田　雪　武瑜葳　张天宇　吕一玲　赵　亮
项目地点：山东省潍坊市
设计时间：2015~2017年
竣工时间：2018年8月
用地面积：100022.42平方米
建筑面积：122000平方米
班级规模：96班
设计类别：新建

扫码看视频

■ 总平面图

■ 项目位于潍坊高新技术产业开发区，为96班全寄宿十二年制国际学校。较高的办学标准定位，使得各类教学及教学辅助用房生均面积远高于一般性寄宿制学校。此外，由于大量室内外文体活动空间的设置，使得学校建筑规模相对于用地规模而言略显庞大。设计着力于处理好建筑功能配置与营造生态宜人的校园空间环境之间的矛盾，提出营造"诗意与理性，开放与秩序，阳光与绿色"的校园空间作为方案的设计理念。

■ 设计基于对国家课程标准及校方的课程体系设置的深入研究，比照现行的行业标准及英、美教育发达国家建设指标，对校园各类空间的建设指标进行了重新推算。针对场地空间相对紧张的矛盾，将对采光要求相对较低的部分教学辅助用房置于底层，主要教学用房置于二层以上，从三维的空间层面解决阳光与土地之间的矛盾。从方案伊始，设计便通过相关软件，对校园室内外空间的声、光、热、风等环境舒适度指标进行模拟，并采取一系列适宜性技术，提高校园空间环境的舒适度。

■ 在建筑室内外空间的组织上，设计基于儿童的身体尺度、心理特征以及新的教育模式的内在特征，通过适度开放、灵活的教学与活动空间的配置、变化丰富的空间层次与序列组织、精心设计的色彩搭配与细节处理，营造以学生为根本，以学习活动为核心的校园空间场所。

餐厅入口（崔旭峰摄）

小学部入口（崔旭峰摄）

教学区庭院（崔旭峰摄）

运动看台区（崔旭峰摄）

■ 中学部一层平面图

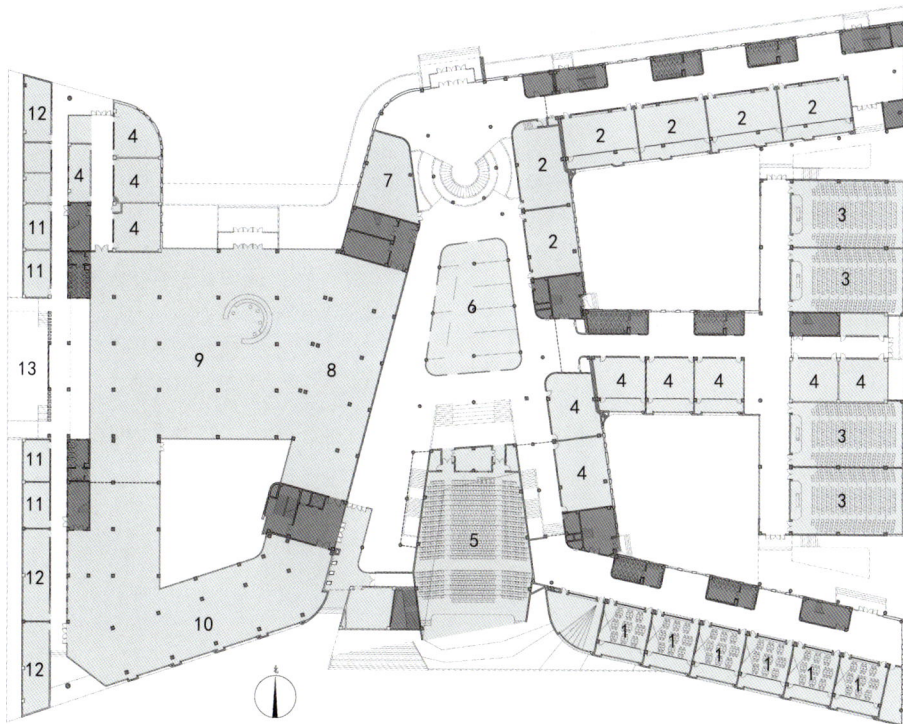

1 普通教室
2 专业教室
3 合班教室
4 办公室
5 700人报告厅
6 展厅
7 活动室
8 电子阅览区
9 图书馆
10 教师阅览区
11 化妆更衣室
12 总务仓库
13 主席台

■ 空间生成

Step 1   Step 2   Step 3   Step 4   Step 5

专家点评

■ 方案团队充分贯彻国际学校的办学理念，在用地并不宽裕的情况下，利用复合化的教学综合体，高效地对丰富的功能用房加以整合。通过适当的功能组织，充分利用纵向空间，尽可能在校园中营造出大片的绿化场地，并将底层赋予公共活动等一系列开放性空间诉求，提高了校园空间的内在品质。通过形体的扭转与楼间院落的开口，在满足各功能用房采光的同时，丰富了室内外的空间体验，营造出丰富、积极、开放的场所氛围。

刘卫东

■ 校园东立面（崔旭峰摄）

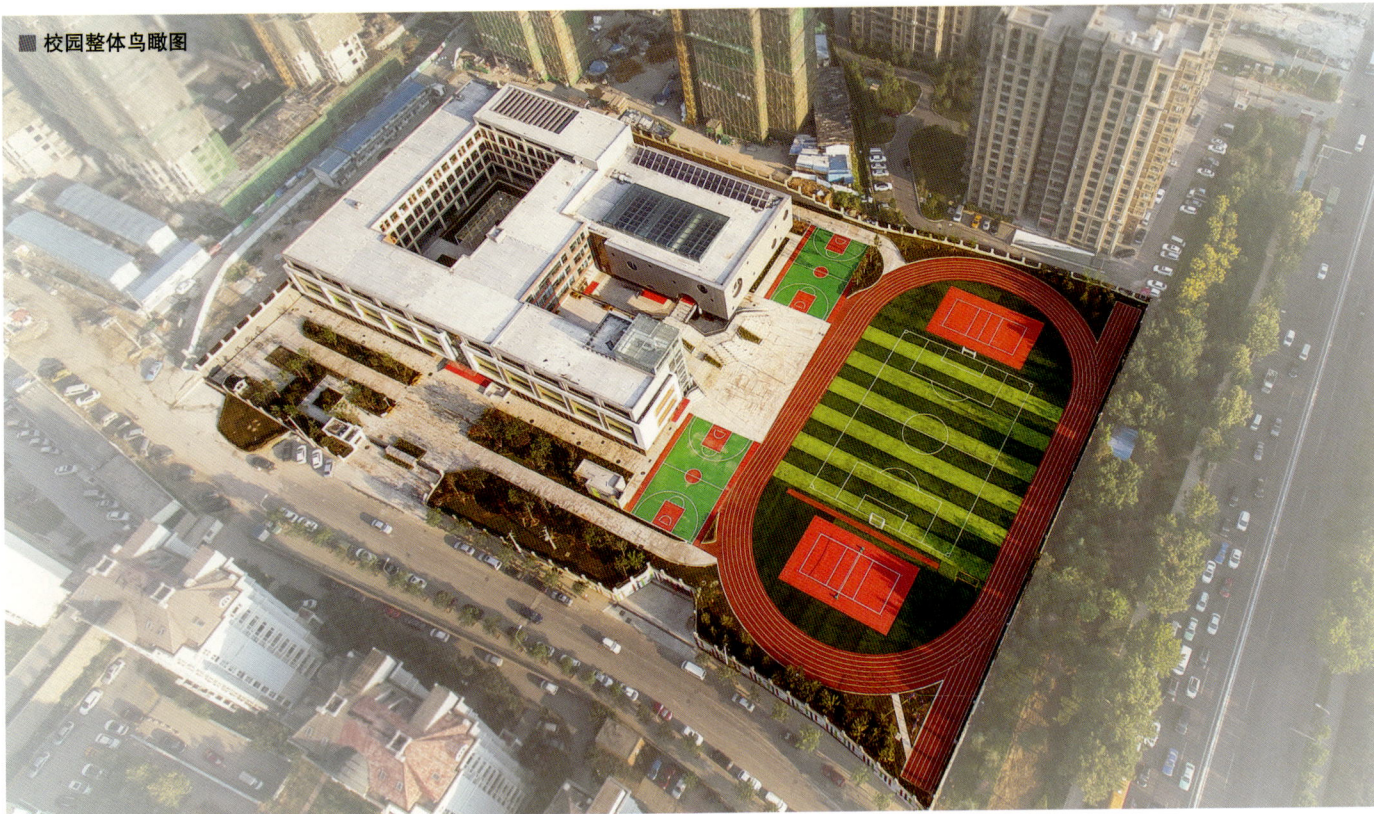

■ 校园整体鸟瞰图

青岛市第二实验小学

NO.2 EXPERIMENTAL PRIMARY SCHOOL OF QINGDAO

设计单位：青岛腾远设计事务所有限公司
设计人员：明 亮 赵 明 黄 淮 徐在辰 于 江 陈慧荣
　　　　　王 萌 王彦伟 张 鹏
项目地点：山东省青岛市
设计时间：2013年10月
竣工时间：2015年9月
用地面积：20149.08平方米
建筑面积：19832.29平方米 / 地上16839.26平方米 / 地下2993.03平方米
班级规模：30班
设计类别：新建

■ 轴测图

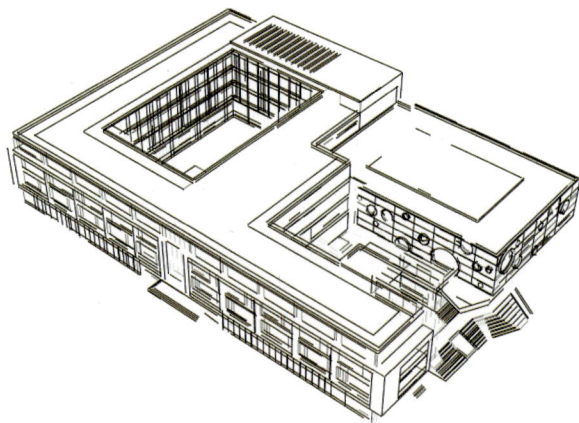

■ 校园建筑功能分布清晰，基地东端布置250米跑道，隔绝城市主干道对学校的噪声影响。基地南端布置篮球场和排球场，结合绿地和铺装形成良好的入口广场。建筑位于基地西北角，获得最充足的光照和最安静的学习氛围。
■ 各功能布置于一个整体的体块之中，通过一条宽敞明朗的中廊，切分成东西两个庭院空间，各功能围绕庭院布置。入口即见透空中廊，然后由中廊抵达各个功能教室。普通教学区位于建筑南端，以求最长日照时间，餐厅位于建筑东北角，使其对学校的影响降为最低。

■ 塔式楼梯间（摄影：陈辰）

■ 大台阶（摄影：陈辰）

■ 平面图

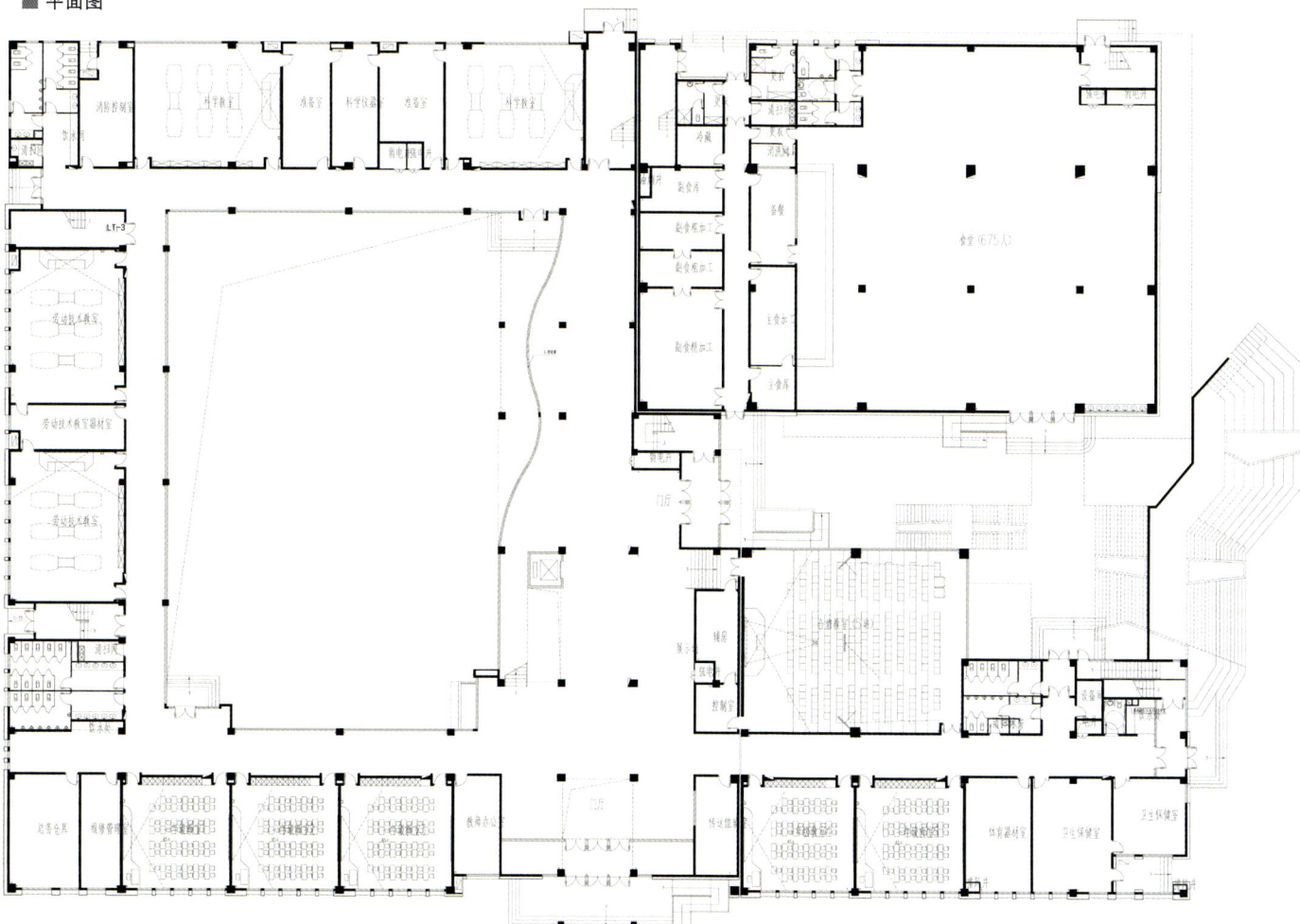

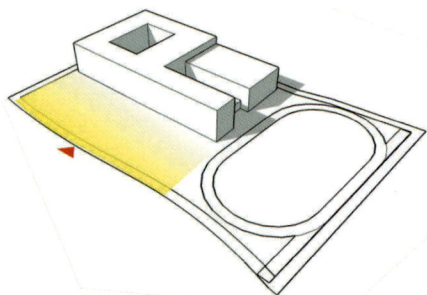

中央入口：距离道路远，缓冲区域足够。
入口居中，建筑易于取得均衡的效果。

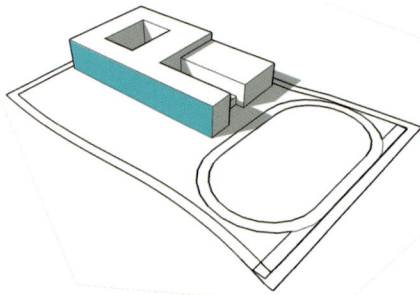

单排教室：距离道路远，隔音效果优。

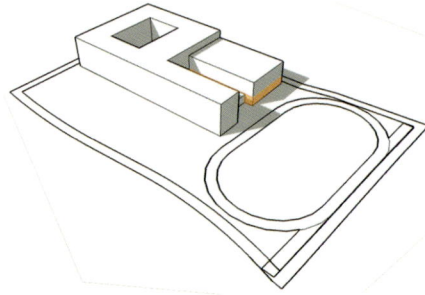

位于东北角：与盛行风垂直，较少对教学用房产生干扰。

■ 校园分析图2

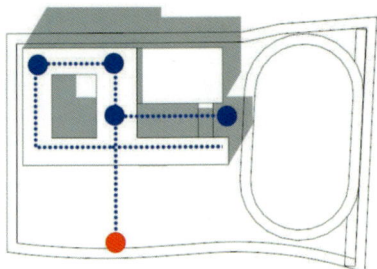

"P"字形布局：室内交通流线最短。

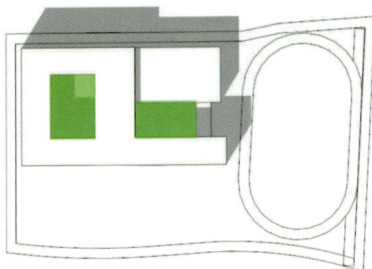

一个围合庭院，一个开敞庭院：私密空间和开敞空间相互结合，满足不同需要。

专家点评

■ 在学校有限的用地前提下，教学空间集中设置在综合体中，最大化校园活动场地。

■ 利用围合庭院与半围合庭院的交替，呈现出校园从静到闹的分区流线。

■ 立面虽然使用了多种材料，但并不突兀，反而通过俏皮的颜色和形状，更贴近小学的活泼氛围。

王润生

■ 校园整体功能分析图

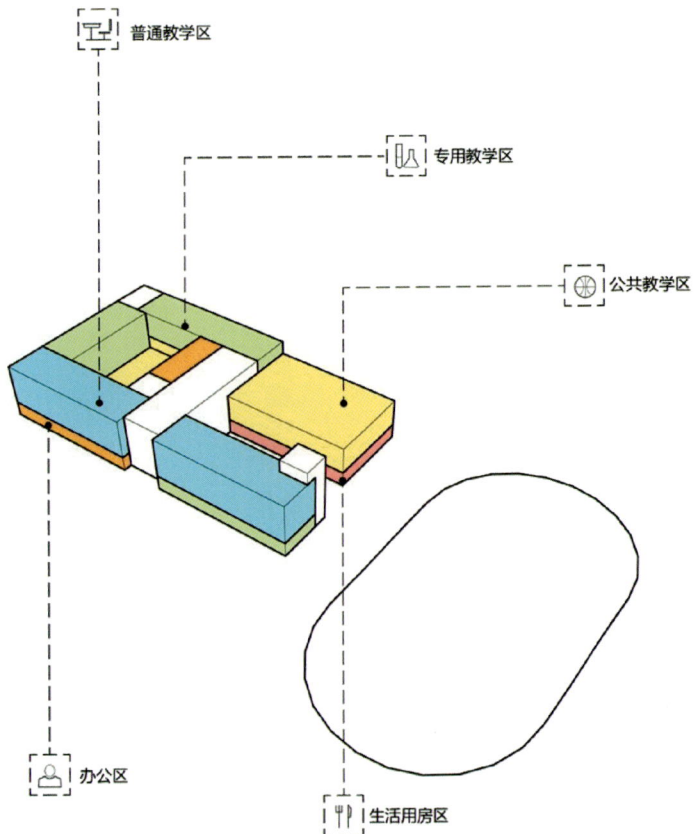

普通教学区

专用教学区

公共教学区

办公区

生活用房区

连廊（摄影：陈辰）

中心楼梯（摄影：陈辰）

■ 操场（摄影：陈辰）

■ 平面图

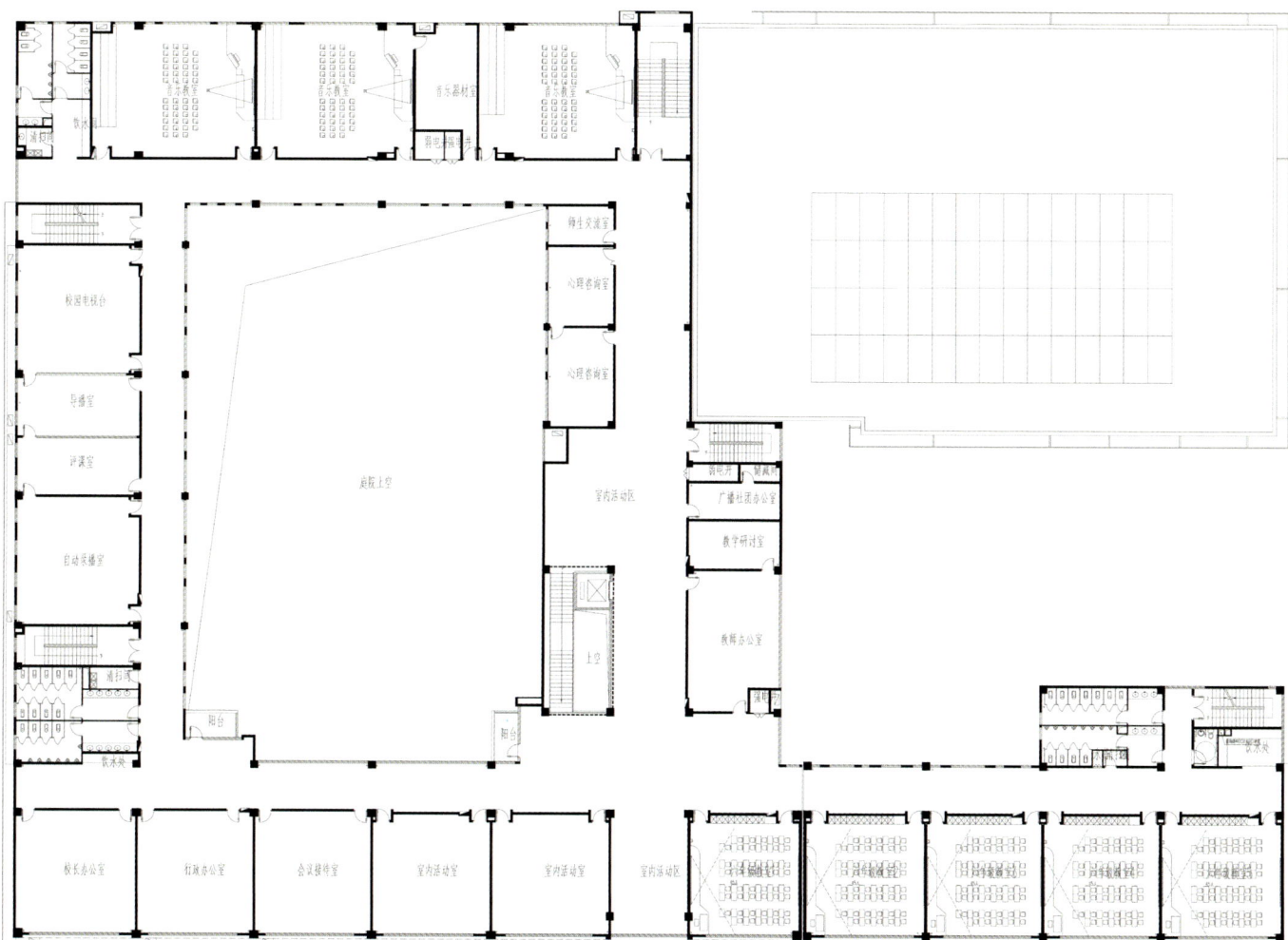

■ 校园西南整体鸟瞰图

青岛市实验高级中学
QINGDAO EXPERIMENTAL HIGH SCHOOL

设计单位：青岛北洋建筑设计有限公司
设计人员：何文青　彭　林　陈天宇　朱雨辰　邹立鹏　汪　云　孙学忠
　　　　　陈　琛　肖立军　李京华　杜　涛　付丽丽　孙宏斌　黄海萍
　　　　　张薇薇　李　宁　宋克泽　王洪涛　魏中钚　李　宁　姚明川
　　　　　侯志琛　邴树林　张　倩　王　静　卜繁金　刘同林　孙云泰
　　　　　孙飞飞　吕　尧
项目地点：山东省青岛市城阳区硕阳路69号
设计时间：2013年1月
竣工时间：2016年8月
用地面积：183872平方米
建筑面积：139661平方米
班级规模：高中90班
设计类别：新建

■ 青岛市实验高级中学是青岛市第一所以现代中式风格设计的学校。设计力求融合中国古代营造法则和现代设计理念，诠释东方"天人合一，和谐共生"的哲学思想。

■ 规划采用了中央轴线规整、周边机动有序的手法，以中国城市规划传统的"九宫格"为主体框架并加以演变，将校园划分为行政办公、教学、生活、运动、国际教育及实践等六个功能明晰、联系紧凑的区域，各组建筑由走廊、架空连廊、平台、台阶及广场等元素贯通。"动"、"静"分区明确，规整有序，大疏大密，实现各功能分区间整体美、自然美、功能美的和谐统一。

■ 建筑设计采取新中式风格，将传统建筑元素适当穿插现代符号，力求在传统和现代的有机融合中实现创新与突破，让古典变得现代，传统变得时尚。教学综合体是校园的核心建筑，总建筑面积达40000平方米，满足了现代教学选课走班制对校内交通便捷的使用需求。

■ 教学综合楼鸟瞰

■ 教学综合楼北侧

■ 校内主要单体标准层示意

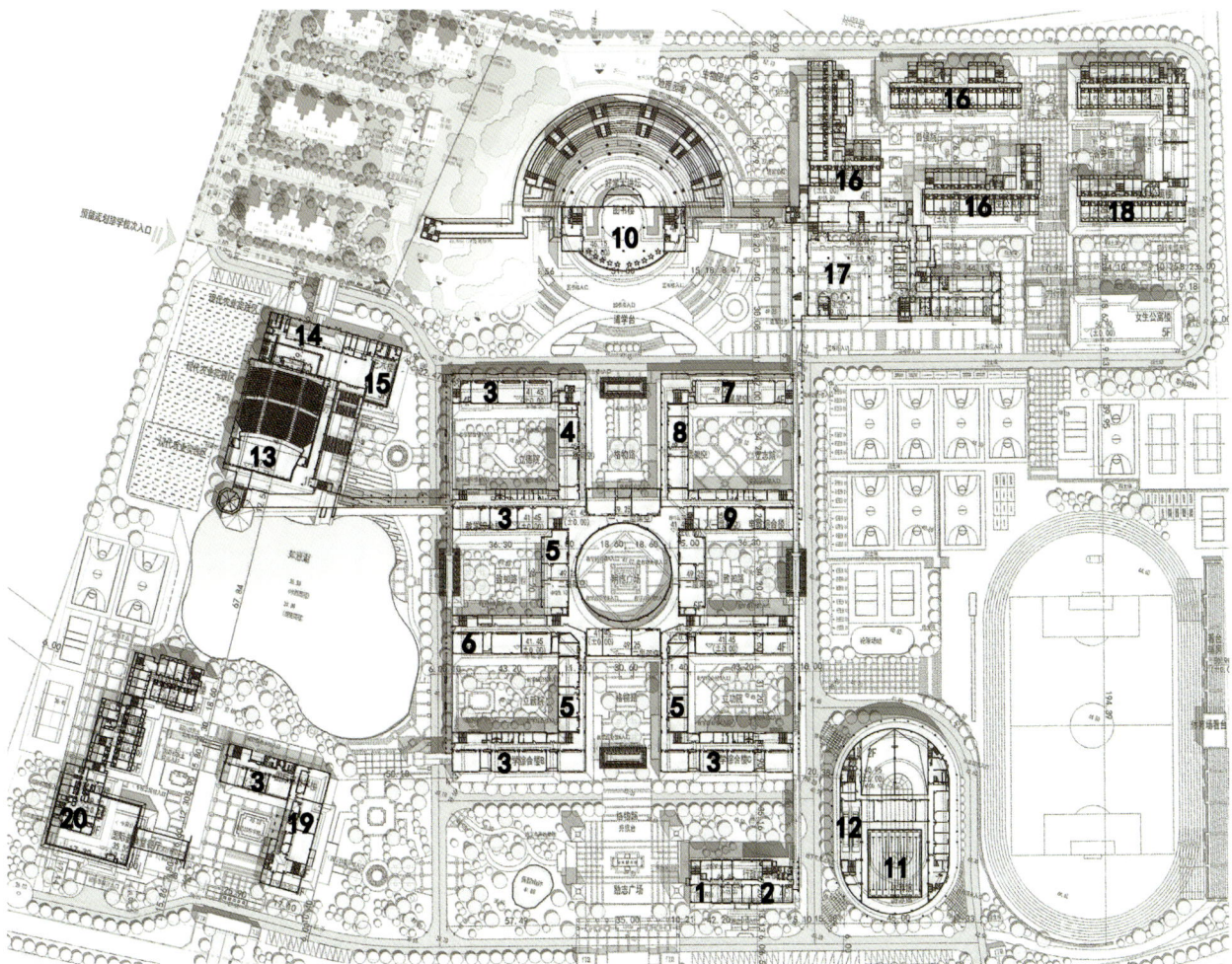

1 教务办公室   4 生物实验室   7 语言实验室   9 通用技术必修   11 游泳池   14 陶艺中心   17 学生餐厅   20 宿舍

2 行政办公室   5 创新活动室   8 多媒体网络计   模块实验室   12 击剑馆   15 舞蹈教室   18 女生宿舍

3 普通教室   6 物理实验室   算机室   10 学生阅览室   13 学术报告厅   16 男生宿舍   19 化学实验室

■ 校园整体功能分析图

N

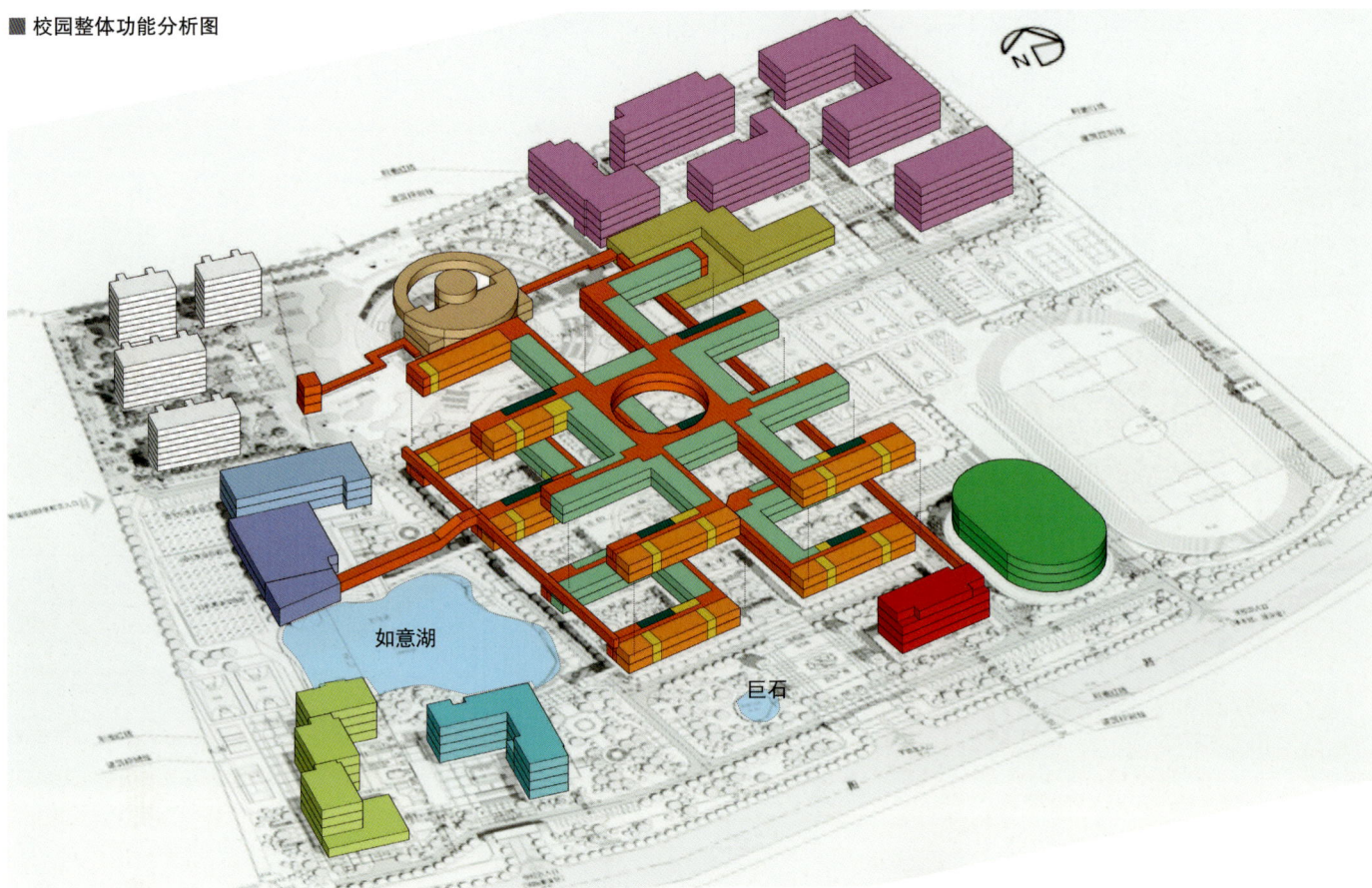

如意湖

巨石

教学综合楼（九宫格）
- ■ 普通教室
- ■ 专用教室、公共教学用房
- ■ 教师休息室、办公室
- ■ 走廊、楼梯间、洗手间

- ■ 行政楼
- ■ 艺术楼
- ■ 报告厅
- ■ 学生宿舍
- ■ 餐厅

- ■ 体育馆
- ■ 图书馆
- ■ 国际部生活区
- ■ 国际部教学楼
- ■ 教师公寓（二期）

■ 如意湖原始地形地貌

■ 如意湖改造后

■ 图书馆北侧原始地形地貌

■ 图书馆北侧改造后

■ 教学综合体的平面呈经纬分明的网格架构，设计灵感来自中国古代城市棋盘式的布局，即所谓"九宫格"结构，与历史上唐长安城、皇城一脉相承。其文化底蕴则来源于周代王城的形制理论，《周礼考工记》云："匠人营国，方九里，旁三门，国中九经九纬，经涂九轨。"教学综合体的设计既吸取传统营养，又开拓创新，造型雄伟，符合现代中式的审美趋向。"九宫格"也是我国书法史上临帖写仿的一种界格，是中国传统文化教育的必修之课。

■ 尊重地形地貌，改造长期受采石作业破坏的自然山体，重塑大自然的原始态势。在图书馆的后方结合地形设计室外音乐广场。

■ 校园中轴剖面示意

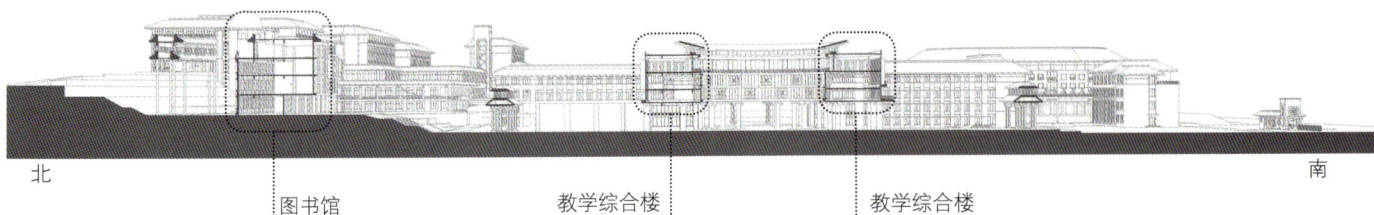

北   南

图书馆   教学综合楼   教学综合楼

392

■ 明德广场

■ 连廊

专家点评

■ 新中式建筑风格秉承中国传统文化内涵和建筑精髓，建筑师在传统和现代的有机融合中兼收并蓄，力求实现功能与价值的创新与突破，让古典变得现代、传统变得时尚。"九宫格"的理念兼顾规划、建筑，室内及景观元素，甚至涉及校徽等的设计，使整个校园的设计手法贯彻始终，一脉相承。

■ 校园总体布局以教学综合楼为中心，各功能分区划分明晰，疏密有致，"动"、"静"分离，交通便捷高效，解决了现代教育对走班选课的教学需求；连廊的设计及选址独具匠心，功能复合性强，既丰富了交通脉络，也是观景及交流平台。

■ 建筑师尊重历史脉络，保留校内原始村界上的巨石，体现出高格局的设计视野及社会责任感，以人为本地维系着村民们的"乡情"。

■ 建筑师别具匠心地将原始巨石及洼地打造成校园的标志性景观，将图书楼的北侧结合地形设计成室外音乐广场，体现出因地制宜的设计初心。

■ 建筑立面色彩融合了传统的南、北中式建筑特色，既有徽派的灰、白两色，又点缀了北方宫廷的中国红，兼具仪式感和场所感，对红色的适当应用也使中学校园洋溢着应有的活泼氛围。

■ 如意湖生态宜人，风光优美，大面积的水面赋予了校园灵性。

贾倍思

■ 九年一贯制部东北侧鸟瞰

青岛中学
QINGDAO MIDDLE SCHOOL

设计单位：同济大学建筑设计研究院（集团）有限公司
设计人员：江立敏　刘灵　林琳　陈畅　刘力　余小枫　巢静敏
　　　　　朱亮　沈晓伟　洪祎　杨辉　沈葵　冯峰　郭兆宗
　　　　　徐钟骏　唐玉艳　金伟格　秦卓欢　禹小明　吴虎彪　刘初名
　　　　　代鹏　安世超　龙君　李厚哲
项目地点：山东省青岛市红岛区
设计时间：2016年8月
竣工时间：2017年10月
用地面积：230605平方米
建筑面积：277133平方米／地上218227平方米／地下58906平方米
班级规模：九年一贯制部：48班小学，24班初中；中学部（含国际部）：
　　　　　72班普通高中，24班六年制初中，24班国际部
设计类别：新建

■ "大堡礁"——满足所有需求的城堡和围绕它的海洋：青岛中学项目包括三个子项，九年一贯制部规模适中，总建筑面积约6.7万平方米，满足1800位学生在校期间的一应需求；中学部（含国际部）是最大的一个：总建筑面积超19万平方米的单栋巨构，平面总周长达一公里，满足3000位学生求学期间的一应需求；均为走班制。之所以把它比拟为"大堡礁"，一是因为它为学生们提供林林总总的使用空间，只要愿意可以徜徉其中，好几天不用出门；另一方面，它向围绕着它的大量室外运动场地、活动场所和绿化景观完全开放，学生从室内任何角落都可以便捷到达阳光下，享受海风中的活动。"大堡礁"的设计意象来源于本项目的周边环境：位于青岛市胶州湾底，海面的潋滟波光能直接映入校园中孩子的眼底，用地周边地块叫"青岛中学配套工程"，建设为公共绿化和运动场地。青岛中学身处蓝色和绿色的海洋中，自然生长成大堡礁的模样，向孩子们伸开双臂。

■ 碧树红瓦的传承：青岛中学位于红岛高新区，在最初的造型设计中，建筑采用的是较为现代的形式，以红色陶板隐喻老城区的青岛形象特色。在

第一轮施工图完成后，一个冬日，校长被百年历史的青岛火车站触动，要求在一湾之隔的高新区给予呼应。最终建筑成为城堡的模样，碧树红瓦中孩子们的身影活泼泼的，一如当初设想。

■ 教育综合体——功能齐备的"大堡礁"：青岛中学以青岛命名，表达着被寄予的厚望，因为学校的管理方久负盛名——北京十一学校，是获得基础教育国家级教学成果特等奖的改革试点学校。管理方提出的功能空间配置和一般学校有所不同，其一，建筑规模超常规，与用地面积的匹配难度很大；其二，普通教室之外增加大量拓展学科教室，学科种类极为丰富，学科内部进行分层；其三，为学生提供充足的社团活动空间，让新时代孩子进行自我管理、自我组织，寻找并发展自我爱好；其四，在每个功能组团里都设置成系统的非正式学习空间，包括教学区、体育区，也包括生活区，食堂被建设为学习中心，三餐之外仍被有效利用；最后也是最重要的是，所有功能区之间要密切联系，常用的平面划分楼栋形式不能适用。面对巨大挑战，在与校方长时间充分沟通之后，我们以教育综合体的形式来解决问题。

■ 南侧整体外观

■ 示意图

基本功能构成

珊瑚群落中的个体

基本建筑形态 ＋ 形态意向

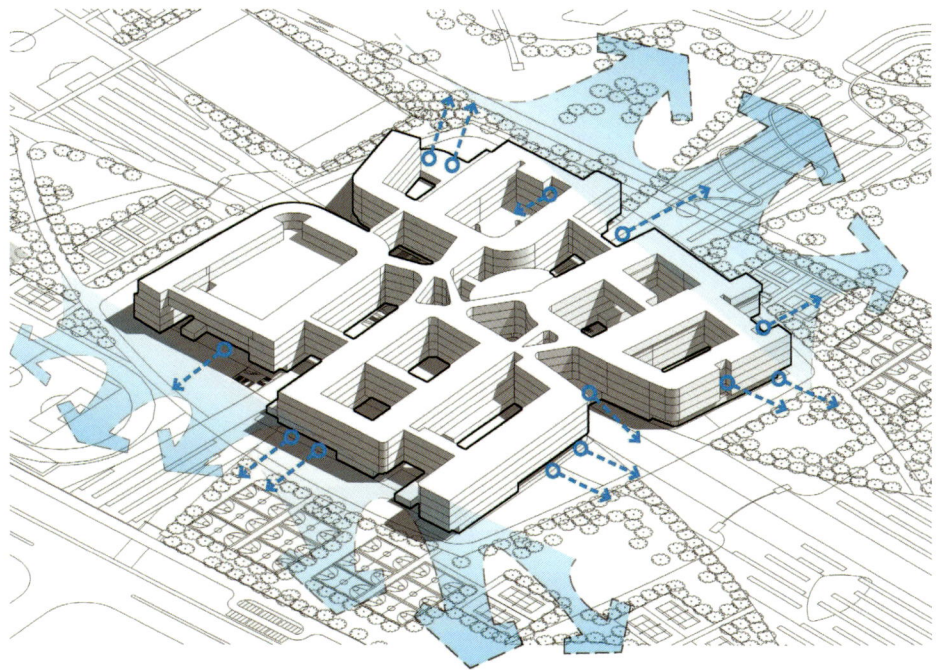

■ 建筑总体平面图

幼儿园

中学部（含国际部）

九年一贯制部

■ 九年一贯制部中庭一角

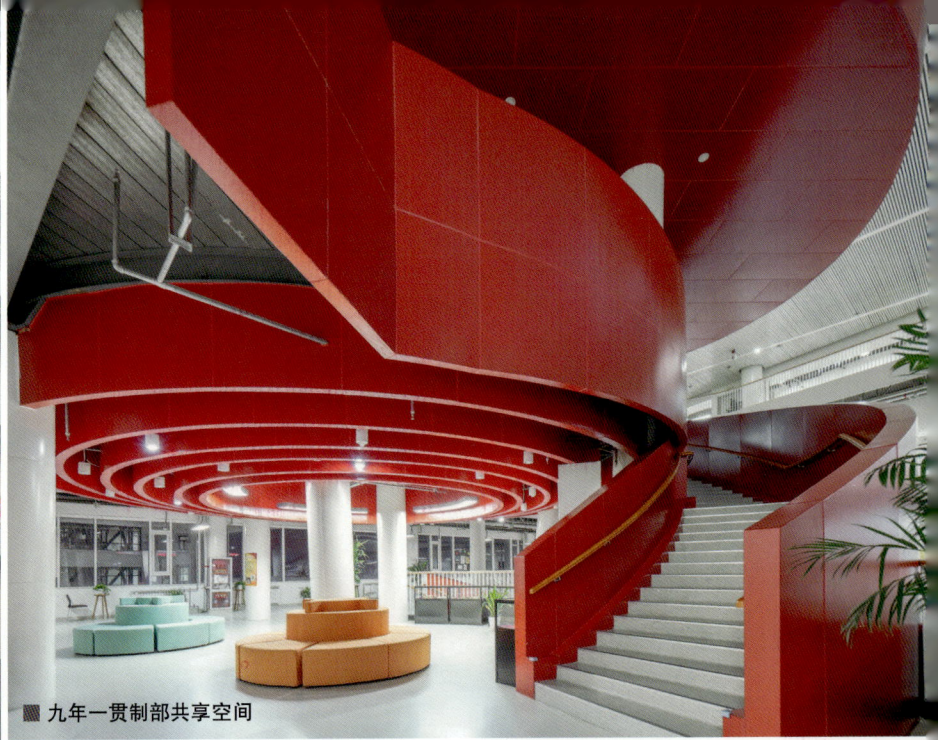

■ 九年一贯制部共享空间

■ 九年一贯制部中庭红色楼梯

■ 共享大厅环廊

■ 共享大厅

■ "三明治"空间结构

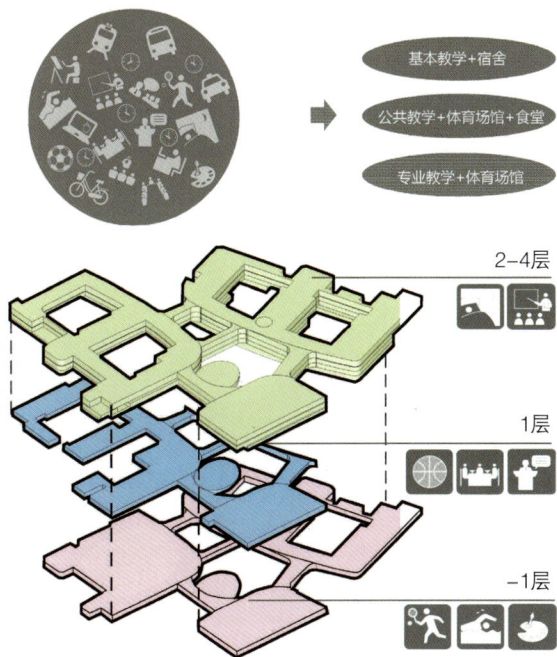

基本教学+宿舍

公共教学+体育场馆+食堂

专业教学+体育场馆

"三明治"式的功能结构将校园的功能空间在垂直方向上进行分层布局，各类功能使用流线能够在集约化的综合体中实现快速便捷的上下层联系。

2-4层 布置基本教学、宿舍等核心功能单元，保证最佳日照、通风与景观条件。

1层 布置公共教学、体育馆和食堂等相对公共的功能，做到功能、空间和交通流线三方面的中介。

-1层 布置专用教学、游泳馆及体育室等对外部条件要求不高的功能，集约式布局带来对用地面积的极大集约。

■ 三维交通网络与密点交流空间示意

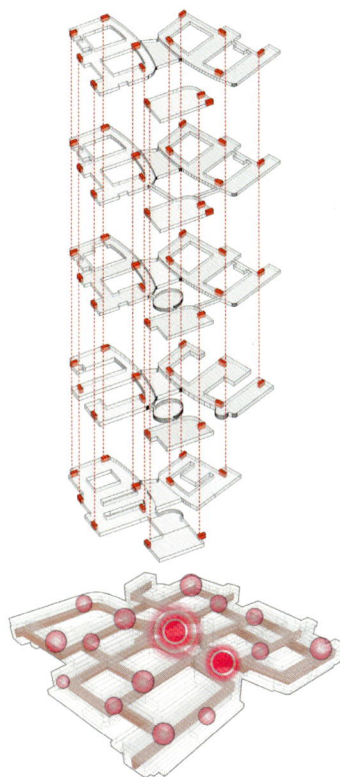

■ 九年一贯制部剖立面透视图

专家点评

■ 本工程设计首先从充分理解先进教育理念出发，在与使用方的长时间沟通过程中总结学校的本质需求，以突破常规形式的方式表达出来。

■ 本工程设计面对超大规模的建筑面积和超标准的体育设计用地需求，以集约化综合体的形式整合建筑，并充分挖掘地下空间的潜力。

■ 设计通过层级分明的交流空间体系和三维网状公共空间的结合，避免了师生在超大校舍中的归属感被削弱。

王飒

图书在版编目（CIP）数据

新时代中小学建筑设计案例与评析．第二卷／米祥友主编．
北京：中国建筑工业出版社，2019.11
ISBN 978-7-112-24408-9

Ⅰ．①新…　Ⅱ．①米…　Ⅲ．①中小学—教育建筑—建筑设计—案例　Ⅳ．① TU244.2

中国版本图书馆 CIP 数据核字（2019）第 228296 号

校园视频阅读方法：

本书部分学校配有校园视频作为扩展资源免费提供，读者可扫描右侧二维码，通过手机/平板电脑进行浏览。

若有问题，请联系客服电话：4008-188-688

责任编辑：李成成　胡永旭
责任校对：芦欣甜
版式设计：李成成

封面照片：北京四中房山校区教学楼（苏圣亮摄）
001页照片：北京朝阳凯文国际学校演艺中心（杨超英摄）
193页照片：中新生态城滨海小外中学部教学楼（王振飞摄）
285页照片：唐山市路北区扶轮小学科技楼和图书馆（白晓航摄）
319页照片：金家岭学校主教学楼（邵峰摄）

新时代中小学建筑设计案例与评析（第二卷）

米祥友　主编

*

中国建筑工业出版社出版、发行（北京海淀三里河路9号）
各地新华书店、建筑书店经销
北京雅盈中佳图文设计公司制版
北京富诚彩色印刷有限公司印刷

*

开本：880×1230毫米　1/16　印张：26¼　字数：742千字
2019年11月第一版　2019年11月第一次印刷
定价：**298.00元**（赠数字资源）
ISBN 978-7-112-24408-9
　　（34877）